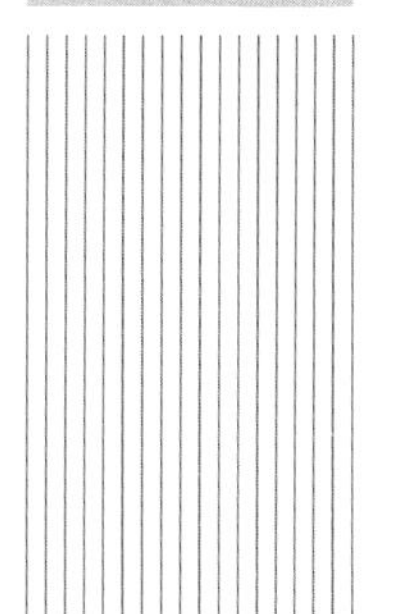

“十四五”时期
国家重点出版物出版专项规划项目

航天先进技术
研究与应用系列

王子才　总主编

天地一体物联网络高效智能通信技术

High-Efficient Intelligent Communication Technologies for Satellite-Terrestrial Integrated IoT Networks

贾　敏　王　雪　王欣玉　郭　庆　顾学迈

内容简介

天地一体物联网络高效智能通信关键技术，包括频谱共享、波形设计、资源管理、体系架构、软件定义物联网络等。全书共分6章，主要包括天地一体物联网概述、天地一体物联网的体系架构、天地一体物联网的频谱共享、天地一体物联网的透明空口、天地一体物联网的资源管理、软件定义的天地一体物联网。随着无线通信网络和物联网的快速发展，各种新兴服务如智慧城市、车联网、增强现实/虚拟现实等，对现有网络的资源管理、通信、计算、感知和存储能力提出了更高的要求。面向万物互联的天地一体互联网络服务于海洋、深空及地面的全时、全域、全覆盖的多场景需求，同时满足导航、通信、遥感、测控、物联网等多种业务的不同服务体验要求。作为未来6G通信网络的重要组成部分，天地一体物联网络具有覆盖区域广、持续时间长等诸多优势。

本书可作为高等院校电子信息、无线网络、物联网、航天工程等专业的研究生教材，也可供从事卫星通信、无线网络和航天工程研究、设计和施工的科研人员及工程技术人员参考。

图书在版编目(CIP)数据

天地一体物联网络高效智能通信技术/贾敏等编著. —
哈尔滨:哈尔滨工业大学出版社,2024.5
(航天先进技术研究与应用系列)
ISBN 978-7-5767-1179-0

Ⅰ.①天…　Ⅱ.①贾…　Ⅲ.①物联网—通信技术—研究　Ⅳ.①TP393.4 ②TP18

中国国家版本馆CIP数据核字(2024)第028560号

天地一体物联网络高效智能通信技术
TIANDI YITI WULIAN WANGLUO GAOXIAO ZHINENG TONGXIN JISHU

策划编辑　许雅莹
责任编辑　周一瞳　宋晓翠
出版发行　哈尔滨工业大学出版社
社　　址　哈尔滨市南岗区复华四道街10号　邮编150006
传　　真　0451-86414749
网　　址　http://hitpress.hit.edu.cn
印　　刷　哈尔滨博奇印刷有限公司
开　　本　720 mm×1 000 mm　1/16　印张23.75　字数479千字
版　　次　2024年5月第1版　2024年5月第1次印刷
书　　号　ISBN 978-7-5767-1179-0
定　　价　128.00元

前言

在如今信息技术高速发展的时代，物联网（Internet of Things, IoT）是继互联网之后信息技术领域的又一次重大变革。物联网可依靠传感网、通信网来融合大量异构终端，接纳海量数据的接入及大量的互联应用，形成庞大的交织网络。5G 开启万物互联，但在地面基站覆盖不到的使用场景（如海运等），就需要通过卫星网络来解决，建立天地一体化的解决方案。

目前，我国在卫星网络与地面网络融合方面也做出了很多政策上的推进。《中华人民共和国国民经济和社会发展第十四个五年规划和 2035 年远景目标纲要》《“十四五”信息通信行业发展规划》《“十四五”国家信息化规划》《“十四五”数字经济发展规划》等均提出要前瞻布局 6G 网络技术储备，加大 6G 技术研发支持力度，积极参与推动 6G 国际标准化工作。当前业界的普遍共识是非地面网络（non-terrestrial network，NTN）将成为 6G 不可或缺的重要组成部分。卫星通信网络作为地面移动通信网络的重要补充，在 6G 网络中将与地面移动通信网络深度融合。6G 网络将通过星地融合真正实现无处不在的连接，弥合数字鸿沟。星地融合网络是科技创新 2030 重大工程项目，是实现全天候、全地域、高带宽的复杂场景下满足多种业务泛在接入需求的一项复杂但可行的系统工程。因此，星地融合通信是地面移动通信和卫星通信发展的必然趋势，具有重要技术价值。与此同时，近年来，中国物联网行业受到各级政府的高度重视和国家产业政策的重点支持。国家陆续出台了多项政策，鼓励物联网行业发展与创新，《工业能效提升行动计划》《“十四五”可再生能源发展规划》《关于印发“十四五”冷链物流发展规划的通知》等产业政策为物联网行业的发展提供了明确、广阔的市场前景，为企业提供了良好的生产经营环境。

本书主要基于本研究团队在天地一体物联网领域研究成果的积累和提炼，针对该领域关键技术的研究过程和内容进行凝练总结，结合卫星和感知网络的优势，重点关注满足万物互联需求的一种新型可兼容且适变的软件定义系统架构，重点针对广域信息采集、传输等问题，利用卫星解决在广域地点及时可靠的海量用户信息传输问题，讨论具有一定时效要求的特殊需求下的基础理论和关键技术，并提出可行性方案供参考。

本书由贾敏教授统筹设计和组织撰写，顾学迈教授和郭庆教授负责总体指导。全书共分为6章，除第1章为天地一体物联网的概述外，其余5章可分为两部分，即关键技术的研究及实现部分。王雪撰写第1章，贾敏、王欣玉、顾学迈撰写第2章，贾敏、王雪撰写第3章和第4章，郭庆、贾敏撰写第5章和第6章。

第一部分(第2～5章)：详述天地一体物联网体系架构，在此框架下，主要围绕天地一体物联网的频谱共享基础理论、天地一体物联网透明空口设计、天地一体物联网资源管理这三个主要层面进行介绍，对天地一体物联网涉及的关键技术架构进行详细阐述和方案设计。

第二部分(第6章)：通过实例搭建，实现软件定义的天地一体物联网。将SDN/NVF新型网络架构应用到天地一体物联网虚拟化技术中，解决传统网络架构配置网络、灵活性低等问题，提升天地一体物联网工作效率和资源利用率。

本书继承并延展了张乃通院士关于“天地一体化”的构想，在编写过程中还得到了哈尔滨工业大学电子与信息工程学院刘晓锋教授、王学东教授以及卫星通信实验室学生们的巨大支持，在此一并表示由衷的感谢。

展望未来，随着中国的崛起，在诸多战略计划的引导助推下，无论是从国家发展高度上看，还是从万亿级产业市场的规模上看，推动万物互联的全面升级都势在必行。本书不仅从基础理论方面，而且从研究团队从事科研工作的工程经验和关键问题突破方面入手，可以为本科生、研究生及专业领域的人士提供较好的参考和指导。

本书所涉及关键技术仍在研发攻关阶段，书中难免存在疏漏和不足，敬请广大读者谅解，并给予宝贵意见。

作　者

2024年2月

目录

第1章

天地一体物联网概述

1.1 天地一体化网络的发展

1.1.1 天地一体网络发展概述

纵观目前国外的天地一体化系统，各个国家关于此方面的项目研究已经有很多，在技术方面逐渐走向成熟[1]。

首先，美国航空航天局（National Aeronautics and Space Administration，NASA）的空间通信与导航（Space Communications and Navigation，SCaN）规划[2]将高质量、互联互通的天基信息传输[3]和各类业务传递服务提供给NASA和另外一些相关部门，其主要组成部分包括近地网（Near Earth Network，NEN）、航空网络（Space Network，SN）和深空网络（Deep Space Network，DSN）。SCaN规划的主要目的之一在于联合具有独立工作能力、不同功能的三个系统，以实现服务的一体化，降低重复建设成本[4]。

2002年，为顺应美国军方的通信转型需求、突破通信瓶颈，美国国防部转型通信架构（Transformational Communication Architecture，TCA）[5]得以面世，它是能够实现终端间高速、安全通信的系统，其同时与美国国防部（Department of Defense，DoD）、NASA及相关谍报部门的通信网络完美融合。它的主要任务是集成地面系统和天基网络，形成一个统一、完整、整合的全球通信系统。在TCA的天基部分，为实现天基骨干的功能，囊括了五个改良的转型通信卫星系统

(Transformational Satellite Communications System,TSAT)。即便这个规划在2009年停止,但是先进级高频(Advanced Extremely High Frequency,AEHF)卫星系统实现了其中的部分功能,现在仍然存在并且发展迅速[4]。

2007年,面向全球化的通信网络系统(Integrated Space Infrastructure for Global Communications,ISICOM)[6]问世,该计划由欧盟技术平台"一体化卫星通信计划"(Integral Satcom Initiative,ISI)提出。ISICOM项目人员开展详细战略规划工作,明确欧盟和欧洲空间局(European Space Agency,ESA)工作计划中必须要完成的战略部署。它的目的是创立一个完整的、一体化的通信系统,同时联合激光链路和射频链路建立能容纳更多用户的全IP通信系统[4]。

目前,所属Inmarsat的宽带全球局域网(Broadband Global Area Network,BGAN)功能十分强大,可以给予用户世界范围的IP网络互联[4]。另外,Inmarsat以BGAN为基础,能够给低地球轨道卫星(Low Earth Orbit,LEO)供应卫星快速宽带(Swift Broadband for Satellite,SB－SAT)模块,具有SB－SAT的LEO的接入速率能够大大提升,甚至达到432 kbit/s[7]。

图1.1所示为国外提出的天地一体化系统的总体架构。总体来说,无论是NASA的SCaN、美军的TCA还是欧洲的ISICOM等,都主要包括两部分:天基系统和地面系统[4]。

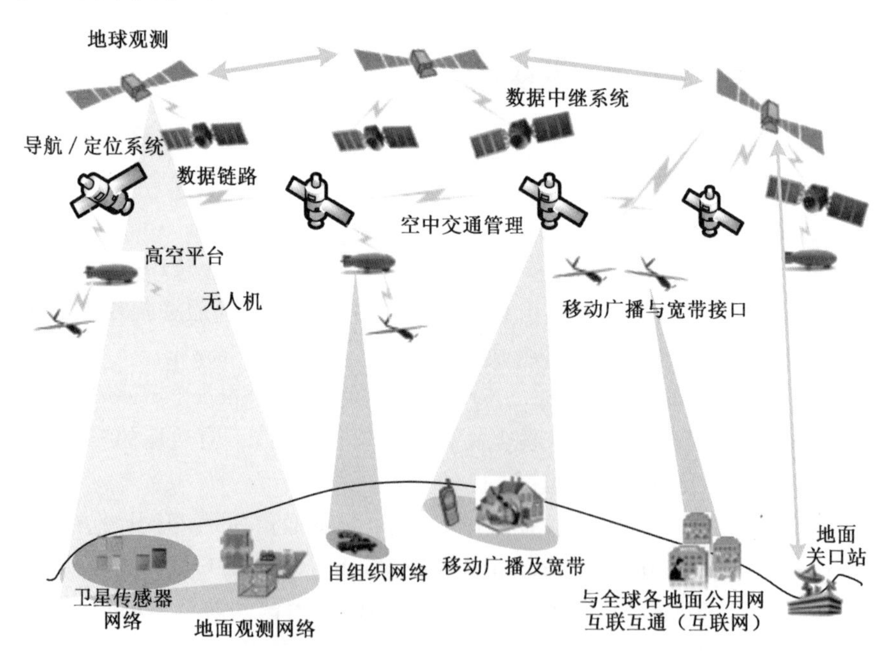

图1.1　国外提出的天地一体化系统的总体架构

我国关于天地一体化的概念是在2006年由国防科技大学沈荣峻院士提出

的，其针对天地一体化信息网的架构、协议、规划进行初步设计。近年来，也有很多高校、研究院所对天地一体化系统进行了较为深入的探究。例如，国防科技大学罗雪山等在研究天地一体化系统时，提出了“信息支持”的概念，并且对建设过程中可能会遇到的问题提出了一些设想；国防科技大学史西斌等在研究天地一体网络时提出了“天网地站”的想法，该概念主要将数据卫星作为通信的连接点[4]。

总体来看，我国关于天地一体化信息网的研究还不够深入，特别是天基网络部分，还没有达到互联互通的阶段。因此，接下来的研究工作将重点放在天基网络部分。

1.1.2　星地融合网络发展概述

在卫星网络和地面网络迅猛发展的过程中，有机融合两种网络优势，利用卫星网络拓展地面网络覆盖范围，利用地面网络加强卫星受阻塞地区的覆盖。国内外有很多机构针对二者的融合问题进行了初步研究[8]。

日本的卫星地面综合通信系统（Satellite Terrestrial Integrated Communications System，STICS）项目首先提出了融合星地移动通信网络的概念，同一频段可支持卫星网络与地面网络共同使用，用户可以将手持多模终端同时连接到这两种网络，在应急通信等特殊场景中可以实现可靠的语音及数据连接[8]。

2004 年，欧洲委员会批准了宽带泛在接入互联网服务与演示系统（System for Broadband Ubiquitous Access to Internet Services and Demonstrator，SUITED）项目，这个项目计划融合多种网络，如地面蜂窝网、移动卫星网、无线局域网（Wireless Local Area Network，WLAN）等，旨在提供宽带连接的融合框架，并在这个框架内设计一个全球移动宽带系统。该项目将卫星网络看作地面蜂窝网络的备用选择，是“浅层”的融合[8]。

2004 年，美国 NASA 公布了一份关于空间网络架构和关键技术的报告，报告中非常详细地分析了未来在空间探索及科学考察方面的具体规划，对星地一体化信息网络的体系架构进行了详细设计。欧盟于 2009 年 10 月启动了第七框架计划下的数据链路—无线电—天线集成无缝航空网络（Seamless Aeronautical Networking Through Integration of Data-Links，Radios and Antennas，SANDRA）项目，这个项目计划在天线、接入和终端等方面有机融合多个网络（如卫星网络、航空通信网和地面网络），在航空通信网络中提供全时候、全地域的无缝连接[8]。

在以上研究中，虽然研究对象都是将地面蜂窝网络与移动卫星网络进行融合，但是在融合的网络中，二者都是独立运行的，这并不是真正意义上的星地一

体化。因此,国际电信联盟(International Telecommunication Union,ITU)于2009年定义了星地一体化系统和混合星地系统,二者的根本区别在于卫星网络和地面网络是否共用同一频段[8]。

1.1.3 星地一体化网络发展概述

目前,美国、韩国、日本和欧洲地区对星地一体化网络的研究颇为深入和成熟,下面分别进行介绍[8]。

2001年,美国的移动卫星风险公司(Mobile Satellite Venture, MSV)最早设想了星地一体化网络的结构。MSV所提的星地一体化网络由基于多波束的空间卫星网络(Satellite Based Network,SBN)和基于辅助地面组件(Ancillary Terrestrial Component, ATC)的辅助地面网络(Ancillary Terrestrial Network, ATN)组成。其中,卫星与卫星网关组成SBN网络;各种基站、基站控制单元、网络动态控制单元组成ATN网络。MSV-ATC星地一体化网络的组成结构如图1.2所示。ATN与地面空中接口类似,能使用3G、4G无线接口。ATN和地面网络允许频谱资源共享,在MSV-ATC系统中发挥主导作用的是卫星网络运营商。美国的另一个卫星系统TerreStar由大规模移动通信服务商推出,它能够提供集成度较大、灵活性较高的卫星地面移动网络。这个网络的设计参考的是全IP开放式架构,使用S波段为用户提供语音、图像及视频等多媒体服务[8]。

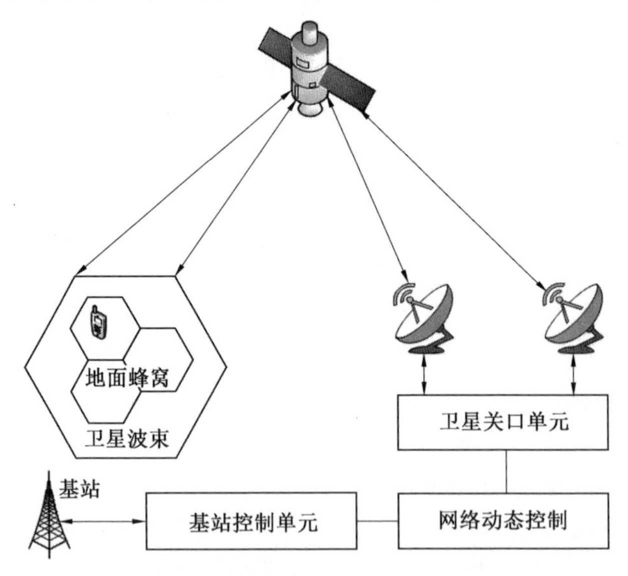

图1.2 MSV-ATC星地一体化网络的组成结构

欧洲电信标准化协会(European Telecommunications Standards Institute, ETSI)于2011和2013年相继发布了基于补充地面组件(Complementary

Ground Component，CGC）技术的 DVB－SH（Digital Video Broadcasting－Satellite to Handheld）和 S－MIM（S-band Mobile Interactive Multimedia）系统标准。ETSI 提出的 CGC 技术和 MSV 所提的 ATC 技术没有实质上的区别，都是作为卫星系统的有效补充。二者同时满足以下三个特征：一是移动卫星系统（Mobile Satellite System，MSS）和地面 ATC/CGC 共用同一套卫星频段资源；二是卫星空口能兼容地面很多无线接入技术，能够简化一体化系统终端的硬件实现；三是一体化系统的用户终端是单模的，支持用户有选择地接入任意一种网络并进行切换，与地面终端在硬件上非常相似[8]。

2005 年，韩国正式投入使用卫星数字多媒体广播（Satellite－Digital Multimedia Broadcasting，S－DMB）系统。该系统由一颗同步地球轨道（Geo-synchronous Earth Orbit，GEO）卫星和 10 000 多个地面转发器组成，这个系统能够为手持设备和移动接收器提供无缝高质量的语音、视频及数据广播等多种服务，而且可以通过广播和通信的聚合平台提供交互式服务。但是这个系统中的地面基站仅作为卫星信号的转发器，不同于前面所提到的 ATC/CGC 技术。在此基础上，韩国电子通信研究院（Electronics and Telecommunications Research Institute，ETRI）的研究者也提出了基于 CGC 技术实现的星地一体化系统的网络架构，其不仅可以提供无缝 S－DMB 服务，而且可以为偏远地域的用户提供双向的通信服务[8]。

日本研究人员提出了星地融合移动通信系统（Satellite/Terrestrial Integrated Mobile Communication System），使用常见的便携式终端能够在卫星系统和地面系统中通信。该系统发挥主导作用的是地面网络运营商，而卫星网络作为有效补充来扩展地面网络覆盖范围，旨在保障应急情况下的正常通信和国家安全。2014 年，日本国家信息与通信技术研究所指出，在 STICS 项目中，为将长期演进（Long Term Evolution，LTE）应用到地面组件中，必须要对 LTE 终端的发射功率进行测量实验，才能满足对 STICS 卫星接收机中的干扰水平要求[8]。

国外不同机构对星地一体化系统的定义也不尽相同。为此，ITU 将发布一个更详细的、带有具体实例的规范文件，研究第一种网络结构，即星地一体化网络[8]。

在卫星通信方面，我国的起步较晚，但已经有很多科研机构或学者投入到星地一体化网络的研究中。沈荣骏院士在 2006 年初步构想了我国天地一体化航天互联网的整体目标、网络架构和网络协议。中国宇航学会于 2007 年和 2012 年相继召开了学术年会，研讨了航天互联网的相关技术。中国工程院、工业和信息化部于 2013 年和 2015 年相继在北京召开了天地一体化信息网络高峰论坛，有力地推动了我国天地一体化信息网络的建设。张乃通院士于 2015 年发表了《对建设我国"天地一体化信息网络"的思考》，清晰定位了天地一体化信息网络，并设想了天地一体化信息网络基本架构，提出了很多有价值的建议，针对现有星地一体化系统网络结构不一、种类繁多的情况，对星地一体化系统和混合星地系统的网络架构进行了分析，对星地一体化网络中使用的关键技术进行了剖析[8]。2015 年前后，卫星互联网发展较快，与传统卫星通信并道赛跑。2017 年列入国家重大工程项目后，相关研究和系统工程开始加速推进，目前已经颇具规模。2023 年，在 ITU－T SG13(未来网络研究组)全体会议上，中国移动、中国联通、中国信科分别主导的多项国际标准立项提案成功立项，展示了在空天地一体化、智能运营、星地融合领域的中国力量。

1.2 天地一体物联网的发展

5G 时代的到来给物联网的发展提供了新的动力。继 3GPP 在 2018 年首次发布 5G 标准后，各界已开始着手对 6G 的探索。2019 年 3 月，由 IEEE 发起，备受瞩目的首届全球 6G 无线峰会在芬兰召开，会上工业界和学术界权威针对 6G 展开讨论，发表了最新见解。英国电信集团(BT)的首席网络架构师 Neil McRae 提出，6G 将是“5G＋卫星网络”的组合，在 5G 的基础上融合卫星网络来实现全球覆盖。华为则认为 6G 时代将超出 5G 时代“物联网”，实现“万物互联”(Internet of Everything, IoE)，在通信维度方面，不仅需要更高的速率和更宽的频谱，6G 还需拓展到海陆空甚至水下空间。可以看出，卫星通信技术将是 6G 的关键因素，而卫星物联网更是未来的重要发展趋势。

近年来，国家各部委相继出台政策，大力发展卫星和物联网产业，推动天地一体化建设及物联网发展。近些年国家的部分相关政策见表 1.1。

表 1.1 近些年国家的部分相关政策

时间	国家政策	颁布部门	具体内容
2015 年 10 月	《国家民用空间基础设施中长期发展规划(2015—2025 年)》	国家发展改革委、财政部、国防科工局	全面推进国家民用空间基础设施健康快速发展，促进空间资源规模化、业务化、产业化应用
2016 年 12 月	《“十三五”国家信息化规划》	国务院	统筹推进航天领域军民融合，建设陆海空天一体化信息基础设施，集中突破低轨卫星通信、空间互联网等前沿关键技术； 提出若干物联网发展的专项行动，鼓励实施物联网应用示范工程并推进区域试点

续表 1.1

时间	国家政策	颁布部门	具体内容
2017年1月	《信息通信行业发展规划物联网分册(2016—2020年)》	工业和信息化部	明确物联网产业未来的发展目标
2017年1月	《信息通信行业发展规划(2016—2020年)》	工业和信息化部	要统筹卫星通信系统建设,与地面信息通信基础设施实现优势互补融合发展; 2020年前建成具有国际竞争力的物联网产业体系,总体产业规模突破1.5万亿元
2017年6月	《关于全面推进移动物联网(NB－IoT)建设发展的通知》	工业和信息化部	提出2017年末基站规模达到40万个,连接规模超2 000万,2020年窄带物联网(Narrow Band Internet of Things,NB－IoT)基站规模达到150万个,连接规模超6亿
2017年6月	《中华人民共和国工业和信息化部公告2017年第27号》	工业和信息化部	批准NB－IoT可运行于全球移动通信系统(Global System for Mobile Communications, GSM)的800/900 MHz频段与频分双工LTE(Frequency Division Duplexing LTE, FDD－LTE)的1 800～2 100 MHz频段
2018年12月	《车联网(智能网联汽车)产业发展行动计划》	工业和信息化部	到2020年,具备高级别自动驾驶功能的智能网联汽车实现特定场景规模应用
2019年5月	《关于开展深入推进宽带网络提速降费　支撑经济高质量发展2019专项行动的通知》	工业和信息化部、国资委	面向物流等移动物联网应用,需要进一步升级NB－IoT网络能力,持续完善NB－IoT网络覆盖。建立移动物联网发展监测体系,促进各地NB－IoT应用和产业发展
2021年12月	《"十四五"数字经济发展规划》	国务院	提高物联网在工业制造、农业生产、公共服务、应急管理等领域的覆盖水平,增强固移融合、宽窄结合的物联接入能力

续表 1.1

时间	国家政策	颁布部门	具体内容
2022 年 6 月	《"十四五"可再生能源发展规划》	国家发展改革委、国家能源局等 9 部门	结合数字乡村建设工程，推动城乡可再生能源数字化、智能化水平同步发展，推进可再生能源与农业农村生产经营深度融合，提升乡村智慧用能水平，推动可再生能源与人工智能、物联网、区块链等新兴技术尝试融合，发展智能化、联网化、共享化的可再生能源生产和消费新模式，推广新能源云平台应用，汇聚能源全产业链信息，推动能源领域数字经济发展
2023 年 2 月	《数字中国建设整体布局规划》	中共中央、国务院	加快 5G 网络与千兆光网协同建设，深入推进 IPv6 规模部署和应用，推进移动物联网全面发展，大力推进北斗规模应用

卫星产业自带很强的军民两用属性，其技术发展必将给我国军用航天和相关武器装备技术发展提供巨大的支撑作用，并将促进在航天和太空探索、应用领域的军民融合深度发展格局的行程和落地。

与卫星产业一样，物联网产业也已上升为国家战略产业，因此融合二者的卫星物联网产业将极具发展前景，应用市场潜力巨大。

1.2.1 低轨卫星通信系统

1. 国外低轨卫星通信系统研究现状

国外对低轨地球轨道卫星的探索(图 1.3)及卫星星座的发展大致可以分为两个阶段。

第一阶段为 20 世纪 90 年代末到 2014 年，这期间又可分为两个时期：前期以铱星(Iridium)系统为代表，力图重建一个天基网络，与地面电信运营商进行竞争；后期以全球星(Globalstar)和轨道通信(Orbcomm)公司为代表，为电信运营商提供一部分容量补充和备份，包括在海事、航空等极端条件下面向最终用户提供移动通信服务，与地面电信运营商存在一定程度的竞争，但主要还是作为地面通信手段的"填隙"，规模有限。

第二阶段为 2014 年至今，有以波音、O3b、Telesat、ViaSat 等为代表的老牌企业，也有以太空探索技术公司(SpaceX)、一网公司(OneWeb)、Audacy、

第一阶段：20 世纪 90 年代末到 2014 年		第二阶段：2014 年至今
• **时段：**前期 • **代表：**铱星 • **定位：**全面替代地面通信系统 • **建设主体：**摩托罗拉、阿尔卡特等老牌电信设备企业 • **市场反应：**由于市场定位不明、建设成本过高以及研发周期过长，导致这一阶段的尝试大多失败	• **时段：**后期 • **代表：**全球星、轨道通信公司 • **定位：**后期调整为地面通信极端条件下和特殊场景下的“备份”通信 • **建设主体：**以电信设备企业为主 • **市场反应：**吸取前期经验，在投入成本、市场定位等方面更加优化，有一定竞争力。但由于定位于地面通信的“备份”，规模受限	• **特征：**新兴互联网技术加入 • **代表：**Starlink、OneWeb • **定位：**与地面通信形成互补融合的无缝通信网络 • **建设主体：**SpaceX、OneWeb、Facebook 等互联网领域科技巨头，也包括老牌电信企业 • **市场反应：**地面运营商是其客户和合作伙伴，卫星网络成为地面通信系统的无缝补充，前景看好

图 1.3　国外对低轨地球轨道卫星的探索

Karousel、Kepler 和 Theia 等为代表的新兴公司，目前已有十几家企业向美国联邦通信委员会(Federal Communications Commission，FCC)提交了非地球同步轨道(Non-Geostationary Orbit，NGSO)卫星系统的市场准入许可申请，为全球用户提供干线传输和蜂窝回程业务，地面电信运营商是其客户和合作伙伴，卫星网络成为地面网络的补充，探索低轨卫星物联网的发展[9]。

(1)传统低轨卫星通信系统。

早在 20 世纪 90 年代就有人提出了多个低轨卫星通信星座计划，如 Teledesic 星座、Iridium、Globalstar 和 Orbcomm 等。其中，除 Teledesic 星座外，其余三个星座仍在运营，只是与最初设想的目标相去甚远。Orbcomm 是低成本的数据通信和定位系统，而全球星主要是满足国防、边远、沙漠地区通信的需要，填补了地面通信网的空白。传统低轨卫星通信系统比较分析见表 1.2。

表 1.2　传统低轨卫星通信系统比较分析

系统	Iridium	Globalstar	Orbcomm	Teledesic
运营商	美国摩托罗拉公司	美国 LQSS 公司	美国轨道通信公司	微软公司、麦考蜂窝通信公司
轨道高度/km	780	1 414	740/815/875	1 375
系统规模	66 颗	56 颗(包括 8 颗备份星)	47 颗	300 颗
轨道数目	6	8	7	12
倾角/(°)	86.4	52	45/70/108	84.7
覆盖区域	全球	±70°	全球	全球
工作频段	L	L(上行)/S(下行)	VHF	Ka
星间链路	有	无	无	—
服务时间	1998 年	1998 年	1998 年	暂停计划

①Iridium 卫星系统。

Iridium 卫星系统是美国摩托罗拉(Motorola)公司提出的一种利用低轨道卫星群实现全球卫星移动通信的方案,其目标是构建一个全球覆盖的卫星通信系统,通过卫星之间的接力来实现全球通信,使人们在任何地方都能通过便携式卫星电话进行通信。

Iridium 卫星系统是美国于 1987 年提出的第一代通信星座系统。该系统由几十颗卫星采取三轴稳定结构构成,其中每颗卫星的质量约为 0.67 t,功率为 1.2 kW,且拥有 3 480 个信道,整体的服务寿命为 5～8 年。通过卫星之间的接力来实现全球通信是 Iridium 系统的最大特点,这就相当于把地面蜂窝移动电话系统全部搬到了天上。相较于目前使用的静止轨道卫星通信系统,Iridium 卫星系统有两个显著的优势:一是该系统的通信轨道低,因此传输速率快,在传输过程中信息损耗小,使得通信质量大幅度提高;二是该系统不再设立特定的地面接收站,因为每部移动电话都可以与卫星相联络,这就使地广人稀的荒山野岭、通信滞后的冷僻山区和自然灾害现场等都变得畅通无阻。因此,铱卫星系统开始了卫星通信的新时代。铱星公司于 2010 年 6 月宣布了铱星二代(Iridium NEXT)计划,以取代超期服务的铱星星座,构建新的卫星星座。

②Globalstar 卫星系统。

Globalstar 卫星系统是美国劳拉高通卫星服务(Loral Qualcomm Satellite Service,LQSS)公司在 1991 年 6 月提交给美国 FCC 的一个低轨卫星移动通信系统。LQSS 公司是 Loral 太空总署与 Qualcomm 公司联合成立的合资公司。当时 Globalstar 卫星系统已经制定了卫星发射计划表,计划在 1997 年底发射 12～16 颗卫星,并在 1998 年发射剩余的卫星。在技术层面和结构设计方面,Globalstar 卫星系统与铱卫星系统均有很大的差别。Globalstar 卫星系统属于非迂回型,不单独组网,其中关口站把 Globalstar 卫星系统的卫星网络与地面公网和移动网相连接,从而保证全球范围内任意用户随时可以通过该系统接入地面公共网联合组网。Globalstar 卫星系统提出全球数字卫星移动通信系统,其廉价的通信业务涵盖了语音通话、数据传输、传真和定位等,作为地面蜂窝移动和其他移动通信系统的延伸。此外,它还类似于一个无绳电话系统,其服务范围不再受距离限制,只需持一部手机就可以在任意时段与世界上任何地方的用户建立可靠、迅速且经济的通信联络。

③Orbcomm 卫星系统。

Orbcomm 卫星系统是由美国 Orbital Sciences 公司和加拿大 Teleglobe 公司共同提出的,是一个商业化全球低轨卫星通信系统。Orbcomm 卫星系统是一个采用分组交换方式、全球覆盖、双向短信息的通信系统。Orbcomm 卫星系统提供四类基本业务:数据报告、报文、全球数据报和指令。利用 Orbcomm 卫星通

信系统，用户可以开展包括远程数据采集、系统监控、车辆船舶及移动设施的跟踪定位、短信息报文的传递、收发电子邮件等方面的应用。Orbcomm 卫星系统的应用领域包含交通运输、油气田、水利、环保、渔船和消防报警等。

④Teledesic 低轨卫星星座计划。

Teledesic 低轨卫星星座计划于 20 世纪 90 年代提出，目标是构建天基互联网，成为可提供在全球任何地方收发信息的天基互联网供应商。

传统的低轨卫星通信系统遇到的主要问题在经营方面，而非技术。通信卫星系统部署成本高昂、市场定位不佳及预期评估不足是导致其商业运营失败的主要原因[10]。这些卫星系统能够从技术上实现全球覆盖，但提供的通信服务在与地面固定和移动网络的竞争中完全没有优势。

(2)新兴低轨卫星通信系统。

进入 21 世纪后，计算机、微机电、先进制造等行业的快速发展推动了通信技术和微小卫星技术升级换代，进而使得卫星通信成本下降，低轨卫星通信星座凸显出广泛的应用前景。近年来，伴随着互联网的发展，全球低轨通信星座领域发展不断持续加速，目前已有十几家企业向美国 FCC 提交了 NGSO 卫星系统的市场准入许可申请，为全球用户提供干线传输和蜂窝回程业务。新兴低轨卫星通信系统见表 1.3，表中列出了国外几个典型的低轨通信卫星星座，并进行了浅析比较[10]。

表 1.3　新兴低轨卫星通信系统

公司 (系统)	OneWeb 公司 (OneWeb)	电信卫星公司 (Telesat)	SpaceX 公司 (Starlink)	低轨卫星公司 (LeoSat)	波音公司 (Boeing)
推出时间	2015 年	2016 年	2015 年	2015 年	2016 年
卫星数量/颗	一期：648 二期：900	117	一期：4 425 二期：7 518	108	2 956
总容量 /(Tbit·s^{-1})	5～10	15	8～10	1.2～2	—
工作频段	Ku(用户) Ka(测控)	V	一期：Ka/Ku 二期：V	Ka	V
轨道高度/km	1 200	1 000(极地) 1 248(倾斜)	一期：1 150 二期：550	1 400	1 000～ 1 200
卫星质量/kg	约 150	约 168	约 400	约 670	—
数据速率 /(Mbit·s^{-1})	50(用户)	1 000	1 000	50	—

续表 1.3

公司（系统）	OneWeb 公司（OneWeb）	电信卫星公司（Telesat）	SpaceX 公司（Starlink）	低轨卫星公司（LeoSat）	波音公司（Boeing）
时延/ms	20～30	30～50	25～30	—	—
星间链路	无	有	有	有	—
工程进度	6 颗试验星发射（2019 年 2 月 28 日）；卫星工厂开建	1 颗验证星发射（2018 年 1 月 12 日）	2 颗验证星发射（2018 年 2 月 23 日）	方案设计，计划融资	方案设计，寻求合作伙伴
最新进展	获得美国 FCC 的频率许可	FCC 已批准频率申请	FCC 已批准频率申请	获得 FCC 运营许可	—
项目投资	已融资 34 亿美元	—	>100 亿美元	约 36 亿美元	—

①SpaceX 卫星系统。

2016 年 11 月，SpaceX 公司正式向美国 FCC 提交在美国运营 Ka 频段低轨互联网通信系统的申请，旨在利用大规模低轨卫星提供全球高速宽带接入服务。SpaceX 公司又在 2017 年 3 月向 FCC 申请部署 V 频段低轨星座。此外，SpaceX 正式向美国专利商标局递交了卫星通信网络的商标申请“Starlink”。

SpaceX 系统整体星座以 40°的最小仰角提供对地球的完全连续覆盖。通过初期部署的首批 800 颗卫星（32 个轨道面，每个轨道面初始 25 颗卫星），系统将提供美国和国际商业宽带业务覆盖，共 1 600 颗卫星的初期部署全部完成后将提高整个系统容量，并增加对赤道地区的覆盖，业务主要集中在南北纬 60°之间。终期部署的 2 825 颗卫星发射后，将进一步增加系统容量，并增加对极地和高纬度地区的覆盖。SpaceX 系统包括三种地球站：TT&C 站、网关站和用户终端。TT&C 站直径约 5 m，数量相对较少[9]。Ka 波段网关站采用相控阵天线技术，有数百个站分布在美国，与主要的互联网对等点（Peering Point）共址或邻近，向卫星星座提供必要的互联网连接。Ku 波段用户终端也采用相控阵天线进行通信。SpaceX 系统卫星与网关之间的通信将采用 Ka 波段，卫星与用户终端之间的通信则采用 Ku 波段。系统还采用了星间激光链路，可实现无缝网络管理和连续服务。

②OneWeb 卫星系统。

OneWeb 创办于 2012 年，是一家航天初创公司，主要致力于构建覆盖全球的高速宽带网络，为世界各地提供高速宽带服务，以“建立世界上最大的互联网

卫星星座，让每个人都能方便上网”为目标。美国FCC于2017年6月22日表决批准了OneWeb公司提出的NGSO卫星星座计划，使其成为美国首个获批的新一代NGSO星座计划。该公司推出了其首个微型卫星“Constellation”，它能在全球范围内提供宽带接入。OneWeb计划的低轨道卫星系统将由约720颗卫星及在轨备份星构成，并且卫星数量还可进一步增加。除LEO卫星星座外，OneWeb还计划建设一个由1 280颗卫星构成的中地球轨道（Medium Earth Oribit，MEO）星座，并将根据服务需求和覆盖区域内的业务量在这两个星座之间动态分配业务。OneWeb称自己的“第一代”初始星座卫星数量将会是882颗，新的星座运行在包括低地球轨道和中地球轨道、Ku和Ka波段的频谱上[9]。

③Telesat星座。

美国FCC于2017年11月3日批准了Telesat公司部署LEO卫星星座进入美国提供卫星通信服务的申请。目前，Telesat公司的低轨卫星星座已获准在全球范围内使用V频段约4 GHz的频谱。

在技术上，OneWeb卫星星座与SpaceX、Telesat等竞争产品有显著的区别。首先就是在光束足迹（Beam Footprint）和视场区域（Field-of-View Areas）上的显著差异：SpaceX和Telesat具有可操纵和可塑造的用户光束；OneWeb则采用固定光束。另外，星座间不同纬度的视线内卫星数量差异很大：Telesat和SpaceX通过使用倾斜和极轨道将其卫星集中在±60°纬度范围内；OneWeb卫星包括18个倾角为87.9°的轨道面，每个轨道面包含40颗初始卫星，该配置可提供全球覆盖，大部分所覆盖区域的仰角大于60°。在频率分配方面，OneWeb和SpaceX的用户链路使用Ku波段，网关链路采用单极化、右旋圆极化（Right Hand Circular Polarisation，RHCP）和Ka波段；Telesat的用户和网关链路则都为Ka波段。可见，未来OneWeb与SpaceX用户链路、Telesat用户链路与OneWeb及SpaceX馈线链路都存在潜在的干扰影响[16]。

④低轨卫星公司LeoSat。

LeoSat公司于2018年底获得了FCC的许可，可在美国运营其网络，计划建造高吞吐量低轨通信卫星网络，采用星间链路技术，无须建立庞大的地面站网络，提供世界上最快、最安全和最广泛的数据覆盖网络。

⑤波音公司Boeing。

波音公司提出的NGSO固定卫星业务（Fixed Satellite Services，FSS）系统旨在为商业、机构、政府、专业用户及居民提供广泛的宽带互联网与通信服务。

⑥亚马逊Kuiper系统。

亚马逊公司推出Kuiper项目，计划发射3 236颗低轨通信卫星，在全球范围内提供低延迟、高速的互联网接入服务。其已向国际频谱监管机构提出频谱使用权申请，但目前仍未获批。

新兴低轨星座与Iridium等上一代星座在整体星座架构设计上并没有实质性的差别，只是在技术性能上更强，已能达到接近地面网络的性能。然而，新兴低轨星座的卫星数量普遍更多，导致卫星制造和测控运营的成本大大增加，这给商业化运营带来了严峻挑战。

2. 我国低轨卫星通信系统研究现状

2015年12月，我国首颗空间天文卫星“悟空号”暗物质粒子空间高能粒子探测卫星成功发射；2016年4月6日，我国首颗微重力科学实验卫星“实践十号”返回式科学实验卫星由长征二号运载火箭发射升空；2016年8月16日，我国在酒泉成功发射世界首颗量子卫星“墨子号”，并在2017年9月29日成功与奥地利进行了世界首次洲际量子保密通信视频通话；2017年6月15日，中国第一颗硬X射线调制望远镜(Hard X-ray Modulation Telescope, HXMT)卫星“慧眼号”发射升空，在2018年1月30日投入使用；2018年2月2日，我国第一颗天基地震电磁监测卫星“张衡一号”发射成功。除科学卫星技术外，我国在通信卫星和气象等方面也取得了重大突破。2016年12月，我国发射的“风云四号”(FY－4)卫星大幅提升了我国静止轨道气象卫星探测水平，FY－4也是我国首次获得彩色的卫星云图的卫星，其中WeChat目前的登录界面就是由FY－4拍摄的地球图像。此外，FY－4还用在了中央电视台的气象预报上，在此之前，我国的FY－2都是单一可见光通道。2017年4月12日，我国首颗高通量通信卫星“实践十三号”在西昌卫星发射中心成功发射，这代表着我国正式开启卫星高通量时代，其中最高通信总容量超过20 Gbit/s，远远超过了我国之前所有研制的通信卫星容量的总和。另外，我国已经开始建设全球卫星导航系统，早在2015—2016年间，我国陆续发射了五颗“北斗三号”试验卫星进行技术验证试验。2017年11月5日，我国发射首批两颗“北斗三号”地球中圆轨道导航卫星，于2020年组网完成，建成“北斗三号”系统并向全球提供服务。其定位精度显著增强，从原来“北斗二号”系列的10 m提高到了如今系列的2.5～5 m。此外，还通过地基增强系统来提供米级、亚米级、分米级及厘米级服务。2021年4月，中国卫星网络集团有限公司(简称中国星网集团)成立，主要承担国家卫星互联网系统建设工作。中国航天科工集团有限公司(简称航天科工)和中国航天科技集团有限公司(简称航天科技)也分别提出了建设由几百颗卫星组成的“虹云”和“鸿雁”星座计划，并开展了建设工作的步伐。中国电子科技集团有限公司(简称中国电科)牵头实施了天地一体化信息网络项目，构建了我国首个基于Ka频段低轨星间链路的双星组网小卫星系统。在民营企业中，银河航天作为先行者发射了两批试验星，自主研发出我国首颗通信能力达到24 Gbit/s的低轨宽带通信卫星，大大加快了国内低轨移动通信的进程。银河航天计划建造由上千颗5G通信卫星在1 200 km的近

地轨道组成星座网络，使用户可以高速、灵活地接入5G网络。2020年2月首发星成功开展通信能力试验，在国际上第一次验证了低轨Q/V/Ka等频段通信。使用手机连接银河卫星终端提供的Wi-Fi热点，通过这颗5G卫星实现了3 min视频通话。2022年3月，首次批量研制的6颗低轨宽带通信卫星——银河航天02批卫星成功发射，验证了我国具备建设卫星互联网巨型星座所必须的卫星低成本、批量研制及组网运营能力。

在低轨卫星物联网发展方面，我国低轨卫星通信系统见表1.4。我国以航天科技的“鸿雁”工程和航天科工的“虹云”工程推动，开启了低轨网络卫星组网的第一步。另外，众多民营企业也加快了相关融资，并已在商业化和卫星星座方面实现了抢跑。2020年6月，“行云”工程首发星核心技术得到了充分验证，示范应用测试稳步推进，这标志着我国在低轨卫星物联网星座应用方面的布局已然铺开。

表1.4　我国低轨卫星通信系统

公司（系统）	航天科技（鸿雁）	航天科工（虹云）	国电高科（天启）	九天微星	银河航天
星座规模	300颗	156颗	38颗共6轨道	800颗	>1 000颗
轨道高度	—	1 000 km	900 km	—	1 000～1 200 km
星座特点	移动+宽带星座（类似Iridium）	宽带互联网（类似Starlink）	卫星物联网星座	卫星物联网星座	低轨宽带通信卫星星座
侧重点	语音通信	宽带互联网	物联网应用	物联网应用	5G通信
工作频段	L/Ka	Ka	VHF/UHF	—	Q/V
工程进度	一颗试验星发射（2018年12月29日）	一颗验证星发射（2018年12月22日）	三颗业务星发射(2018年10月29日、2019年6月5日、2019年8月17日)；组网运行	“瓢虫”系列七颗卫星发射成功（2018年12月7日）；在轨验证	首发星发射（2020年1月16日）

(1)“鸿雁”工程。

鸿雁全球卫星星座通信系统是中国航天科技集团有限公司计划2020年建成的项目。2018年12月29日，“鸿雁”星座首发星在我国酒泉卫星发射中心由长征二号丁运载火箭发射成功并进入预定轨道，该卫星的成功发射标志着“鸿雁”星座的建设全面启动。中国“鸿雁”星座由300颗低轨道小卫星和一个全球数据业务处理中心组成，具有复杂地形条件、全气候条件、全时段及复杂地形条件下的实时双向通信能力，可为用户提供全球实时数据通信和综合信息服务。“鸿雁”星座将多个卫星应用功能聚集为一体，其卫星数据收集功能可实现大范围区域的信息采集，满足山川、气候、交通运输、海洋、地质灾害、防灾减灾等领域的监测数据信息传送需求，并可为大型能源公司、工程工厂等提供全球资产状态监控、应急救援和通信服务，其卫星数据交换功能可提供全球范围内双向、实时数据传输，如图片、短报文、音视频等多种媒体数据服务。该系统将搭载广播式自动相关监视装置，可从超高空间对全球航空飞机进行位置跟踪、监视及物流调控，增强飞行安全性及突发事故救助能力；还将搭载船只自动识别系统，可在全球范围内接收船只发送的信息，全面掌握船只的航行状态、位置、方向等，实现对远海海域航船只的监控及渔政管理。此外，该系统将具备移动通信广播功能，可向全球定点地区进行音频、视频、图像等信息广播播放，将是实现公共及定制信息一点对多点发送的有效途径，其导航增强功能还可为北斗导航卫星增强系统提供信息播发通道，提高北斗导航卫星定位精度。

(2)“虹云”工程。

“虹云”工程是中国航天科工五大商业航天工程之一，计划发射 156 颗卫星，它们在距离地面 1 000 km 的轨道上组网运行，致力于构建一个星载宽带全球移动互联网络。2018 年 12 月 22 日 7 时 51 分，中国在酒泉卫星发射中心用长征十一号运载火箭成功将“虹云工程”技术验证卫星发射升空，卫星进入预定轨道。虹云工程具备通信、导航和遥感一体化、全球覆盖和系统自主可控的特点。此外，它的一个关注的焦点在于：它在中国首次提出建立基于小卫星的低轨宽带互联网接入系统。“小卫星”“低轨”“宽带”的组合设定正符合贸易性的发展需求。由于“虹云”工程定位的主要使用群体是集群的用户群体，包括航空、铁路、轨道交通、森林郊区、作业团队及一些僻静区域的乡村、岛屿等，因此无人探测仪、无人超市行业等都是虹云工程未来可能服务的领域。“虹云”工程以其极低的通信延时、极高的频率复用率、真正的全球覆盖来满足中国及国际互联网欠发达地区、规模化用户单元同时共享宽带接入互联网的需求，同时也可满足应急通信、传感器数据采集以及工业物联网、无人化设备远程遥控等对信息交互实时性要求较高的应用需求。

(3)“天启”卫星物联网。

“天启”星座秉承“万物互联，星座护航”的理念，采用更高效的通信体制和频谱效率，可以有效解决地面网络覆盖盲区的物联网应用，广泛应用于地质灾害、水利、环保、气象、交通运输、海事和航空等行业部门的监测通信需求，服务国家军民融合战略。

我国在低轨卫星星座方面，无论是规划还是商用建设都走在了前列，与全球

领先水平齐平。在国家力量的带领下，相关产业链有望快速培育和成熟，并通过领先优势占据优质轨道、频率等稀缺资源，给广大民营商用运营项目提供更好的发展环境和产业链基础。

1.2.2 低功耗广域物联网技术

根据国际电信联盟定义，物联网是解决物品与物品、人与物品、人与人之间互联互通的网络[11]。物联网以机器到机器（Machine to Machine，M2M）为基础，借助云计算、大数据等技术构建万物互联的生态体系[12]。物联网时代的物物相连将会使百亿以上物体连入网络，根据全球移动通信系统协会（Global System for Mobile Communications Association，GSMA）预测，2025 年物联网总连接数目将达到 252 亿[13]。

百亿计的物联需求对传统的近距离无线接入和移动蜂窝网通信技术提出更高的要求，传统移动蜂窝网络的高使用成本和高功耗催生了专为物联网连接设计的低功耗广域（Low Power Wide Area，LPWA）连接技术[14-15]，对应中低速率应用场景（传输速率<1 Mbit/s），拥有低功耗、广覆盖、大容量、扩展性强等特征，更符合室外、大规模接入的物联网应用。传输速率与覆盖距离对比如图 1.4 所示。

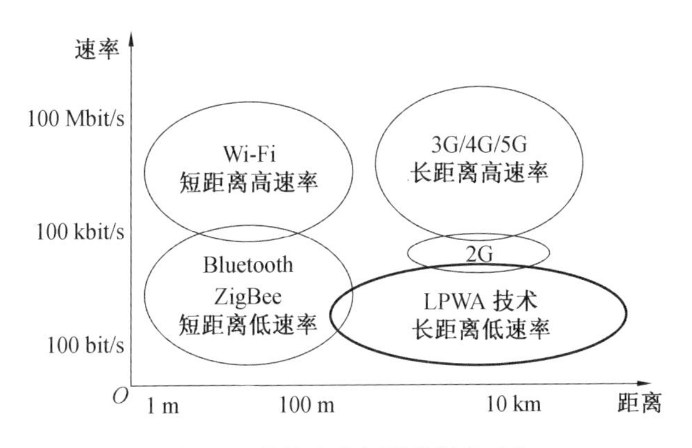

图 1.4 传输速率与覆盖距离对比

作为物联网市场最重要的技术之一，低功耗广域物联网（Low Power Wide-Area Network，LPWAN）正以年复合增长率 90%的惊人速度增长。物联网连接量分布及其应用场景分类如图 1.5 所示。

主流的 LPWA 技术可以归为两类：一类是工作于授权频谱下的蜂窝通信技术，如 NB－IoT 和增强机器类通信（eMTC）；另一类是工作于非授权频谱的私有专利技术，如 Sigfox 和 LoRa。LPWA 技术性能指标对比见表 1.5。

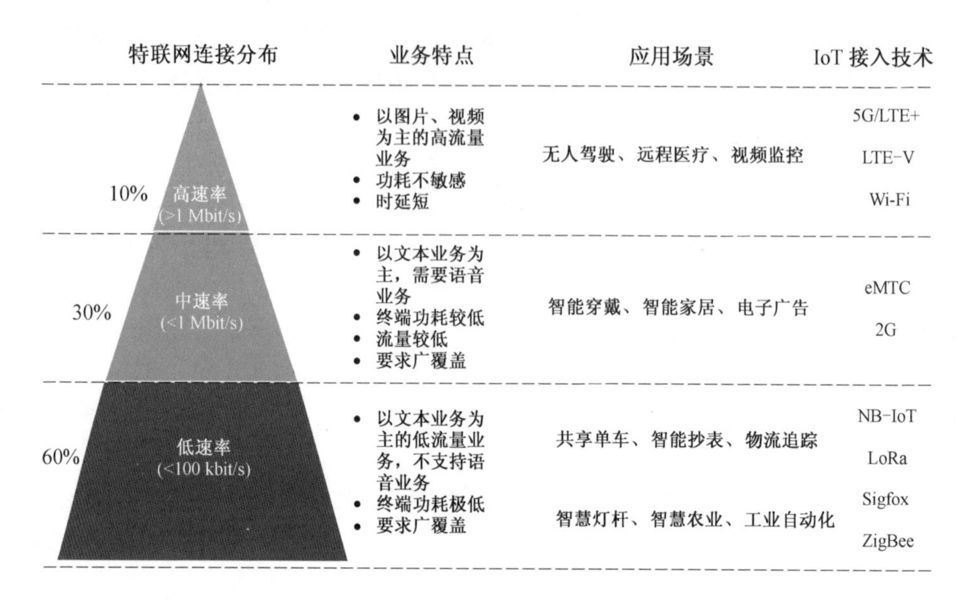

图 1.5　物联网连接量分布及其应用场景分类

表 1.5　LPWA 技术性能指标对比

指标	LPWA 需求配置	授权频谱		非授权频谱	
		eMTC	NB－IoT	LoRa	Sigfox
频率	—	800/900/1 800/1 900/2 100/1 447～1 467/1 785～1805 MHz	GSM，LTE 频段	433/868/780/915/902 MHz，ISM	865～868/902～928 MHz，ISM
信道带宽	—	20 MHz	200 kHz	＞125 kHz	100 Hz
调制接入方式	—	上行：SC－FDMA 下行：OFDMA	上行：FDMA 下行：OFDM	FSK＋Chirp 扩频	BPSK
覆盖	极深广度覆盖	15 km 155.7 dB	8 km(城市) 35 km(空旷) 164 dB	5 km(城市) 15 km(空旷) 155 dB	10 km(城市) 50 km(空旷) 160 dB
时延	—	＜100 ms	10 s	—	—
功耗	10 年	约 10 年	约 10 年	3～5 年	约 10 年

续表 1.5

指标		LPWA 需求配置	授权频谱		非授权频谱	
			eMTC	NB－IoT	LoRa	Sigfox
平均模组成本		<5 美元	<10 美元	<5 美元	约 7 美元	<5 美元
连接数		5 万/小区	约 1.8 万	约 5 万	约 1 万	约 1 万
速率	上行峰值	>160 bit/s	1 Mbit/s	250 kbit/s	0.3～50 kbit/s	0.1 kbit/s
	下行峰值	>160 bit/s	1 Mbit/s	250 kbit/s	0.3～50 kbit/s	0.6 kbit/s
其他	移动性	低速/无业务连接性要求	高速/小区切换	低速/小区重选	低速/小区重选	低速/小区重选
	语音能力	不要求	支持	不支持	不支持	不支持
网络部署		—	可复用 LTE 频谱和站点	可复用 LTE 频谱和站点（TDD 网络不支持）	建设独立网络	建设独立网络
发展现状		—	迅速发展	迅速发展	较为成熟	成熟商用

NB－IoT 由通信行业最具权威的标准化组织第三代合作计划（3rd Generation Partnership Project，3GPP）制定并由国际电信联盟 ITU 批准，属于国际标准；Sigfox 和 LoRa 核心技术分别归属于法国 Sigfox 和美国 Semtech 公司，属于企业私有技术。特别地，5G 下的 NB－IoT 技术已成主流，在 2019 年 7 月 17 日的 ITU－R WP5D＃32 会议上，中国完成了 IMT－2020（5G）候选技术方案的完整提交，其中低功耗广域物联网技术 NB－IoT 被正式纳入 5G 候选技术集合。此外，LPWA 技术还包括 INGENU RPMA、TELENSA、QOWISIO、WEIGHTLESS－W/N/P、Dash7 等[16-18]。

目前，我国已形成 NB－IoT 和 LoRa 两大技术阵营，国家政策频繁落地大力推动 NB－IoT 的发展，对 LoRa 则持观望态度。二者网络特点不同，其中 NB－IoT 优势在于覆盖范围，而 LoRa 则胜在覆盖深度，因此 NB－IoT 更适合地域分布广泛且具有移动属性的分散型应用场景。LoRa 可实现灵活部署，能更好地满足终端较为集中的行业性应用需求，NB－IoT 与 LoRa 应用场景分析见表 1.6。

表 1.6　NB－IoT 与 LoRa 应用场景分析

领域	场景	主要受限因素分析	选择
公共事业	智能表计	该场景终端地域分布较广，NB－IoT 更合适	NB－IoT
消费与医疗	智慧医疗 共享单车跟踪定位	这几种应用场景终端分散且有一定的移动性，NB－IoT 更合适	NB－IoT
智慧楼宇	智能烟感	两种技术均能满足要求	均可
农业与环境	农业气候土壤监测	两种技术均能满足，但 NB－IoT 在偏远地区及农村覆盖差，LoRa 更合适	LoRa
智慧物流	物流	终端移动性且地域分布较广，NB－IoT 更合适	NB－IoT
智慧城市	智能灯杆 环境管理 城市停车	终端地域分散广泛且对通信质量及频率要求较高，NB－IoT 更合适 环境管理包括垃圾桶、窨井盖，终端地域分散广泛，NB－IoT 更合适	NB－IoT
智慧工业	环境监测 机控系统监测	终端静止且较为集中的行业应用，两种技术均能满足需求，但由于涉及企业数据隐私问题，可以用 LoRa 部署私有网络，因此 LoRa 更合适	LoRa
	自动贩售机	终端地域分散广泛，NB－IoT 更合适	NB－IoT

LPWA 技术作为广域物联网的主力，主要应用于表 1.6 中所述的七大垂直领域，应用场景具有极强的差异性且行业特征明显，单一技术不能满足所有的场景需求。目前，我国 NB－IoT 与 LoRa 已落地，场景严重重叠且竞争激烈，未来两种技术必定在竞合之间找到各自定位，最终呈现以 NB－IoT 为主、LoRa 为辅协同发展的局面。NB－IoT 部署于授权频段，不存在被清频的风险，同时能够提供更高的服务质量，但是无法提供行业定制服务，限制其应用范围。据悉，NB－IoT 有意部署于非授权频段，面向政企行业物联网市场，目前该方案尚未成型。分析现有低功耗广域物联网技术不难看出，全面覆盖物联网市场应用，部署频段必须同时包括授权和非授权频谱，这进一步加剧了对频谱资源的竞争。

为进一步扩展低功率广域物联网的通信范围，引入了低轨卫星通信系统，构建低轨卫星物联网[19-20]。地面物联网与低轨卫星物联网分析比较见表 1.7。可以看到，与地面物联网相比，低轨卫星物联网优势明显，其为实现广域万物互联提供基础支撑。

表 1.7　地面物联网与低轨卫星物联网分析比较

指标	地面物联网	低轨卫星物联网
覆盖范围	数公里级	全球覆盖
服务终端	<5 万	>100 万(海量)
传输体制	NB－IoT、LoRa	星地融合
技术方案	成熟	国外有成熟案例,我国正从技术验证转向工程实践
系统稳定性	受天气、地理条件约束,自然灾害影响比较大	几乎不受天气、地理条件影响,可全天时、全天候工作
应用场景	共享单车、智能家居、智慧城市	物流监测、环境保护、水文监测、一带一路

此外,相比于高轨卫星长时延和大功率损耗的特点,低轨卫星能够更好地契合低功率广域物联网的应用需求。目前,NB－IoT 和 LoRa 都在寻找与低轨卫星通信系统的结合[21-23],实现地面物联网的纵向立体拉伸。

新兴低轨卫星通信系统的不断涌现必然带动低轨卫星物联网产业的迅速发展。作为全球物联网、5G 产业的重要组成部分以及未来 6G 的主要方向,卫星物联网将会分享物联网、5G 和未来 6G 产业带来的巨大商机。

物联网是依托互联网实现互联的,但是在互联网未覆盖的区域或因自然灾难造成互联网瘫痪等情况下,如何实现信息的互联和传递呢? 由此提出了天地一体物联网的构建思路,即以空间飞行器(卫星、飞船、空间站)为信息传输节点,为地面与地面、地面与空间、空间与空间的物联数据传递提供传输网络。天地一体物联网的结构示意图如图 1.6 所示[24]。

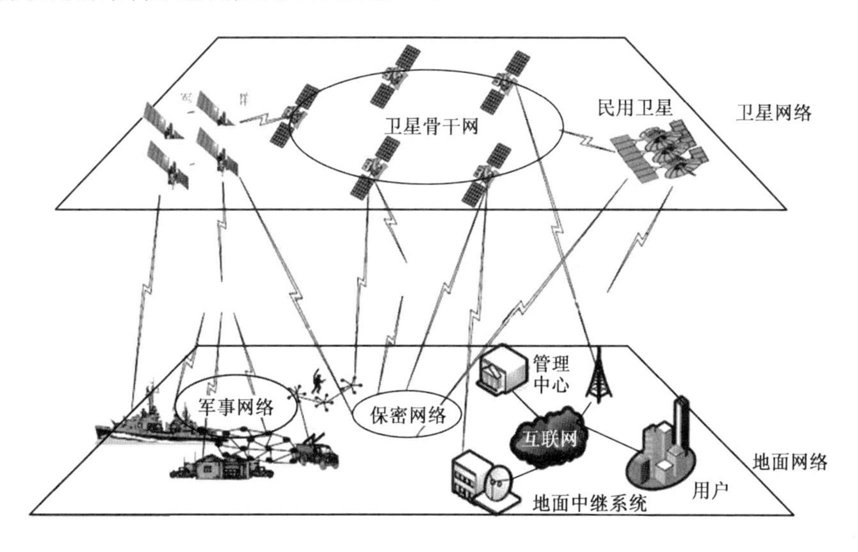

图 1.6　天地一体物联网的结构示意图

1.2.3 天地一体物联网的发展背景和优势

1. 发展背景

由于大部分人类活动仍以地球表面为主，因此以卫星为中心或融合卫星的各类应用系统的发展离不开“天地一体化”的概念，即天基信息系统支持并融合地面应用为用户服务。无论是互联网发展之初利用卫星实现跨洋通信、卫星数字多媒体广播，还是各类对地观测卫星系统，天地一体化都已经成为与卫星相关的各类应用系统的基本要求[24]。

不同于单一系统或单一任务，天地一体化信息网络中的“天”是指由卫星等空间飞行器作为主要节点组成的天基网络，而“地”主要指由地面站网络、卫星应用专网和互联网等共同组成的地球表面网络。通过网络架构和协议体系层面的设计，屏蔽天地各类系统在技术体制层面的显著差异，为终端用户提供跨系统的、无须区分天地的各种服务与应用，实现一体化信息共享与利用是未来天地一体化信息网络发展的主要目标[24]。

2. 优势

鉴于系统的特点，天地一体物联网比传统物联网增加了许多独特的优势：

(1)通信网络覆盖地域广，可实现全球全天候覆盖；

(2)跨地域通信网络搭建快捷，传感器的布设几乎不受空间限制；

(3)系统抗毁性强，适应能力强，自然灾害、突发事件等应急情况下依旧能够正常工作[11]。

天地一体化网络可以综合多种航天系统，包括侦察监视、环境与灾害监视、资源探测、预警、导航定位、通信广播、空间防御与对抗等，具有自主运行和管理能力及智能化的信息获取、储存、处理和分发能力。利用天地一体化信息网络的优势，通过天地一体物联网载荷和终端设备，将复杂环境下的传感器连入天地一体物联网，实现物联信息的跨地域传输，是解决目前地面物联网短板的有效途径。随着我国天地一体化信息网络技术的不断发展，天地一体物联网的应用前景十分广阔[11]。

1.2.4 天地一体物联网应用分类

天地一体物联网[25]的应用领域十分广泛，不同应用领域的用户数量、数据大小及对实时性的要求存在较大差异，这些差异给天地一体物联网的设计带来了挑战。根据这些数据信息的特征差异，可以将适合天地一体物联网的应用对象分为以下三类[11]。

1. 数据采集类

(1)参数采集类。

参数采集类包括布设在轨道交通、输电线路、输油管道、森林山区的监测传感器等。这种类别数据主要是由固定式的参数信息组成的,它们的数据量很小,一般都只有比特量级。因此,它们对于传输过程中的带宽、速率及硬件设施都要求不高,使得终端容易做到小型化,适合大范围添设,更适用于多用户。而在实时性方面,一般采用传统的转发机制——存储转发的机制,不需要具备像实时语音那样苛刻的要求,数据采集的时间间隔也会根据应用的不同而改变,一般是数分钟到数小时不等。关于接入方式,可采用低轨卫星接入,用户链路速率设计在千比特每秒量级,馈电链路几十千比特每秒即可满足要求,如 Orbcomm 系统[11]。

(2)图像/视频采集类。

图像/视频采集类包括无人侦察机、弹载侦察设备、浮空设备等。由于这种类别的数据主要是视频和图像,相比于固定式参数信息,它们的数据量十分庞大,因此传输速率需要从数十千字节每秒到数百兆字节每秒不等才可满足大数据传输,如实时指挥无人机战术战略。此类应用一般采用宽带卫星接入,因此设计传输速率要达到数十乃至上百兆字节每秒。例如,美国全球鹰无人侦察机每秒数据在百兆字节量级,并且在一些特定情况下会有更高的实时性要求,所以该类数据采集对系统的性能提出了较高要求[11]。

2. 数据广播类

广域宽/窄带信息主要用于传输各类传感节点、控制节点、作战单元、应急信息、天气信息、交通状况等数据。其中,广播类的数据种类繁多,在某些应用下对实时性有一定的要求,如电视直播和战区下达的行动指令。但无论是数据量较小的指令参数还是数据量大的高清视频,都可以采用卫星广播实现。卫星系统采用高轨宽带,星上硬件配置较高,天线具有较大阵面,地面终端类型多样、大小不一。数据广播类的应用目前较为成熟,这里不做过多分析。但其对天地一体物联网的整体建设至关重要,是一种不可或缺的业务组成和手段[11]。

3. 控制类

数据率较低、实时性高、信道专用、可靠保障高的应用场景主要包括轨道交通、航空、船只、导弹、无人探测仪、无人车、临近空间飞行器等控制指令和实时状态信息,如在军事上空中行动的引导指挥、战情的报告、无人设备的指挥控制和请示等。民用上主要是一些远距离空战、无人装置或值守站下达的行动指令,如荒野无人值守电力站控制、宇宙探测器控制等。由于传输的数据以控制类信息为主,因此数据量较小,只需要千比特每秒量级甚至是比特每秒量级通信链路即可满足速率要求。但是由于控制指令至关重要,需要容错性低,因此该应用对信息传输的安全性、可靠性要求十分高,系统设计时要重点考虑安全保密、编译码纠错、抗干扰等。同时,由于控制目标的状态可能会随时间而变化,因此实时性的要求对于该应用也是非常高的[11]。

根据天基物联网的应用目标的不同,可以有针对性地实施“天地合一”的体系结构。例如,对于数据采集类的应用,由于用户数量大、信息量小,因此相应的终端应该采用微型化的方式,采用低轨道数据的采集方式来解决这些用户的需要;对于具有广泛分布且有大致相同信息需求的广播类型的使用者,使用高轨道广播更为适宜;对于控制类的应用,其实时性要求较高,建议采用低空轨道通信方式,并设置一个固定通道,保证实时传递的数据和指示[11]。

1.3 本章小结

本章从天地一体化网络发展入手,详述国外天地一体化系统总体架构和典型系统,以及我国在卫星通信、天地一体化物联网等领域的现状,详细介绍了天地一体物联网的发展背景、优势及应用分类。

本章参考文献

[1] EVANS B G, THOMPSON P T, CORAZZA G E, et al. 1945—2010: 65 years of satellite history from early visions to latest missions [J]. Proceedings of the IEEE, 2011, 99(11SI): 1840-1857.

[2] KILCOYNE D K, ROWE S A, HEADLEY W C, et al. Link adaptation for mitigating earth-to-space propagation effects on the NASA scan testbed [C]. Big Sky:2016 IEEE Aerospace Conference, 2016: 1-9.

[3] GÜRSUN G. Routing-aware partitioning of the internet address space for server ranking in CDNs [J]. Computer Communications, 2017, 106: 86-99.

[4] 江丽琼. 基于业务优先级的天基动态网络用户接入技术研究[D]. 哈尔滨:哈尔滨工业大学, 2017.

[5] RAGAVAN B, MONISHA S. Effect of polyherbal extract on TCA cycle enzymes and heart tissue histology in isoproterenol induced myocardial rats [J]. Journal of Environmental Biology, 2017, 38(3): 401-408.

[6] FOGLIATI V. Basic pillars for the ISICOM system development[C]. Siena Tuscany:2009 International Workshop on Satellite and Space Communications,2009: 99-103.

[7] JOHNSTON B,HASLAM M, TRACHTMAN E, et al. SB－SAT－Persistent data communication LEO spacecraft via the Inmarsat－4 GEO constellation[C]. Vigo:2012 6th Advanced Satellite Multimedia Systems Conference (ASMS) and 12th Signal Processing for Space Communications Workshop (SPSC), 2012: 21-28.

[8] 蔺萍. 星地一体化网络基于资源分配的干扰协调技术研究[D]. 哈尔滨:哈尔滨工业大学, 2017.

[9] 徐媚琳. SDN/NFV 架构下的空间网络资源调度技术研究[D]. 哈尔滨:哈尔滨工业大学, 2020.

[10] 周兵, 刘红军. 国外新兴商业低轨卫星通信星座发展述评[J]. 电讯技术, 2018, 58(09): 1108-1114.

[11] 柳罡, 陆洲, 周彬, 等. 天基物联网发展设想发表[J]. 中国电子科学研究院学报, 2015(6): 586-592.

[12] 刘彦飞, 王成, 余成波, 等. 基于 ZigBee 的数据透明传输系统的设计[C]. 成都: 2009 国际信息技术与应用论坛论文集(上), 2009: 80-81,104.

[13] 艾瑞. 中国物联网 LPWA 技术研究报告[R]. 2018.

[14] 田敬波. LPWA 物联网技术发展研究[J]. 通信技术, 2017, 50(8): 1747-1751.

[15] 李俊画. 浅析物联网通信技术[J]. 现代传输, 2017(5): 57-60.

[16] RAZA U, KULKARNI P,SOORIYABANDARA M. Low power wide area networks: an overview[J]. IEEE Communications Surveys & Tutorials, 2017,19(2): 855-873.

[17] AYOWB W, SAM A E, NORUEL F, et al. Internet of mobile things: overview of LoRa WAN,DASH7, and NB－IOT in LPWANs standards and supported mobility[J]. IEEE Communications Surveys & Tutorials, 2019,21(2):1561-1581.

[18] KAIS M, EDDY B, FREDERIC C, et al. A comparative study of LPWAN technologies for large-scale IoT deployment[J]. ICT Express, 2019,5(1):1-7.

[19] WANG Y P, LIN X, ADHIKARY A. A primer on 3GPP narrowband internet of things[J]. IEEE Communications Magazine, 2017,55(3): 117-123.

[20] QU Z, ZHANG G, CAO H,et al. LEO satellite constellation for internet of things[J]. IEEE Access, 2017,5: 18391-18401.

[21] CLUZEL S, FRANCK L, RADZIK J, et al. 3GPP NB－IoT coverage extension using LEO satellites [C]. Porto: 2018 IEEE 87th Vehicular Technology Conference (VTC Spring), 2018:3-6.

[22] DORE J, BERG V. TURBO－FSK: a 5G NB－IoT evolution for LEO satellite networks[C]. Anaheim: 2018 IEEE Global Conference on Signal and Information Processing (GlobalSIP), 2018: 26-29.

[23] WU T, QU D, ZHANG G. Research on LoRa adaptability in the LEO satellites internet of things[C]. Tangier: 2019 15th International Wireless Communications & Mobile Computing Conference (IWCMC), 2019: 24-28.

[24] 张乃通，赵康健，刘功亮. 对建设我国"天地一体化信息网络"的思考[J]. 中国电子科学研究院学报，2015(3)：223-230.

[25] 曾业，周永将. 天地一体化信息网络天基物联网应用体系研究[J]. 现代导航，2016(5)：372-376.

天地一体物联网的体系架构

2.1 引　　言

随着通信技术的飞速发展，人类活动已经不仅仅局限于地球表面。在对于太空的不断探索方面，人类的通信活动也涉足其中，包括各类具有不同功能的卫星网络及与卫星紧密联系的各种应用系统。这些“上天入地”的活动都与“天地一体化”的概念息息相关。换句话说，天基系统的发展不能独立进行，必须要能够与地面系统融为一体，在支持地面网络的同时，作为地面通信系统的扩展。互联网发展初期，通过卫星实现跨洋通信[1]。后来，卫星系统持续快速发展形成的各类对地实时观测系统及其他各种系统都已经离不开天地一体化。天地一体化系统网络架构如图2.1所示，其主要组成部分包括应用层、骨干传输层、接入层、感知层和时空基准层[3,6]。

显而易见，天地一体化系统与单一系统之间的差异相当显著。具体来说，天地一体化系统中的“天”是指天基网络，该网络的组成包含各类卫星、航空器和空间飞行器；而“地”是指地面系统，主要涉及各类地面专网、互联网、地球站、移动终端等。通过对天地一体化信息网的网络体系架构和各类技术协议的研究，各系统的共通性达到最大，互联互通，给予各种终端无区别的一体化的各类服务，从而实现信息共享，这是将来天地一体化信息网的主要走向[2-3]。

天基网络是由航空器、空间飞行器及位于不同轨道面上的不同卫星组成的

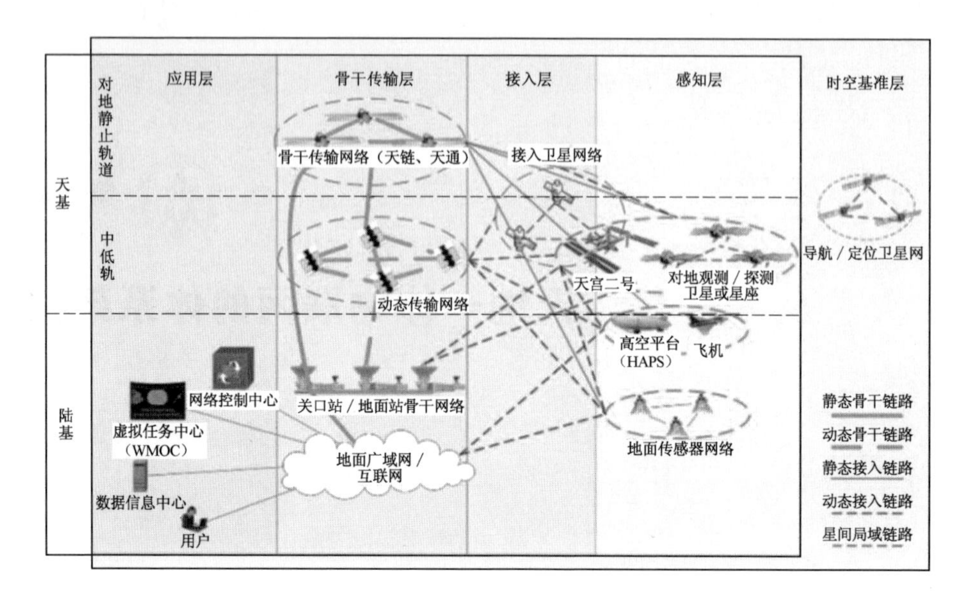

图 2.1　天地一体化系统网络架构(彩图见附录)

层次化立体化网络。天基网络的节点特征不同于地面网络的节点，如高动态性和网络异构性。同时，天基网络需要各节点能够灵活、快速地加入或退出(如升空平台、有人无人航天器等)网络，而节点故障和系统扩容则要求整个网络的接入控制协议能自适应完成网络重构和功能适变，即要求网络节点能根据整体网络环境和自身功能、参数进行自动配置，实现与其他节点的通信，并在任务变化或发生故障时方便地从网络中退出，而不需要复杂的系统再配置，从而实现天基的骨干或接入节点安全可控、用户快速随需地接入天基网络。而根据我国的地理位置和国土面积，设计一种具有良好的覆盖特性及符合我国未来天基网络建设需求的卫星网络体系结构具有重要意义[3]。

此外，与执行单一任务的通信系统相比，天地一体化信息网中的天基系统具有其独特的差异，如天基环境非常复杂、功能多样，这些特点导致它对通信质量有更高的需求。如何高效地利用空间通信资源来保证不同卫星终端用户的通信要求成为数据链路层接入算法亟待解决的问题。针对快速运行的天基用户，如接入层中的卫星(MEO、LEO)、骨干层网络(GEO)，它们之间在实行接入时会遇到以下几个问题[3]：

(1)通信时间短；

(2)业务数据量巨大；

(3)不能破坏业务数据的完整性。

这些天基网络特有的性质要求系统的接入性能必须高可靠、高质量，而目前

卫星通信系统中的接入技术还不能很好地实现这一要求。因此，本章将依照天基网络特有的通信环境和接入需求，研究天基网络中接入性能的各种影响因素，设计一种简洁高效的面向“骨干/接入”模型的卫星网络体系结构及适用于该系统的天基动态网络用户的接入方案，尽可能地满足天基系统中高速终端用户的接入性能[3]。

2.2 卫星星座

卫星星座是卫星通信系统完成既定通信任务的基础，因此卫星星座设计在决定卫星移动通信系统的整体性能方面是至关重要的，包括投资成本、覆盖范围、业务类型等[8]。

2.2.1 经典星座设计方法

1. 极轨道星座设计方法

极轨道是卫星轨道倾角为 90°的轨道。利用足够多的卫星和适当的相位关系，只用极轨道卫星就能获得连续的全球覆盖卫星通信系统或覆盖高纬度地区即包括两极的区域覆盖卫星通信系统[8]。

极轨道卫星星座设计基于图 2.2 所示的卫星覆盖带的思想。卫星覆盖带是位于同一个轨道面内的卫星因相邻重叠而形成的连续覆盖形状，利用多个这样的连续覆盖带就可以形成对全球或某一区域的连续覆盖。由图 2.2 可以推导得到单颗卫星覆盖地球的半地心角 α 与同一个轨道面内相邻卫星重叠形成的卫星覆盖带半宽度 c 之间的关系为[8]

$$c=\arccos \frac{\cos \alpha}{\cos(\pi/S)} \tag{2.1}$$

式中，S 是每一个轨道平面内分布的卫星数。

对于极轨道卫星星座，相邻轨道面之间的卫星存在两种相对运动关系：顺行和逆行。相邻轨道面间的卫星相对运动是顺行方向即同一方向，则相邻卫星之间的相位保持不变；而相对运动是逆行方向即反方向，则卫星之间的相位一直随着卫星的旋转而改变。这两种不同的轨道面相对运动关系会导致覆盖带组成的覆盖宽度不同，同时在建立星间链路方面也是有区别的。相邻轨道面覆盖的几何关系如图 2.3 所示[8]。

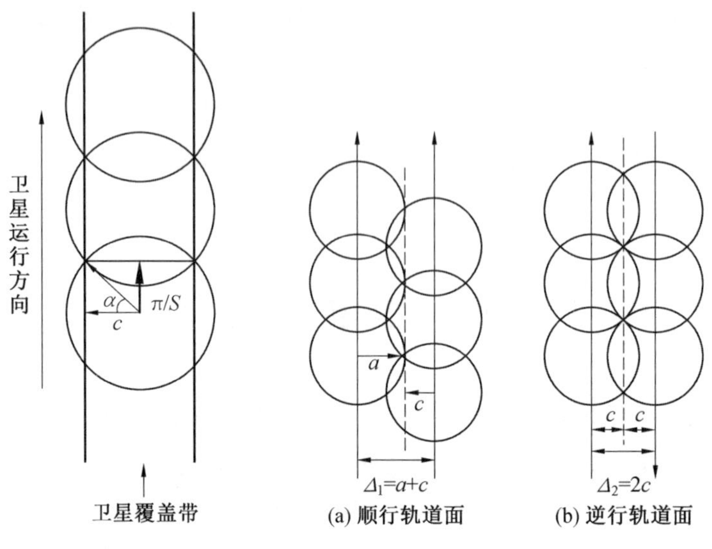

图 2.2　卫星覆盖带　　　　图 2.3　相邻轨道面覆盖的几何关系

顺行轨道可以利用相邻轨道面卫星之间合理设计的相位关系，令两个覆盖带外面的覆盖区域恰好交错重叠，形成连续的无缝覆盖区域，最后可以增加顺行轨道面之间的相对相位差，减少所需要的轨道面数量；逆行轨道面中的卫星存在着相对运动，导致相位关系随时变化，不能时刻保证覆盖带以外的覆盖区域可以相邻重叠交错，因此没有顺行轨道面的性质，只能按照覆盖带的宽度进行覆盖。通过图 2.3 可以推导出极轨道卫星星座中顺行轨道面和逆行轨道面之间的经度差 Δ_1 和 Δ_2 分别表示为[8]

$$\Delta_1 = \alpha + c \tag{2.2}$$

$$\Delta_2 = 2c \tag{2.3}$$

由于极轨道卫星星座中卫星轨道倾角为 90°，结构与倾斜轨道不同，因此极轨道星座中的卫星在地球上空的分布并不是均匀的，表现在卫星在赤道附近的纬度圈上比较稀疏，覆盖带恰好重叠，越接近两极地区，纬度圈的半径越少，导致覆盖重叠的部分越多，从而在高纬度地区特别是在两极区域的卫星最为密集。因此，当采用极轨道卫星星座实现全球覆盖时，只需考虑覆盖带对赤道区域实现连续无缝覆盖；当考虑对极区的区域进行覆盖时，仅需要对极区最低的那一纬度圈进行连续无缝覆盖，就能实现所有要求目标区域的覆盖[8]。

根据极轨道星座覆盖的特点，可以推导出实现全球覆盖时，星座参数应满足[8]

$$(P-1)\Delta_1 + \Delta_2 = \pi \tag{2.4}$$

式中，P 为星座总的轨道面数量；Δ_1 和 Δ_2 分别为顺行和逆行轨道面间的经度差。

将式(2.2)和式(2.3)代入式(2.4),得

$$(P-1)\alpha+(P+1)c=\pi \tag{2.5}$$

将式(2.1)代入式(2.5),可得

$$(P-1)\alpha+(P+1)\arccos\frac{\cos\alpha}{\cos(\pi/S)}=\pi \tag{2.6}$$

根据式(2.6),可以在给定星座轨道面数量和轨道面内卫星数量时求解单颗卫星覆盖地球的半地心角 α,然后根据覆盖公式计算轨道高度,并通过式(2.2)和式(2.3)计算 Δ_1 和 Δ_2。也可以先给定轨道高度和每个轨道面内的卫星数量 S,计算所需要的轨道平面数 P[8-9]。

2. 倾斜圆轨道星座设计方法

倾斜圆轨道星座设计时通常考虑多个轨道平面,各轨道平面具有相同的卫星数量、轨道高度和倾角,每一个轨道平面中的所有卫星等间隔分布,各轨道面的右旋升交点在参考平面内也均匀分布,相邻轨道面相邻的两颗卫星之间存在一定的相位关系[8]。

倾斜圆轨道星座中常用的星座结构为 Walker 星座。Walker 星座常采用三个参数来进行表示,标示为 $T/P/F$。其中,T 表示卫星星座中卫星的总数量;P 表示卫星所有的轨道面数量;F 表示相位因子($0\leqslant F\leqslant P-1$)。相位因子可以用来确定相邻轨道的两颗相邻卫星的相位差 $\Delta\omega_f$[8],即

$$\Delta\omega_f=2\pi\cdot F/T \tag{2.7}$$

在卫星数量相同、轨道高度一致的前提条件下,因为 Walker 星座中的卫星之间的相位相等,分布更加合理、均匀,所以 Walker 星座的覆盖性能比极轨道星座更优越。因此,大多数非静止轨道卫星移动通信系统更倾向于采用 Walker 星座[10]。但是相比于 Walker 星座,极轨道星座能够实现包括两极地区的真正全球覆盖,因此在设计时也需要全面考虑[8]。

2.2.2　卫星星座参数的优化

卫星星座的优化设计主要从以下几个方面来考虑:轨道高度、轨道偏心率和倾角、轨道面数和轨道面内卫星数量、多星/单星覆盖要求、卫星的复杂度和成本、卫星寿命、要求的最低通信仰角、分集覆盖范围、手机功率、范·艾伦辐射带的影响、卫星发射的灵活性、传播时延和系统可靠性。下面对其中的几个主要参数进行介绍[8]。

1. 轨道高度

卫星轨道高度越高,卫星的覆盖范围就越大,实现整个目标覆盖区域的卫星数量也就越少。但是卫星轨道高度越高,相应地会带来更大的自由空间损耗,这

就要求增加星上转发器或降低信息速率。较低的轨道高度意味着可用较小的转发器或可获得较高的信息传送速率,并且卫星的发射成本较低。卫星高度越低,就需要越多的卫星来完成覆盖。显然,卫星数量的增加虽然增加了系统的冗余度,但成本和复杂度也相应降低了[8]。

另外,为方便网络操作和轨道控制,最好选择轨道周期与一个恒星日成整数倍的关系,即采用回归或准回归轨道。

2. 轨道偏心率和倾角

对于全球卫星通信系统,要求卫星轨道关于赤道对称,因此在进行星座设计时一般采用圆轨道,由圆轨道组成的星座能够均匀地覆盖南北半球。但对于区域卫星通信系统,如果要求覆盖的区域对于赤道轨道是不对称的,则不一定采用圆轨道;如果要求覆盖区域的纬度较高,则采用高倾斜椭圆轨道可能更好一些。椭圆轨道的远地点对着所需要覆盖的区域,可以获得相对较长的覆盖时间。对于椭圆轨道,除轨道倾角为63.4°外,为保持相对的轨道位置,还必须对卫星进行轨道位置保持控制,否则由于轨道近地点幅度摄动的存在,因此远地点偏离要求覆盖的服务区域。另外,采用椭圆轨道后,还要求卫星天线能够随着卫星的运动而调整星上天线的指向。因此,目前大部分移动卫星通信系统都采用圆轨道,部分采用轨道倾角为63.4°的椭圆轨道[8]。

轨道倾角可以为0°(赤道轨道)~90°(极轨道),通过调整轨道倾角来对指定区域进行最佳覆盖。只要有足够多的卫星和适当的相位关系,只用极轨道卫星就能获得连续的全球覆盖,如Iridium卫星系统;利用适当的倾斜轨道卫星也能达到连续的全球覆盖,如全球星系统。对于区域卫星通信系统,处于赤道地区可以用赤道轨道,中纬度地区用倾斜轨道,而极地用极轨道或大倾角(大于70°)轨道。一个给定区域的覆盖范围也可以用上述赤道轨道、极轨道和倾斜轨道的结合来得到。对于圆轨道移动卫星通信系统而言,如果要求对目标区域进行连续覆盖,则本质上就是连续覆盖该地区所在的全部纬度地区而与经度无关,如我国处于4°~54° N,因此就要求连续覆盖我国的区域移动卫星通信系统能连续覆盖4°~54° N的所有区域[8]。

3. 轨道面数和轨道面内卫星数量

两个参数主要与轨道高度有关,同时与经济方面的考虑也有很大关系。如果一个轨道面的所有卫星可以同时发射,那么将这些卫星发射入轨可以用最少的燃料。由于不同轨道面上的卫星一般不能同时发射,因此采用较少的轨道面意味着只需较少的发射次数,即花费较少的发射成本。较少的轨道面意味着每个轨道面上有较多的卫星[8]。

4. 多星/单星覆盖要求

根据不同的多星/单星覆盖要求,设计的轨道配置方案也是不同的。对于一般的通信,采用单星覆盖就能达到性能要求;对于高可靠性的通信,一般要求能有两星以上的多星同时覆盖;而对于要求精确定位的系统,要求至少能同时看到四颗卫星[8]。

2.3 卫星轨道

2.3.1 卫星运动轨道参数

根据开普勒第一定律,卫星环绕地球运行的轨迹是一个椭圆形的轨道,并以地心作为其中的一个焦点。在分析卫星的运动规律时,可采用多种天体坐标系,如地心赤道坐标系、地心黄道坐标系、本体坐标系等,但人们最经常使用的是以地心为坐标原点、以赤道面为参考平面的地心赤道坐标系[8]。

地心赤道坐标系如图 2.4 所示。坐标系的原点与地心重合,赤道是基准平面,X 轴指向春分点,春分点是春分那天太阳从南半球向北半球运动时与地球赤道的交点,Z 轴指向北极,地心赤道坐标系中的 X 轴、Y 轴、Z 轴可以构成一个右手坐标系[8]。

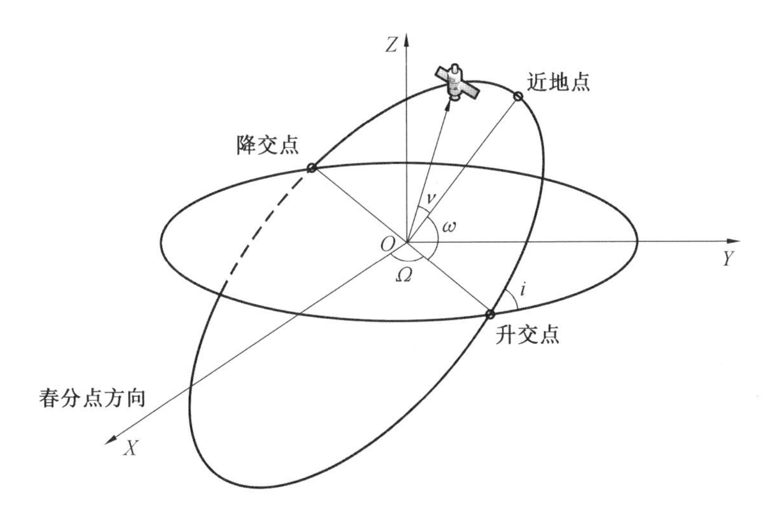

图 2.4 地心赤道坐标系

为描述卫星相对于地球在任意时刻的位置,一般使用半长轴 a、偏心率 e、轨道倾角 i、升交点赤经 Ω、近地点幅角 ω、真近地点角 ν 等六个参数表示,又称轨道六根数[8]。

(1)半长轴 a。半长轴 a 用来表示卫星轨道的大小,其值等于远地点到近地点之间距离的一半。

(2)偏心率 e。偏心率 e 用来描述轨道的形状。偏心率等于 0 时表示圆轨道;偏心率小于 1 且大于 0 时表示椭圆轨道。

(3)轨道倾角 i。轨道倾角 i 是轨道平面与地球赤道面之间所形成的夹角。一般来说,卫星在地面上可以覆盖到的最大纬度等于其轨道倾角。

(4)升交点赤经 Ω。为定义轨道在空间中的具体位置,必须先确定升交点的位置,它是地心指向春分点的连线与卫星升交点线之间的夹角。

(5)近地点幅角 ω。近地点幅角 ω 是指卫星升交点到卫星轨道近地点的夹角。

(6)真近地点角 ν。真近地点角 ν 表示从近地点到卫星位置的夹角,是时间的函数,用来描述卫星具体时刻的位置。

通过上面的轨道六根数可知,轨道倾角和升交点赤经可以决定轨道平面在惯性空间的位置;近地点幅角可以决定椭圆轨道在轨道平面内的指向;轨道半长轴和轨道偏心率可以决定轨道的大小和形状[8][11]。

2.3.2 卫星的星下点轨迹

卫星星下点是卫星与地心连线在地球表面的交点,而星下点轨迹是卫星与地球存在着相对运动而形成的轨迹。如果卫星是静止轨道卫星,不存在与地球的相对运动,则星下点轨迹仅仅是星下点这一个点。卫星的星下点轨迹与卫星对关口站和用户的覆盖情况紧密相关。星下点轨迹一般用纬度 φ 和经度 λ 表示,即

$$\begin{cases}\varphi=\arcsin(\sin i\cdot\sin u)\\ \lambda=\Omega_0+\arctan(\cos i\cdot\tan u)\end{cases}\tag{2.8}$$

式中,i 为轨道倾角;u 为卫星相对于升交点而言在轨道上的位置;Ω_0 为升交点的角度[8]。

2.4 体系架构

2.4.1 星地一体化系统体系架构及服务场景

2009 年,ITU 定义了星地一体化系统和混合的星地系统[12]的概念。韩国 ETRI 提出了卫星 IMT－Advanced 系统的多种服务场景,既可以采用星地一体

化网络结构，也可以采用混合网络结构。通过对星地一体化系统体系架构的简单介绍，本节将从具体的服务场景出发，研究两种网络结构在提供卫星 IMT—Advanced 服务方面的差异。下面将结合具体的服务场景对两种类型系统的体系架构进行对比[4]。

1. 星地一体化系统

在星地一体化系统中，起主导作用的是卫星网络运营商，而地面网络仅作为卫星网络的有效补充。CGC 可以使用 MSS 波段，并且受卫星网络控制中心(Network Control Center,NCC)的控制。卫星 NCC 应当制定合理高效的资源(如频率、子载波、功率等)分配机制，在满足两组件服务需求的前提下，最大化系统吞吐量。卫星网关和 CGC 网关能够考虑卫星和地面网络的实际情况，选择合适的网络进行数据包传输[4]。

图 2.5 所示为采用星地一体化网络结构的 IMT—Advanced 系统，图 2.5(a)中卫星只负责透明转发，图 2.5(b)中卫星具有星上处理(On-Board Processing, OBP)能力。辅助地面组件作为卫星系统的一个接入节点，受卫星组件相同的网络管理系统控制[4]。

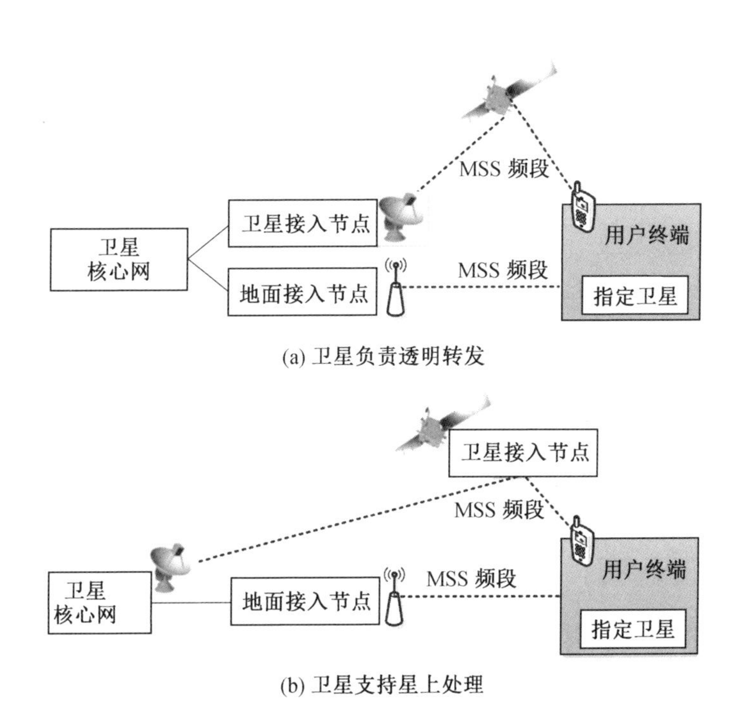

图 2.5　采用星地一体化网络结构的 IMT—Advanced 系统

2. 混合星地系统

混合星地系统采用相互联系并彼此独立的卫星组件和地面组件，二者都有各自的网络管理中心，并且不会共享同一频段[4]。

图 2.6 所示为采用混合星地网络结构的 IMT－Advanced 系统。在混合网络中，地面组件作为一个独立的无线网络节点，与卫星组件相互联系，并且受单独的网络管理系统控制[4]。

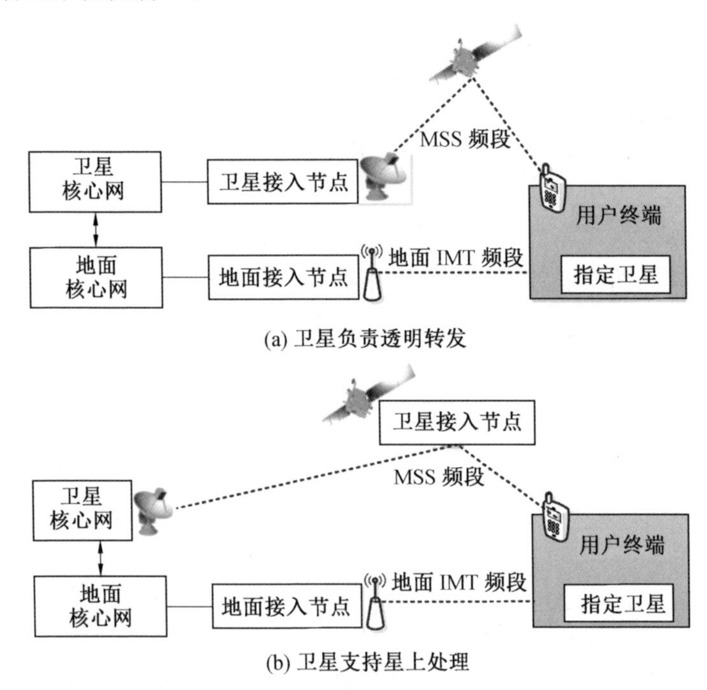

图 2.6　采用混合星地网络结构的 IMT－Advanced 系统

卫星 IMT－Advanced 系统选择的网络结构取决于目标服务场景，需要充分考虑优化服务的交付和商业原则。无论采用哪一种网络结构，都可使用 OBP 卫星系统，让卫星直接联系两个用户，从而减小传输延迟。两种方案的混合经常在特殊的服务场景中才会考虑，如交互式广播服务[4]。

图 2.7 所示为卫星 IMT－Advanced 系统的多种服务场景，该系统同时存在 CGC 和地面蜂窝基站。在人口密集的城市区域，CGC 只是提供前向链路，承担卫星信号的转发任务，为用户提供多媒体广播服务，再加上地面蜂窝网络提供反向链路，在卫星、地面蜂窝基站、CGC 的相互配合下实现交互式的多媒体服务卫星能够为人烟稀少的偏远地区用户提供交互式 S－DMB 服务，用户终端可以在两种网络之间进行无缝的垂直切换。卫星、CGC 和其他地面组件是相互联系并综合发挥作用的，提供卫星 IMT－Advanced 服务，如地面填隙和交互 S－DMB 服务[4]。

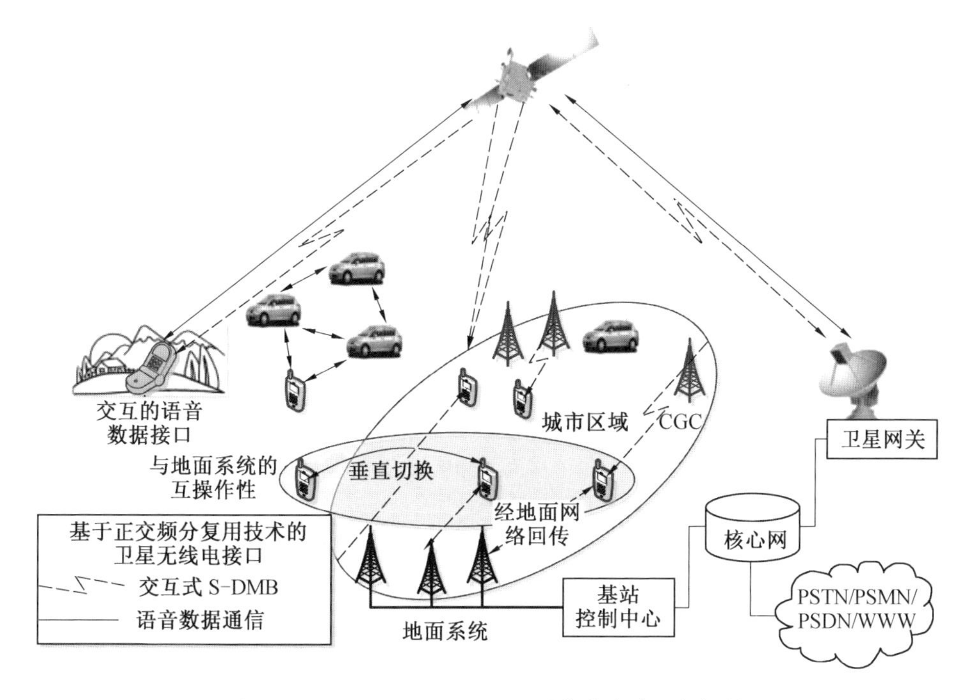

图 2.7　卫星 IMT－Advanced 系统的多种服务场景

更进一步分析，图 2.8 所示为使用混合网络结构提供地面填隙服务。在该场景中，卫星和地面组件分别使用卫星 MSS 波段和地面 IMT 频段，二者相互联系但是却有各自的网络管理系统。因此，地面填隙服务所用的网络拓扑结构是混合的网络结构。在城市地区，地面蜂窝网络得到了广泛部署并处于支配的地位，卫星网络运营商在这些区域很难提供有竞争力的服务；而在偏远地区，利用卫星网络向用户终端提供中低速数据通信服务将极具商业价值，Thuraya 系统就是一个成功部署的例子，该系统使用混合的网络结构，并设定用户在两种网络中切换应遵循的漫游协议[4]。

在地面系统部署良好的城市区域内的用户终端接入地面组件以使用 IMT 服务，在因地域或经济限制导致地面网络没有得到充分部署的情况下，用户接入卫星网络以使用地面填隙服务，这种服务将会提供与地面网络相同的 IMT 服务质量（Quality of Services，QoS）。因此，卫星的广域覆盖性可以帮助地面网络运营商延伸覆盖区域，地面网络易于部署的特性带来相对较低的成本，进而可以帮助卫星网络降低通信的费用[4]。

图 2.9 所示为两种网络结构融合提供交互式 S－DMB 服务的场景。对于广阔地理区域内的信息传输，卫星系统相比于地面系统更具有优势，可以提供具有竞争力的广播服务，如韩国 S－DMB 和美国 XM－SIRIUS 卫星系统已成功部

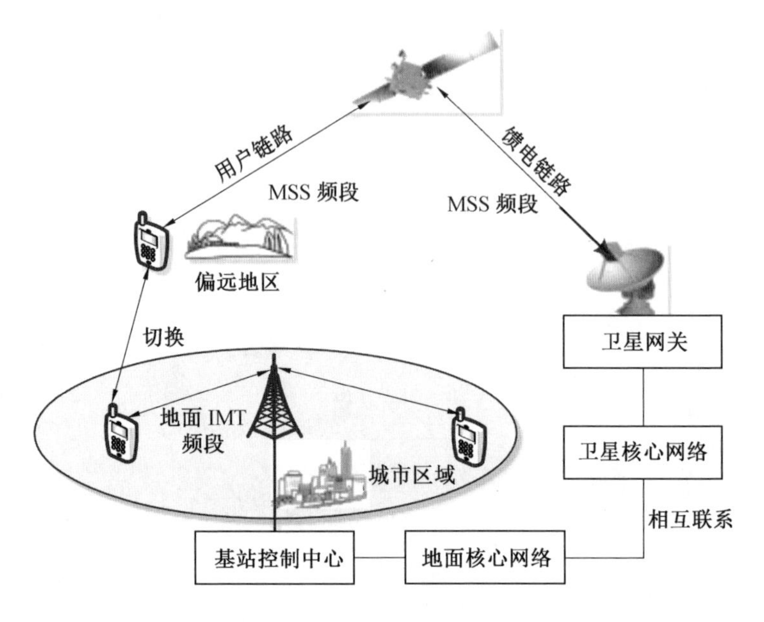

图 2.8　使用混合网络结构提供地面填隙服务

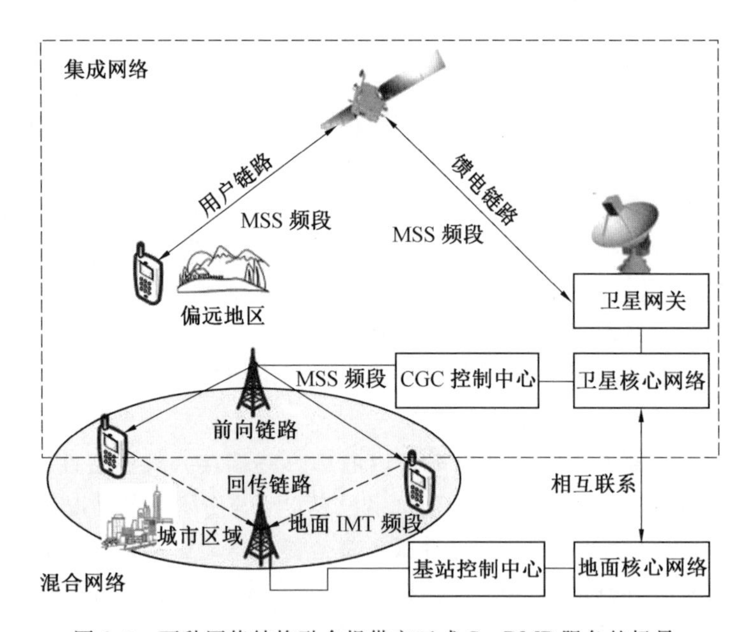

图 2.9　两种网络结构融合提供交互式 S－DMB 服务的场景

署。CGC 部署在用户终端不能直接接收卫星信号的区域，并且与卫星组件使用相同的 MSS 频率，因此可以将其看作星地一体化网络结构[4]。

另外，完整的交互式 S－DMB 服务要求在回传链路中实现无缝连接。在 CGC 覆盖区域内，提供回传链路最有效的方法是使用地面网络，因为在这些区域

内通常无法直接连接卫星，而且 CGC 没有从用户终端到卫星组件的回传链路，这个场景类似于地面填隙服务场景。如果只考虑交互式 S－DMB 的回传链路，则可以看作利用混合星地网络结构来支持无缝连接[4]。

交互式 S－DMB 服务需要使用星地一体化和混合星地网络结构共同完成。就技术和市场角度而言，为提供有效的各种各样的 IMT 服务，在卫星 IMT－Advanced 系统中有必要考虑星地一体化和混合星地网络的混合类型[4,13]。

2.4.2　天基网络架构

对于天基网络架构的设计，涉及不同卫星星座之间的混合组网，国外在这方面起步较早[3]，纵观世界现状，主要包括美国的第三代国防卫星通信系统（DSCS－Ⅲ）[14]、跟踪与数据中继卫星系统（TDRSS）[15]、全球信息栅格（Global Information Grid，GIG）[16]、F6[17]，欧洲空间局的中继卫星系统[18]（Artemis、DRSS），日本的先进地球观测卫星 ADEOS[19]、工程试验卫星 ADEOS[20]，俄罗斯的军民两用天基综合信息网（Restelesat）[21]，以及一些卫星公司[22-23]。国外现有天基网络架构见表 2.1。

表 2.1　国外现有天基网络架构

所有者	空间系统	特点
美国	DSCS－Ⅲ	星上具有多种天线
	TDRSS	GEO、MEO、LEO 混合组网
	GIG	卫星、互联网、地面系统互联互通
	F6	卫星采用模块化、组合概念
欧洲空间局	Artemis	S、Ka 频段的 GEO、MEO、LEO 星间链路
	DRSS	S、Ka 频段的 GEO、MEO、LEO 星间链路
日本	ADEOS	Ka 频段和 S 频段星间链路
	ETS－Ⅵ	S 频段和 Ka 频段星间链路
俄罗斯	Restelesat	115 颗卫星组，C、L 频段的 GEO、MEO、LEO 星间链路
波音公司	Spaceway	16 颗 GEO＋20 颗 MEO
摩托罗拉公司	ROSTELESAT	Celestri 低轨卫星系统＋GEO

我国小卫星技术近几年来快速发展，卫星应用和航天技术发展对天基网络混合星座通信系统提出要求，主要运用在北斗导航与天链一号中继卫星[3,24]。

北斗导航系统主要包括空间部分和地面部分。在空间网络方面，涉及五颗 GEO 卫星及几十颗 N－GEO；在地面网络部分，囊括了各类地面终端及地球站、通信专网。对于天链中继卫星系统，北京时间2012年7月25日23时43分，“天链一号”03星搭载长征三号丙火箭顺利进入预定轨道，其在顺利升空后，与“天链一号”01、02星形成三星组网，从而实现全球组网[3]。

2.4.3 天基网络结构模型设计

1. 天基网络结构

天基网络是由航空器、空间飞行器及位于不同轨道面上的不同卫星组成的层次化立体化的网络。其中，卫星网络作为天基系统最核心的组成部分，是一种分布式空间系统(Distributed Space System，DSS)[25]。对于卫星网络的组网方式，目前主要有三种卫星系统：主从式(Leader－Follower)卫星系统、星簇(Cluster)卫星系统及星座(Constellation)[3]卫星系统。

(1)主从式卫星系统。

在主从式卫星系统中，多颗卫星在同一轨道上运行。卫星之间存在某个特定的距离，它们之间存在严格的等级制度。主从式卫星系统的一个典型代表是A－train(Afternoon Train)系统，该系统由四颗活跃的卫星组成，分别名为Aqua、CLOUDSAT、CALIPSO和Aura。

(2)星簇卫星系统。

星簇卫星系统由分布在不同轨道上的卫星组成，它们之间独立运行、相互合作。星簇卫星系统的一个典型代表是TECHSAT 21，它由三颗轨道高度约为550 km的位于圆轨道上的卫星组成[26]。这三颗卫星以不同的姿态飞行，距离为100 m～5 km。

(3)星座卫星系统。

星座卫星系统由在共享控制下的一组相似的卫星组成，因此它们能在覆盖范围内很好的重叠。全球定位系统(Global Positioning System，GPS)是星座卫星系统的一个典型示例，GPS卫星星座由24颗位于六个轨道面的卫星组成。

2. GEO/LEO双层星座网络架构设计

针对我国未来天基网络的建设需求[27]，依照我国位置的经纬度信息和国土面积的大小，从降低建设成本出发，设计了一种采用“骨干/接入”模型的GEO/LEO网络架构。也就是说，GEO卫星组成骨干网，LEO卫星组成接入网。另外，该体系架构具有三种通信链路：星间链路(Inter-Satellite Link，ISL)(分为轨间和轨内)、层间链路(Inter-Orbit Link，IOL)及星地数据链路(User Data Link，UDL)[3]。

(1)轨道类型。

LEO卫星的轨道类型有两种：椭圆轨道和圆轨道。对于椭圆轨道来说，其覆

盖区域主要位于高纬度，而我国地理位置区域位于北纬 4°～54°，对于我国处于中低纬度区域的情况，利用椭圆轨道并不太合适，因此 LEO 卫星采取圆轨道更佳。而圆轨道又分为类极轨道和倾斜轨道，不同类型的轨道都有其适用场景：对于类极轨道，其全球覆盖特性良好；而对于倾斜轨道，会出现覆盖盲区的情况，其星间链路还会频繁切换。卫星系统功率受限，天基网络维护成本较高，而且天基网络的组网动态性较大。从这些角度来看，LEO 层星座采用类极轨道更为合适[3]。

(2)轨道高度及运行周期。

星座高度参数在设计时离不开两方面的因素：一是大气层及范·艾伦带的影响；二是卫星定位及控制管理[3]。

LEO 卫星和 GEO 卫星各自的运行周期关系式为

$$T_L = T_G \cdot \frac{k}{n} \tag{2.9}$$

式中，T_L 为 LEO 卫星的运行周期；T_G 为 GEO 卫星的运行周期，$T_G=86\ 164$ s；k 和 n 均为正整数，一般取 $k=1$。

依照开普勒第三定律，卫星轨道高度 h 与运行周期 T 存在特定关系，具体为

$$h = \frac{T^{2/3}(G \cdot M)^{1/3}}{(2\pi)^{2/3}} - R_E \tag{2.10}$$

式中，参数 M 表示地球质量；G 为引力常量；R_E 为地球的半径；参数 T 是卫星运行周期。

由式(2.9)和式(2.10)可知，$k=1$ 时 n 与 LEO 卫星运行轨道高度、运行周期的关系见表 2.2[3]。

表 2.2　$k=1$ 时 n 与 LEO 卫星运行轨道高度、运行周期的关系

卫星参数	$n=12$	$n=13$	$n=14$	$n=15$
运行周期 T/s	7 180	6 628	6 155	5 744
运行高度 h/km	1 666	1 248	880	554

众所周知，对于空间飞行器卫星来说，其与地距离越大，对地覆盖面越广，实现全球覆盖时需要的卫星数目就越少。因此，从天基网络建设成本出发，可以选取 $n=13$，$T_L=6\ 628$ s，$h=1\ 248$ km[3]。

(3)GEO 层星座设计。

为计算 GEO 的相关参数，需要建立 GEO 卫星参数计算的几何模型，如图 2.10所示。其中，d 为地面站与 GEO 的距离；R_E 为地球的半径；h 为卫星的轨道高度；α 为覆盖半角；β 为星下角；E 为地球站仰角[3]。

由余弦定理和正弦定理可得

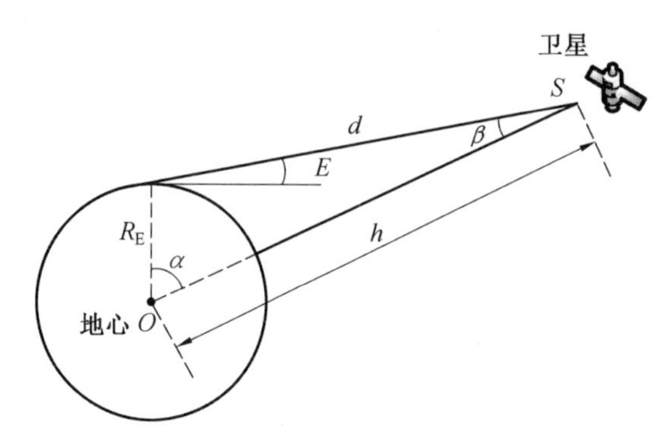

图 2.10 GEO 卫星参数计算的几何模型

$$\begin{cases}(R_E+h)^2=d^2+R_E^2-2d\cdot R_E\cdot\cos(90°+E)\\(R_E+h)/\sin(90°+E)=R_E/\sin(90°-\alpha-E)\end{cases}\tag{2.11}$$

通过式(2.11)可计算出覆盖半角 α、地面站与卫星间距离 d 分别为

$$\begin{cases}d=\sqrt{h^2+2R_E\cdot h+R_E{}^2\sin^2 E}-R_E\cdot\sin E\\\alpha=\arccos\left(\dfrac{R_E}{R_E+h}\cdot\cos E\right)-E\end{cases}\tag{2.12}$$

在实际情况下，要求地面站仰角 $E_{\min}=5°$，GEO 的轨道高度为 35 786 km，代入式(2.12)，可求得 $\alpha=76.34°$。若要实现全球覆盖，则 GEO 卫星个数 $N_G=360°/(2\alpha)=3$(颗)。

考虑我国地理位置的经度信息(73°～135° E)以及尽可能提高天基网络的抗毁性，可以设置 GEO 卫星的个数为五，即采取“4+1”模型(其中一颗备用)[3]。

目前，我国不具备全球电信港，海外信关站数量受限，因此在确定骨干网每颗 GEO 卫星的具体位置时，需要参考现实情况下中国信关站的位置信息。了解到中国典型的信关站有北京(39.9°N，116.4°E)、喀什(39.5°N，76.0°E)及三亚(18.2°N，109.5°E)，因此在设计时重点考虑这三个典型信关站，将其作为布设 GEO 卫星的约束条件。另外，设置波束边缘仰角为 10°，为保证通信质量，需对卫星的波束边缘仰角留有一定的余量。

重点考虑我国地理位置信息和国土面积，使尽可能多的 GEO 卫星对中国信关站直接可见。首先，为确定 GEO3 的具体位置，参考北京信关站(39.9°N，116.4°E)的具体位置信息，另外还要考虑波束边缘仰角 10°，它位于我国东部地区，具体经度为 177.5°W；对于 GEO1，参考喀什信关站(39.5°N，76.0°E)，它在我国偏西地区，经度为 9.8°E；另外两颗 GEO 卫星为 GEO2 和 GEO4，分别位于 GEO1 和 GEO3 卫星位置的中点位置，分别为 96.1°E 和 83.9°W。各 GEO 之间的链路组成一个环，并且相对位置固定。其中，GEO1、GEO2 和 GEO4 卫星均可被我国信关站直接可视，只有一颗不可视的卫星 GEO3，其能够经过其他卫星(GEO2 或 GEO4)对我国信关站

可视。另外，备用卫星 GEO5 的定点位置为 110°E[3]。

经过以上分析，可得各颗 GEO 卫星的相关参数，见表 2.3。

表 2.3　各颗 GEO 卫星的相关参数

卫星	轨道高度/km	轨道倾角/(°)	卫星数量	升交点经度/(°)
GEO	35 786	0	4+1	GEO1：9.8°E GEO2：96.1°E GEO3：177.5°W GEO4：83.9°W (备用 GEO5：110°E)

(4)LEO 层星座设计。

LEO 层卫星构成接入网，其主要功能是实现用户接入，进行通信转发，并且要对全球范围实现 100%的覆盖。

对于 LEO 星座，反向轨道面与同向轨道面的经度差 Δ_1、Δ_2 之间的关系式为

$$\begin{cases} \Delta_1 = \alpha + c \\ \Delta_2 = 2c \end{cases} \tag{2.13}$$

式中，c 为覆盖带半角宽度，$c = \arccos \dfrac{\cos \alpha}{\cos(\pi/S)}$；$S$ 为轨内卫星数；α 为地心覆盖半角[3]。

为避免 LEO 卫星在极点碰撞，轨道倾角在 80°～100°，参数调整为

$$\begin{cases} \Delta_1' = \arcsin \dfrac{\sin \Delta_1}{\sin i} \\ \Delta_2' = \arccos \dfrac{\cos \Delta_2 - \cos^2 i}{\sin^2 i} \\ (n-1)\Delta_1' + \Delta_2' = \pi \\ \Delta \gamma = \pi/S - \arctan(\cos i \cdot \tan \Delta_1') \end{cases} \tag{2.14}$$

式中，n 为卫星轨道数量；i 为卫星轨道倾角，$i=86.4°$。LEO 卫星与地球距离为 1 248 km。由式(2.12)可知，$\alpha=24.55°$。由式(2.14)可得，不同轨道面数星座所需卫星数量见表 2.4[3]。

表 2.4　不同轨道面数星座所需卫星数量

轨道面数	单轨卫星数 S	覆盖带半角 c/(°)	卫星总数
5	10	16.98	5×10
5	9	14.54	5×9
6	8	10.09	6×8

由表 2.4 可知，若要达到全球 100%的覆盖面，LEO 星座卫星数量至少为 45 颗。

(5)GEO/LEO 双层卫星星座参数设计。

通过上述分析可得 GEO、LEO 星座模型参数，见表 2.5。

表 2.5　GEO、LEO 星座模型参数

卫星	轨道高度/km	运行周期/s	卫星数量	轨道倾角/(°)
LEO	1 248	6 628	5×9	86.4
GEO	35 786	86 164	4×1	0

3. 仿真分析

利用 STK 软件搭建了上述 GEO/LEO 网络架构，接下来对其覆盖性能和链路特性实施简要说明。

(1)星座结构示意图。

首先，GEO/LEO 双层卫星星座架构的 3D 示意图如图 2.11 所示。

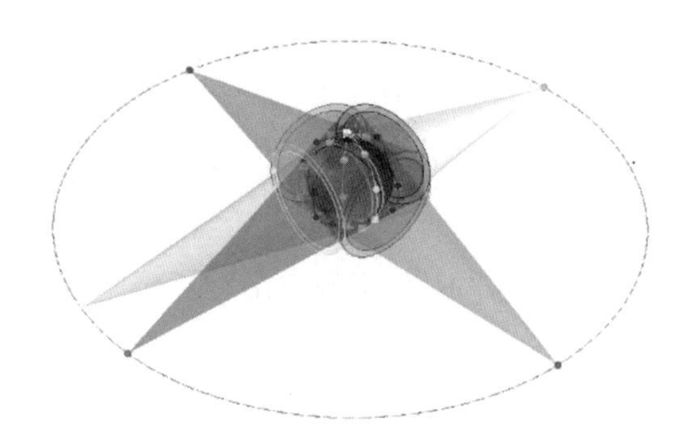

图 2.11　GEO/LEO 双层卫星星座架构的 3D 示意图

(2)覆盖特性仿真分析。

为观察覆盖特性，GEO 星座纬度覆盖情况如图 2.12 所示。

①GEO 星座对地倾盖特性。

由图 2.12 可知，GEO 星座可以对我国区域实现 100%覆盖，并且能够对地球南北纬 84°之间的范围实现全域覆盖。另外，由分析报告可知，GEO2 和 GEO5(备用卫星)能够达到对我国疆域及旁边地区全天 24 h 的全域覆盖，GEO1 和 GEO3 卫星对我国疆域的覆盖率分别可以达到 15.20%和 59.44%[3]。

②LEO 星座对地倾盖特性。

LEO 星座覆盖情况如图 2.13 所示。由图 2.13 可知，LEO 星座对全球范围实现 100%时间覆盖。显然，LEO 星座能够对国土和全球实行任意时刻的全域覆盖性能。

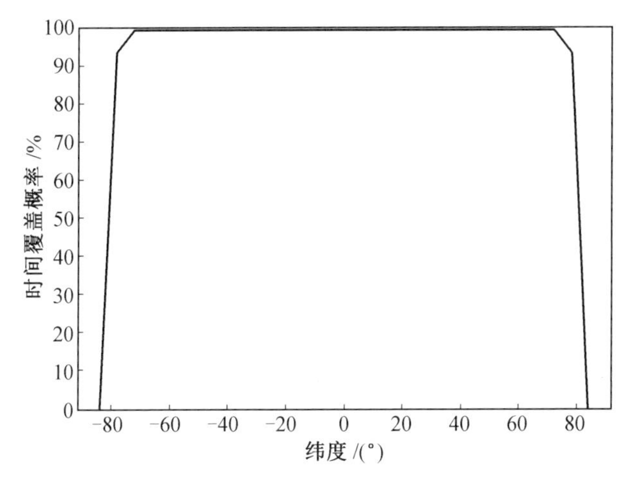

图 2.12　GEO 星座纬度覆盖情况

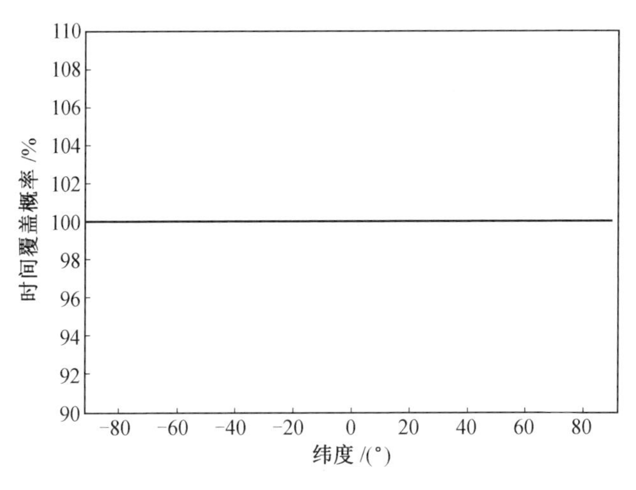

图 2.13　LEO 星座覆盖情况

③GEO/LEO 双层星座对地倾盖特性。

GEO/LEO 星座覆盖情况如图 2.14 所示。由图 2.14 可见，GEO/LEO 星座的覆盖率为 100%，即无论是中国区域还是世界范围，GEO/LEO 双层星座都能够达到任意时刻的全域覆盖。

④GEO 星座对 LEO 星座倾盖特性。

图 2.15 所示为单频 GEO 卫星覆盖 LEO 卫星数量。从图 2.15 中可以看出，每颗 GEO 在任何时间都能够覆盖 32～37 个 LEO。

通过上述分析可以看到，GEO/LEO 双层卫星星座无论是对我国区域还是全球范围，其覆盖特性都相当不错，完全符合我国对建设天基网络的要求[3]。

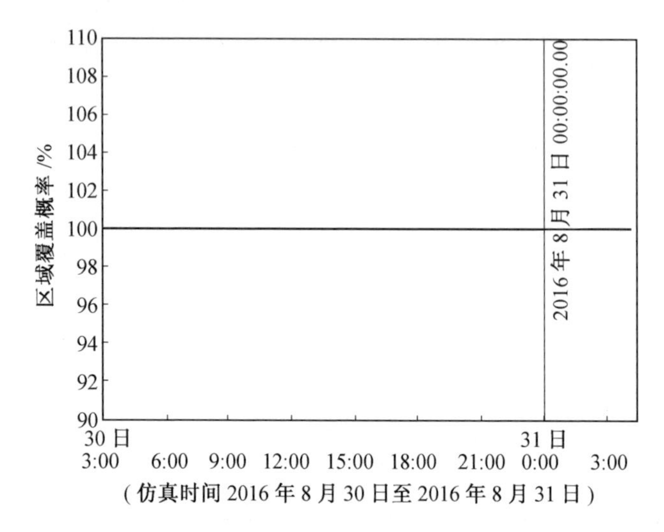

图 2.14　GEO/LEO 星座覆盖情况

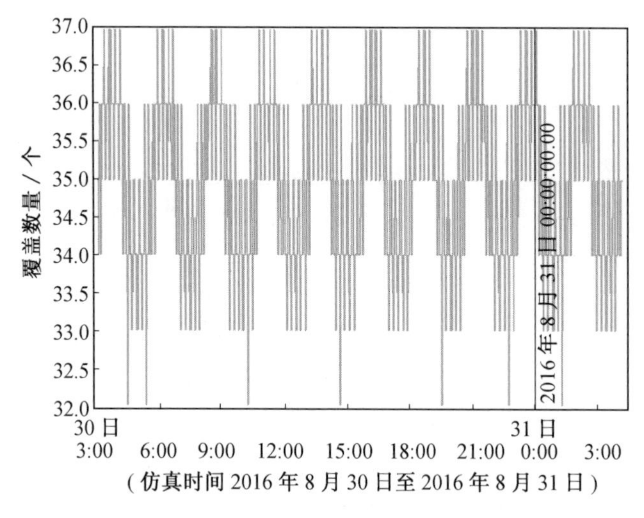

图 2.15　单颗 GEO 卫星覆盖 LEO 层卫星数量

(3)链路特性分析。

判断卫星链路质量的主要指标有方位角、俯仰角、链路长度、多普勒频移等。

①IOL 性能分析。

图 2.16 所示为 GEO2 与 LEO11 建立 IOL 的链路性能。从图 2.16 中可以看到,GEO2 与 LEO11 建立 IOL 的方位角和俯仰角变化不连续,这是因为 LEO 对地相对运动较快,LEO 的高动态性使得 GEO 难以与单个 LEO 成立持久的 IOL,但是每颗 GEO 都能够与它覆盖区域下的任何一颗 LEO 建立 IOL 链路,并且链路持续时间较长[3]。

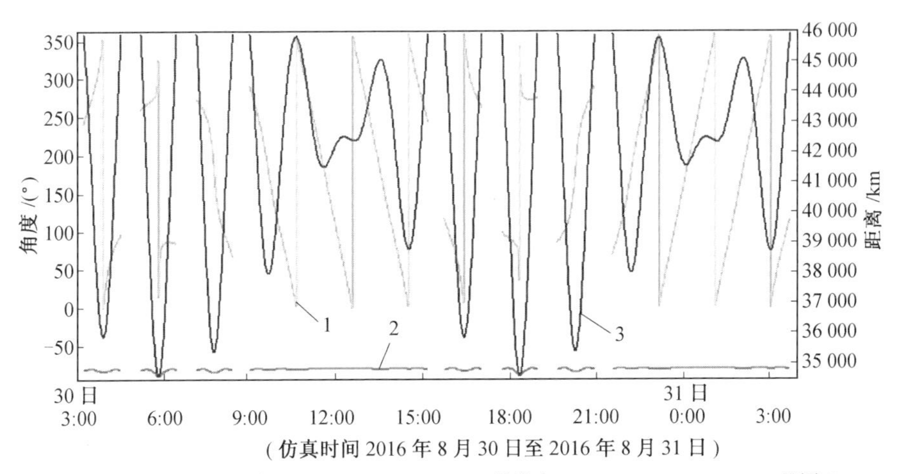

图 2.16　GEO2 与 LEO11 建立 IOL 的链路性能

②ISL 性能分析。

对于每颗 GEO 卫星来说，都存在两条 ISL，分别为与它相邻的两颗 GEO 卫星建立的 ISL；对于每颗 LEO 卫星来说，都存在两类 ISL，分别为与同轨道的前后两个 LEO 卫星间的轨内 ISL 及与相邻轨道 LEO 卫星建立的轨间 ISL。

图 2.17 所示为同一轨道上的星间链路性能。图 2.17(a)为方位角、仰角和链路距离性能，图 2.17(b)为传输损耗和多普勒频移性能。从图 2.17 中可以看到，对于轨内 ISL，星间链路仰角为 0°或 360°，角度转变发生在过极点时。另外，仰角、链路距离、传输损耗和多普勒频移性能均为定值[3]。

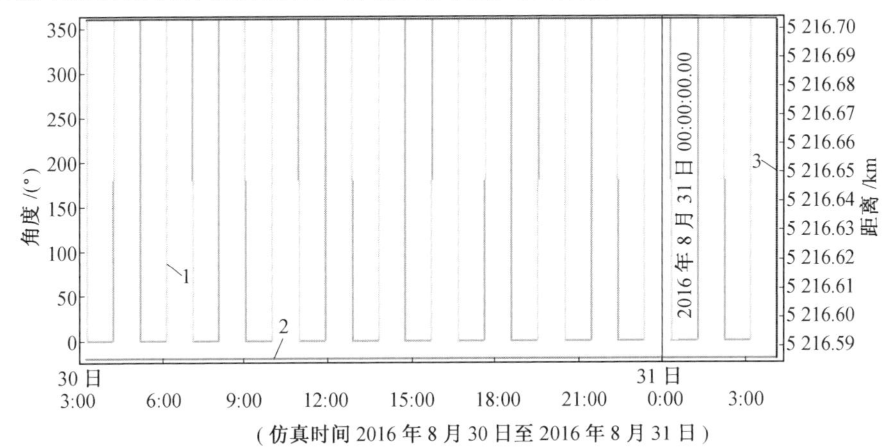

(a) 方位角、仰角和链路距离性能

图 2.17　同一轨道上的星间链路性能

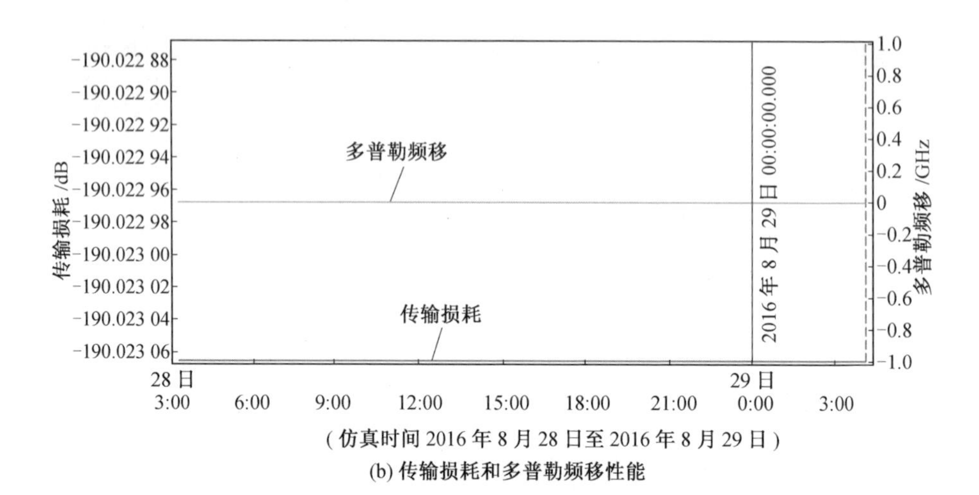

(b) 传输损耗和多普勒频移性能

续图 2.17

图 2.18 所示为不同轨道间的星间链路性能，主要包括方位角、仰角、链路距离、传输损耗和多普勒频移。图 2.18(a)为方位角、仰角和链路距离性能，图 2.18(b)为传输损耗和多普勒频移性能。从图 2.18(a)中可以看出，对于轨间 ISL，方位角、仰角和链路距离这些参数在每个周期内的变化幅度都很小，说明 LEO 星座网络稳定性较好。从图 2.18(b)中可以看出，轨间 ISL 的传输损耗在 $-194 \sim -185$ dB变化，轨间 ISL 的多普勒频移为 300 kHz。

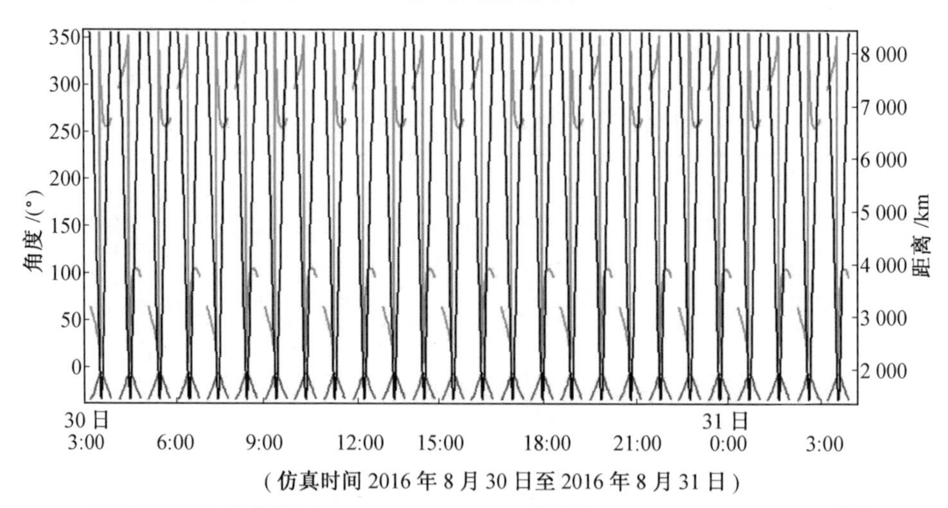

(a) 方位角、仰角和链路距离性能

图 2.18 不同轨道间的星间链路性能(彩图见附录)

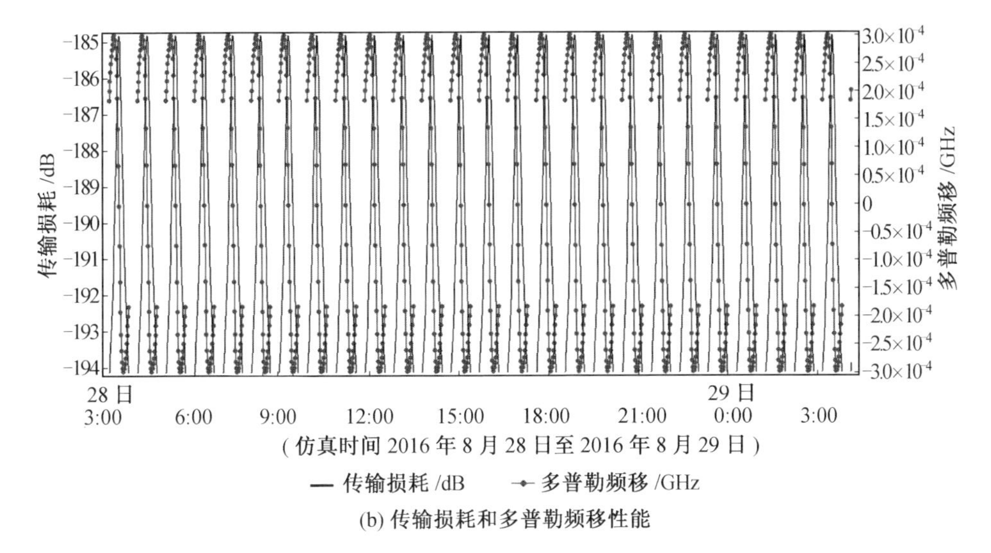

(b) 传输损耗和多普勒频移性能

续图 2.18

综上所述，针对我国天基系统建设需求提出的 GEO/LEO 网络架构在覆盖性能和星际链路特性方面都表现出了相当不错的性能，其中良好的覆盖性能够为天地一体化信息网的通信提供可靠的质量保障，良好的星际链路性能能够给予天基网络的信息传输良好的信道支持[3]。

2.4.4　天地一体化物联网体系架构

根据物联网应用特点和基础，探索物联网地面段与空间数据传输系统接入技术和标准，并针对物联网数据传输特点开展卫星数据收集技术和天基网络传输技术的研究。根据天基综合信息网络中 LEO、MEO、GEO 卫星不同空间分布特点[5]，结合国内外卫星数据收集系统传输技术的发展，充分利用现有资源，重点突破高增益、宽带、数字智能天线及天基综合信息网卫星数据星间链路技术等瓶颈，以建立一种适合于物联数据传输的空间立体协同通信体系为总设计目标，实现特定领域、全球实时的物联数据空间通信覆盖传输。

1. 天地一体物联网总体结构

天地一体物联网总体架构由四部分组成，包括局域传感网络、地面收发系统、卫星（星载设备）和地面应用系统，如图 2.19 所示。

（1）局域传感网络。

天地一体物联网的基础同样是传感器网络，其局域传感网络需要具备大量传感终端数据的动态集成转发功能。根据天基网应用的特点，选择 ZigBee 协议来搭建局域传感网络。ZigBee 协议基于 IEEE 802.15.4 标准，是一种新兴的近

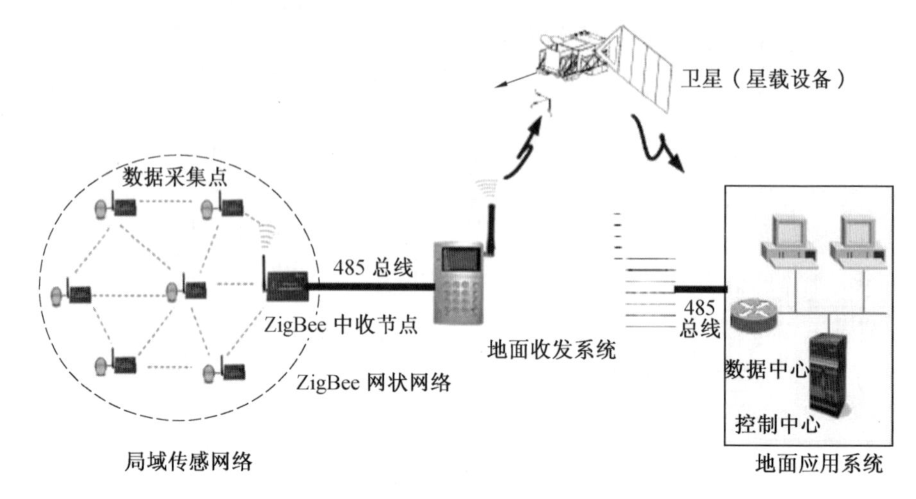

图 2.19　天地一体物联网总体架构

距离、低复杂度、低功耗、低数据速率、低成本的无线网络技术，它是一种介于无线标记技术与蓝牙之间的技术提案，主要用于近距离无线连接。依据 IEEE 802.15.4 标准，其可实现数千个微小的传感器之间相互协调通信。这些传感器只需要很少的能量以接力的方式通过无线电波将数据从一个传感器传到另一个传感器，因此其通信效率非常高。天地一体物联网的局域传感网络中设有 ZigBee 无线局域传感网络中心节点，网络中心节点接收天地一体物联网的信息管理中心的命令后，再通过单点对多点的通信模式，以广播的方式把命令数据帧传递给 ZigBee 无线网络中的各个 ZigBee 采集器，通过 ZigBee 采集器传递给 485 总线上的各个传感器。如果传感器的地址与命令帧中所涉及的地址吻合，则做出相应的数据回复，通过原路返回给信息管理中心。

(2)地面收发系统。

地面收发系统是建立天地链路的重要组成部分，其在卫星星载通道与天地一体物联网信息中心间建立了一座通信桥梁，在建立卫星星载通道链路的同时，也按照地面局域传感网接口协议实施地面指令的发送和信息的处理与发送。

(3)卫星星载设备。

卫星星载设备是卫星的载荷部分，既可以是单机，也可以是分系统。根据星载设备的通信协议及信道指标，可搭建跨地域物联的空中信道，这也是天地一体物联网的基础组成部分。天地链路不受地面通信网络的限制，覆盖地域广，适应能力强，受各种灾害影响小。

(4)地面应用系统。

①物联网数据处理平台。地面应用系统接收卫星转发的物联数据，经过地面实时处理，生成各种用户产品并分别发送给不同用户，其主要由数据接收单

元、运行控制单元、数据处理单元、应用服务单元等构成。

地面应用系统引入云计算技术，构建物联网数据处理的云平台。物联网数据处理平台显示的云计算特征适合采用云计算技术建立基于云计算的物联网处理平台，其体系架构主要由云基础设施、云平台、云应用、云管理等几部分构成。云计算的超大规模、虚拟化、多用户、高可靠性、高可扩展性等特点正是物联网规模化、智能化发展所需的技术。物联网处理平台架构在云计算之上，既能降低初期成本，又能解决未来物联网规模化发展过程中对海量数据的存储和计算需求。

②综合业务管理与服务平台。该平台优化云平台服务和计算模型，提升云管理能力，以增强物联网运营平台应对业务量不断增长的要求，为各类用户提供深层次的定量产品，完成数据和产品的分发与服务，采用集中控制方式，实现全系统自动运行和管理能力，形成物联网服务化和应用运营平台。

2. 天地一体物联网的功能组成

天地一体物联网架构中包含地面段、空间段和用户端。各段主要组成如下[5]。

①空间段。天基通信系统，包括高轨通信系统、低轨集散控制系统(Distributed Control System，DCS)、导航定位系统、遥感探测系统和虚拟空间信息处理中心。

②地面段。管理服务平台、数据处理中心、接收站和运控中心。

③用户端。微小型终端、固定终端和移动终端。

(1)空间段。

天地一体物联网的空间段充分利用高轨卫星广域覆盖，低轨卫星低时延、高增益及遥感卫星广域感知，导航卫星精确定位等特点，由高中低轨配合的天基通信、导航、遥感卫星系统互联互通形成。通过空间资源虚拟化技术，搭建空间处理的云平台，实现空间信息处理，该设计将大大增加数据的利用率。

天基通信系统主要包含高轨通信系统和低轨 DCS 星座。高轨通信系统主要针对数据广播类应用，可以充分利用卫星信道，实现广域的信息分发，如气象信息、突发灾害信息、战场指令等。高轨布设多颗大容量、高性能同步轨道卫星，建立星间激光链路，实现大采集数据应用的高速中继传输。以高轨同步轨道卫星为基础，通过空间组网和空间虚拟化技术搭建云架构的空间信息处理中心。空间信息处理中心是未来天基信息网络的发展趋势，当前物联网对实时性提出了日益严苛的要求，在空间建立处理中心，将传感器信息如遥感图像信息在空间直接进行分析处理，提取关键情报，直接下发用户，对提高信息实时性、提高数据利用效率、减小数据传输量、降低卫星信道占用具有重要意义。低轨 DCS 星座主要针对数据采集类应用和控制类应用，如海洋、森林、矿产监测，以及军事指挥控制、武器协同等。卫星遥感是利用卫星上的感知设备，对监测区域和特定设施进行高解析度的监测。卫星遥感数据可作为智能物联网决策中非常重要的辅助数据，在某些应用(如物流、应急等)中，遥感信息将发挥至关重要的作用。卫星导航系统可在交通、运输等领域大量应用，具有精度高、覆盖面广、全天候、全天时等优点，可以有效为物流车辆、输变电设施的运维提供可靠的位置、距离、时间等信息[5]。

(2)地面段。

地面段主要由管理服务平台、数据处理中心、运控中心及接收站组成，完成对系统卫星的遥测遥控、业务数据收发、终端接入控制、信道资源管理，以及系统内设备管理和监控，同时对终端原始数据进行处理、分发、存储，并为用户提供多种基础业务和部分增值业务。地面应用系统同样引入云计算技术，搭建云平台，通过地面栅格信息网络向用户提供服务[5]。

(3)用户端。

用户端是用户请求天地一体物联网服务的接口。天地一体物联网的终端大致包括两种：一种是具备卫星通信功能的终端，本身含有传感器和控制功能，可独立连接天地一体物联网进行工作；另一种是地面收发系统，将周围传统的传感器数据通过互联网或其他地面网络接入，通过地面收发系统连接天地一体物联网开展工作，适用于不具备卫星通信功能的传感器网络或物联网终端。从具体产品类型上分，用户端可以分为微小型终端，如鱼类、鸟类、野生动物监测终端；固定终端，如海洋浮标、电力监测设备、输油管道监测设备、自动气象站等；移动终端，如手持终端、车载终端、船载和机载终端等[5]。

3. 天地一体物联网系统参考模型

以天地一体化信息网络特点为基础，参照物联网的体系架构，设计天地一体物联网系统参考模型，如图 2.20 所示。其主要包括三个层面：感知层、网络层和应用层。其中，标准规范和网络信息安全贯穿于三层之中。

(1)感知层。

感知层主要用于采集、定位物理世界中发生的事件和数据，包括各类物理量、标识、图像、音频、视频等。该层包含两个主要部分：一是传统地基物联网感知信息的天地一体物联网接入，通过增加卫星地面收发系统，将地面的局域传感网络与天地一体化网络互联，建立天地链路，实现天地一体物联；二是天基感知信息的天地一体物联网接入，如卫星定位系统、卫星遥感系统及卫星数据采集系统的感知信息，此类卫星的感知数据可直接进入天地一体物联网系统，通过相应处理提供信息服务，如在卫星遥感图像中提取地形、地貌、地质、空间环境、地面目标的特征、灾害面积、灾害程度等信息，结合卫星定位，并在应用层对地面传感

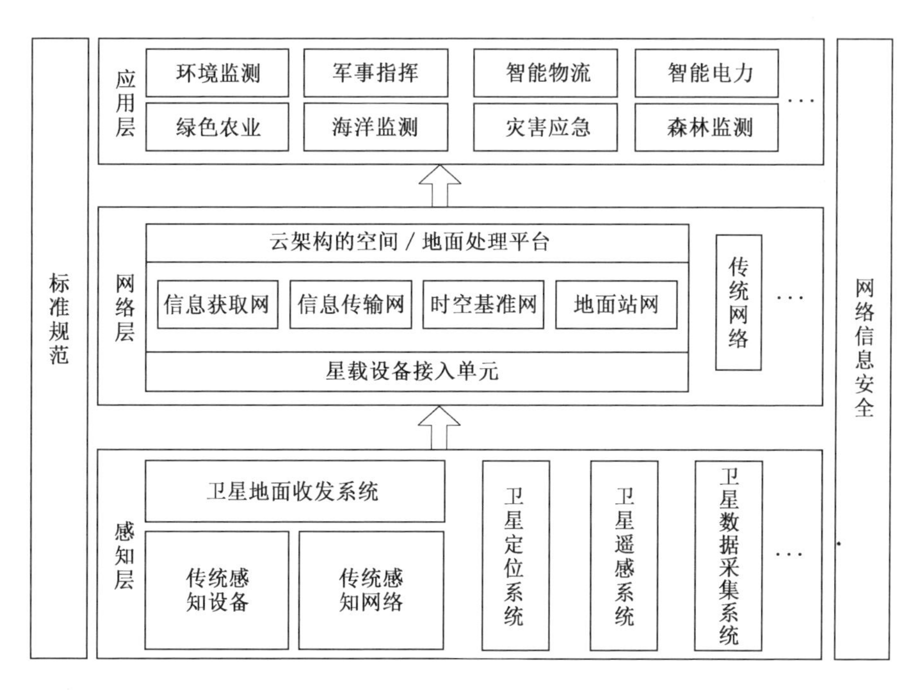

图 2.20　天地一体物联网系统参考模型

器采集的数据进行融合处理，获取更精准、透彻的地面信息[5]。

(2)网络层。

网络层主要由接入单元、天地一体物联网传输网络和云架构的空间/地面处理平台组成，负责传递和处理感知层获取的信息。接入单元主要是星载物联网载荷设备，是天地一体物联网的网关。天地一体互联网传输网络包含信息获取网、信息传输网、时空基准网和地面站网。信息获取网主要指卫星遥感系统和小卫星采集星座系统组成的网络；信息传输网包括高轨的骨干通信网、低轨的移动通信网及高低轨之间的星间网络链路；时空基准网是卫星导航定位系统组成的网络；地面站网是指由卫星的地面接收站、处理中心、测控中心组成的卫星系统地面网络。

这四个部分互联互通共同形成天地一体物联网传输网络，天地一体物联网业务将构建在融合基础(云)设施之上。物联网产生、分析和管理的数据将是海量的，需要可扩展的巨量计算资源予以支持，而云计算能够提供弹性、无限可扩展、价格低廉的计算和存储服务，满足物联网需求。随着未来天基信息系统的发展和空间载荷能力的提升，利用空间资源开展空间云平台的搭建，实现空间计算、存储资源的高效利用成为未来天地一体物联网发展的重要趋势。地面应用系统通过引入云计算，构建地面数据处理云平台的技术已经相对比较成熟，在此不再赘述[5]。

(3)应用层。

天地一体物联网应用层主要是针对各种不同的物联网应用,对应不同的应用有相应的应用协议、行业标准、用户 App 接口和界面、安全等级等。这些应用主要包括全球跨国海上物流监控、全球航空智能管理、远程医疗、智能交通、智能检索、智能家居、智能军事、环境监测、智能电力等[5]。

(4)标准规范。

标准规范是天地一体物联网构建的保障。各个行业和领域的物联网应用是一个多设备、多网络、多应用、互联互融的超大网络,为实现信息的互联互通和全网共享,所有的接口、协议、标识、信息交互及运行机制等都必须有统一的标准规范作为指引。一方面,具备天地一体化网络与物联网实现互联互通、信息共享的网络接口、协议标准;另一方面,具备支撑天地一体物联网络运行并提供服务数据的本行业或领域内的数据、信息、传感器及其管理标准[5]。

4.天地一体化物联网的网络架构与协议体系

(1)天地一体物联网的网络架构。

天地一体化信息网络是天地一体物联网的核心承载网和部分接入网,是天地一体物联网研究和建设的重点。天地一体化信息网络由天基骨干网、天基接入网和地基节点网组成。

天地一体化信息网络架构如图 2.21 所示,天基骨干网主要由高轨同步卫星组成,最少三颗就可以实现全球覆盖,卫星之间配置激光或微波链路,完成全球物联网信息的骨干传输。通过围绕高轨卫星建设天基信息港,为天基物联网完成必要的信息融合处理、时空基准定时定位、优化信息处理流程、简单路由寻址等功能。考虑到卫星轨位资源的稀缺,开发北斗二代高轨卫星融合导航通信能力,为天基物联网提供骨干传输能力和定位识别能力。骨干传输网络微波链路可达 600 Mbit/s,激光链路可达 5 Gbit/s。天基接入网由低轨全球卫星移动通信系统构成(类似 Iridium、Globalstar 系统),完成全球物联网信息的无缝获取和智能终端的随遇接入。地基节点网主要由若干个地面信息港组成,主要完成天地一体化信息的落地处理、与其他信息网络之间的互联互通、大数据存储与处理、空间段的测控与管理等[7]。

(2)天地一体物联网的协议体系。

为支撑天地一体化信息网络结构,必须设计相适应的天地一体化信息网络的协议体系。天地一体化信息网络天基物联网应用协议体系主要包括应用层协议、网络层协议、物理层协议、安全保密协议及特殊应用或管理的跨层协议。应用层协议可以分为行业专用标准协议和公共基础协议。行业专用标准协议是开放和可扩展的;公共基础协议是应用层协议与网络层协议之间的桥梁。应用层

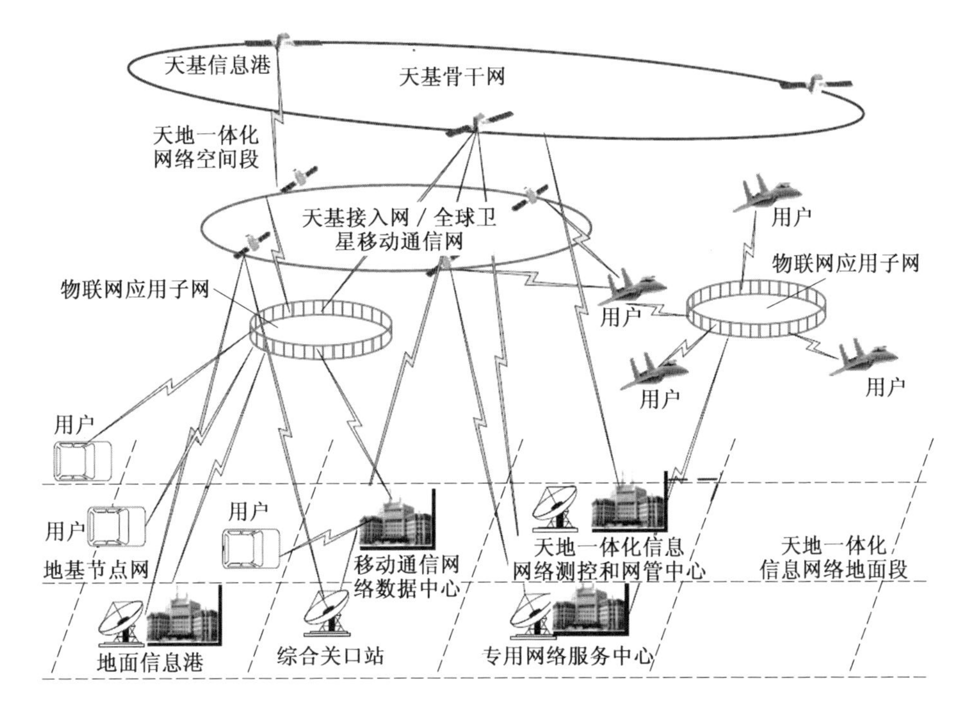

图 2.21 天地一体化信息网络架构

协议和公共基础协议与现有物联网协议兼容，随着各行业发展需求而扩展。网络层协议是天地一体化信息网络的关键所在，天地一体化信息网络包括地面移动通信网、地面互联网和空间网络。相关的网络协议体系有空间数据系统咨询委员会(Consultative Committee for Space Data Systems, CCSDS)、异步传输模式(Asychronous Transfer Mode, ATM)、中断容忍网络(Disruption Tolerant Network, DTN)和传输控制协议/国际协议(Transmission Control Protocol/Internet Protocol, TCT/IP)等，其中地面网络普遍采用TCP/IP协议体系，而空间网络因其特殊性而采用CCSDS、ATM和DTN等协议[7]。

2.5 本章小结

本章介绍了天地一体物联网的体系架构。首先从经典星座入手，阐述了卫星星座设计的方法；然后介绍了卫星轨道相关内容；最后重点介绍了天地一体物联网体系架构，从服务场景、天基网络、天地一体化系统三个角度详述了天地一体物联网的组成，并给出了整体描述。

本章参考文献

[1] EVANS B G, THOMPSON P T, CORAZZA G E, et al. 1945—2010: 65 years of satellite history from early visions to latest missions [J]. Proceedings of the IEEE, 2011, 99(11SI): 1840-1857.

[2] GÜRSUN G. Routing—aware partitioning of the internet address space for server ranking in CDNs [J]. Computer Communications, 2017, 106: 86-99.

[3] 江丽琼. 基于业务优先级的天基动态网络用户接入技术研究[D]. 哈尔滨: 哈尔滨工业大学, 2017.

[4] 蔺萍. 星地一体化网络基于资源分配的干扰协调技术研究[D]. 哈尔滨:哈尔滨工业大学, 2017.

[5] 柳罡, 陆洲, 周彬, 等. 天基物联网发展设想发表[J]. 中国电子科学研究院学报, 2015(6): 586-592.

[6] 张乃通, 赵康健, 刘功亮. 对建设我国"天地一体化信息网络"的思考[J]. 中国电子科学研究院学报, 2015(3): 223-230.

[7] 曾业, 周永将. 天地一体化信息网络天基物联网应用体系研究[J]. 现代导航, 2016(5): 372-376.

[8] 唐力群. 非静止轨道卫星通信系统星座及通信链路设计[D]. 哈尔滨:哈尔滨工业大学,2015.

[9] 吴廷勇, 吴诗其. 正交圆轨道星座设计方法研究[J]. 系统工程与电子技术, 2008, 30(10):1966-1972.

[10] 吴廷勇. 非静止轨道卫星星座设计和星际链路研究[D]. 成都:电子科技大学, 2008.

[11] 黄凤娟. 均匀时相低轨卫星星座的设计与仿真[D]. 北京:北京邮电大学, 2008.

[12] KOTA S, GIAMBENE G, KIM S. Satellite component of NGN Integrated and hybrid networks [J]. International Journal of Satellite Communications and Networking, 2011,29(3):191-208.

[13] AHN D S, KIM H W, AHN J. Integrated/hybrid satellite and terrestrial networks for satellite IMT—Advanced services[J]. International Journal of Satellite Communications & Networking, 2011, 29(3SI):269-282.

[14] KRAUSEL H, COOKE D L, ENLOE C L, et al. Bootstrap surface

charging at GEO：modeling and on-orbit observations from the DSCS－Ⅲ B7 satellite[J]. IEEE Transactions on Nuclear Science，2007，54(6)：1997-2003.

[15] HOGIE K，CRISCUOLO E，DISSANAYAKE A，et al. TDRSS demand access system augmentation [C]. Big Sky：2015 IEEE Aerospace Conference，2015：1-10.

[16] JWANOSWKI K，WELLS C，BRUCE T，et al. The legionella pneumophila GIG operon responds to gold and copper in planktonic and biofilm cultures[J]. PLoS One，2017,12(5)：1-17.

[17] BÜRKLEIN S，JÄGER P G，SCHÄFER E. Apical transportation and canal straightening with different continuously tapered rotary file systems in severely curved root canals：F6 sky taper and one shape versus two[J]. International Endodontic Journal，2017，50(10)：983-990.

[18] DHOOT D. Impact of baseline characteristics on change in diabetic retinopathy severity scale (DRSS) score in the VISTA and VIVID studies [C]. Seattle：ARVO Annual Meeting，2016，57(12)：1.

[19] KUJI M. Retrieval of cloud top and bottom heights using advanced Earth observing satellite/global imager (ADEOS－Ⅱ/GLI) data[C]. Berlin：AIP Conference Proceedings. American Institute of Physics，Dahlem Cube，Free University，2013，336-339.

[20] STAMNES K，LI W，EIDE H，et al. ADEOS－Ⅱ/GLI snow/ice products—Part Ⅰ：scientific basis[J]. Remote Sensing of Environment，2007，111(2-3)：258-273.

[21] 何俊，易先清. 基于 GEO/LEO 两层星座的卫星组网结构分析[J]. 火力与指挥控制，2009，34(3)：47-50.

[22] FANG R J F. Broadband IP transmission over SPACEWAY® satellite with on-board processing and switching[C]. Houston：2011 IEEE Global Telecommunications Conference－GLOBECOM 2011，2011：1-5.

[23] KLEPIKOV I A，KUKK K I. The ROSTELESAT multifunctional space telecommunication system (MSTS) [C]. Moscow：3rd International Conference on Satellite Communications (IEEE Cat. No. 98TH8392)，1998：91-98.

[24] 李菊芳，龙运军，陈英武，等. 北斗二代卫星导航系统星地一体化运行管控系统架构研究[C]. 北京：第一届中国卫星导航学术年会论文集(上)，2010：15.

[25] SCHILLING K. Perspectives for miniaturized, distributed, networked cooperating systems for space exploration [J]. Robotics and Autonomous Systems, 2017, 90: 118-124.

[26] KONG E M C, MILLER D W. Optimal spacecraft reorientation for earth orbiting clusters: applications to Techsat 21 [J]. Acta Astronautica, 2003, 53(11): 863-877.

[27] DU J, JIANG C, WANG J, et al. Resource allocation in space multiaccess systems[J]. IEEE Transactions on Aerospace and Electronic Systems, 2017, 53(2): 598-618.

第3章

天地一体物联网的频谱共享

3.1 引　　言

未来无线通信网络要实现大量设备的接入，完成吉比特每秒单位的数据传输速率、低延时、高可靠、低功耗、高能量效率的通信，同时增加覆盖面积。随着移动数据流量的快速增长，地面通信需要更高的带宽。移动数据流量的增长速度远高于地面移动通信网络容量的提升速度，地面通信网无法满足数据流量的增长要求。地面网络迫切希望能够获得更多的频谱资源来缓解更高的带宽需求，如果可以在地面建立基于卫星通信的地面网络，将能够有效地缓解带宽不足的问题，提高网络吞吐量，且实现对卫星网络频谱的更高效利用。因此，对卫星通信场景中的无线电通信技术研究吸引了更多人的关注，卫星通信不仅能够有效地补充其他通信方式的不足和不能，而且在海上通信和救灾、抢救等方面大有作为。由于大量独立的波束能够复用同一频谱资源，因此卫星通信有可能提供更高的覆盖面积和更大的容量。例如，当复用因子是 4 时，可以有数百个波束，这也使得现代卫星通信的多波束结构得到了广泛关注。卫星通信网络已经能够成功地服务于传统通信业务的需求，包括电话业务和广播业务。当前的宽带卫星能够支持高于 30 Gbit/s 的业务，如汽车导航、物联网感应等爆炸性移动应用，其正推动着无线带宽的需求达到前所未有的水平[1]。

认知无线电(Cognitive Radio，CR)技术于 1999 由 Joseph Mitola 博士提出，作为缓解频谱资源紧张的有效手段，CR 技术近年来得到了广泛发展。其中心思想是在认知系统和授权系统互相避免干扰的基础上，认知系统内的用户使用授权用户频谱进行频谱共享，可以提高对共享频谱的使用效率和认知系统承载业务的能力。使用认知技术能够使主用户网络（授权网络）和次级用户网络（认知网络）使用相同的频谱资源，该研究领域得到了广泛的关注[1]。

将认知无线电技术应用于卫星通信中，通过频谱共享的方式解决频谱稀缺的问题，增加通信覆盖率，卫星无线通信和地面无线通信使用同一频谱资源，能够缓解未来通信业务对频谱的高度需求，在未来通信系统中能够得到广泛的发展。卫星网络是认知网络，地面微波网络是授权网络，卫星能够使用地面微波网络的频谱资源，以缓解自身频谱资源紧张的问题。地面通信网络和卫星通信网络因自身技术特点而在不同的场景下可以分别提供不同的覆盖范围和传输能力。然而，需要避免两个通信网络传输链路之间产生互相的干扰，并能够提高认知网络通信的稳定性和吞吐量[1]。

3.2 频谱共享应用场景

3.2.1 认知 GSO 卫星网络下行链路场景一

欧洲邮政和电信会议（Commission of European Post and Telecommunications，CEPT）的决议 ECC/DEC/(05)08 将 17.3～17.7 GHz 的 Ka 频段划分给高密度固定卫星业务（High Density applications in the Fixed Satellite Service，HDFSS），该场景中的卫星地面站包括移动地面站和固定地面站（图 3.1）。该决议规定 FSS 网络对 17.3～17.7 GHz 频段的频谱共享不会影响到广播卫星业务（Broadcasting Satellite Service，BSS）上行链路对该频段的使用。FSS 地面站通过采用认知技术来动态地使用该频谱资源，以提高 FSS 网络的频谱利用率[1]。

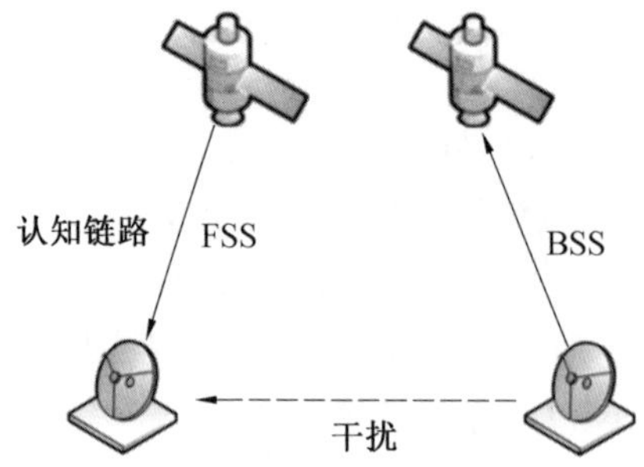

图 3.1　FSS 网络与 BSS 网络频谱共享场景

该场景中的技术研究主要包括以下几个方面：FSS地面站和BSS地面站的频谱复用问题[2]；对安装在移动平台上的卫星地面站的支持问题。该场景所共享的频谱是Ka频段，需要考虑雨衰问题和对流层噪声带来的信号衰减影响[3]。

3.2.2　认知GSO卫星网络下行链路场景二

CEPT通过决议ECC/DEC/(00)07，规定在17.7～19.7 GHz频谱内FSS网络和固定业务(Fixed Service，FS)网络的频谱共享规则，该场景中的卫星地面站包括移动地面站和固定地面站，在FSS网络中有很好的应用前景。在欧洲，有大约83 000个FS链路，并且该数据还将持续增长。可以看出，该共享场景在欧洲具有很大的应用市场。

FSS下行链路与FS网络频谱共享场景如图3.2所示，FSS地面站可以安装在多种地方，但是没有保护其地面站不受FS基站干扰的权利。认知技术的引用使得FSS网络能够接入地面网络的频谱以增加其可以使用的频谱数量。认知无线电技术作为一种动态的避免干扰方法，可以使FSS下行链路避免FS网络对其的干扰[4]。该场景可以看作对其专用频谱(19.7～20.2 GHz)的一种扩展，旨在增加FSS网络承载用户的能力。

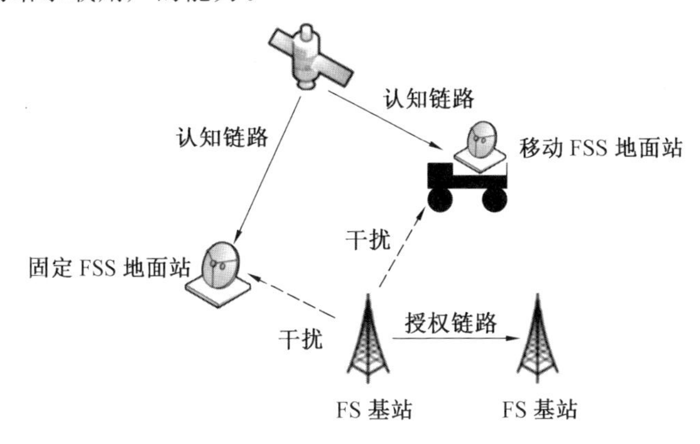

图3.2　FSS下行链路与FS网络频谱共享场景

该场景中的技术研究主要包括以下几个方面：FSS下行链路和优先级更高的FS链路的频谱复用问题；对安装在移动平台上的FSS地面站的支持问题。与上一场景类似，此共享频谱也属于Ka频段，需要考虑雨衰和对流层噪声带来的信号衰减[1]。

3.2.3　认知GSO卫星网络上行链路场景

CEPT通过ECC/DEC/(05)01决议，提出了FSS地面站和FS基站在27.5～29.5 GHz频谱内的信道分配方案，该场景中的卫星地面站包括移动地面

站和固定地面站(图 3.3)。在欧洲,目前 FS 网络对该频谱的使用较少。因此,FSS 网络可以伺机地接入该频谱的机会较多。通过认知技术,对地静止轨道(Geostationary Orbit,GSO)卫星的固定业务地面站控制其对地面链路的干扰,GSO 卫星系统能够使用共享频谱用于自身传输。

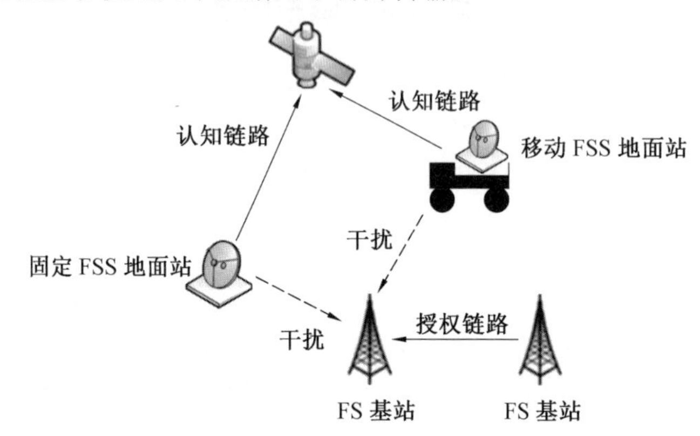

图 3.3　FSS 上行链路与 FS 网络频谱共享场景

该场景中的技术研究主要包括以下几个方面:FSS 上行链路和优先级更高的 FS 链路的频谱复用问题;对移动平台上的卫星地面站的支持问题。与前两个场景类似,共享频谱也属于 Ka 频段,需要考虑雨衰和对流层噪声带来的信号衰减问题[1]。

3.2.4　认知 GSO 卫星网络上/下行链路场景一

本场景采用的频段属于 Ku 频段,频谱共享场景在两个卫星通信网络中,该场景中的卫星地面站包括移动地面站和固定地面站(图 3.4)。认知卫星网络使用含全向天线的地面站(如移动设备),在上行链路和下行链路中利用认知技术,共享使用另一授权卫星系统(即对于某段频谱拥有最高优先级的使用权,其他用

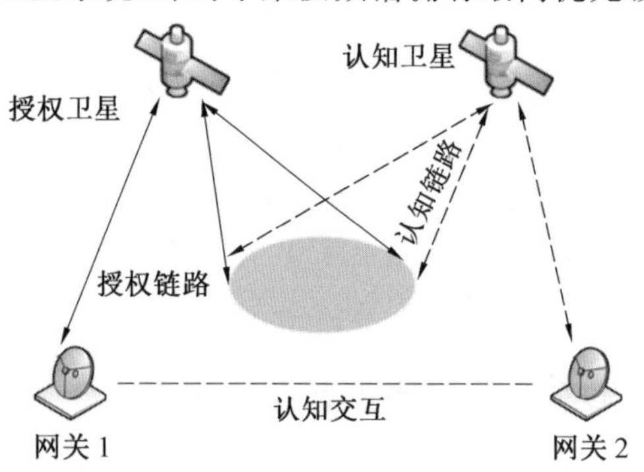

图 3.4　Ku 频段的认知卫星网络场景

户使用该频谱时需要避免对授权卫星系统产生干扰)的频谱。值得一提的是,该频段还存在 FSS 网络和 FS 网络共享频谱的可能。

该场景中的技术研究主要包括以下几个方面:认知卫星系统和授权卫星系统的频谱复用问题[5];FSS 网络和 FS 网络频谱复用问题;对移动平台上的卫星地面站的支持问题。此共享频谱属于 Ku 频段,需要考虑雨衰和对流层噪声带来的信号衰减问题[1]。

3.2.5 认知 GSO 卫星网络上/下行链路场景二

本场景采用的频段属于 C 频段,C 频段的认知卫星网络场景如图 3.5 所示,目前该部分频谱主要用于由卫星业务和地面业务的卫星上行链路共同分配,以及卫星下行链路之间频谱共享。该场景中的卫星地面终端包括移动地面站和固定地面站。上述引用场景中的授权用户可以是地面网络或卫星网络。CoRaSat 项目指出,根据现有卫星和地面网络产生的干扰环境,使用认知技术可以动态调整卫星网络在上下行链路中的频谱使用,使卫星网络更充分地利用该频谱。

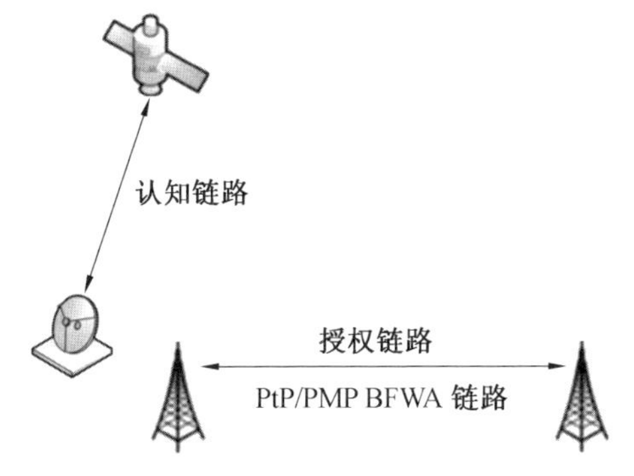

图 3.5 C 频段的认知卫星网络场景

PtP—点对点;PMP BMWA—点对多点宽带固定无线接入

该场景中的技术研究主要包括以下几个方面:认知卫星网络和授权网络的频谱复用问题[6];对移动平台上的卫星地面站的支持问题。在 C 频段还需要考虑树和建筑造成的阴影衰落和多径衰落[1]。

3.2.6 认知 GSO 卫星网络上/下行链路场景

本场景采用的频段属于 S 频段,通过广播和交互技术,建立拥有移动用户终端的混合星地网络。S 频段的混合星地场景如图 3.6 所示,授权部分可以是卫星网络或辅助的地面网络。辅助地面网络的认知卫星链路能够动态调整其前向和反向链路来适应变化的干扰环境。

该场景中的技术研究主要包括以下几个方面:认知混合星地网络的终端;认

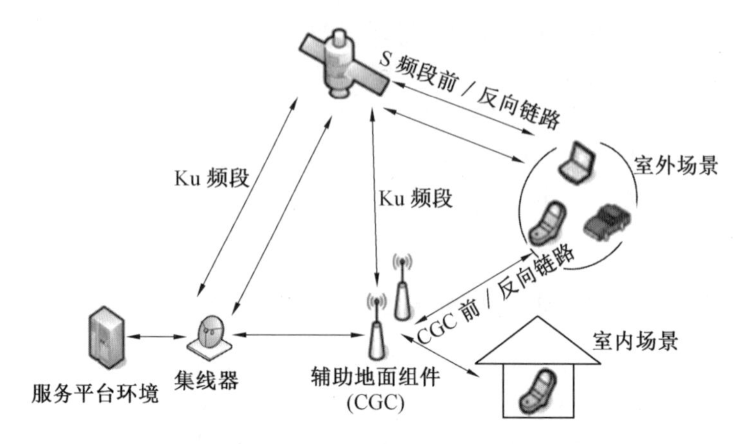

图 3.6 S 频段的混合星地场景

知地面网络的终端。在 S 频段还需要考虑树和建筑造成的阴影衰落和多径衰落[1]。

3.2.7 认知 NGSO 卫星网络上/下行链路场景

ITU 的 No 5.523A 标准参考 GSO 系统在 Ka 频段的应用场景，提出一种针对 NGSO 在 18.8～19.3 GHz 和 28.6～29.1 GHz 的管理框架(图 3.7)。NGSO 的 FSS 网络同样可以使用 17.8～18.6 GHz、19.7～20.2 GHz、27.5～28.6 GHz 和 29.5～30 GHz 的频段，但是需要遵守 ITU 的 No. 22.5C 标准中关于有效功率通量密度(Effective Power Flux Density, EPFD)的控制要求，以实现对 GSO 网络的保护。通过在上下行链路中使用认知技术，GSO 和 NGSO 的 FSS 地面站可以对频谱资源进行时间域和空间域的灵活共享使用，以最大化频谱利用程度，同时动态地控制对移动或固定的 FSS 地面站和 FS 基站的干扰。在本场景中，分别考虑 MEO 卫星、LEO 卫星，以及移动和固定的用户终端[7]。

在该场景中的技术研究主要包括以下几个方面：在移动平台上 NGSO 的 FSS 地面站下行链路与在 17.7～19.7 GHz 频谱中享有优先保护权的 FS 链路的频谱共享问题。Ka 频段还需要考虑雨衰问题和对流层的影响[1]。

根据 CEPT 的 CoRaSat 项目，对不同的认知卫星网络场景及各场景中的研究重点进行详细描述。认知卫星网络场景和用户类型见表 3.1。

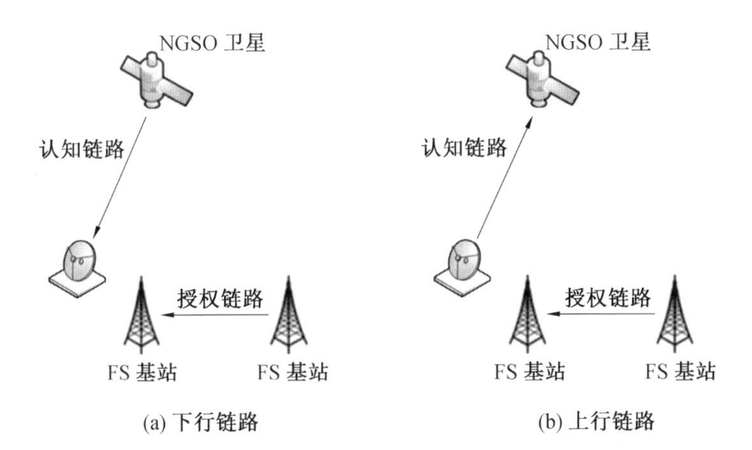

图 3.7 Ka 频段的认知 NGSO 场景

表 3.1 认知卫星网络场景和用户类型

卫星	用户类型	场景 1	场景 2	场景 3	场景 4	场景 5	场景 6	场景 7
宽带卫星	固定地面站	前向	前向	反向	前/反向	前/反向	前/反向	前/反向
	游动地面站	前向	前向	反向	前/反向	前/反向	前/反向	前/反向
	车载地面站	—	—	反向	前/反向	前/反向	前/反向	—
	海上地面站	前向	前向	反向	前/反向	—	—	前/反向
	空间地面站	前向	前向	反向	前/反向	—	—	—
窄带卫星	手持终端	—	—	—	—	—	前/反向	前/反向
	车载终端	—	—	—	—	—	前/反向	前/反向
	传感网终端	—	—	反向	—	—	前/反向	前/反向
	交互式电视	—	—	反向	—	—	—	—

3.3 频谱共享模式

在天地一体化网络中，为实现通信资源高效利用，需要对频谱进行合理的规划和复用。ITU－R M.2041[8] 中指出，星地频谱共享技术对于同一地理区域内的卫星和地面组件不具灵活性，即地面 CGC 不可以使用所在点波束使用的频段，以避免同一波束内部组件间的干扰问题。

传统的星地频谱资源共享方案如图 3.8 所示，以复用因子为 3 为例进行说明。其中，图 3.8(a)说明了卫星点波束之间的频率复用情况，图 3.8(b)展示了卫星组件与地面组件的频谱资源分配方案，即 CGC 不允许使用所在点波束的频段，但可以使用相邻点波束的频段，以此来避免同波束下的严重干扰问题。但是，当地面用户密度比较大时，这种传统的星地频谱共享方案并不能解决组件之间的干扰问题。

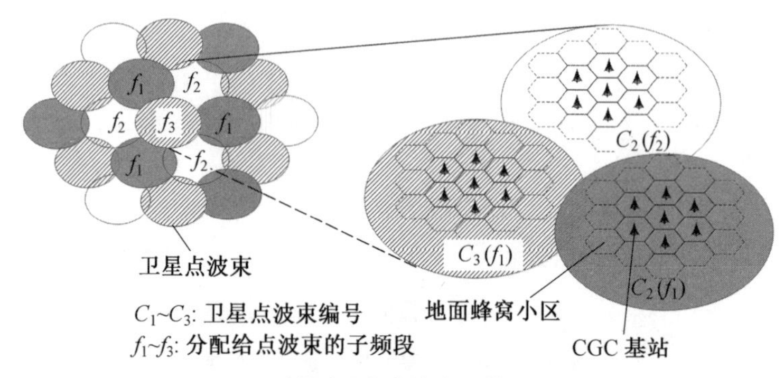

(a) 多波束之间频率复用情况

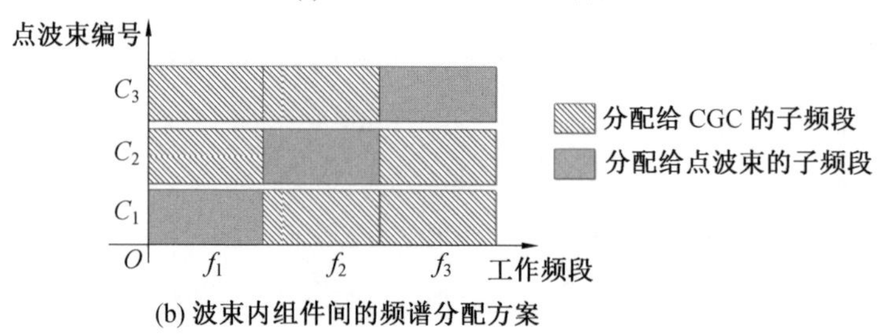

(b) 波束内组件间的频谱分配方案

图 3.8　传统的星地频谱资源共享方案

在天地一体化系统设计过程中的两种星地频谱共享模式如图 3.9 所示。以用于卫星移动服务的 S 波段进行说明，1 980～2 010 MHz 为上行频段，2 170～2 200 MHz为下行频段。第一种方案是卫星和地面上行链路共享上行频段，卫星和地面下行链路共享频段下行频段，这种方案为正常模式，如图 3.9(a)所示。第二种方案是卫星上行链路和地面下行链路共享上行频段，卫星下行链路和地面上行链路共享下行频段，这种方案为反向模式，如图 3.9(b)所示。每种模式都有四条干扰路径。

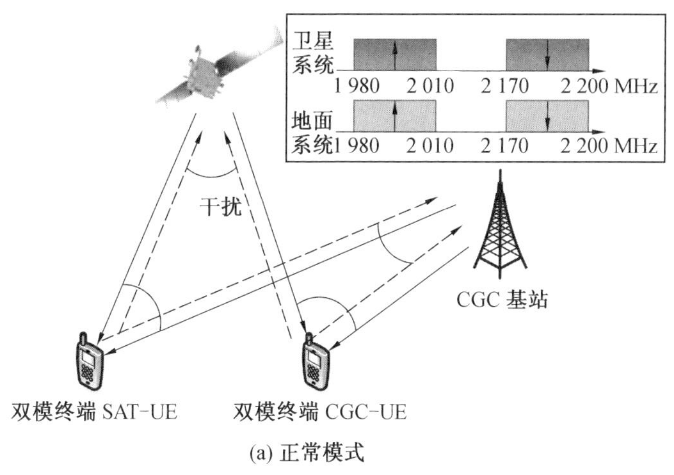

(a) 正常模式

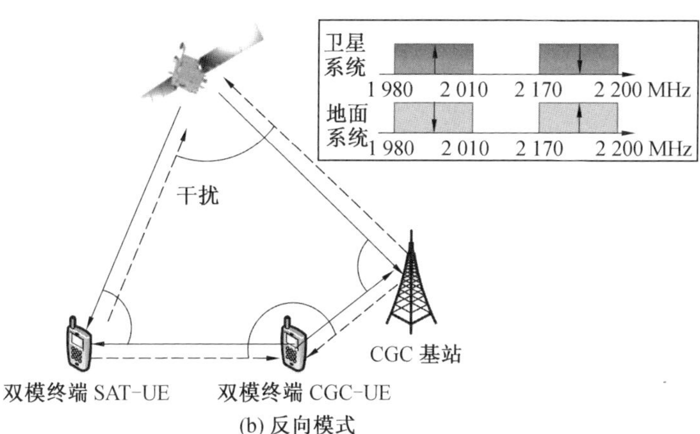

(b) 反向模式

图 3.9　两种星地频谱共享模式

SAT—卫星(Satellite);CGC—辅助地面组件(Complementary Ground Component);
UE—用户设备(User Equipment)

3.4　共享频谱策略

由频谱共享模型可以看出,卫星 FSS 网络在卫星与地面站之间进行数据传输时,有两部分频谱可以选择:一部分是 FSS 网络单独使用的频谱,即 19.7～20.2 GHz 和 28.5～29 GHz 的频谱,FSS 上下行链路使用该部分频谱时,无须考虑与其他通信网络传输链路之间的干扰;另一部分可以使用的频谱是卫星 FSS 网络与地面 FS 网络的共享频谱,即 17.7～19.7 GHz 和 27.5～29.5 GHz 的频谱,使用这部分频谱时,由于考虑两个网络之间的干扰约束问题,因此进行 FSS

地面站到卫星的信号传输时，会降低FSS地面站的发射功率，使得FSS上行链路的信道容量有所下降，进行卫星到FSS地面站的信号传输时，FSS地面站会受到干扰，使得FSS下行链路信道容量下降。

考虑上行链路和下行链路的各两段频谱对FSS链路带来的通信效果的差异，提出认知频谱和专用频谱联合分配的方法，以提高上下行链路的总吞吐量[1]。

首先，将两部分频谱分别进行独立的信道分配，求出这种信道分配方法中一个波束内FSS网络的总吞吐量；然后，将上述两部分频谱进行联合的信道分配，分析该方法中的总吞吐量，对两种方法进行比较分析。

3.4.1 独立频谱分配

无论是在上行链路场景还是下行链路场景，都将得到的单波束共享频谱内的分配结果 $\mathrm{Th}_{\mathrm{up}}$ 和 $\mathrm{Th}_{\mathrm{down}}$ 表示为 $\mathrm{Th}_{\mathrm{cog}}$。

下面对卫星FSS网络的专用频谱（19.7～20.2 GHz和28.5～29 GHz）进行信道分配[1]。

对于上行链路来说，设定在28.5～29 GHz内共有 k' 个信道，为 k' 个FSS地面站分配信道，则第 m' 个卫星FSS地面站在第 k' 个信道接收信号时的信号与干扰加噪声比（Signal to Interference Plus Noise Ratio，SINR）为

$$\mathrm{SINR}_{\mathrm{up}}(m',k')=\frac{p_k^{\max}\cdot G_{\mathrm{T}}^{\mathrm{FSS}}(0)\cdot G_{\mathrm{R}}^{\mathrm{SAT}}(m)\cdot L_{\mathrm{S}}}{I_{\mathrm{rtn}}^{\mathrm{co}}+N_0} \tag{3.1}$$

式中，$p_k^{\max}$ 为每个卫星地面站最大功率；$G_{\mathrm{T}}^{\mathrm{FSS}}(0)$ 为FSS地面站天线增益；$G_{\mathrm{R}}^{\mathrm{SAT}}(m)$ 为卫星对第 m 个FSS地面站的接收增益；L_{S} 为自由空间路径损耗；$I_{\mathrm{rtn}}^{\mathrm{co}}$ 为卫星频谱复用造成的干扰；N_0 为噪声功率。

为方便计算，将每个SINR值整合到一个矩阵中，$\mathbf{SINR}'_{\mathrm{up}}\in\mathbf{R}^{k'\times k'}$ 表示为

$$\mathbf{SINR}'_{\mathrm{up}}=\begin{pmatrix}\mathrm{SINR}'_{\mathrm{up}}(1,1) & \cdots & \mathrm{SINR}'_{\mathrm{up}}(1,k')\\ \vdots & & \vdots\\ \mathrm{SINR}'_{\mathrm{up}}(k',1) & \cdots & \mathrm{SINR}'_{\mathrm{up}}(k',k')\end{pmatrix} \tag{3.2}$$

式中，每行代表一个卫星FSS地面站；每列代表一个信道资源。

将式(3.2)转化为信道容量矩阵，即

$$\boldsymbol{C}'_{\mathrm{up}}=\begin{pmatrix}C'_{\mathrm{up}}(1,1) & \cdots & C'_{\mathrm{up}}(1,k')\\ \vdots & & \vdots\\ C'_{\mathrm{up}}(K',1) & \cdots & C'_{\mathrm{up}}(k',k')\end{pmatrix} \tag{3.3}$$

因此，在28.5～29 GHz内的信道分配过程中，提出的优化目标是

$$\max_{\boldsymbol{A}'}(\|\boldsymbol{A}'\odot\boldsymbol{C}'_{\mathrm{up}}\|_1),\quad \sum_{m=1}^{M}a_k(m)=1 \tag{3.4}$$

式中，$\boldsymbol{A}'$为与$\boldsymbol{A}$类似的信道分配矩阵。可以得到k'个卫星 FSS 地面站在使用专用频谱时的吞吐量为$\mathrm{Th}_{\mathrm{ex}}$。

将两段频谱内的吞吐量进行相加，即$\mathrm{Th}_{\mathrm{sum}}=\mathrm{Th}_{\mathrm{ex}}+\mathrm{Th}_{\mathrm{cog}}$，可以得到共享频谱和专用频谱的独立分配方案中一个波束内的上行链路总吞吐量[1]。

对于下行链路来说，设定在 19.7～20.2 GHz 内共有k'个信道，为k'个 FSS 下行链路分配信道，则第m'个卫星 FSS 下行链路在第k'个信道接收信号时的 SINR 为

$$\mathrm{SINR}_{\mathrm{down}}(m',k')=\frac{P_{\mathrm{R}}(m')}{I_{\mathrm{down}}^{\mathrm{co}}+N_0} \tag{3.5}$$

式中，$P_{\mathrm{R}}(m')$为 FSS 卫星接收设备接收到的信号功率；$I_{\mathrm{down}}^{\mathrm{co}}$为卫星系统频谱复用产生的干扰；$N_0$为噪声功率。

为方便计算，将每个 SINR 值整合到一个矩阵中，$\mathbf{SINR}'_{\mathrm{down}}\in\mathbf{R}^{k'\times k'}$表示为

$$\mathbf{SINR}'_{\mathrm{down}}=\begin{bmatrix}\mathrm{SINR}'_{\mathrm{down}}(1,1) & \cdots & \mathrm{SINR}'_{\mathrm{down}}(1,k')\\ \vdots & & \vdots\\ \mathrm{SINR}'_{\mathrm{down}}(k',1) & \cdots & \mathrm{SINR}'_{\mathrm{down}}(k',k')\end{bmatrix} \tag{3.6}$$

式中，每行代表一个卫星 FSS 下行链路；每列代表一个信道资源。

然后，将上式转化为信道容量矩阵，即

$$\boldsymbol{C}'_{\mathrm{down}}=\begin{bmatrix}C'_{\mathrm{down}}(1,1) & \cdots & C'_{\mathrm{down}}(1,k')\\ \vdots & & \vdots\\ C'_{\mathrm{down}}(k',1) & \cdots & C'_{\mathrm{down}}(k',k')\end{bmatrix} \tag{3.7}$$

因此，在 19.7～20.2 GHz 内的信道分配过程中，提出的优化目标是

$$\max_{\boldsymbol{B}'}(\|\boldsymbol{B}'\odot\boldsymbol{C}'_{\mathrm{down}}\|_1),\quad \sum_{m=1}^{M}b_k(m)=1 \tag{3.8}$$

式中，$\boldsymbol{B}'$为与$\boldsymbol{B}$类似的信道分配矩阵。可以得到K'个卫星 FSS 下行链路在使用专用频谱时的吞吐量为$\mathrm{Th}_{\mathrm{ex}}$。

将两段频谱内的吞吐量进行相加，即$\mathrm{Th}_{\mathrm{sum}}=\mathrm{Th}_{\mathrm{ex}}+\mathrm{Th}_{\mathrm{cog}}$，可以得到共享频谱和专用频谱的独立分配方案中一个波束内的下行链路总吞吐量[1]。

3.4.2 联合频谱分配

在上下行场景中，分别对所有 FSS 链路进行两个频谱内的联合分配[1]。

对于上行场景，该方法将两个用于分配的矩阵进行合并，即M个卫星 FSS 地面站有$k+k'$个信道可以同时选择。此时，对于共享频谱内的信道，M个卫星 FSS 地面站的发射功率与独立分配时一样；对于专用频谱内的信道，M个卫星 FSS 地面站的发射功率为卫星地面站的最大发射功率$p_k^{\max}$。因此，在两个频谱联合分配的方法中，M个 FSS 地面站在$k+k'$个信道上的发射功率为

$$
\boldsymbol{p}_{\text{up}}=\begin{bmatrix} p(1,1) & \cdots & p(1,k) & p_k^{\max} & \cdots & p_k^{\max} \\ \vdots & & \vdots & \vdots & & \vdots \\ p(M,1) & \cdots & p(M,k) & p_k^{\max} & \cdots & p_k^{\max} \end{bmatrix} \tag{3.9}
$$

因此，得到一个用于匈牙利算法的效益矩阵，即合并后的信道容量矩阵为

$$
\boldsymbol{C}_{\text{up}}=\begin{bmatrix} C(1,1) & \cdots & C(1,k) & C(1,k+1) & \cdots & C(1,k+k') \\ \vdots & & \vdots & \vdots & & \vdots \\ C(M,1) & \cdots & C(M,k) & C(M,k+1) & \cdots & C(M,k+k') \end{bmatrix} \tag{3.10}
$$

式(3.10)使用匈牙利算法进行一对一的信道分配，优化目标与上述方法类似，得到 FSS 上行链路使用两段频谱的总吞吐量为 Th_{sum}[1]。

对于下行场景，该方法将两个用于分配的矩阵进行合并，即 M 个卫星 FSS 下行链路有 $k+k'$ 个信道可以同时选择。此时，对于共享频谱内的信道，M 个卫星 FSS 下行链路的 SINR 与独立分配时一样；对于专用频谱内的信道，M 个卫星下行链路的 SINR 不包括 FS 基站对 FSS 地面站的干扰。因此，得到新的 M 个 FSS 下行链路在 $k+k'$ 个信道上的信道容量矩阵为

$$
\boldsymbol{C}_{\text{down}}=\begin{bmatrix} C(1,1) & \cdots & C(1,k) & C(1,k+1) & \cdots & C(1,k+k') \\ \vdots & & \vdots & \vdots & & \vdots \\ C(M,1) & \cdots & C(M,k) & C(M,k+1) & \cdots & C(M,k+k') \end{bmatrix} \tag{3.11}
$$

式(3.11)使用匈牙利算法进行一对一的信道分配，优化目标与上述方法类似，得到 FSS 下行链路使用两段频谱的总吞吐量为 Th_{sum}[1]。

3.5 非授权频谱的共享使用

FS 网络对于 28 GHz 左右的 Ka 频谱使用数量很少。因此，在 FSS 上行链路的认知过程中，FSS 地面站可以选择充足的共享频谱接入进行上行链路的信号传输，不需要考虑认知信道数量不足的情况。与 FSS 上行链路场景不同的是，一般的 FSS 下行链路带宽较大，业务量较多，可能会出现认知信道数量不足的情况，即认知信道数量少于需要进行信号传输的卫星下行链路数量。将链路分成不同的时域进行传输是目前普遍解决上述问题的方法。但是，时域分配会产生时延，导致部分链路其传输存在时延。

针对上述问题，本节在 GEO 卫星 FSS 网络下行链路的分配过程中引入优先级的概念，将优先级划分应用到 FSS 下行链路中，通过建立业务优先级模型，将 FSS 下行链路分成不同的优先级。结合优先级，提出一种信道分配方法，保证 FSS 下行链路的时延要求，同时最大化网络吞吐量[1]。

3.5.1　优先级模型建立

结合地面通信的优先级分类原理，建立优先级模型。根据实时传输要求的不同，考虑用户传输要求，包括时延、吞吐量和误码率，为用户划分优先级。

结合现有研究，本节为 FSS 网络的不同链路建立优先级模型。根据专用通信和民用通信的不同，将该场景中的卫星业务分为专用业务和民用业务。优先级最高的是专用通信的下行链路，用 P_1 表示。将民用卫星 FSS 下行链路分为两类：P_2 为次高优先级，是对实时性要求高的链路；P_3 为最低优先级，是其他链路。

建立 FSS 下行链路优先级业务的集合为 $P=\{P_1,P_2,P_3\}$，$Q(m)$表示第 m 个卫星 FSS 下行链路的优先级，即 $Q_m=P_i(i=1,2,3)$，并且通过设置权重控制链路分配信道的顺序[1]。

3.5.2　基于优先级的下行链路频谱分配方法

首先，建立认知卫星网络 FSS 下行链路的优先级模型。由干扰模型可知，FS 基站发送端的发送信号会对 FSS 地面站接收端产生干扰，而 FSS 下行链路不会对 FS 基站接收端产生干扰。因此，与上行链路的分配方法不同，下行链路中将考虑 FSS 链路在共享频谱内如何躲避 FS 链路的干扰问题。

本节提出一种基于优先级的 FSS 下行链路频谱分配方法。应用这个方法，可以保证卫星高优先级的 FSS 下行链路分配到信道的优先级及所用信道的容量，同时最大化一个波束内认知卫星网络下行链路的总吞吐量。FSS 下行链路信道分配示意图如图 3.10 所示。通过数据库方法计算 $\mathbf{SINR}_{\text{down}}$ 矩阵，联合优先级矩阵进行信道分配，使得一个波束内下行链路的总吞吐量最大[1]。

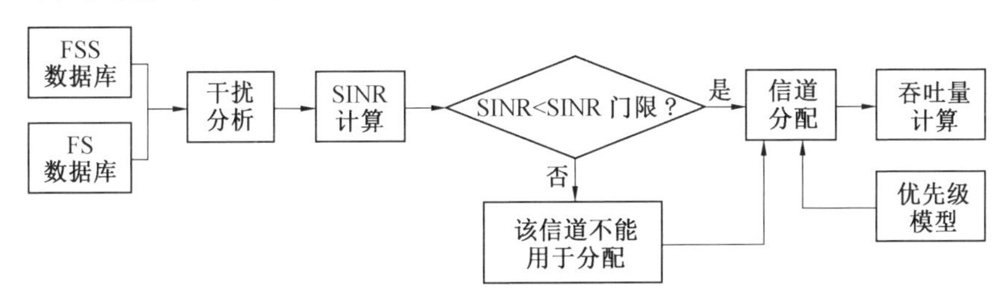

图 3.10　FSS 下行链路信道分配示意图

设定矩阵 $\boldsymbol{B}=[b_1\cdots\ b_k]$为信道分配矩阵，其中元素 $b_k\in\mathbf{R}^{M\times 1}$是含有 M 个元素的列向量。当 b_k 中有元素为 1 时，代表第 m 个 FSS 地面站分配到第 k 个信道。此时，该列其他元素为 0。因此，对于每个信道 k，有 $\sum_{m=1}^{M}b_k(m)=1$，其中 $b_k(m)$代表列向量 $\boldsymbol{b}_k$ 中的第 m 个元素，有

$$\boldsymbol{B}=\begin{bmatrix} b_{1,1} & \cdots & b_{1,k} \\ \vdots & & \vdots \\ b_{M,1} & \cdots & b_{M,k} \end{bmatrix} \tag{3.12}$$

设定矩阵 $\boldsymbol{Q}=[\boldsymbol{Q}_1 \cdots \boldsymbol{Q}_M]^{\mathrm{T}}$ 为卫星 FSS 下行链路优先级矩阵，其中元素 $\boldsymbol{Q}_m \in \mathbf{R}^{1\times k}$ 是含有 k 个元素的行向量，并且 $Q_m(1)=Q_m(2)=\cdots=Q_m(k)=P_i$ 代表第 m 个卫星 FSS 下行链路的优先级。设定三个优先级，同时设定 $P_1+P_2+P_3=1$，优先分配信道给 P_i 值大的下行链路。优先级矩阵为

$$\boldsymbol{Q}=\begin{bmatrix} Q_1(1) & \cdots & Q_1(k) \\ \vdots & & \vdots \\ Q_M(1) & \cdots & Q_M(k) \end{bmatrix} \tag{3.13}$$

其中，在第 k 个信道工作的第 m 个卫星 FSS 下行链路的信道容量 $C(m,k)$ 可以表示为

$$C(m,k)=B_{\mathrm{FSS}}(1+\mathrm{SINR}_{\mathrm{down}}(m,k)) \tag{3.14}$$

利用式(3.14)求得信道容量矩阵为

$$\boldsymbol{C}_{\mathrm{down}}=\begin{bmatrix} C(1,1) & \cdots & C(1,K) \\ \vdots & & \vdots \\ C(M,1) & \cdots & C(M,K) \end{bmatrix} \tag{3.15}$$

因此，提出的优化目标是

$$\max_{\boldsymbol{B}}(\| \boldsymbol{B} \odot \boldsymbol{C}_{\mathrm{down}} \odot \boldsymbol{Q} \|_1), \quad \sum_{m=1}^{M} b_k(m)=1 \tag{3.16}$$

对上述优化目标使用匈牙利算法进行一对一的信道分配，可以得到 M 个卫星 FSS 地面站在使用共享频谱时上行链路的总吞吐量为 $\mathrm{Th}_{\mathrm{down}}$[1]。

3.5.3 分析与仿真

本节将进行上下行链路频谱分配结果的仿真分析。将上行链路仿真结果与下行链路仿真结果分开。在上行链路中，进行改进功率控制方法的性能分析；在下行链路中，进行基于优先级的分配方法性能分析。另外，在上下行链路中，要进行共享频谱和专用频谱的独立分配与联合分配的性能比较[1]。

1. 仿真参数

选择认知 FSS 卫星的一个波束进行仿真，具体仿真参数如下。

(1)上行链路参数。

由无线电通信局(Radiocommunication Bureau，BR)国际频率信息通报(International Frequency Information Circular，IFIC)数据库获得地面网络的相关数据，地面 FS 网络相关参数(上行)见表 3.2。

表 3.2　地面 FS 网络相关参数(上行)

地面 FS 网络参数	数值
天线类型	ITU－R. S. 465
$G_R^{FS}(0)$	19 dBi
天线高度	0～187 m
信道带宽	7 MHz
干扰门限(理论值)	－146 dBW/MHz

采用 ITU 标准，卫星网络相关参数(上行)见表 3.3。

表 3.3　卫星网络相关参数(上行)

卫星网络参数	数值
上行链路信道带宽	7 MHz
波束半径	140 km
认知频谱	27.5～29.5 GHz
专用频谱	29.5～30 GHz
$G_R^{SAT}(m)$	44.43～57.88 dBi
I_{down}^{CO}	5.8～20.74 dB
$G_T^{FSS}(m)$	42.1 dBi
卫星高度	35 786 km
N_0	－131.78 dBW
卫星 FSS 地面站最大发射功率	7.9 dBW

(2)下行链路参数。

由 BR IFIC 数据库[9]获得地面 FS 网络的相关数据，地面 FS 网络相关参数(下行)见表 3.4，卫星网络相关参数(下行)见表 3.5。

表 3.4　地面 FS 网络相关参数(下行)

地面 FS 网络参数	数值
天线类型	ITU－R F. 699－7
$G_T^{FS}(\theta_{n,m})$	－5.8～39.3 dBi
最小 FS 基站 EIRP①	－44.8 dBW
最大 FS 基站 EIRP	36.3 dBW
链路带宽	7 MHz

①EIRP：等效全向辐射功率(Effective Isotropic Radiated Power)。

表 3.5 卫星网络相关参数(下行)

卫星网络参数	数值
天线类型	ITU-R S.465-6
信道带宽	27 MHz
认知频谱	17.7～19.7 GHz
专用频谱	19.7～20.2 GHz
波束半径	140 km
$G_{\mathrm{R}}^{\mathrm{SAT}}(m)$	49.60～54.63 dBi
$I_{\mathrm{down}}^{\mathrm{CO}}$	−7.37～−14.16 dB
$G_{\mathrm{T}}^{\mathrm{FSS}}(m)$	42.1 dBi
卫星高度	35 786 km
N_0	−126.46 dBW

关于优先级权重的选择，根据测试结果，当优先级权重参数为 $P_1=0.6$、$P_2=0.3$、$P_3=0.1$ 时，分配结果符合要求。

2. 仿真结果

(1)上行链路仿真。

首先，分析使用认知的方法进行频谱共享后，FSS 网络上行链路进行了频谱扩展，其吞吐量与只使用专用频谱相比有了明显的提升。设置 FS 基站总数 $N=100$，认知信道为 70 个，专用信道为 20 个。

使用共享频谱与只用专用频谱的吞吐量对比图(上行)如图 3.11 所示。可以看出，当 FSS 地面站总数分别 $M=40$ 时，FSS 上行链路使用共享频谱后，上行链路总吞吐量与只用专用频谱相比提升了 0.6 Gbit/s 左右；当 FSS 地面站总数分别 $M=50$ 时，FSS 上行链路使用共享频谱后，上行链路总吞吐量与只用专用频谱相比提升了 0.7 Gbit/s 左右。使用共享频谱使得 FSS 网络中有更多的上行链路可以同时进行信号传输，FSS 网络业务能力提升[1]。

FSS 上行链路总吞吐量与 FS 基站数量的关系如图 3.12 所示，分析 FS 基站数量对 FSS 上行链路吞吐量的影响。由于 FSS 地面站的发射功率受到 FS 基站干扰约束条件的限制，因此 FSS 上行链路的总吞吐量受到影响。随着波束内 FS 基站数量 N 增加，FSS 网络的总吞吐量减少。

当共享频段的信道数 $K=40$，专用频段的信道数 $K'=10$ 时，随着 N 由 100 增加到 500：FSS 地面站总数 $M=30$ 时，总吞吐量由 0.9 Gbit/s 下降到 0.6 Gbit/s；FSS 地面站总数 $M=50$ 时，总吞吐量由 1.35 Gbit/s 下降

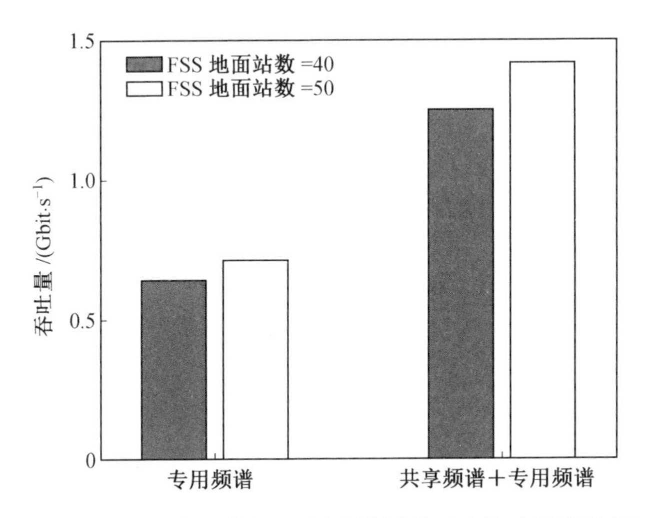

图 3.11　使用共享频谱与只用专用频谱的吞吐量对比图(上行)

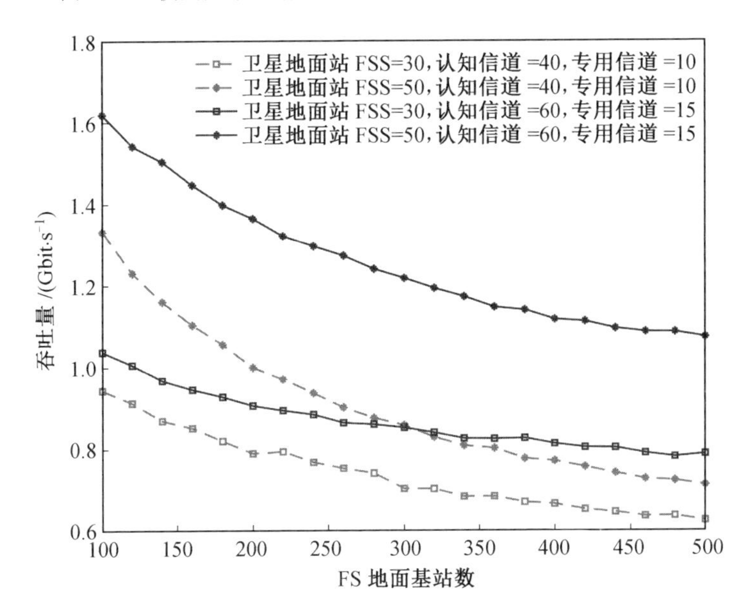

图 3.12　FSS 上行链路总吞吐量与 FS 基站数量的关系

到0.7 Gbit/s。

当共享频段的信道数 $K=60$，专用频段的信道数 $K'=15$ 时，随着 N 由 100 增加到 500：FSS 地面站总数 $M=30$ 时，总吞吐量由 1.05 Gbit/s 下降到 0.8 Gbit/s；FSS 地面站总数 $M=50$ 时，总吞吐量由 1.6 Gbit/s 下降到1.1 Gbit/s。

这是因为随着 FS 基站数量的增加，FS 基站密度增大，各 FS 基站距离 FSS

地面站的平均距离减小。同时，由于FS基站增多，FSS地面站受到更多FS基站干扰限制，因此每个FSS地面站的发射功率会有不同程度的下降，网络内总的吞吐量也因此而减少[1]。

由图3.12也可以看出，当FSS地面站总数不变时，专用频段的信道数$K'=15$时的FSS吞吐量大于专用信道$K'=10$时的FSS吞吐量。这是因为专用频谱的发射功率不受限制，其信道容量大于共享频谱，FSS地面站会优先选择专用频谱的信道进行通信，故吞吐量有所提高。

设置FS基站总数$N=400$，专用信道数为20，认知信道数为80。两个频谱独立分配与联合分配的吞吐量对比（上行）如图3.13所示。当共享频谱与专用频谱联合分配时，由于受到功率约束更严重的FSS地面站可以优先选择FSS网络专用频谱，因此与FSS地面站在两种频谱内进行随机选择的单独分配方案相比，联合分配方案能够使得FSS网络的吞吐量有所提高。在FSS地面站个数相同时，联合分配方案比独立分配时平均提高约0.1 Gbit/s[1]。

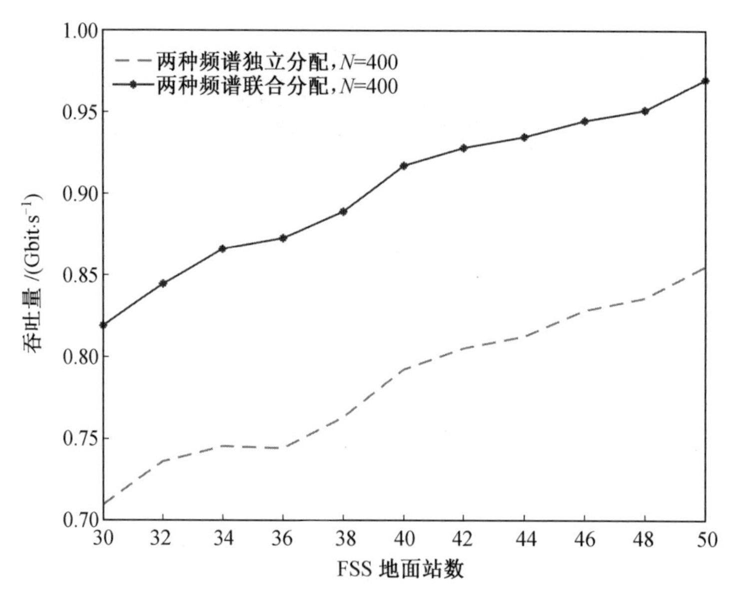

图3.13　两个频谱独立分配与联合分配的吞吐量对比（上行）

图3.14所示为三种方法性能对比。方法一为共享频谱和专用频谱的独立信道分配；方法二为共享频谱和专用频谱的联合信道分配；方法三为基于改进的功率控制方法时的联合信道分配。设置FS基站总数$N=500$，专用信道为$K'=20$。图3.14中，采用改进的功率控制方法能够提高FSS网络的吞吐量。当FSS地面站数量为25时，采用改进的功率控制方法，其吞吐量比传统方法提高约0.3 Gbit/s。随着FSS地面站数量的增加，改进方法的吞吐量性能提升增加[1]。

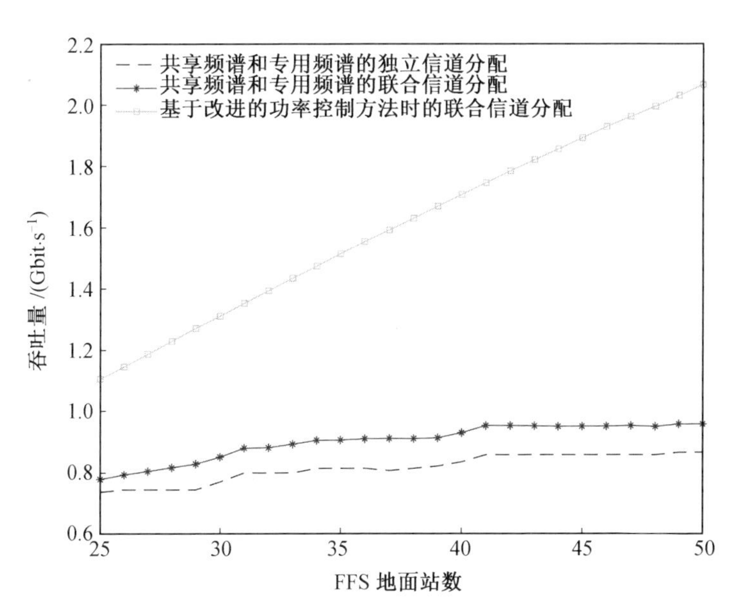

图 3.14　三种方法性能对比

(2)下行链路仿真。

使用认知的方法进行频谱共享之后,FSS 网络下行链路进行了频谱扩展,其吞吐量与只使用专用频谱相比有了明显的提升。设置认知信道为 40 个,专用信道为 10 个。FSS 地面站总数分别 $M=20$ 和 $M=30$。使用共享频谱与只用专用频谱的吞吐量对比图(下行)如图 3.15 所示。可以看出,FSS 下行链路使用共享频谱后,下行链路总吞吐量与只用专用频谱时分别增加 1.2 Gbit/s 和 2.6 Gbit/s。使用共享频谱使得 FSS 网络中有更多的下行链路可以同时进行信号传输,FSS 网络业务能力提升[1]。

设置专用信道为 10,认知信道为 40。两个频谱独立分配与联合分配的吞吐量对比(下行)如图 3.16 所示。当共享频谱与专用频谱联合分配时,由于受到干扰更严重的 FSS 下行链路可以优先选择 FSS 网络专用频谱,因此与 FSS 地面站在两种频谱内进行随机选择的单独分配方案相比,联合分配方案能够使得 FSS 网络的吞吐量有所提高,但提升幅度较小。

匈牙利算法是一种以最大化分配矩阵效益值为目的的一对一分配方法。以 FSS 下行链路为例,将采用匈牙利算法进行信道分配时所获得的 FSS 网络总吞吐量与随机分配方法相比。匈牙利算法与随机分配方法的吞吐量对比如图 3.17 所示。采用匈牙利算法进行信道分配时,FSS 下行链路总吞吐量高于对 FSS 下行链路进行随机信道分配时获得的总吞吐量,当 FSS 地面站数量在 20～30 时,FSS 吞吐量提升约 0.5 Gbit/s。

分配到信道的最高优先级下行链路数量对比如图 3.18 所示。当信道总数

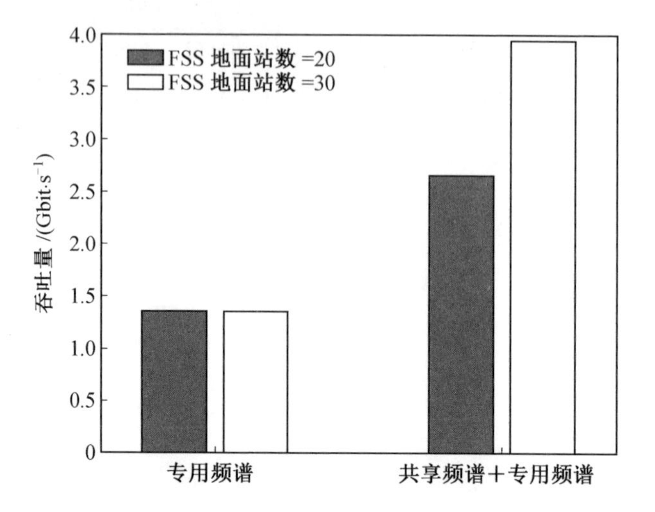

图 3.15 使用共享频谱与只用专用频谱的吞吐量对比图(下行)

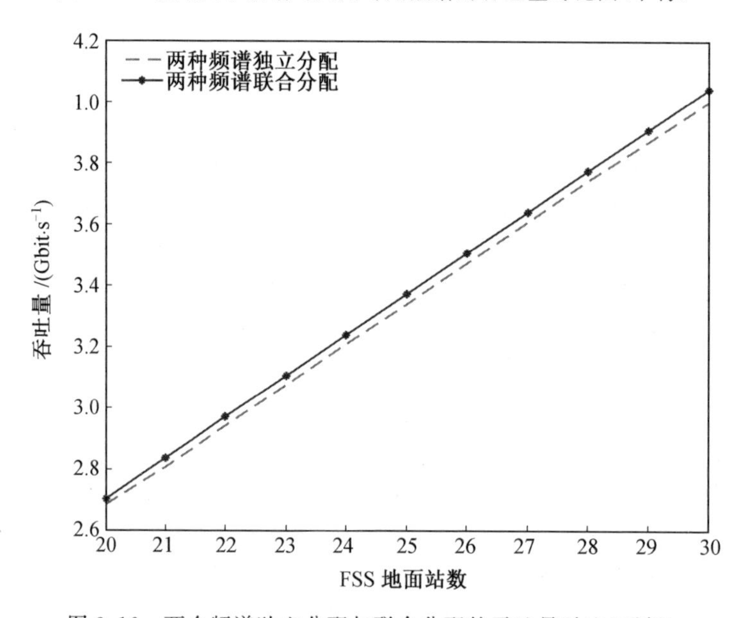

图 3.16 两个频谱独立分配与联合分配的吞吐量对比(下行)

少于需要进行信号传输的 FSS 下行链路数量时,采用传统匈牙利算法,分配到信道的最高优先级的卫星 FSS 下行链路数量随着信道数的增加而增加。

使用传统匈牙利算法时,最高优先级的 FSS 下行链路没有优先选择信道的权利。引入优先级模型,采用基于优先级权重的改进匈牙利算法时,可用信道数量不足不影响最高优先级的 FSS 下行链路分配到信道的优先性[1]。

设置 FSS 地面站总数为 30,可用认知信道数由 20 增加到 30,P_1、P_2、P_3 优

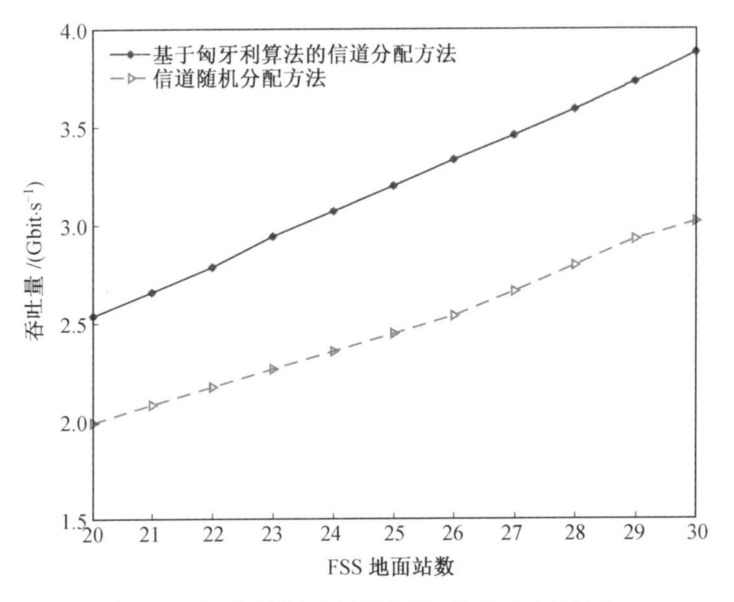

图 3.17　匈牙利算法与随机分配方法的吞吐量对比

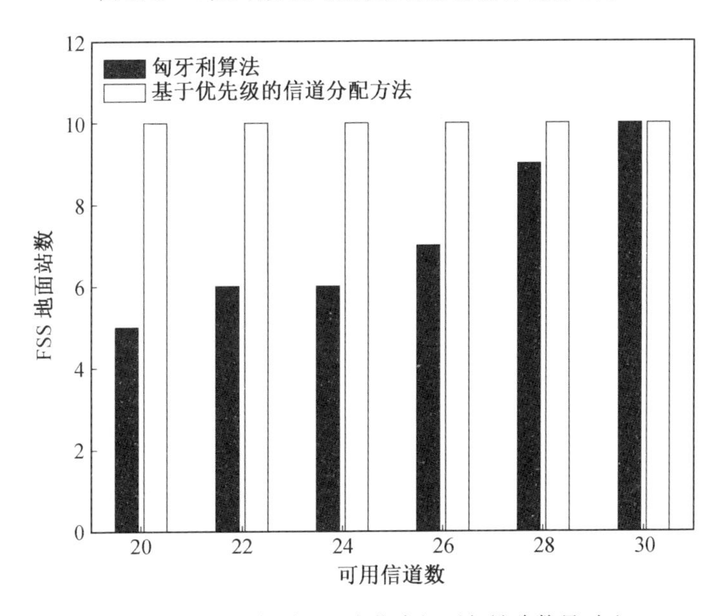

图 3.18　分配到信道的最高优先级下行链路数量对比

先级的卫星 FSS 下行链路数量都为 10。高优先级的卫星 FSS 下行链路总吞吐量如图 3.19 所示，当可用于认知卫星下行链路分配的信道数量不足时，使用传统匈牙利算法，P_1 和 P_2 优先级的下行链路不能优先分配到信道，该优先级的下行链路总吞吐量较低。例如，当可用信道数为 20 时，P_1 和 P_2 优先级总吞吐量

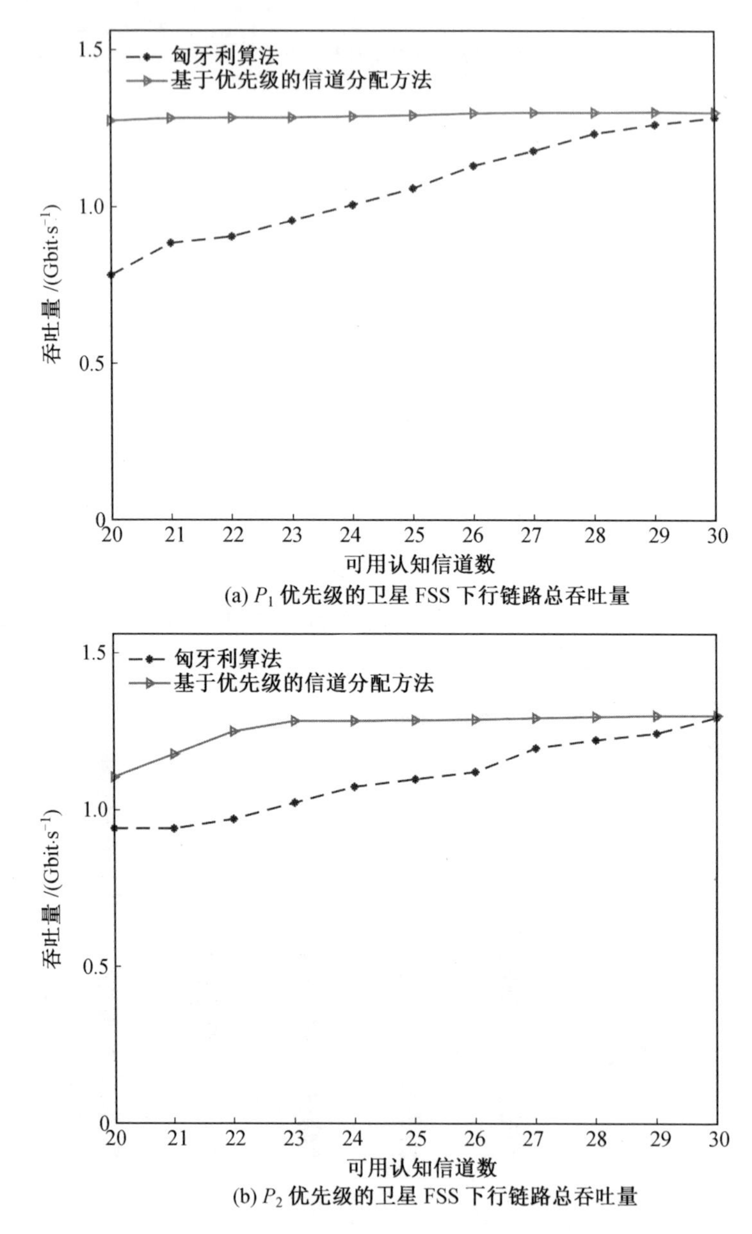

(a) P_1 优先级的卫星 FSS 下行链路总吞吐量

(b) P_2 优先级的卫星 FSS 下行链路总吞吐量

图 3.19　高优先级的卫星 FSS 下行链路总吞吐量

比可用信道数为 30 时少，这严重影响高优先级的卫星 FSS 下行链路的传输性能；当采用基于优先级的改进匈牙利算法时，P_1 和 P_2 优先级的卫星 FSS 下行链路的总吞吐量保持在 1.3 Gbit/s 左右，说明高优先级的 FSS 下行链路在进行频谱分配时，其总吞吐量未受频谱不足的影响。

FSS 下行链路总吞吐量如图 3.20 所示。可以看出，对于 FSS 下行链路总吞吐量，采用改进方法与传统算法接近，说明改进方法能够在解决匈牙利算法对方阵要求的同时保持最大化吞吐量，并优先为高优先级的 FSS 链路分配信道。

值得说明的是，该方法可以应用在其他的认知卫星场景中，也可以应用到地面认知场景中。根据各个认知网络优先级要求的不同，划分优先级进行信道分配[1]。

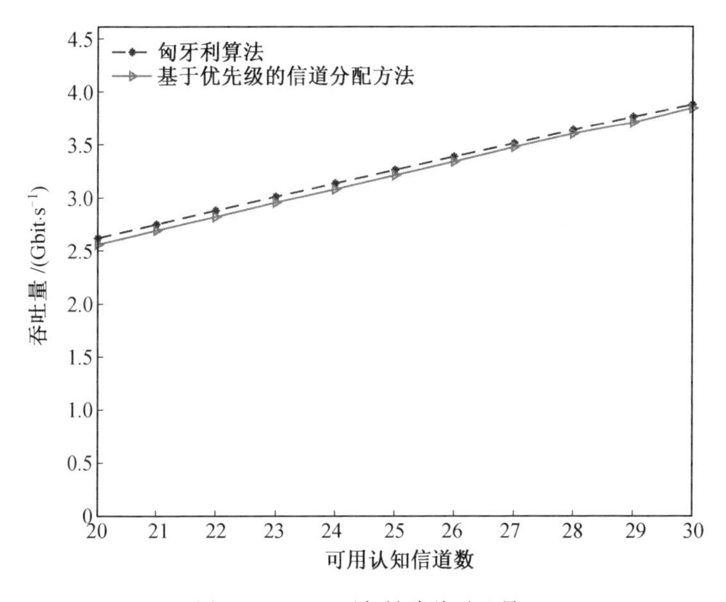

图 3.20 FSS 下行链路总吞吐量

3.6 智能频谱感知技术实现

天地一体化网络中，为更好地提供宽带服务和宽带接入，需要天地一体化网络在更宽的频谱范围内实现频谱感知，以便获取足够的频谱资源，满足宽带化需求。感知频谱范围的增加将对采样设备提出更高的要求，结合压缩感知理论，采用欠奈奎斯特(Nyquist)采样方式可以有效缓解宽频带对采样设备的压力。目前，在众多欠奈奎斯特采样系统中，调制宽带转换器(Modulated Wideband Converter, MWC)系统因其理论体系完备及原型样机的出现而备受关注。MWC 系统利用调制函数对输入的多频带模拟信号进行调制，使其频谱实现加权的周期延拓，并产生频谱混叠的现象。经过低通滤波器滤波后，保留位于基带的频谱，通过对基带部分频谱的采样获取采样信号。与直接以奈奎斯特速率对输入的多频带信号进行采样相比，MWC 系统的采样速率远低于奈奎斯特采样速率，属于欠奈奎斯特采样方式，应用压缩感知理论实现对信号支撑集的获取，进而将各个子频带从混叠的频谱中分离。在 MWC 系统中，利用压缩感知理论对信号支撑集的重构是 MWC 理论体系的核心内容。然而，为保证支撑集的准确重构，压缩感知理论对欠采样过程有严格的规定，理论经验表明实际应用中要求采样数量不少于信号稀疏度的 4 倍。在 MWC 系统中，采样通道数目即采样次数，当多频带信号的子频带数增加时，需要相应地增加采样通道数。然而，在天地一体化网络宽带频谱感知场景中，信号数量很难提前获知，因此无法确定采样通道的数量，这将给系统硬件实现带来困难。若先将采样通道数目固定，则确定了该系统能够处理的最大信号数量，限制了 MWC 系统处理多频带信号的能力。当信号数量超出其规定范围时，该系统将不再适用。因此，很难直接利用 MWC 系统实现天地一体化网络宽带频谱感知[10]。

为应对信号数目未知且不断变化的天地一体化网络宽带频谱感知场景，需要对 MWC 系统进行改进，包括对模拟欠采样前端的改进，以实现灵活可控的欠采样过程。基于此，本节提出了一种基于 Sub-Nyquist 的宽带频谱感知盲检测方法，利用加权的周期延拓频谱和频谱混叠现象，采用单通道结构改进 MWC 系统模拟欠采样前端，能够灵活地控制欠采样值的获取过程，利用支撑集盲重构算法精确定位子频带位置，实现对感知频谱的分层检测[10]。

3.6.1 基于混叠频谱平移的欠奈奎斯特采样方法

结合 MWC 系统模拟前端产生的频谱周期延拓和频谱混叠的效果，利用傅里叶频移特性，对调制信号频谱进行平移，在单采样通道结构下等效获取多路通道的欠奈奎斯特采样值，实现基于单通道结构的欠奈奎斯特采样过程。

1. 基于单通道结构的欠奈奎斯特采样方法

调制信号频谱的周期延拓和混叠效应是 MWC 系统实现欠奈奎斯特采样的基础。调制信号频谱 $\widetilde{X}_i(f)$是以调制函数 $p_i(t)$的频率 f_{p} 为单位平移的多频带信号 $x(t)$频谱 $X(f)$的线性组合，多频带信号 $x(t)$的频谱实现以 f_{p} 为周期的加权扩展，信号频谱周期延拓示意图如图 3.21 所示。图中将感知的频谱范围以 f_{p} 为单位进行区域分割，多频带信号包含两个信号，分别位于 $\bar{l}f_{\mathrm{p}}$ 和 $\tilde{l}f_{\mathrm{p}}$ 区域内，调制信号频谱 $\widetilde{X}(f)$以调制函数 $p(t)$的频率 f_{p} 为单位进行平移，每个长度为 f_{p} 的区域内包含所有子频带信号经过幅值加权的频谱信息。因此，考虑利用单通道信号频谱周期延拓构成的混叠频谱，实现等效的 MWC 多通道系统[10]。

利用单通道结构等效传统多通道的 MWC 系统，其核心思想是结合傅里叶变换的频移特性，充分利用单通道信号频谱平移的特征，将每个长度为 f_{p} 区域

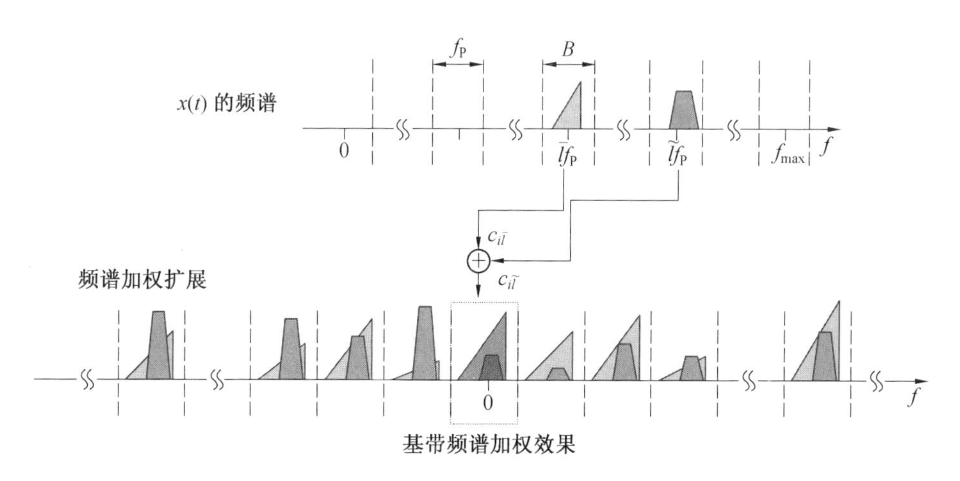

图 3.21　信号频谱周期延拓示意图

内的混叠信号看作一个采样通道获取的信号，即对一个采样通道周期加权扩展的频谱进行抽取，等效为其他多个采样通道获得的信号。

相比于多通道 MWC 结构，单通道系统需要在混频器与低通滤波器之间增加一个频移步骤，对调制信号进行频移处理后依次通过低通滤波器，根据实际需求保留 m 的 f_{p} 长度区域内的线性加权信号，用以等效传统 MWC 系统的 m 路采样通道。单通道 MWC 系统欠采样前端结构如图 3.22 所示[10]。

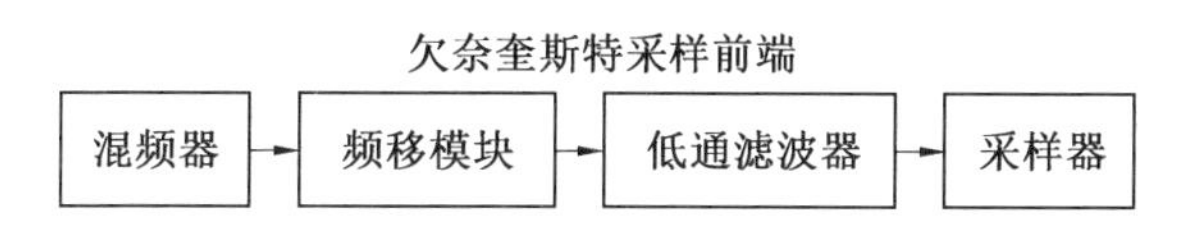

图 3.22　单通道 MWC 系统欠采样前端结构

处理后信号形式为

$$\hat{x}(t)=\tilde{x}(t)\cdot \mathrm{e}^{-\mathrm{j}2\pi(a\cdot f_{\mathrm{p}})t}$$

其在频域产生频移效果。$\hat{x}(t)$的傅里叶展开形式为

$$\begin{aligned}\hat{X}(f)&=\int_{-\infty}^{\infty}\hat{x}(t)\cdot \mathrm{e}^{-\mathrm{j}2\pi ft}\mathrm{d}t\\&=\int_{-\infty}^{\infty}\tilde{x}(t)\cdot \mathrm{e}^{-\mathrm{j}2\pi(a\cdot f_{\mathrm{p}})t}\cdot \mathrm{e}^{-\mathrm{j}2\pi ft}\mathrm{d}t\\&=\tilde{X}(f+a\cdot f_{\mathrm{p}})\end{aligned}\tag{3.17}$$

式中，$\tilde{X}(f)$为调制信号频谱；a 为正整数，通过选取不同的 a 值等效不同的通道。

为将采样速率降低到最大程度，令 $f_{\mathrm{s}}=f_{\mathrm{p}}$，即单通道采样率 f_{s} 与调制函数 $p(t)$的频率 f_{p} 及低通滤波器带宽相同。调制信号 $\tilde{x}(t)$的频谱经过不同的频移操作后，利用截止频率为 $f_{\mathrm{s}}/2$ 的低通滤波器进行滤波，然后以 f_{s} 的速率对滤波信号进行低速采样，获得等效每个支路上的采样信号 $y_i[n]$[10]。

相比于传统 MWC 系统，此时低通滤波器的输入信号为经过频移操作的调制信号，即

$$\hat{x}(t)=\tilde{x}(t)\cdot \mathrm{e}^{-\mathrm{j}2\pi(a\cdot f_\mathrm{p})t}=x(t)p(t)\cdot \mathrm{e}^{-\mathrm{j}2\pi(a\cdot f_\mathrm{p})t}$$

$\hat{x}(t)$的傅里叶展开形式为

$$\begin{aligned}\hat{X}(f)&=\int_{-\infty}^{\infty}\hat{x}(t)\mathrm{e}^{-\mathrm{j}2\pi ft}\mathrm{d}t\\&=\int_{-\infty}^{\infty}x(t)\Big(\sum_{l=-\infty}^{\infty}c_l\mathrm{e}^{\mathrm{j}\frac{2\pi}{T_\mathrm{p}}lt}\Big)\mathrm{e}^{-\mathrm{j}2\pi(a\cdot f_\mathrm{p})t}\cdot \mathrm{e}^{-\mathrm{j}2\pi ft}\mathrm{d}t\\&=\sum_{l=-\infty}^{\infty}c_lX(f-(l-a)f_\mathrm{p})\end{aligned}\tag{3.18}$$

频移后的调制信号经过低通滤波器，产生滤波信号 $Y(f)=\hat{X}(f)\cdot H_{\mathrm{LPF}}(f)$，仅保留位于基带部分的频谱，即具有不同加权系数的各子频带线性组合。通过设置不同的 a 值，获取足以满足信号支撑信息重构的欠采样值，这些采样值可以等效看作来自不同采样通道的采样信号 $y(f)$。规定采样通道编号 i 与参数 a 之间的关系为

$$i=a+1\tag{3.19}$$

式中，i 和 a 的取值分别为 $i=1,2,\cdots,m$ 和 $a=0,1,\cdots,m-1$，其中 m 为等效的采样通道数目，即采样通道 $i=1$ 为不发生频移($a=0$)时获取的欠采样值，而采样通道 $i\geqslant 2$ 为调制信号频谱依次向左平移 f_p 距离获得的[10]。

2. 观测矩阵构造方法

为实现多频带信号支撑信息的重构，需要构造观测矩阵 $\mathbf{A}$。传统多通道 MWC 系统中，依据调制函数 $p_i(t)$的傅里叶级数 $c_{i,l}$ 构造观测矩阵 $\mathbf{A}$。矩阵 $\mathbf{A}$ 是 $m\times L$ 的矩阵。其中，m 表示采样通道数目；L 表示在频谱感知范围内划分的长度为 f_p 的区域数量，与正整数 L_0 存在数量关系 $L=2L_0+1$，即多通道 MWC 系统观测矩阵由 m 个调制函数 $p_i(t)$构成。具体形式为

$$\mathbf{A}=\begin{bmatrix}c_{1,-L_0} & c_{1,-L_0+1} & \cdots & c_{1,0} & \cdots & c_{1,L_0-1} & c_{1,L_0}\\ c_{2,-L_0} & c_{2,-L_0+1} & \cdots & c_{2,0} & \cdots & c_{2,L_0-1} & c_{2,L_0}\\ \vdots & \vdots & & \vdots & & \vdots & \vdots\\ c_{m,-L_0} & c_{m,-L_0+1} & \cdots & c_{m,0} & \cdots & c_{m,L_0-1} & c_{m,L_0}\end{bmatrix}\tag{3.20}$$

其中

$$c_{i,l}=\frac{1}{T_\mathrm{p}}\sum_{k=0}^{M-1}\alpha_{ik}\mathrm{e}^{-\mathrm{j}\frac{2\pi}{M}lk}\int_0^{\frac{T_\mathrm{p}}{M}}\mathrm{e}^{-\mathrm{j}\frac{2\pi}{T_\mathrm{p}}lt}\mathrm{d}t\tag{3.21}$$

其中，积分项为

$$d_l=\frac{1}{T_\mathrm{p}}\int_0^{\frac{T_\mathrm{p}}{M}}\mathrm{e}^{-\mathrm{j}\frac{2\pi}{T_\mathrm{p}}lt}\mathrm{d}t=\begin{cases}\dfrac{1}{M}, & l=0\\ \dfrac{1-\theta^l}{2\mathrm{j}\pi l}, & l\neq 0\end{cases}\tag{3.22}$$

令 $\theta=\mathrm{e}^{-\mathrm{j}\frac{2\pi}{M}}$，则 $c_{i,l}$ 可以写作

$$c_{i,l}=d_l\sum_{k=0}^{M-1}\alpha_{ik}\theta^{lk} \tag{3.23}$$

假设 $\bar{\boldsymbol{F}}$ 是一个 $M\times M$ 的离散傅里叶变换(Discrete Fourier Transform，DFT)矩阵，第 i 列为 $\bar{\boldsymbol{F}}_i=[\theta^{0\cdot i},\theta^{1\cdot i},\cdots,\theta^{(M-1)\cdot i}]^{\mathrm{T}}(0\leqslant i\leqslant M-1)$。令 $\boldsymbol{F}$ 为一个 $M\times L$ 的矩阵，且 $\boldsymbol{F}=[\bar{\boldsymbol{F}}_{L_0},\cdots,\bar{\boldsymbol{F}}_{-L_0}]$，即 $\boldsymbol{F}$ 是矩阵 $\bar{\boldsymbol{F}}$ 的一种重排列。当 $M=L$ 时，矩阵 $\boldsymbol{F}$ 是酉矩阵。则可以通过下式获得矩阵 $\boldsymbol{A}$，即

$$\boldsymbol{A}=\boldsymbol{S}\cdot\boldsymbol{F}\cdot\boldsymbol{D}=\underbrace{\begin{bmatrix}\alpha_{1,0} & \cdots & \alpha_{1,M-1}\\ \vdots & & \vdots\\ \alpha_{m,0} & \cdots & \alpha_{m,M-1}\end{bmatrix}}_{\boldsymbol{S}}\underbrace{\begin{bmatrix} & & \cdots & & \\ \bar{\boldsymbol{F}}_{L_0} & \cdots & \bar{\boldsymbol{F}}_0 & \cdots & \bar{\boldsymbol{F}}_{-L_0}\\ & & \cdots & & \end{bmatrix}}_{\boldsymbol{F}}\underbrace{\begin{bmatrix}d_{L_0} & & \\ & \ddots & \\ & & d_{-L_0}\end{bmatrix}}_{\boldsymbol{D}} \tag{3.24}$$

矩阵 $\boldsymbol{A}$ 中第 i 行、第 l 列的元素是 $\boldsymbol{A}_{il}=c_{i,-l}=c_{i,l}^{*}(-L_0\leqslant l\leqslant L_0)$，因此具有共轭对称性。

矩阵 $\boldsymbol{A}$ 的每一列对应感知频谱范围内一个长度为 f_{p} 的区域，而各子频带位于基带部分的加权系数与子频带所在位置相关，且各子频带周期延拓的加权系数为 $p_i(t)$ 的傅里叶系数。图 3.23 所示为加权信号频谱示意图[10]。

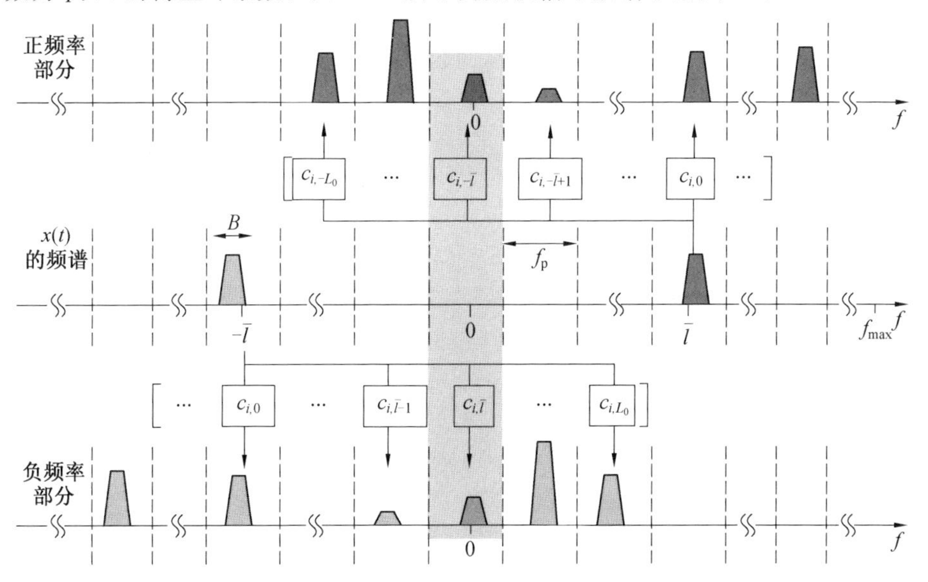

图 3.23　加权信号频谱示意图

多频带信号包含多个子频带信号，由于信号频谱具有共轭对称性，因此每个子频带信号具有两个子频带，分别位于正频率半轴和负频率半轴。经过混频操作后，两个子频带分别进行频谱的加权周期延拓。通过低通滤波器后，保留的基带频谱包含位于正频率子频带向左延拓的频谱及位于负频率子频带向右延拓的频谱。每个子频带向左和向右延拓的次数取决于子频带的位置，对应于矩阵 $\boldsymbol{A}$ 中的某一列。为简化分析，考虑含有单一子频带信号的多频带信号模型，即其频谱结构包含两个子频带。将感知的频谱范围划分为 L 个长度为 f_{p} 的区域，每个区域分别用编号 l 表示，其中 $-L_0 \leqslant l \leqslant L_0$[10]。

图 3.23 表示具有两个子频带的多频带信号，两个子频带分别位于区域 $\bar{l}$ 和区域 $-\bar{l}$ 内。对多频带信号进行调制，其频谱产生加权周期延拓。位于正频率部分的子频带周期延拓后，在区域 $\bar{l}$ 内的加权系数为 $c_{i,0}$，向左进行周期延拓，分别与矩阵 $\boldsymbol{A}$ 的左侧部分对应列相乘，经过第 $\bar{l}$ 次延拓后到达基带，此时加权系数为 $c_{i,-\bar{l}}$。

同理，位于负频率部分的子频带在区域 $-\bar{l}$ 内的加权系数为 $c_{i,0}$，向右进行周期延拓，分别与矩阵 $\boldsymbol{A}$ 的右侧部分对应列相乘，经过第 $\bar{l}$ 次延拓后到达基带，此时加权系数为 $c_{i,\bar{l}}$。

矩阵 $\boldsymbol{A}$ 中元素具有共轭对称性，因此从幅度角度看，位于基带部分的向左和向右周期延拓频谱具有相同的幅度变化[10]。

在单通道结构中，经过频移处理的调制信号频谱如式(3.18)所示，令 $l'=l-a$，将 $l=l'+a$ 代入式(3.18)，得到

$$\hat{X}(f)=\sum_{l'=-\infty}^{\infty} c_{l'+a} X(f-l'f_{\mathrm{p}})=\sum_{l=-\infty}^{\infty} c_{l+a} X(f-lf_{\mathrm{p}}) \tag{3.25}$$

其中，频谱的加权系数为 c_{l+a}。

假设位于区域 $\bar{l}$ 和区域 $-\bar{l}$ 内的两个子频带分别表示为 $X_{\bar{l}}(f)$ 和 $X_{-\bar{l}}(f)$。低通滤波后的滤波信号 $Y(f)$ 包含 $X_{\bar{l}}(f)$ 向左进行第 $\bar{l}$ 次延拓的频谱和 $X_{-\bar{l}}(f)$ 向右进行第 $\bar{l}$ 次延拓的频谱，即

$$Y(f)=c_{-\bar{l}} X_{\bar{l}}(f+\bar{l}\cdot f_{\mathrm{p}})+c_{\bar{l}} X_{-\bar{l}}(f-\bar{l}\cdot f_{\mathrm{p}}) \tag{3.26}$$

式中，c_l 为调制函数 $p(t)$ 的傅里叶级数。

采样通道 $i=1$ 获取的低通滤波信号如式(3.26)所示，采样通道 $i=2$ 获取的低通滤波信号是调制信号频谱整体向左移动一个单位 f_{p} 产生的，单通道结构下欠采样信号获取方式如图 3.24 所示[10]。

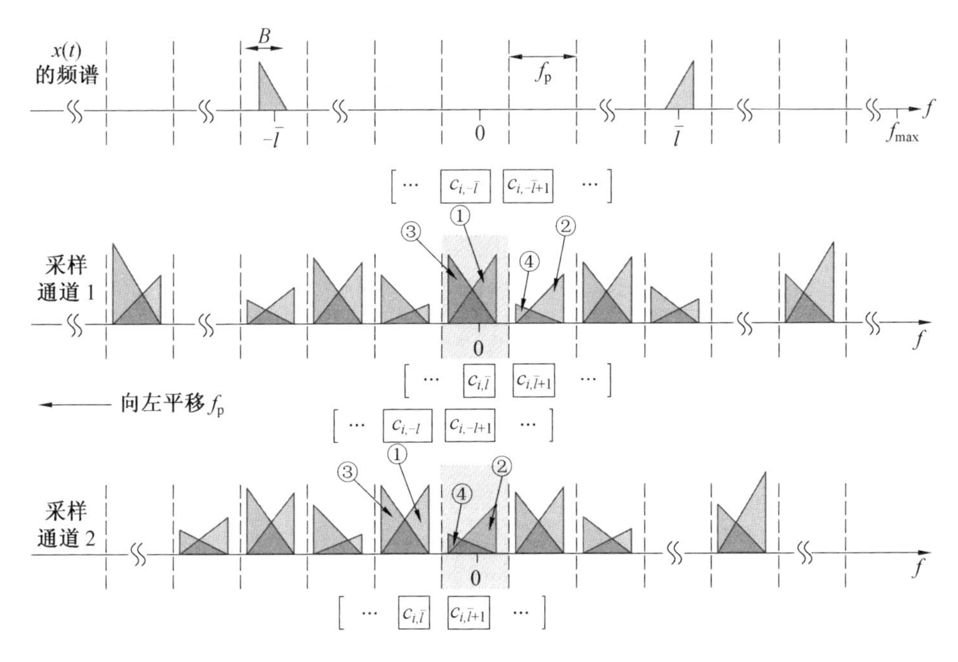

图 3.24　单通道结构下欠采样信号获取方式

假设采样通道 1 中低通滤波后保留的正频率部分子频带平移副本标记为①，负频率部分子频带平移副本标记为③。将调制信号频谱整体向左移动 f_p，此时采样通道 2 得到的低通滤波信号为正频率部分子频带平移副本，标记为②，负频率部分子频带平移副本标记为④。平移副本①表示正频率部分子频带进行第 $\bar{l}$ 次向左延拓的结果，平移副本②表示其第 $\bar{l}-1$ 次向左延拓的结果；而平移副本③表示负频率部分子频带进行第 $\bar{l}$ 次向右延拓的结果，平移副本④表示其第 $\bar{l}+1$ 次向右延拓的结果。

因此，得到采样通道 $i=2$ 的低通滤波信号 $Y_2(f)$，有

$$Y_2(f)=c_{-\tilde{l}+1}X_{\tilde{l}}(f+(\tilde{l}-1)\cdot f_p)+c_{\tilde{l}+1}X_{-\tilde{l}}(f-(\tilde{l}+1)\cdot f_p) \tag{3.27}$$

同理，第 i 个采样通道的低通滤波信号 $Y_i(f)$ 为

$$Y_i(f)=c_{-\tilde{l}+a}X_{\tilde{l}}(f+(\tilde{l}-a)\cdot f_p)+c_{\tilde{l}+a}X_{-\tilde{l}}(f-(\tilde{l}+a)\cdot f_p) \tag{3.28}$$

单通道结构中只有一个调制函数，因此需要对应频移操作利用一个调制函数的傅里叶级数构造观测矩阵 **A**。每个采样通道的加权系数对应矩阵 **A** 的一行，因此单通道结构下矩阵 **A** 可以通过逐行平移获得，即

$$c_{i,l}=c_{l+a}=c_{l+(i-1)},\quad 1\leqslant l\leqslant L_0-(i-1) \tag{3.29}$$

式中，$i=a+1$。此时，矩阵 **A** 中元素不再满足共轭对称关系[10]。

多通道 MWC 系统的采样信号 $y(f)$ 是多频带信号频谱 $X(f)$ 以 f_p 进行周

期延拓后的加权线性组合。由于各个采样通道采用不同的调制函数,因此每个采样通道的加权系数不同。而具体的加权系数是各个调制函数傅里叶级数中的某些特定数值,这些数值的选择与子频带位置相关。在基于单通道结构的欠采样过程中,等效的采样值从形式上仍然是多频带信号频谱 $X(f)$以 f_{p} 进行周期延拓后的加权线性组合,区别在于加权系数是通过对一个调制函数傅里叶级数的平移获取的,此时加权系数不仅与子频带位置有关,还取决于调制信号频谱的平移操作。只要构造的矩阵 $\boldsymbol{A}$ 与平移操作后的采样值一致,就不会影响后续的子频带支撑信息的重构。

单通道结构中,调制函数 $p(t)$的傅里叶级数 c_l 作为矩阵 $\boldsymbol{A}$ 的第一行,其余各行根据式(3.29)通过对首行元素进行平移产生。平移后,矩阵 $\boldsymbol{A}$ 中出现空闲位置,需要进行填充,从而完成矩阵 $\boldsymbol{A}$ 的构造。下面介绍两种构造的方法。

方法 1:移位方式,即采用补零方式填补平移后留下的空闲位置,有

$$\boldsymbol{A}=\begin{bmatrix} c_{1,-L_0} & c_{1,-L_0+1} & \cdots & c_{1,-1} & c_{1,0} & c_{1,1} & \cdots & c_{1,L_0-1} & c_{1,L_0} \\ c_{1,-L_0+1} & c_{1,-L_0+2} & \cdots & c_{1,0} & c_{1,1} & \cdots & c_{1,L_0-1} & c_{1,L_0} & 0 \\ c_{1,-L_0+2} & c_{1,-L_0+3} & \cdots & c_{1,1} & \cdots & c_{1,L_0-1} & c_{1,L_0} & 0 & 0 \\ \vdots & \vdots & & \vdots & & \vdots & & \vdots & \vdots \\ c_{1,-L_0+m-1} & c_{1,-L_0+m} & \cdots & c_{1,m-2} & c_{1,m-1} & c_{1,m} & \cdots & 0 & 0 \end{bmatrix} \tag{3.30}$$

方法 2:循环移位方式,即采用循环移位方式填补平移后留下的空闲位置,有

$$\boldsymbol{A}=\begin{bmatrix} c_{1,-L_0} & c_{1,-L_0+1} & \cdots & c_{1,-1} & c_{1,0} & c_{1,1} & \cdots & c_{1,L_0-1} & c_{1,L_0} \\ c_{1,-L_0+1} & c_{1,-L_0+2} & \cdots & c_{1,0} & c_{1,1} & \cdots & c_{1,L_0-1} & c_{1,L_0} & c_{1,-L_0} \\ c_{1,-L_0+2} & c_{1,-L_0+3} & \cdots & c_{1,1} & \cdots & c_{1,L_0-1} & c_{1,L_0} & c_{1,-L_0} & c_{1,-L_0+1} \\ \vdots & \vdots & & \vdots & & \vdots & & \vdots & \vdots \\ c_{1,-L_0+m-1} & c_{1,-L_0+m} & \cdots & c_{1,m-2} & c_{1,m-1} & c_{1,m} & \cdots & c_{1,-L_0+m-3} & c_{1,-L_0+m-2} \end{bmatrix} \tag{3.31}$$

在多频带信号支撑集重构阶段,结合构造的观测矩阵 $\boldsymbol{A}$,利用压缩感知重构算法进行求解,准确定位子频带位置,同时获取感知频谱范围内各段长度为 f_{p} 区域内频谱的占用情况,从而寻找到空闲频谱,完成宽带频谱感知过程[10]。

值得注意的是,单通道 MWC 系统的采样通道数并不是实际物理通道,该系统可以利用一个现有模数转换器(Analog to Digital Converter,ADC)实现所有欠采样值的获取。实际上,单通道采样速率即系统的采样率,此时将更大幅度地降低欠奈奎斯特采样系统的采样率,而本章中涉及单通道 MWC 系统的采样通道时,均为等效的采样通道。

给出如下单通道 MWC 系统的欠采样过程。

图 3.25 所示为原始多频带信号,图中给出了其时域波形及对应的频谱。图 3.26～3.28给出了单通道 MWC 系统的欠采样过程的信号变换形式。经过调制函数处理后的调制信号如图 3.26 所示,其分别来自采样通道 1($m=1$)和采样通道 5($m=5$),可以看到频谱具有明显的频移过程。

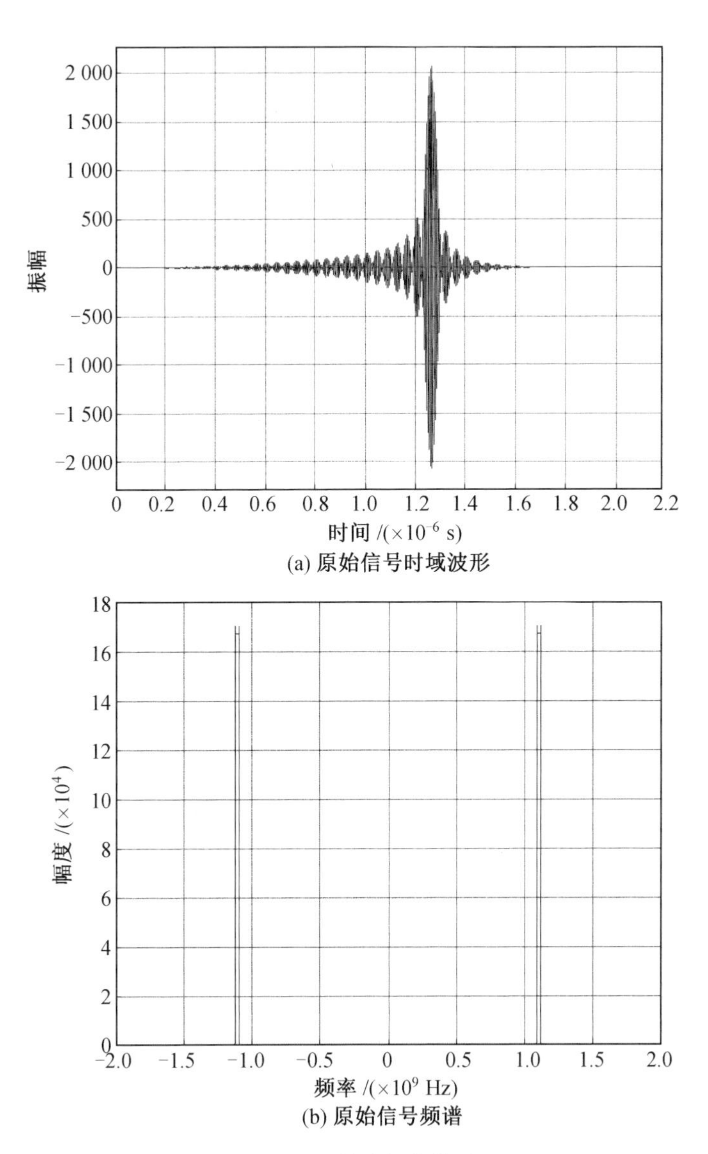

(a) 原始信号时域波形

(b) 原始信号频谱

图 3.25　原始多频带信号

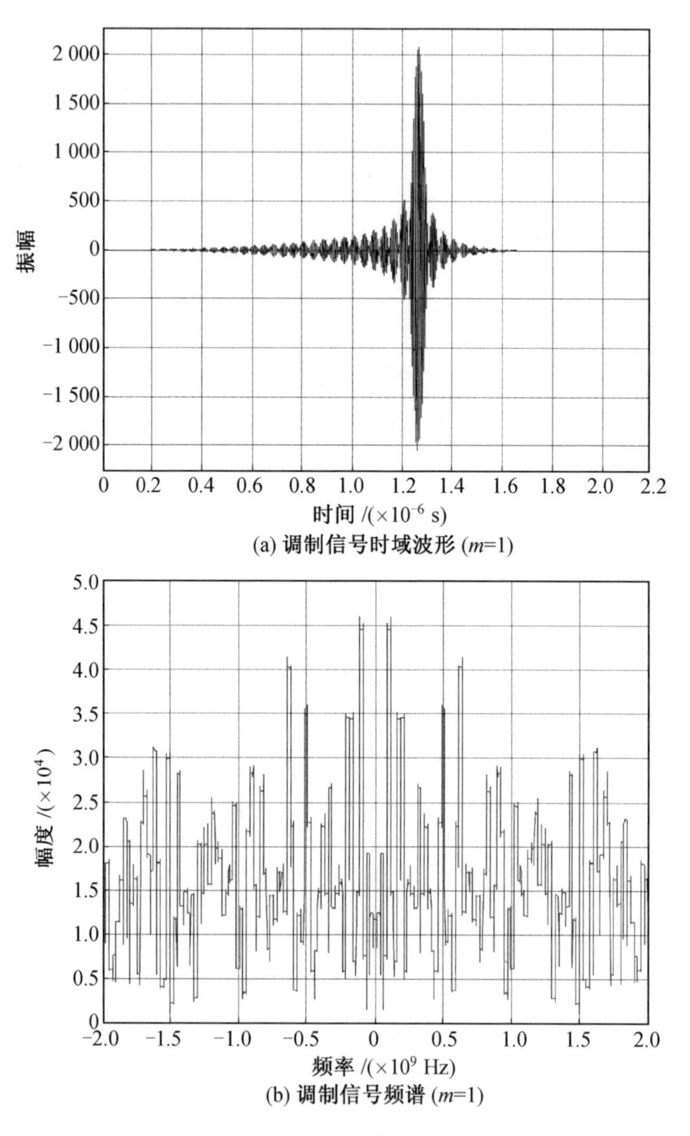

(a) 调制信号时域波形 (m=1)

(b) 调制信号频谱 (m=1)

图 3.26　调制信号

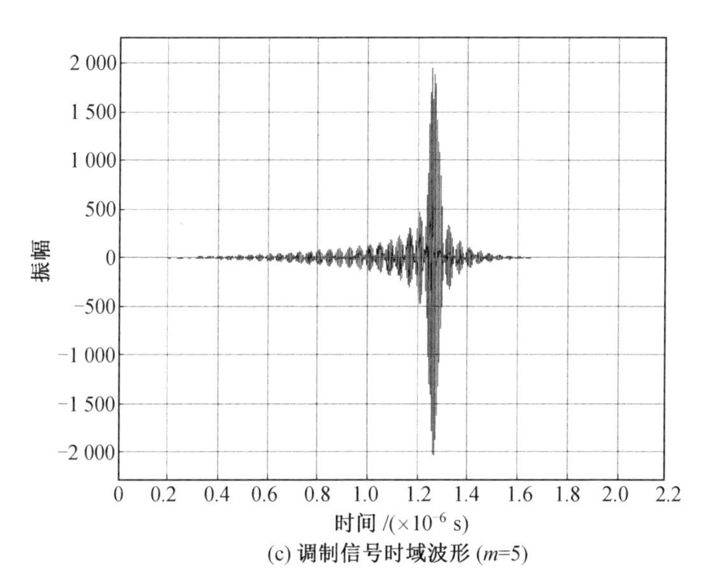

(c) 调制信号时域波形 (m=5)

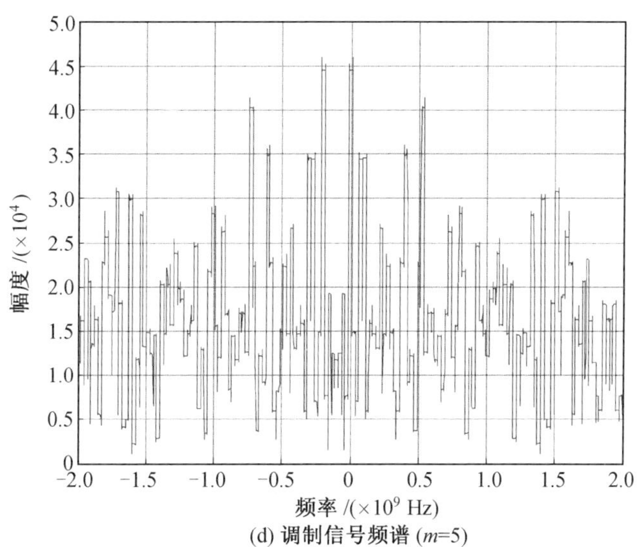

(d) 调制信号频谱 (m=5)

续图 3.26

对应地,图 3.27 所示为低通滤波信号,保留位于基带部分的频谱,且两个滤波信号幅值不相同。

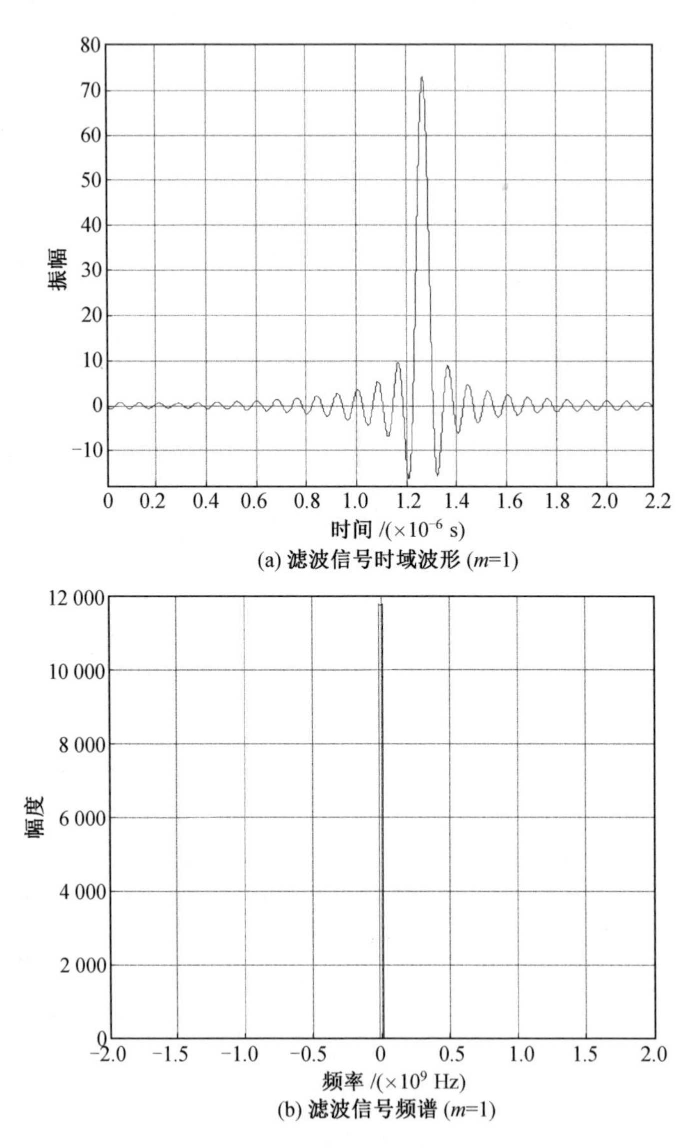

(a) 滤波信号时域波形 (m=1)

(b) 滤波信号频谱 (m=1)

图 3.27 低通滤波信号

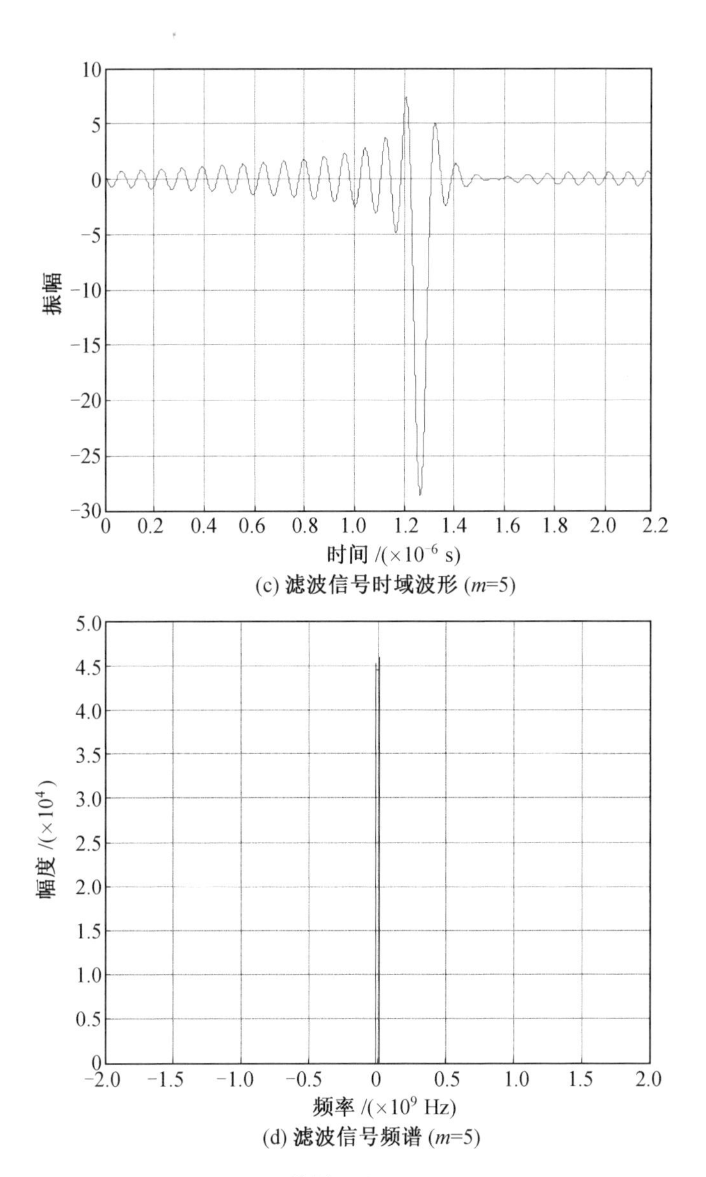

(c) 滤波信号时域波形 (m=5)

(d) 滤波信号频谱 (m=5)

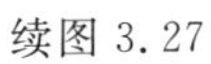

续图 3.27

最后，采用与低通滤波器带宽相匹配的采样速率，获得欠奈奎斯特低速采样信号，如图 3.28 所示。

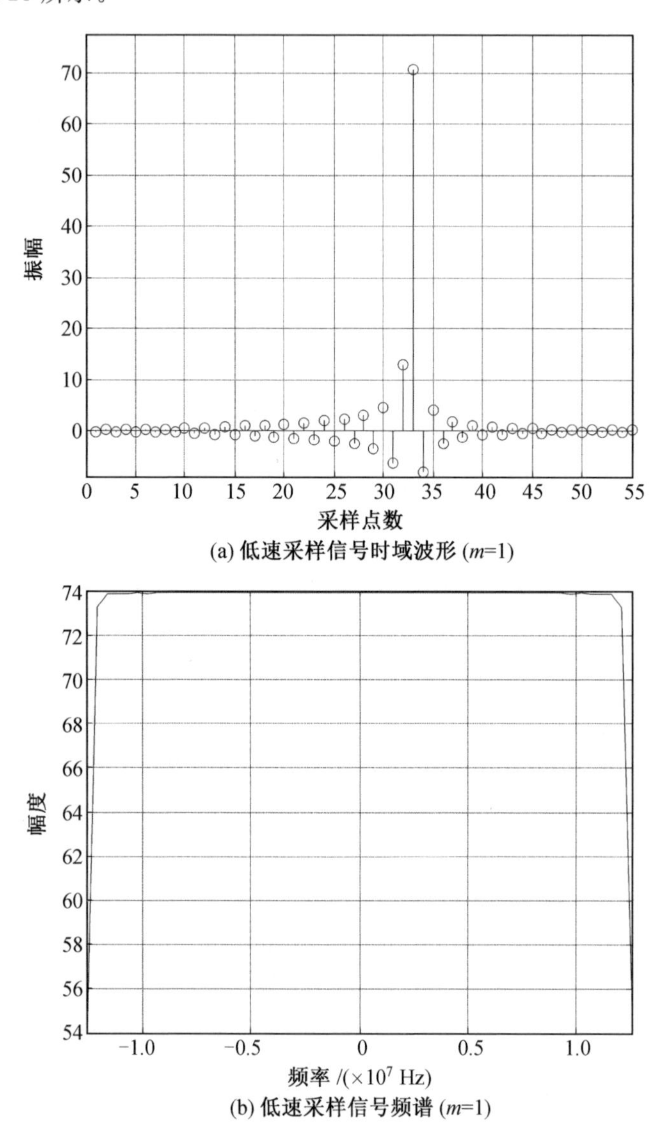

(a) 低速采样信号时域波形 (m=1)

(b) 低速采样信号频谱 (m=1)

图 3.28　欠奈奎斯特低速采样信号

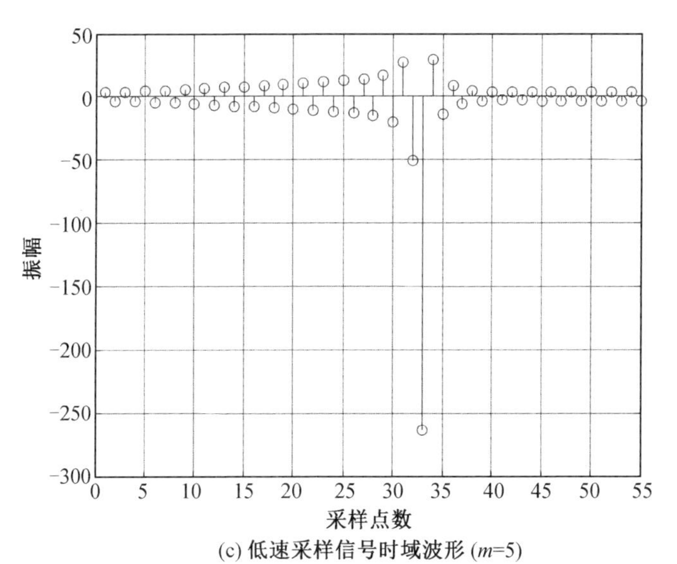

(c) 低速采样信号时域波形 (m=5)

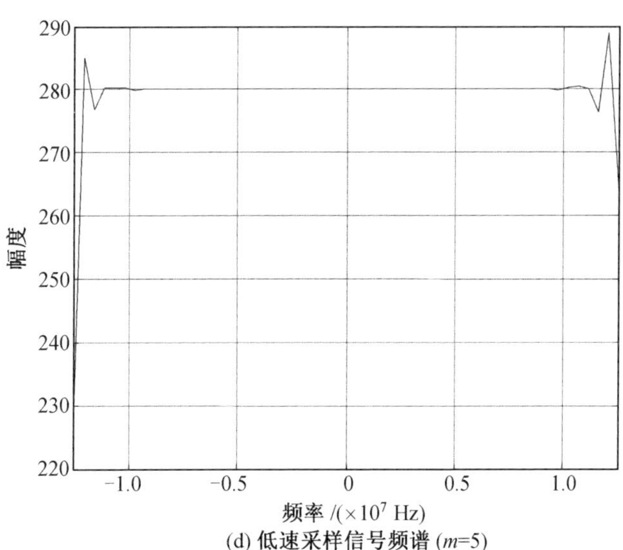

(d) 低速采样信号频谱 (m=5)

续图 3.28

由于传统多通道 MWC 系统各采样通道采用不同的调制函数，因此调制信号的混叠频谱幅值各不相同，而单通道 MWC 系统的调制信号频谱由频谱的整体平移得到。

同时，基于单通道结构的欠奈奎斯特采样结果能够等效传统多通道 MWC 系统的采样效果均为对子频带频谱的加权结果。区别在于，通过频移获取的欠采样信号频谱不再关于基带对称。与此对应，矩阵 $\boldsymbol{A}$ 中元素不再满足共轭对称关系，但不会对支撑集重构过程产生影响。单通道 MWC 系统通过频移模块实现对采样过程的控制，能够灵活调整获取采样值的数量，对于信号数量动态变化的天地一体化网络宽带频谱感知场景具有更好的适应性[10]。

3.6.2 基于 MMV 统计迭代的支撑集盲重构算法

目前，常见的基于多测量向量（Multiple Measurement Vectors，MMV）的传统重构算法绝大多数都依赖稀疏度 K，即对应多频带信号包含的子频带数目。然而，在实际应用中，子频带数目很难获知，特别是在天地一体化网络宽带频谱感知过程中，射频信号的出现带有很大的随机性，导致多频带信号的子频带数动态变化，因此需要依赖子频带数目的算法在该类应用中无法适应。面对稀疏度未知的情况，本节提出了一种基于 MMV 统计迭代的支撑集盲重构算法，与以往基于 MMV 的重构算法不同，该算法利用 MMV 信号的联合稀疏特性，通过对多测量信号重构结果的综合分析，确定多频带信号的支撑集[10]。

1. 优化问题分析

考虑经典压缩感知理论公式，将其改写为

$$\hat{\boldsymbol{z}}(f)=\operatorname{argmin}\ \|\boldsymbol{z}(f)\|_0,\quad \text{s.t.}\ \boldsymbol{Y}(f)=\boldsymbol{A}\boldsymbol{z}(f) \tag{3.32}$$

其中

$$\boldsymbol{Y}(f)=\begin{bmatrix} y_1(f)\\ y_2(f)\\ \vdots \\ y_m(f)\end{bmatrix},\quad \boldsymbol{z}(f)=\begin{bmatrix} X(f+L_0 f_{\mathrm{p}})\\ X(f+(L_0-1)f_{\mathrm{p}})\\ \vdots \\ X(f-L_0 f_{\mathrm{p}})\end{bmatrix} \tag{3.33}$$

此时，$y_i(f)(1\leqslant i\leqslant m)$和 $X(f-lf_{\mathrm{p}})(-L_0\leqslant l\leqslant L_0)$不再是一个数值，而表示一个行向量。因此，对$\boldsymbol{Y}(f)$和$\boldsymbol{z}(f)$进行重新改写，分别将$\boldsymbol{Y}(f)$和$\boldsymbol{z}(f)$写作多测量向量集合形式，与 MMV 信号模型相对应，有

$$\boldsymbol{Y}(f)=\begin{bmatrix} y_1(f)\\ y_2(f)\\ \vdots \\ y_m(f)\end{bmatrix}$$

$$
= \begin{bmatrix} y_{11} & y_{12} & \cdots & y_{1s} \\ y_{21} & y_{22} & \cdots & y_{2s} \\ \vdots & \vdots & & \vdots \\ y_{m1} & y_{m2} & \cdots & y_{ms} \end{bmatrix} = [\tilde{\boldsymbol{y}}_1 \quad \tilde{\boldsymbol{y}}_2 \quad \cdots \quad \tilde{\boldsymbol{y}}_s] \tag{3.34}
$$

$$
\boldsymbol{z}(f) = \begin{bmatrix} X(f+L_0 f_{\mathrm{p}}) \\ X(f+(L_0-1) f_{\mathrm{p}}) \\ \vdots \\ X(f-L_0 f_{\mathrm{p}}) \end{bmatrix}
= \begin{bmatrix} X_{-L_0,1} & X_{-L_0,2} & \cdots & X_{-L_0,s} \\ X_{-L_0+1,1} & X_{-L_0+1,2} & \cdots & X_{-L_0+1,s} \\ \vdots & \vdots & & \vdots \\ X_{L_0,1} & X_{L_0,2} & \cdots & X_{L_0,s} \end{bmatrix} = [\tilde{\boldsymbol{x}}_1 \quad \tilde{\boldsymbol{x}}_2 \quad \cdots \quad \tilde{\boldsymbol{x}}_s] \tag{3.35}
$$

式中，s 代表多重测量向量的重数；$\tilde{\boldsymbol{y}}_j = [y_{1j},\ y_{2j}, \cdots,\ y_{mj}]^{\mathrm{T}} (1 \leqslant j \leqslant s)$ 是 $m \times 1$ 列向量；$\tilde{\boldsymbol{x}}_j = [X_{-L_0,j},\ X_{-L_0+1,j}, \cdots, X_{L_0,j}]^{\mathrm{T}} (1 \leqslant j \leqslant s)$ 是 $L \times 1$ 的列向量，$L = 2L_0 + 1$。

为优化式(3.32)所描述的问题，利用最小化目标函数的方法，从 $\boldsymbol{Y}(f)$ 中对 $\boldsymbol{z}(f)$ 进行估计，有

$$
J(\boldsymbol{z}) = \| \boldsymbol{Y}(f) - \boldsymbol{A}\boldsymbol{z}(f) \|_2^2 = \sum_{j=1}^{s} \| \tilde{\boldsymbol{y}}_j - \boldsymbol{A}\tilde{\boldsymbol{x}}_j \|_2^2 \tag{3.36}
$$

通过对每一项 $\| \tilde{\boldsymbol{y}}_j - \boldsymbol{A}\tilde{\boldsymbol{x}}_j \|_2^2$ 进行最小化，分别独立获取稀疏向量 $\tilde{\boldsymbol{x}}_j (1 \leqslant j \leqslant s)$，从而得到最小化函数 $J(\boldsymbol{z})$。因此，仅需要考虑一个最小化标量函数，即

$$
R(\tilde{\boldsymbol{x}}) = \| \tilde{\boldsymbol{y}} - \boldsymbol{A}\tilde{\boldsymbol{x}} \|_2^2 \tag{3.37}
$$

利用极大极小化(Majorization-Minimization，MM)方法解决式(3.37)的最小化问题时，由于 $R(\tilde{\boldsymbol{x}})$ 不易求导，因此需要构造新的函数。

MM 优化框架是许多迭代类算法的基础，其主要思想是当目标函数很难进行优化时，可以寻找另一个更容易优化的目标函数进行替代。当新的目标函数满足一定条件时，其最优解能够无限逼近原始目标函数的最优解，即利用一系列较为容易的最小化问题替代一个较难的最小化问题。利用 MM 方法进行优化过程中产生一个序列 $\boldsymbol{x}_k (k=0,1,2,\cdots)$，且这个序列收敛于期望的最优解[10]。

MM 思想的实现过程描述如下。假设猜测的向量 $\boldsymbol{x}_k$ 是 $R(\boldsymbol{x})$ 的最小值，在 $\boldsymbol{x}_k$ 的基础上可以找到另一个向量 $\boldsymbol{x}_{k+1}$，能够进一步减小 $R(\boldsymbol{x})$。因此，期望能够找到 $\boldsymbol{x}_{k+1}$，使得

$$R(\boldsymbol{x}_{k+1}) < R(\boldsymbol{x}_k) \tag{3.38}$$

首先，需要找到一个新的函数，以便对 $R(\boldsymbol{x})$ 进行优化，最小化新函数获取 $\boldsymbol{x}_{k+1}$。新函数 $G(\boldsymbol{x})$ 需要满足一定的条件，对于所有 $\boldsymbol{x}$，有 $G(\boldsymbol{x}) \geqslant R(\boldsymbol{x})$，即函数 $G(\boldsymbol{x})$ 大于函数 $R(\boldsymbol{x})$。此外，在 $\boldsymbol{x}_k$ 点时，$G(\boldsymbol{x}) = R(\boldsymbol{x})$。最小化 $G(\boldsymbol{x})$，获得 $\boldsymbol{x}_{k+1}$，因此要求 $G(\boldsymbol{x})$ 很容易进行最小化，而每次迭代过程，$G(\boldsymbol{x})$ 均不相同，记作 $G_k(\boldsymbol{x})$。

构造新的目标函数，即

$$G_k(\tilde{\boldsymbol{x}}) = \| \tilde{y} - \boldsymbol{A}\tilde{\boldsymbol{x}} \|_2^2 + (\tilde{\boldsymbol{x}} - \tilde{\boldsymbol{x}}_k)^{\mathrm{T}} (\alpha \boldsymbol{I} - \boldsymbol{A}^{\mathrm{T}}\boldsymbol{A})(\tilde{\boldsymbol{x}} - \tilde{\boldsymbol{x}}_k) \tag{3.39}$$

其中，标量参数 α 不能小于 $\boldsymbol{A}^{\mathrm{T}}\boldsymbol{A}$ 的最大特征值。

根据 MM 处理过程，对 $G_k(\tilde{\boldsymbol{x}})$ 进行最小化处理，以获取向量 $\tilde{\boldsymbol{x}}_k$。将式(3.39)中的 $G_k(\tilde{\boldsymbol{x}})$ 展开，得到

$$\begin{aligned} G_k(\tilde{\boldsymbol{x}}) &= (\tilde{\boldsymbol{y}} - \boldsymbol{A}\tilde{\boldsymbol{x}})^{\mathrm{T}} (\tilde{\boldsymbol{y}} - \boldsymbol{A}\tilde{\boldsymbol{x}}) + (\tilde{\boldsymbol{x}} - \tilde{\boldsymbol{x}}_k)^{\mathrm{T}} (\alpha \boldsymbol{I} - \boldsymbol{A}^{\mathrm{T}}\boldsymbol{A})(\tilde{\boldsymbol{x}} - \tilde{\boldsymbol{x}}_k) \\ &= \tilde{\boldsymbol{y}}^{\mathrm{T}}\tilde{\boldsymbol{y}} + \tilde{\boldsymbol{x}}_k^{\mathrm{T}} (\alpha \boldsymbol{I} - \boldsymbol{A}^{\mathrm{T}}\boldsymbol{A})\tilde{\boldsymbol{x}}_k - 2(\tilde{\boldsymbol{y}}^{\mathrm{T}}\boldsymbol{A} + \tilde{\boldsymbol{x}}_k^{\mathrm{T}} (\alpha \boldsymbol{I} - \boldsymbol{A}^{\mathrm{T}}\boldsymbol{A}))\tilde{\boldsymbol{x}} + \alpha \tilde{\boldsymbol{x}}^{\mathrm{T}}\tilde{\boldsymbol{x}} \end{aligned} \tag{3.40}$$

对其进行求导，有

$$\frac{\partial}{\partial \tilde{\boldsymbol{x}}} G_k(\tilde{\boldsymbol{x}}) = -2\boldsymbol{A}^{\mathrm{T}}\tilde{\boldsymbol{y}} - 2(\alpha \boldsymbol{I} - \boldsymbol{A}^{\mathrm{T}}\boldsymbol{A})\tilde{\boldsymbol{x}}_k + 2\alpha\tilde{\boldsymbol{x}} \tag{3.41}$$

令 $\frac{\partial}{\partial \tilde{\boldsymbol{x}}} G_k(\tilde{\boldsymbol{x}}) = 0$，得到

$$\tilde{\boldsymbol{x}} = \tilde{\boldsymbol{x}}_k + \frac{1}{\alpha}\boldsymbol{A}^{\mathrm{T}}(\tilde{\boldsymbol{y}} - \boldsymbol{A}\tilde{\boldsymbol{x}}_k) \tag{3.42}$$

因此，利用如下迭代公式求解最小化式(3.37)，即

$$\tilde{\boldsymbol{x}}_{k+1} = \tilde{\boldsymbol{x}}_k + \frac{1}{\alpha}\boldsymbol{A}^{\mathrm{T}}(\tilde{\boldsymbol{y}} - \boldsymbol{A}\tilde{\boldsymbol{x}}_k) \tag{3.43}$$

上述方法中，利用两个数值的残差作为迭代停止条件。然而，此方法仅仅进行单一向量 $\tilde{\boldsymbol{x}}_j (1 \leqslant j \leqslant s)$ 的恢复，而 $\tilde{\boldsymbol{x}}_j$ 将受到噪声的影响。因此，可以从统计的角度全面分析所有的 $\tilde{\boldsymbol{x}}_j$ 向量，以此确定信号的支撑信息[10]。

2. 算法流程

提出一种基于 MMV 统计迭代的支撑集盲重构算法（算法 3.1），充分利用 MMV 信号模型具有的联合稀疏特性，结合统计分析，实现联合稀疏向量的自适应稀疏度重构[10]。

算法 3.1：基于多测量向量统计迭代的信号支撑重构算法

输入：$\boldsymbol{A}$，$\boldsymbol{Y}$.

初始化：

$i=0$，$k=0$，$t=0$，$\boldsymbol{A}_{mA\times nA}$，$\boldsymbol{Y}_{m\times s}=\{\tilde{\boldsymbol{y}}_0,\tilde{\boldsymbol{y}}_1,\cdots,\tilde{\boldsymbol{y}}_{s-1}\}$，

$\boldsymbol{Z}^{(k)}_{nA\times s}=\{\tilde{\boldsymbol{x}}^{(k)}_0,\tilde{\boldsymbol{x}}^{(k)}_1,\cdots,\tilde{\boldsymbol{x}}^{(k)}_{s-1}\}$，$(\tilde{\boldsymbol{x}}^{(k)}_j)_{nA\times 1}\leftarrow 0$，$0\leqslant j\leqslant s-1$.

for $i=0$ to $s-1$ do

➢外循环：分解 MMV 模型，从每个测量向量中独立重构稀疏向量.

while $R(\tilde{\boldsymbol{x}})>\varepsilon$ do

➢内循环：通过多次迭代，最小化 $R(\tilde{\boldsymbol{x}})$.

•$\tilde{\boldsymbol{x}}^{(k+1)}_i\leftarrow\tilde{\boldsymbol{x}}^{(k)}_i+\dfrac{1}{\alpha}\boldsymbol{A}^{\mathrm{T}}(\tilde{\boldsymbol{y}}_i-\boldsymbol{A}\tilde{\boldsymbol{x}}^{(k)}_i)$.

•$\boldsymbol{H}_h$：保留$\tilde{\boldsymbol{x}}^{(k+1)}_i$ 中数值较大的一半元素，将其他元素置 0.

•$\tilde{\boldsymbol{x}}^{(k+1)}_i\leftarrow\boldsymbol{H}_h\cdot\tilde{\boldsymbol{x}}^{(k+1)}_i$.

•$k\leftarrow k+1$.

end while

end for

统计分析：收集所有稀疏向量$\boldsymbol{Z}_{nA\times s}=[\tilde{\boldsymbol{x}}_1,\ \tilde{\boldsymbol{x}}_2,\cdots,\tilde{\boldsymbol{x}}_s]$；

for $t=0$ to $nA-1$ do

•计算$\boldsymbol{Z}_{nA\times s}$中第 t 行元素均值AVG_t.

end for

•生成矩阵 $\boldsymbol{D}$：将 $\boldsymbol{Z}$ 中元素与对应行均值AVG_t 进行比较.

•生成矩阵 $\boldsymbol{P}$：对矩阵 $\boldsymbol{D}$ 按行求和.

•生成矩阵 $\boldsymbol{T}$：向上翻折矩阵 $\boldsymbol{P}$，重叠元素求和.

输出：根据矩阵 $\boldsymbol{T}$，获得多频带信号的频率支撑集 $S=\mathrm{supp}(\boldsymbol{Z})$.

在迭代过程中，增加非线性操作$\boldsymbol{H}_h$，仅保留$\tilde{\boldsymbol{x}}_j$ 中幅值较大的一半元素，并将剩余元素置为 0。考虑到噪声存在，$\tilde{\boldsymbol{x}}_j$ 中所有元素均具有幅值，此项操作在一定程度上减少了计算量，极大地加速了迭代运算过程。此算法中，迭代终止条件不再是信号的稀疏性，而是选用均方误差，有

$$R(\tilde{\boldsymbol{x}})=\|\tilde{\boldsymbol{y}}-\boldsymbol{A}\tilde{\boldsymbol{x}}\|^2<\varepsilon \tag{3.44}$$

式中，ε 代表门限值。

在统计分析阶段，由所有稀疏列向量$\tilde{\boldsymbol{x}}_j$ 构成矩阵 $\boldsymbol{Z}=[\tilde{\boldsymbol{x}}_1,\ \tilde{\boldsymbol{x}}_2,\cdots,\tilde{\boldsymbol{x}}_s]$，在对矩阵 $\boldsymbol{Z}$ 进行处理的基础上，结合 MMV 信号模型的联合稀疏特性，实现综合的统计分析。首先，对矩阵 $\boldsymbol{Z}$ 依次按行求解平均值。由于压缩感知理论是对信号进

行高概率重构，因此信号幅值恢复存在误差。通过求解平均值，消除部分噪声影响。其次，将每行元素与对应行的平均值AVG_t进行比较，当元素幅值大于对应平均值时，将该元素置为1，否则为0。因此，获得$L\times s$的矩阵$\boldsymbol{D}$，其中元素为1或0。最后，将矩阵$\boldsymbol{D}$按行求和，得到$L\times 1$的判决向量$\boldsymbol{P}$[10]。

由于多频带信号的频谱具有共轭对称性，因此其频率支撑也是对称的。为简化分析，考虑包含两个子频带的多频带信号，感知的频谱范围划分为L个长度为f_{p}的区域，每个区域分别用编号l表示，其中$-L_0\leqslant l\leqslant L_0$。两个子频带分别位于区域$l$和区域$l'$内，而$l$和$l'$具有对称性，二者在数值上的关系为

$$l+l'=L+1,\quad L=2L_0+1 \tag{3.45}$$

根据式(3.45)，将判决向量$\boldsymbol{P}$向上进行翻折，计算对应重叠元素的和，得到矩阵$\boldsymbol{T}$，以此作为判断支撑位置的依据，增强结果的可信性。最后，当矩阵$\boldsymbol{T}$中元素值大于多重测量向量重数s一半以上时，判定对应的位置存在信号子频带，从而获得多频带信号的支撑信息。

与传统MWC系统所使用的基于MMV支撑集重构算法相比，本节提出的方法不再需要信号稀疏度作为先验信息，同时省去了数据结构的构造环节。然而，逐一对稀疏向量$\tilde{\boldsymbol{x}}_j$进行迭代重构将大大降低算法的效率。因此，将从以下两个方面对算法进行加速：一是在迭代过程中增加非线性处理过程$\boldsymbol{H}_h$，将一半数量的元素置为0，减少每次迭代的运算量；二是不需要对所有测量向量进行重构，通过部分测量向量重构结果的统计分析，得到多频带信号的支撑集[10]。

3.6.3 基于Sub-Nyquist的宽带频谱感知盲检测方法

传统MWC系统具备同时处理多个未知载波频率的射频信号的能力，因此利用MWC系统实现基于欠奈奎斯特采样的宽带频谱感知具有得天独厚的优势。但是，由于传统MWC系统的实现依赖于子频带数目和子频带的最大带宽两个先验条件，因此限制了MWC系统的应用范围。为将MWC系统应用于天地一体化网络宽带频谱感知场景，提出了一种基于Sub-Nyquist的宽带频谱感知盲检测方法，其由改进的欠奈奎斯特采样前端、预检测方法和支撑集盲重构算法构成，能够灵活控制欠采样过程，同时实现感知频谱的分层检测，为频谱的高效利用提供应用基础[10]。

1. 欠奈奎斯特采样前端改进

基于混叠频谱平移的欠奈奎斯特采样方法采用单通道结构，与传统多通道MWC系统相比，其在单采样通道内额外增加一个频移模块，即整个欠采样系统包含一个混频器、一个频移模块、一个低通滤波器和一个采样器，其中混频器和频移模块是最重要的两个器件。混频器对输入多频带信号进行调制，使得频谱

产生加权周期延拓，这是实现欠奈奎斯特采样的前提。而频移模块对调制信号频谱进行整体平移，为获取足够的采样值提供基础，是实现多频带信号支撑集重构的必要条件。

(1)混频器设计。

混频器采用的调制函数可选用伪随机序列，各个元素取值为 1 或 −1。为更好地进行硬件实现，对调制函数进行了改进，保证调制函数每周期内码片总数不变。

首先，将调制函数各码片取值选为 0 或 1，通过调制函数与多频带信号的相乘实现混频调制作用。混频器实现方式可通过对高频开关的控制进行：高频开关的开启对应调制函数取值为 1 的码片，保证信号正常通过；而开关的闭合对应调制函数取值为 0 的码片，从而实现对输入多频带信号的混频调制(图 3.29)。

调制函数采样的伪随机序列长度为 M，即周期为 T_p 的调制函数包含 M 个码片，每个码片持续时长为 T_p/M，其中 $M=L$，图 3.29 中表示的伪随机序列为[1 0 1 0 1 1 0 0 0 1 …]。

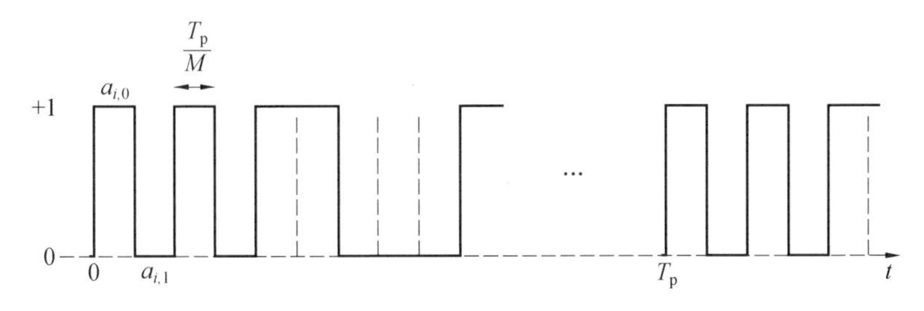

图 3.29　调制函数改进(第 1 步)

其次，为降低高频开关的开合频率，可以更改调制函数结构，使若干连续相邻元素取值相同，从而可成倍数降低开关的开合频率，降低硬件实现的难度。图 3.30中使连续两个码片取值相同，使得开关的开合频率降低一半，此时图中表示的伪随机序列为[1 1 0 0 1 1 0 0 1 1 1 1 0 0 0 0 0 0…]。

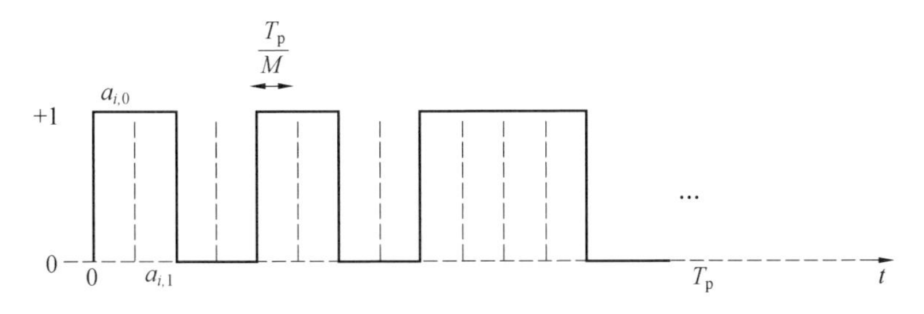

图 3.30　调制函数改进(第 2 步)

在改进的调制函数中，要求一个 T_p 周期内码片数量仍为 M。随着相同取值

的码片数量增加，调制函数的随机性降低，这将在一定程度上影响信号支撑集的重构结果[10]。

(2)频移模块结构设计。

频移模块是基于单通道结构的欠奈奎斯特采样系统最为核心的器件，不仅是保证系统正常工作的关键，还可以增加采样值获取的灵活性。本节给出两种基本的结构，即图 3.31 所示的并列频移模块结构和图 3.32 所示的串联频移模块结构。

这两种结构均采用一个低通滤波器，通过对时序的控制，获得多个欠采样值。二者的区别在于，并列结构中可以获取未进行频移时的基带频谱作为采样信号；而串联结构中获取的采样信号均为频移后的信号频谱。此外，并列结构中采用的频移器各不相同，而串联结构中可以采用相同的频移器。这两种结构通过开关转换获取多路采样值。

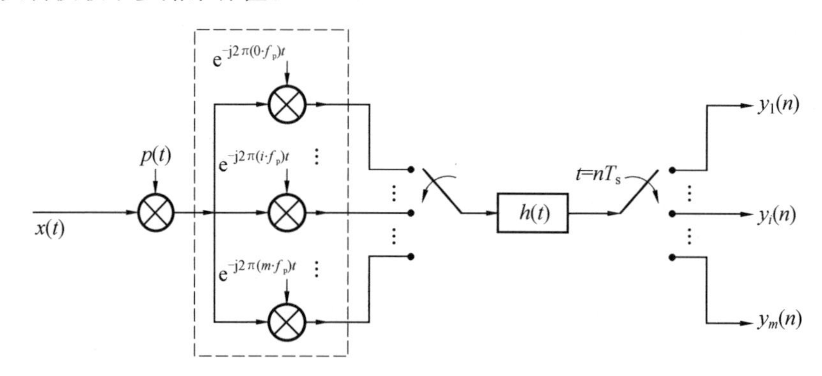

图 3.31　并列频移模块结构

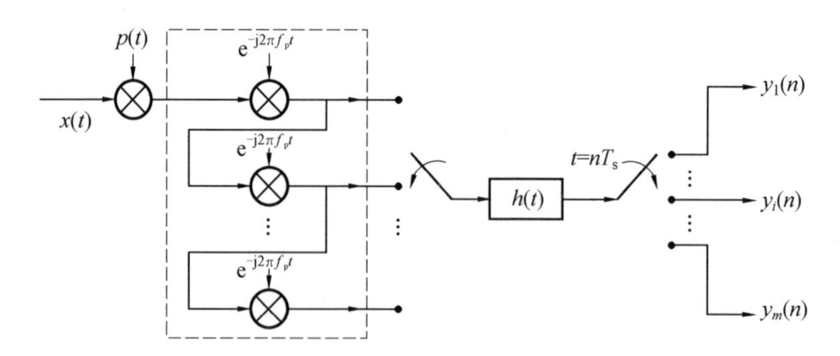

图 3.32　串联频移模块结构

宽带频谱感知技术对时效性具有很高的要求，当采取上述基于单通道结构的欠奈奎斯特采样系统时，频移模块的工作效率将直接影响整个系统的工作时长和效率，成为系统性能提升的关键。考虑到系统中低通滤波器带宽与多频带

信号的子频带带宽相匹配，为缩短频移带来的信号处理时延，可以适当提高采样速率，如将低通滤波器带宽设置为调制函数 $p(t)$ 频率 f_p 的整数倍 n，对应的采样器的采样速率也相应提高到原来的 n 倍，即采样速率为 nf_s，$f_p=f_s$。在后期信号处理阶段，对低通滤波信号进行抽取，等效还原为使用1倍 f_p 带宽的采样结果，以此作为采样速率和频移时延的折中。欠采样系统结构设计如图3.33所示，在此基础上，根据实际需求灵活控制采样过程，使其更加适应信号数量未知且不断变化的应用场景[10]。

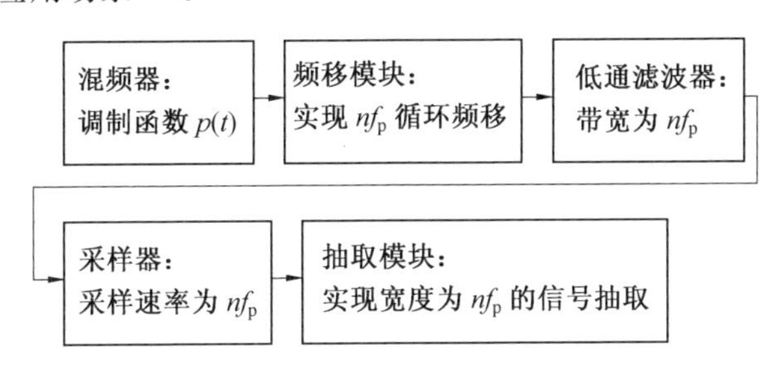

图3.33 欠采样系统结构设计

2. 宽带频谱感知盲检测方法

基于Sub-Nyquist的宽带频谱感知盲检测方法由欠奈奎斯特采样过程、预检测过程和支撑集盲重构过程三部分构成。其中，欠奈奎斯特采样过程是对模拟信号进行处理，而预检测过程和支撑集盲重构过程是对数字信号进行处理。

传统MWC系统能够以欠奈奎斯特速率采样处理多频带信号，且无须掌握各个子频带的具体位置，但是系统的实现需要两个先验信息，包括信号子频带数目和子频带最大带宽。其原因在于信号子频带数目直接影响信号支撑集重构算法的性能，而子频带最大带宽限制调制函数频率的选择，这也限制了MWC系统的应用范围。本节提出的基于Sub-Nyquist的宽带频谱感知盲检测方法继承了传统MWC系统对多频带信号处理能力及其工作频段不受限制的优势，可以灵活部署到较低或较高频段上，符合天地一体化网络工作频带的分布特点，既可部署在现有较低的工作频段上，又可兼容未来部署的较高频段。针对上述两个先验信息问题，该方法给出了应对策略[10]。

首先，针对子频带数目问题，子频带数目即信号稀疏度。稀疏度在压缩感知理论体系中占据极其重要的地位，直接影响信号的重构性能。但不可否认的是，在实际应用中，特别是天地一体化网络宽带频谱感知过程中，实时准确地获取射频信号个数几乎是不可能的，而且这一数量随时间而不停地发生变化。不断变化的子频带数量将给传统MWC系统带来两个问题：一是给实现欠奈奎斯特采样的模拟前端设计带来困难，一旦模拟前端硬件实现，则采样通道数目也将确定，其处理多频带信号的能力基本固定，即能够处理的子频带数目上限已知，当

变化的射频信号数量超出限制时，该系统将无法工作；二是子频带数目变化直接导致稀疏度不断变化，使得依赖稀疏度的支撑集重构算法性能大大下降。因此，本节提出了基于混叠频谱平移的欠奈奎斯特采样方法，采用单通道结构灵活获取欠采样值，应对天地一体化网络宽带频谱感知场景中不断变化的射频信号数量。同时，结合不依赖于信号稀疏度的基于 MMV 统计迭代的支撑集盲重构算法，利用多频带信号具有的联合稀疏特性，通过对多测量值重构结果的综合利用分析，最终获得信号支撑集信息。

其次，针对子频带最大带宽问题，利用信道划分的方式加以解决。考虑到实际频谱是以频分的方式分配给各个系统和应用的，因此将感知频带进行信道化，每个信道的宽度即调制函数的频率，若子频带最大带宽大于每个信道的宽度，则可将子频带信号看作由多个子频带组成的，这样的结果将直接影响多频带信号的子频带数目。对于传统 MWC 系统，这一参数也会影响系统的性能，包括获取欠采样值的数量和支撑集重构算法的性能。而本节提出的支撑集盲重构算法并不依赖于信号稀疏度，同时基于单通道的欠奈奎斯特采样方法可以灵活应对子频带数目的变化，调整欠采样值的数量。将感知频段进行信道化处理，可以直接对应支撑集，同时设计固定的模拟欠奈奎斯特采样前端，实现欠采样信号的获取[10]。

此外，基于欠奈奎斯特采样的宽带频谱感知方法简化采样过程，将信号处理的难度后移至信号支撑集的重构端，利用数学运算的复杂性获取采样速率的降低，因此支撑集重构过程将在很大程度上影响整个感知过程的速度。随着共享频谱的不断开放，天地一体化网络也可能部署到各个共享频谱的频段上，而每段共享频谱的使用情况各不相同，特别是针对频率较高的频段，由于采样设备的限制，部署的系统较少，频谱利用度较低，对其进行感知，在待感知频带内授权用户或其他系统用户在多数情况下不存在，仅存留背景噪声。若直接进行欠奈奎斯特采样并进行信号支撑集重构，其结果会产生较大的虚警，同时浪费系统计算资源。因此，在原有欠奈奎斯特采样前端和信号支撑集重构过程基础上增加预检测过程，能够有效解决上述问题，并加速频谱感知过程。而预检测过程的输入数据为欠奈奎斯特采样数据，不会给原系统带来额外采样负担。同时，预检测过程作为宽带频谱感知盲检测方法的一部分，可根据实际需求开启工作模式或处于关闭状态[10]。

图 3.34 所示为宽带频谱感知盲检测方法示意图，其包括欠奈奎斯特采样前端、预检测过程和支撑集盲重构过程，而控制器则可以根据地理位置信息控制预检测过程的工作状态。例如，目前宽带频谱感知技术可以应用地理位置信息库的相关信息，根据天地一体化网络的工作频段，结合地理位置信息决定预检测过程是否开启，在频谱环境较为纯净的工作频带区域可有效加快感知过程[10]。

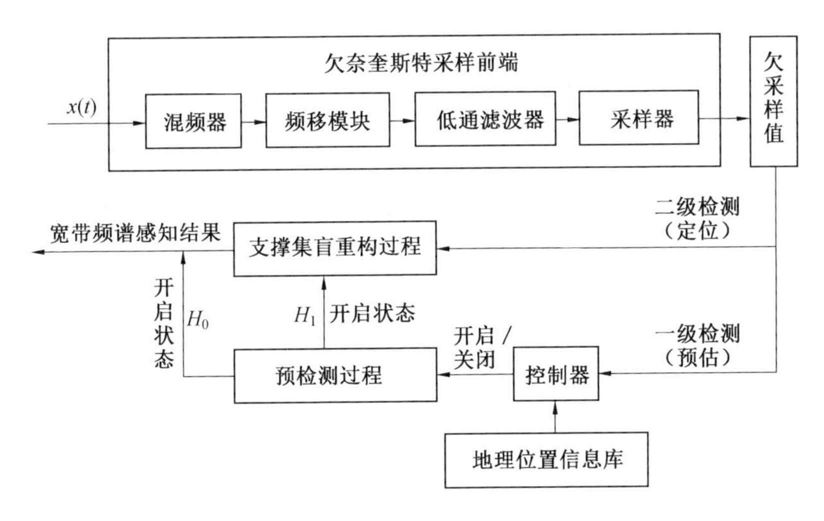

图 3.34　宽带频谱感知盲检测方法示意图

3.6.4　仿真与分析

下面给出利用改进的单通道 MWC 系统进行宽带频谱感知的性能仿真。当平均信噪比 SNR＝10 dB 时，等效采样通道数 $m=30$，观测矩阵 $\boldsymbol{A}$ 分别采用移位方式和循环移位方式构成，利用基于 MMV 统计迭代的支撑集盲重构算法进行宽带频谱感知。含噪声信号与重构信号的频谱对比如图 3.35 所示。

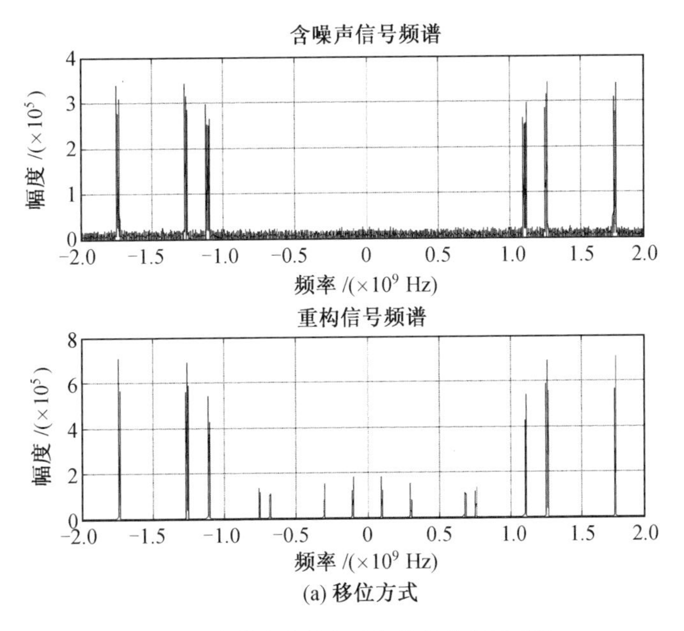

图 3.35　含噪声信号与重构信号的频谱对比

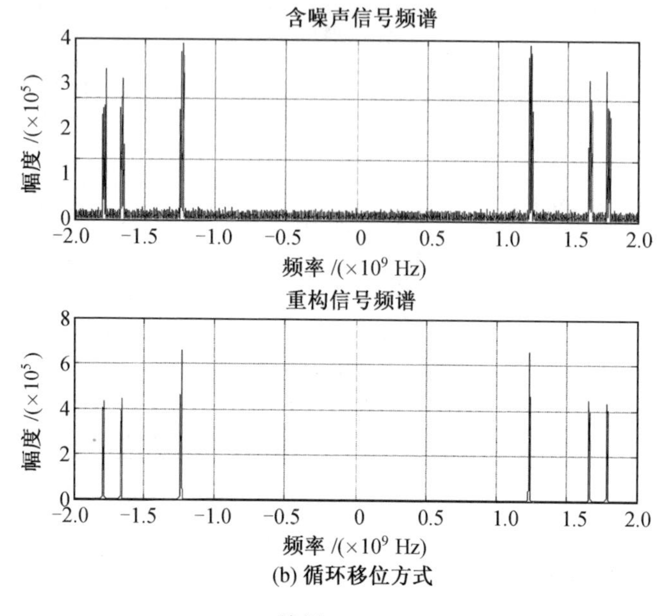

(b) 循环移位方式

续图 3.35

由图 3.35 可以看出，单通道 MWC 系统同样能够实现多频带信号支撑集的重构，与传统 MWC 达到相似的重构效果。相比之下，采用循环移位方式构造观测矩阵 $\mathbf{A}$，支撑集重构效果更好，虚警情况明显降低。同时，本节提出的支撑集盲重构算法也适用于单通道 MWC 系统，该方法的采样率仅为单通道的采样率，进一步降低了系统采样速率[10]。

(1)调制函数性能仿真。

MWC 系统的核心器件是混频器，通过调制函数的作用，将所有子频带无差别化延拓至基带，通过低通滤波器滤波后，进行信号采样。因此，混频器是 MWC 实现欠奈奎斯特采样的基础，也是 MWC 能够对感知频带内任意位置出现的射频信号进行盲处理的关键。

将感知频带 f_{NYQ}划分 L 个长度为 f_{p} 的区域，则 $f_{\mathrm{NYQ}}=L\cdot f_{\mathrm{p}}$。其中，$f_{\mathrm{NYQ}}$ 为奈奎斯特采样频率。调制函数一个周期 T_{p} 内包含 M 个码片，且 $M=L$，每个码片的持续时间为 T_{p}/M，由于 $T_{\mathrm{p}}=1/f_{\mathrm{p}}$，因此每个码片的持续时间为 $1/L\cdot f_{\mathrm{p}}=1/f_{\mathrm{NYQ}}$，即每个码片的频率等于奈奎斯特频率。为实现混频调制作用，控制调制函数的时钟频率需要达到奈奎斯特速率，这也是 MWC 硬件实现过程面临的挑战。为降低时钟频率，对调制函数进行改进设计，给出改进的四种调制函数在传统 MWC 系统和单通道 MWC 系统中的性能。四种调制函数分别为相邻码片之间相互独立(一个码片)、相邻两个码片相同(两个连续码片)、相邻四个码片相同(四个连续码片)及相邻八个码片相同(八个连续码片)[10]。

采样通道数为 60 时，不同平均信噪比下传统 MWC 系统和单通道 MWC 系统支撑集重构性能曲线如图 3.36 和图 3.37 所示。可以看到，降低时钟频率、延长调制函数码片持续时长可使系统性能下降，特别是对传统 MWC 系统的影响非常大。相比之下，本节提出的单通道 MWC 系统具有较好的适应性。其原因在于传统 MWC 系统要求各个调制函数之间尽量满足随机性，当时钟频率降低一半，使得调制函数之间的随机性明显下降时，对应的观测矩阵 **A** 中各列向量之间的相关性增加，直接影响后续信号支撑集的重构。而对于单通道 MWC 系统，观测矩阵 **A** 各行之间通过平移得到，各列向量之间保证一定的不相关性，时钟频率降低对其影响不会如传统 MWC 系统一样特别明显[10]。

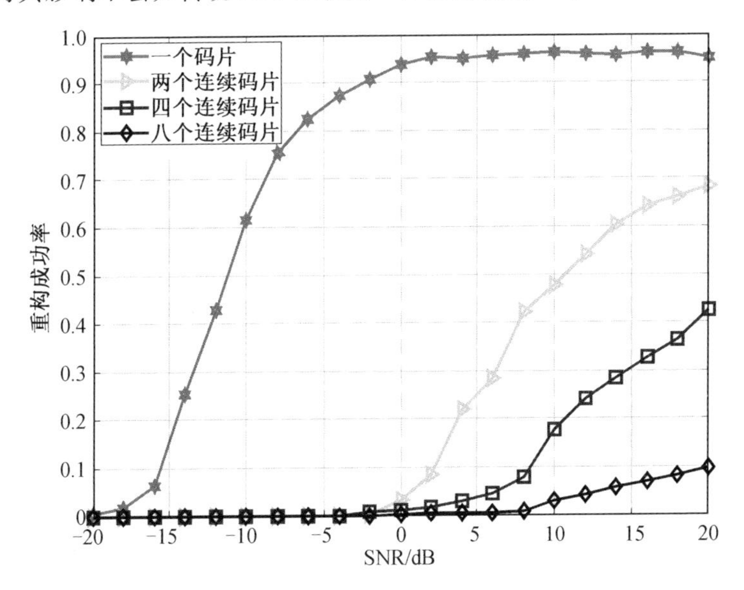

图 3.36　不同平均信噪比下传统 MWC 系统支撑集重构性能曲线

平均信噪比为 5 dB 时，不同采样通道数下传统 MWC 系统和单通道 MWC 系统支撑集重构性能曲线如图 3.38 和图 3.39 所示。可以得出同样的结论，降低时钟频率导致系统性能下降，对传统 MWC 系统的影响远大于对单通道 MWC 系统的影响。

降低时钟频率后，在单通道 MWC 系统中，随着采样通道数目的增加，信号支撑集重构成功率不断上升。而在传统 MWC 系统中，采样通道数的提高对系统性能提升影响不大。因此，在单通道 MWC 系统中，可以通过增加采样值提高系统性能，而灵活获取采样值是单通道 MWC 系统的结构优势[10]。

(2)单通道 MWC 系统预检测性能。

平均信噪比 SNR＝0 dB 时，不同可靠因子下单通道 MWC 系统 ROC 曲线如图 3.40 所示。

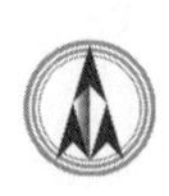

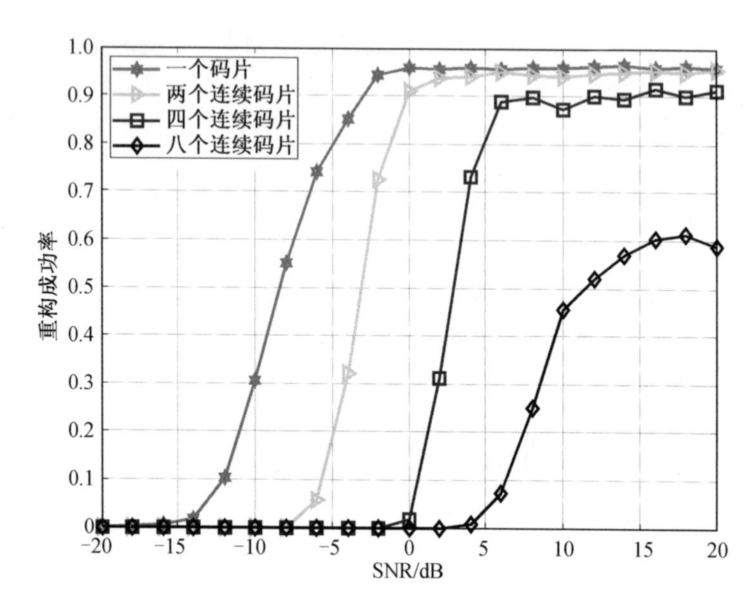

图 3.37 不同平均信噪比下单通道 MWC 系统支撑集重构性能曲线

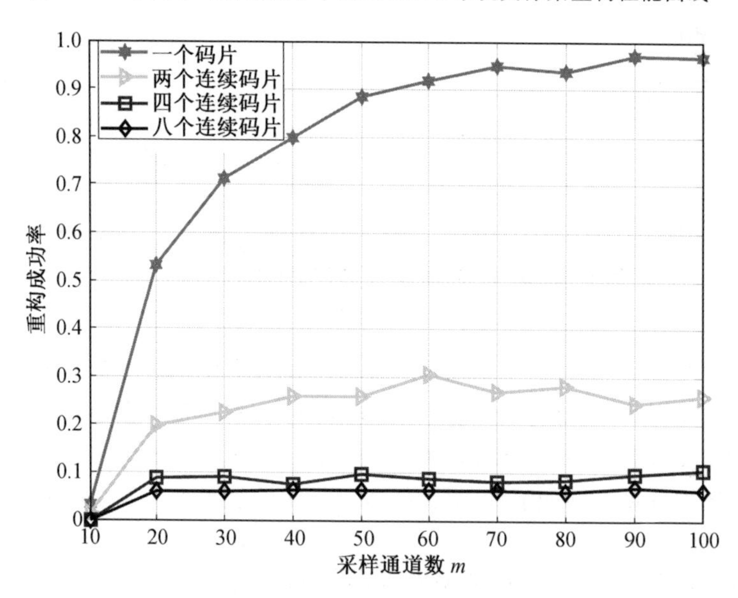

图 3.38 不同采样通道数下传统 MWC 系统支撑集重构性能曲线

可靠因子 rf＝0.8 时，不同平均信噪比下单通道 MWC 系统 ROC 曲线如图 3.41所示。当虚警概率一定时，可靠因子取值越小，检测概率越大，预检测算法的检测性能越好。同时，平均信噪比越大，预检测算法的检测性能越好。但是，仍然存在算法检测性能与可靠性之间折中的问题，应选择适当的可靠因子取值[10]。

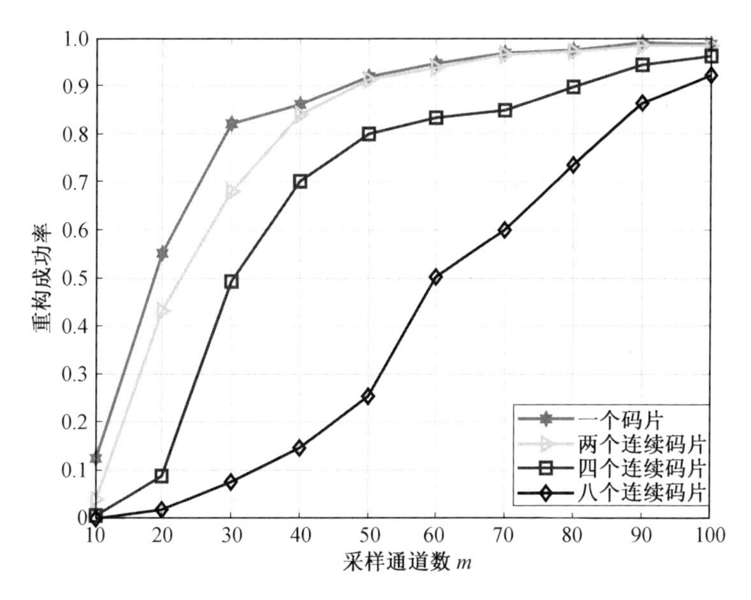

图 3.39　不同采样通道数下单通道 MWC 系统支撑集重构性能曲线

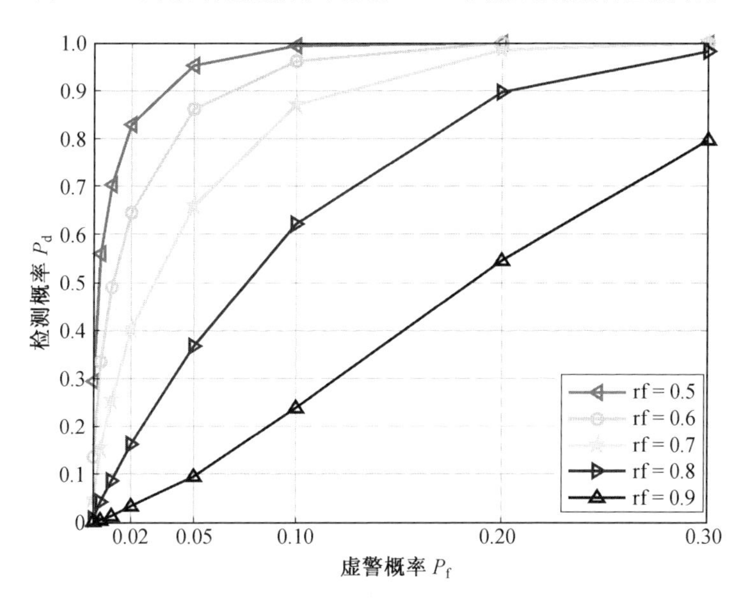

图 3.40　不同可靠因子下单通道 MWC 系统 ROC 曲线

在研究平均信噪比、多频带信号频谱能量分布和可靠因子对预检测性能的影响时，多频带信号模型 $N=4$、$B=75$ MHz 和 $N=6$、$B=50$ MHz，可靠因子 rf 分别为 0.7、0.8、0.9。不同平均信噪比下单通道 MWC 系统预检测性能曲线如图 3.42 所示。

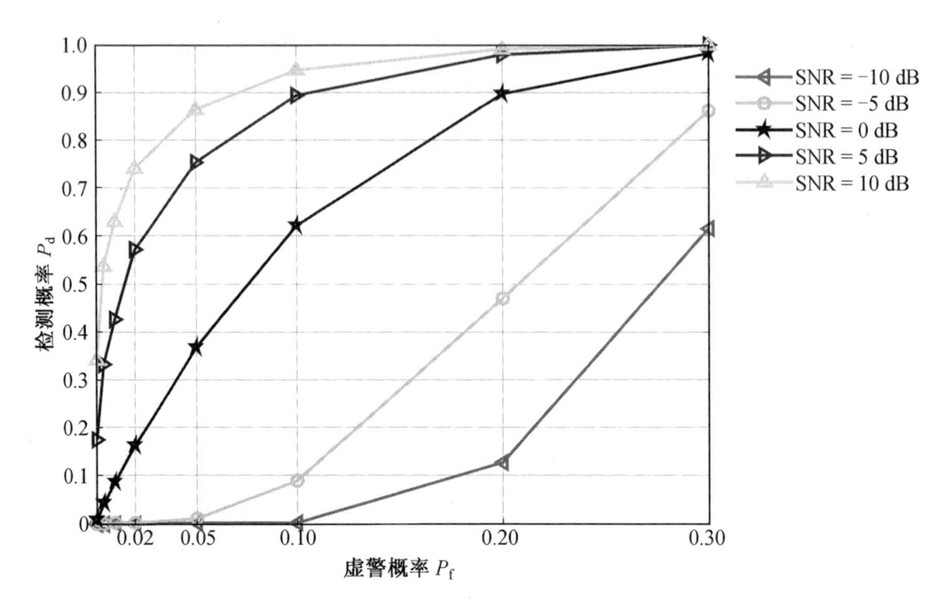

图 3.41　不同平均信噪比下单通道 MWC 系统 ROC 曲线

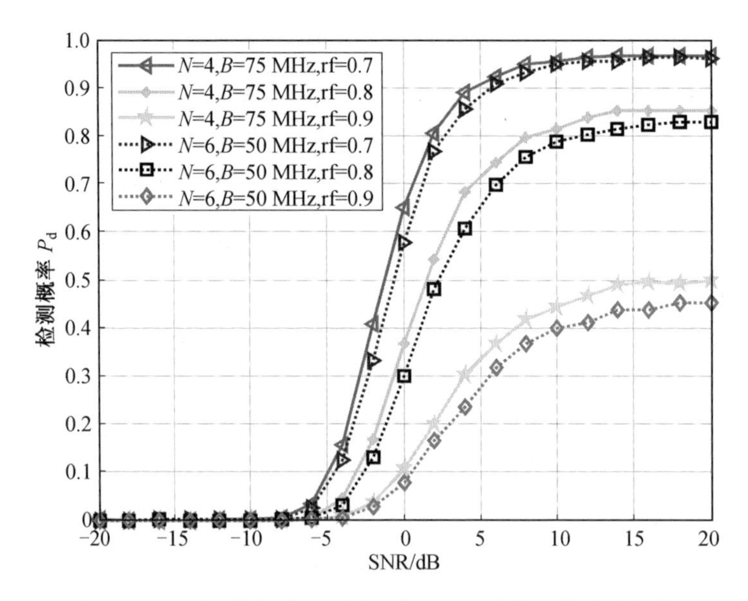

图 3.42　不同平均信噪比下单通道 MWC 系统预检测性能曲线

由图 3.42 可以看出，随着平均信噪比 SNR 增大，预检测性能逐渐提高。可靠因子虽然能够提高可靠性，但其取值越大，检测概率越低。因此，为获得良好的检测性能，需要合理设置可靠因子。此外，多频带信号频谱的能量分布会对检测性能产生一定的影响，但性能曲线的趋势大致相同。

不同可靠因子下单通道 MWC 系统虚警概率如图 3.43 所示。仿真分为 10 组进行，每组进行 10^4 次蒙特卡洛实验。

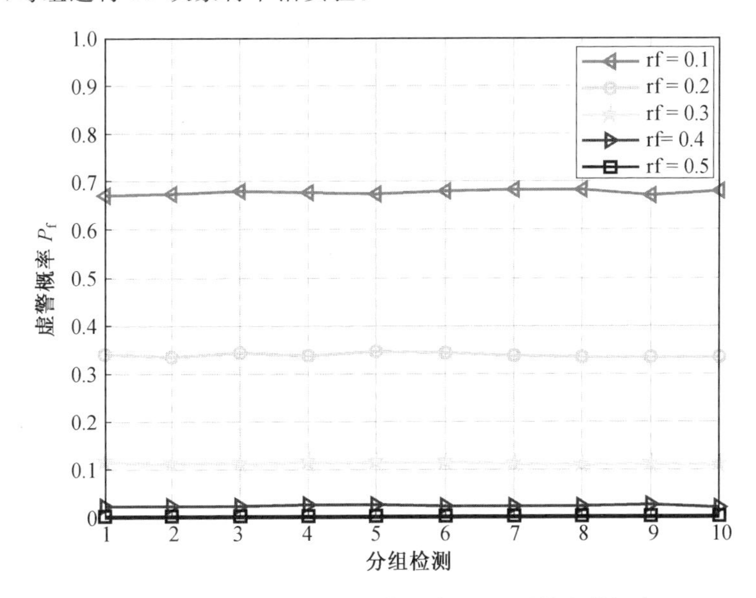

图 3.43　不同可靠因子下单通道 MWC 系统虚警概率

图 3.43 的结果表明，在单通道 MWC 系统中，随着可靠因子的提高，虚警概率不断下降。当可靠因子提高到 0.5 时，虚警概率已经下降到很低，若继续提高可靠因子，则虚警概率几乎为零。在衡量预检测算法的检测性能时，其检测概率的测量要求可靠因子取值在 0.5 以上，综合所有判决结果，选择占比 50%以上的判决结果作为最终的检测结果。显然，在不考虑检测概率性能时，只要可靠因子达到 0.5 以上，虚警概率性能将非常理想。同时，从 10 组检测结果中可以看到，预检测算法的虚警检测性能相对稳定[10]。

当平均信噪比为 4 dB 时，传统 MWC 系统的预检测概率比单通道 MWC 系统的检测概率提高 5%～10%。当可靠因子取值为 0.5 时，单通道 MWC 系统的虚警概率比传统 MWC 系统的虚警概率降低 17%左右。综上所述，对比预检测算法在传统 MWC 系统和单通道 MWC 系统中的性能，可知基于 MWC 的预检测方法对于两种结构的 MWC 系统具有普适性。在检测概率性能方面，传统 MWC 系统中的预检测性能优于单通道 MWC 系统；但在虚警概率性能方面，单通道 MWC 系统的性能更好。同时，可靠因子的选择也十分重要，其既代表检测结果的可信度，也影响检测概率和虚警概率的性能。综合考虑，可靠因子可以选取 0.7 或 0.8[10]。

(3)宽带频谱感知盲检测方法支撑集重构性能仿真。

本节提出的基于 Sub-Nyquist 的宽带频谱感知盲检测方法采用单通道结构

的欠奈奎斯特采样前端，并且利用基于 MMV 统计迭代的支撑集盲重构算法进行支撑集的重构，而传统 MWC 系统则利用多通道采样结构和 MMV 正交匹配追踪（MMV Orthogonal Matching Pursuit，MMV－OMP）算法进行支撑集重构。下面比较宽带频谱感知盲检测方法与传统 MWC 系统的性能，采样通道（欠采样值数量）$m=20$ 和 $m=30$ 时，不同平均信噪比对信号支撑集重构成功率的影响如图 3.44 所示。

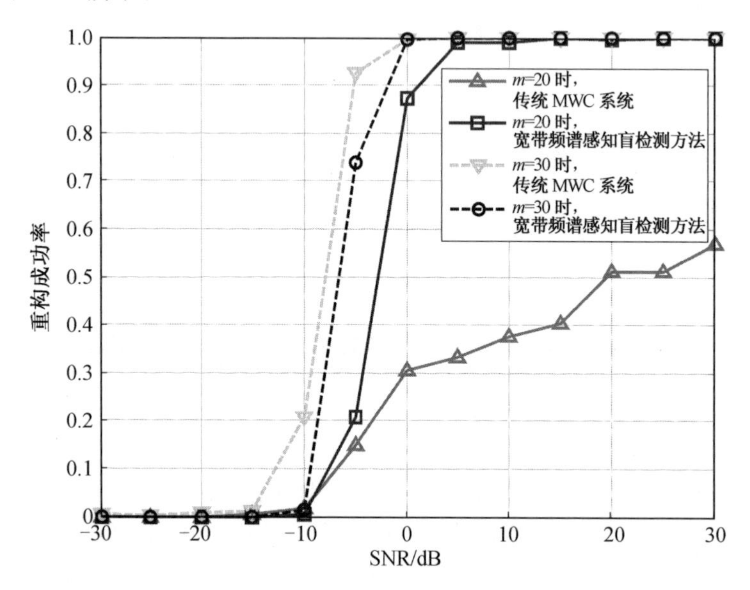

图 3.44 不同平均信噪比对信号支撑集重构成功率的影响

随着多频带信号平均信噪比的提高，信号支撑集重构成功率不断上升，而平均信噪比过低将直接导致支撑集重构的失败。采样通道数增加，传统 MWC 系统性能更好[10]。

平均信噪比 SNR＝0 dB 和 SNR＝－10 dB 时，不同采样通道数下支撑集重构性能曲线如图 3.45 所示。随着采样通道数量的增加，信号支撑集重构的成功率逐渐提高。当采样通道数较多时，两种方法的性能相似。宽带频谱感知盲检测方法在高平均信噪比、低采样通道数时支撑集重构成功率更高，而平均信噪比降低，其性能低于传统 MWC 系统性能。但随着采样通道数的增加，其性能逐渐逼近并超越传统 MWC 系统，而灵活获取欠采样值恰恰是单通道采样结构的优势。因此，无论在平均信噪比高还是较低时，均可采用本节提出的基于 Sub-Nyquist 的宽带频谱感知盲检测方法。特别地，宽带频谱感知盲检测方法突破了子频带数目对信号支撑集重构的限制，能够更好地适用于天地一体化网络宽带频谱感知场景[10]。

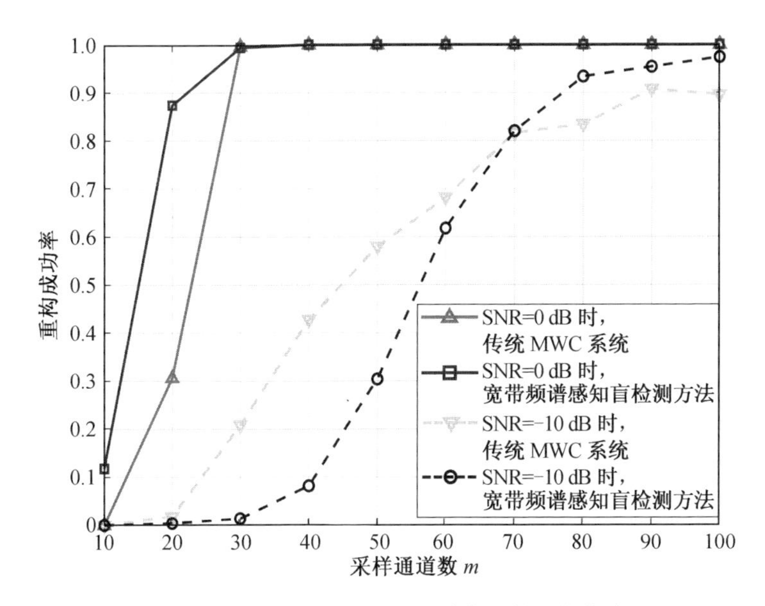

图 3.45　不同采样通道数下支撑集重构性能曲线

(4)实际模拟信号重构验证。

上述仿真过程中采用的多频带信号为科学计算软件生成的仿真数据，仿真结果证明了宽带频谱感知盲检测算法能够实现对多频带信号支撑集的重构。为比较真实信号源所产生的信号与科学计算软件仿真数据源对宽带频谱感知盲检测算法的影响，增加了对实际模拟信号重构的验证[10]。

下面利用信号源生成的模拟信号作为输入的多频带信号，验证宽带频谱感知盲检测方法对于实际模拟信号的重构过程。

利用三个信号源分别产生三个 QPSK 信号，信号参数见表 3.6。

表 3.6　信号参数

信号序号	信号类型	信号载频/GHz	信号幅值/dBm	信号带宽/MHz
1	QPSK	1.32	−18	10
2	QPSK	1.55	−16	10
3	QPSK	1.65	−15	30

由上述三个信号构成多频带信号，并采集该信号数据作为软件平台的输入，采用单通道 MWC 结构对输入的模拟多频带信号进行欠奈奎斯特采样，同时利用基于 MMV 统计迭代的支撑集盲重构算法实现支撑集的重构，实际模拟信号重构结果如图 3.46 所示。图中右侧部分为三个信号源，自下而上对应表 3.6 中的三个信号。图中左半部分中，下方的示波器显示三个信号源的频谱，上方的显示器则显示信号的重构结果[10]。

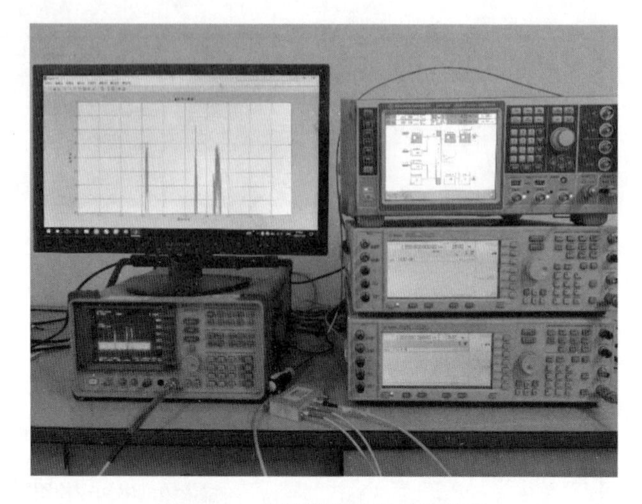

图 3.46 实际模拟信号重构结果

通过比较可知，本节提出的基于 Sub-Nyquist 的宽带频谱感知盲检测方法能够实现对实际模拟信号的重构。该方法在处理真实信号源所产生的数据时，得到了与处理 Matlab 仿真数据源相同的结果，由此验证了 Matlab 仿真过程的正确性，而该方法对实际模拟信号的重构性能则可参照上述 Matlab 仿真结果[10]。

3.7 本章小结

首先，本章从频谱共享角度入手，分析了频谱共享的七种应用场景；然后，在应用场景下，给出了频谱共享模式及共享频谱策略，重点介绍了非授权频谱的共享使用方式；最后，面向更加广阔的频率适用范围，介绍了智能频谱感知技术，结合频谱具备的稀疏性，研究了欠奈奎斯特采样速率下的宽带频谱感知盲检测方法。

本章参考文献

[1] 敬晓晔. 星地频谱共享中基于干扰分析的频谱分配和切换技术研究[D]. 哈尔滨：哈尔滨工业大学，2019.

[2] MALEKI S, CHATZINOTAS S, KRAUSE J, et al. Cognitive zone for broadband satellite communications in 17.3－17.7 GHz band[J]. IEEE Wireless Communications Letters, 2015, 4(3): 305-308.

[3] FERREIRA P V R, METHA R, WYGLINSKI A M. Cognitive radio-based geostationary satellite communications for ka-band transmissions [C]. Atlanta: 2014 IEEE Global Conference on Signal and Information Processing (GlobalSIP),2014: 1093-1097.

[4] KOUROGIORGAS C, PANAGOPOULOS A D, LIOLIS K. Cognitive uplink FSS and FS links coexistence in Ka－band: propagation based interference analysis[C]. London: 2015 IEEE International Conference on Communication Workshop (ICCW), 2015: 1675-1680.

[5] BLOUNT J L, KOETS M A, BLOUNT J L, et al. Towards a practical cognitive communication network for satellite systems[C]. Big Sky: 2015 IEEE Aerospace Conference, 2015: 1-7.

[6] HÖYHTYÄ M. Sharing FSS satellite C band with secondary small cells and D2D communications [C]. London: 2015 IEEE International Conference on Communication Workshop (ICCW), 2015: 1606-1611.

[7] 马陆，陈晓挺，刘会杰，等. 认知无线电技术在低轨通信卫星系统中的应用分析[J]. 电信技术，2010，4：270-277.

[8] Recommendation ITU－R M. 2041. Sharing and adjacent band compatibility in the 2. 5 GHz band between the terrestrial and satellite components of IMT－2000[S]. ITU Press Release,2003.

[9] Recommendation ITU－R BR IFIC No. 2742. BR IFIC Terrestrial Services [S]. ITU Press Release,2013.

[10] 王雪. 星地混合通信系统宽带频谱感知方法[D]. 哈尔滨:哈尔滨工业大学,2018.

第 4 章

天地一体物联网的透明空口

4.1 引　　言

为解决天地一体化网络所面临的诸多难题，实现各部分的互补及整个网络的有机联系，本章将通过网络功能和资源虚拟化实现空口定制化，以适应不同场景和业务的大容量、大连接、低时延和高可靠等传输需求，优化系统的能量效率，在满足业务需求的同时，最小化网络资源。首先，构建一个灵活统一的空口管理框架，自适应配置不同场景下的空口技术和参数，以满足不同业务的传输需求。然后，在天地一体化网络的空口自适应方案中提供可选择的空口配置集，面向具体的场景和业务进行统一管理，并给出契合天地一体化网络的配置建议。最后，尝试给出天地一体化网络物理层传输解决方案。

4.2 波 形 设 计

4.2.1 高效频分复用带宽压缩理论

本节主要针对一种高频谱效率频分复用(Spectrally Efficient Frequency Division Multiplexing, SEFDM)的带宽压缩波形进行基础理论和关键技术的介绍。

1. SEFDM 系统模型

图 4.1 所示为 SEFDM 与正交频分复用(Orthogonal Frequency Division Multiplexing, OFDM)子载波部署对比,图中压缩因子 $\alpha=0.5$ 的 SEFDM 部署相同数目的子载波与 OFDM 相比仅利用一半的频谱资源,这就导致 SEFDM 以小于符号速率的间隔部署子载波实现带宽压缩,突破满足子载波正交性的最小间隔以提升频谱利用率。同时,这种非正交多载波传输方案也携带了子载波间干扰。SEFDM 系统与实现方法同样可以利用快速傅里叶逆变换(Inverse Fast Fourier Transform, IFFT)/快速傅里叶变换(Fast Fourier Transform, FFT)快速运算方法。

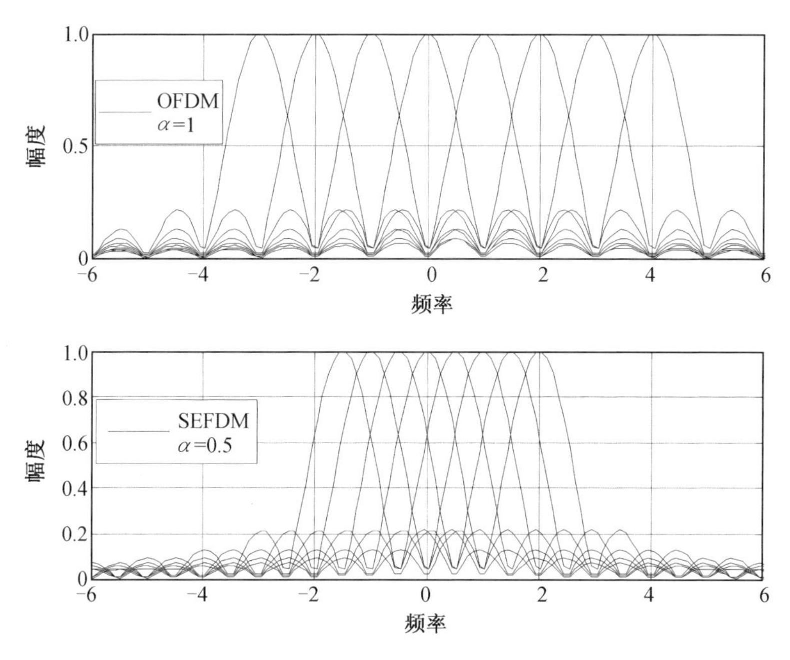

图 4.1 SEFDM 与 OFDM 子载波部署对比

基于 IFFT 的 SEFDM 发射机模型如图 4.2 所示,比特信息发送序列通过调制器生成调制符号序列 $\boldsymbol{S}=[S_0,\cdots,S_k,\cdots,S_{N-1}]^{\mathrm{T}}$,$N$ 为子载波个数,在调制符号序列 $\boldsymbol{S}$ 尾部补上 $K-N$ 个 0,构成 K 点序列,对比序列做 K 点 IFFT 运算,取运算结果中前 N 个点,生成 SEFDM 时域发送符号序列,表示为 $\boldsymbol{s}=[s_0,\cdots,s_n,\cdots,s_{N-1}]^{\mathrm{T}}$,有

$$\boldsymbol{s}=\Omega_N(\boldsymbol{F}_K^{-1}\cdot[\boldsymbol{S}^{\mathrm{T}}\quad \boldsymbol{0}_{K-N}^{\mathrm{T}}]^{\mathrm{T}}) \tag{4.1}$$

式中,$\Omega_N(\cdot)$代表取列矢量或矩阵的前 N 行;$\boldsymbol{0}_{K-N}^{\mathrm{T}}$代表长度为 $K-N$ 的全零行矢量;$\boldsymbol{F}_K^{-1}$ 代表 K 点的傅里叶逆变换矩阵,$\boldsymbol{F}_K^{-1}$ 的第 n 行第 k 列元素可以表示为

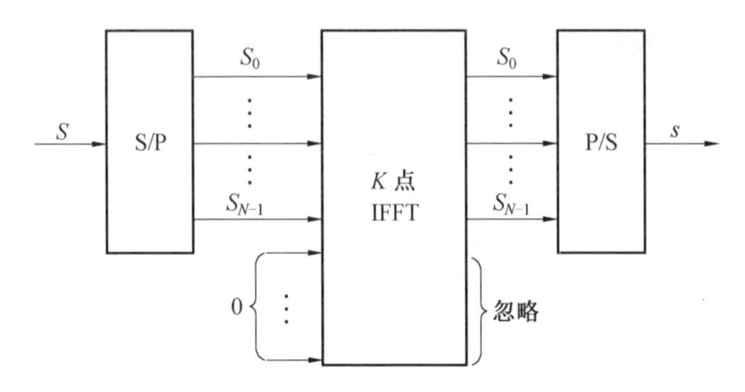

图 4.2　基于 IFFT 的 SEFDM 发射机模型

$$F_{n,k}^{-1}=\frac{1}{\sqrt{K}}\mathrm{e}^{\mathrm{j}2\pi\frac{kn}{K}},\quad n=0,\cdots,N-1;k=0,\cdots,K-1 \tag{4.2}$$

由式(4.1)可知,SEFDM 符号中第 n 个时域发送符号可以表示为

$$s_n=\frac{1}{\sqrt{N}}\sum_{k=0}^{N-1}S_k\mathrm{e}^{\mathrm{j}2\pi\frac{kn}{N}\alpha},\quad n=0,\cdots,N-1;k=0,\cdots,K-1 \tag{4.3}$$

式中,α 代表带宽压缩因子,$\alpha=N/K$。假设采样频率为 $F_s=N\Delta f$,Δf 代表非正交子载波间隔,假设一个符号周期为 T,则 $\Delta f=\alpha/T$。特别地,当 $\alpha=1,\Delta f=1/T$ 时,代表 OFDM 系统。

图 4.3 所示为基于 IFFT 的 SEFDM 接收机模型。通过加性高斯白噪声信道后的时域接收信号表示为

$$\boldsymbol{y}=\boldsymbol{s}+\boldsymbol{n} \tag{4.4}$$

式中,$\boldsymbol{s}$ 由式(4.1)给出;$\boldsymbol{n}$ 代表复高斯白噪声矢量。通过对接收信号矢量末尾补 $K-N$ 个零再进行 K 点 FFT 变换,取 FFT 输出的前 N 点得到 SEFDM 频域接收信号表示为

$$\begin{aligned}\boldsymbol{Y}&=\Omega_N(\boldsymbol{F}_K\cdot[\boldsymbol{y}^{\mathrm{T}}\quad \boldsymbol{0}_{K-N}^{\mathrm{T}}]^{\mathrm{T}})\\&=\Omega_N(\boldsymbol{F}_K)(\Omega_N(\boldsymbol{F}_K^{-1}))^{\mathrm{H}}\boldsymbol{S}+\Omega_N(\boldsymbol{F}_K)\boldsymbol{n}\\&=\boldsymbol{CS}+\boldsymbol{N}\end{aligned} \tag{4.5}$$

式中,$\boldsymbol{S}$ 为频域发送符号;$\boldsymbol{N}$ 代表频域噪声矢量;$\boldsymbol{C}$ 为失真矩阵,代表子载波相关矩阵,矩阵 $\boldsymbol{C}$ 的第 k 行第 l 列元素表示为 $C_{k,l}$。

式(4.5)中 SEFDM 第 k 个子信道输出频域观测信号表示为

$$Y_k=\frac{1}{N}\sum_{l=0}^{N-1}C_{k,l}\cdot S_l+N_k \tag{4.6}$$

式中,N_k 代表第 k 个子信道接收到的频域噪声。

由式(4.6)可以看出第 k 个子信道输出的频域观测信号 Y_k 表现为所有调制符号的线性组合。其中,加权系数 $C_{k,l}$ 代表非正交子载波间互相关系数,其具体形式为

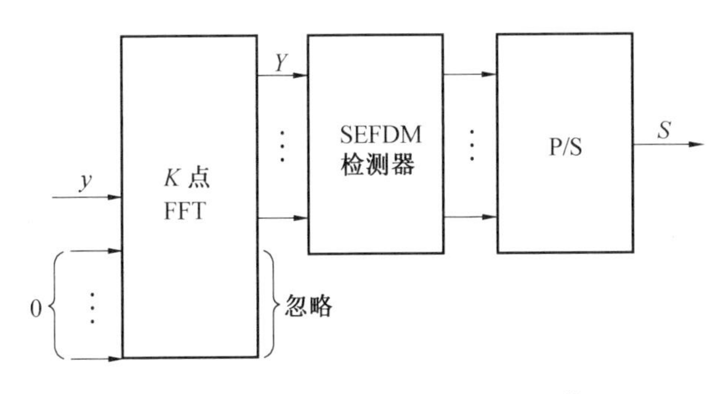

图4.3　基于IFFT的SEFDM接收机模型

$$C_{k,l}=\frac{1}{N}\sum_{m=0}^{N-1}\mathrm{e}^{\frac{\mathrm{j}2\pi mk\alpha}{N}}\mathrm{e}^{-\frac{\mathrm{j}2\pi ml\alpha}{N}}=\begin{cases}1, & k=l\\ \frac{1}{N}\cdot\frac{1-\mathrm{e}^{\mathrm{j}2\pi\alpha(k-l)}}{1-\mathrm{e}^{\frac{\mathrm{j}2\pi\alpha(k-l)}{N}}}, & k\neq l\end{cases}\tag{4.7}$$

图4.4所示为SEFDM系统子载波间互相关性($K=64$)，其中横坐标表示子载波索引，纵坐标为由式(4.7)计算得出的相关系数。从图4.4中可以看出，Y_k受到的主要干扰来自邻近的子载波干扰，如$k=\pm1$，±2，并且受带宽压缩因子α影响。

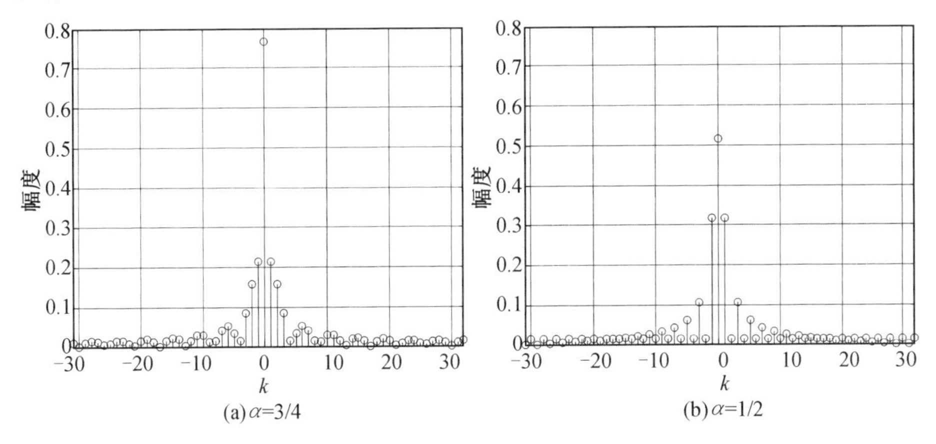

图4.4　SEFDM系统子载波间互相关性($K=64$)

2.联合ID与FSD的信号解调方法

针对非正交信号解调，接收机性能和设计复杂度是首要考虑的因素。伦敦大学Izzat Darwazeh团队给出的联合迭代与固定球形译码(Iterative Decoding－Fixed Sphere Decoding，ID－FSD)的方法被认为是性能最好且较容易实现的解调方法[1]。由式(4.7)可知，SEFDM系统中存在的信道间干扰(Inter－Channel Interference，ICI)可以看作信号经过非线性失真导致的，而迭代译码(Iterative

Decoding,ID)检测算法是一种基于迭代逐次逼近的信号恢复算法,常用于补偿插值失真。假设一个信号矢量 $\boldsymbol{S}$ 通过矩阵 $\boldsymbol{G}$ 失真,失真后的信号矢量表示为 $\widetilde{\boldsymbol{S}}=\boldsymbol{GS}$,如果失真掉的功率小于信号功率 $\|\widetilde{\boldsymbol{S}}-\widetilde{\boldsymbol{G}\boldsymbol{S}}\|_2<\|\widetilde{\boldsymbol{S}}\|_2$,则期望信号矢量 $\boldsymbol{S}$ 可以从失真后的信号矢量 $\widetilde{\boldsymbol{S}}$ 中迭代恢复[2]。

式(4.5)给出的 SEFDM 频域接收信号模型可以看作观测信号矢量 $\boldsymbol{Y}$ 是由信号矢量 $\boldsymbol{S}$ 经过非线性失真得到的,其中矩阵 $\boldsymbol{C}$ 为失真矩阵。ID 检测算法如图 4.5所示,利用 ID 检测算法可以得到

$$\widetilde{\boldsymbol{S}}_n=\lambda\widetilde{\boldsymbol{S}}_0+(\boldsymbol{I}-\lambda\boldsymbol{C})\widetilde{\boldsymbol{S}}_{n-1} \tag{4.8}$$

式中,$\widetilde{\boldsymbol{S}}_n$ 代表第 n 次迭代之后 ID 检测得到的信号矢量;λ 为松驰系数;$\boldsymbol{I}$ 为单位矩阵;$\widetilde{\boldsymbol{S}}_0=\boldsymbol{Y}$。

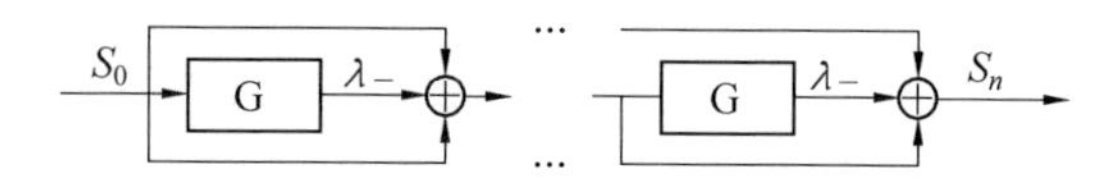

图 4.5　ID 检测算法

SEFDM 信号 ID 检测算法如算法 4.1 所示。

算法 4.1:SEFDM 信号检测算法

输入:$\boldsymbol{S}_0,\lambda$,$\boldsymbol{G}$,$\boldsymbol{Y}$,迭代次数 iteration

初始化:$\widetilde{\boldsymbol{S}}_0=\boldsymbol{Y}$;

for　$n=1$: iteration

　$\widetilde{\boldsymbol{S}}_n=\lambda\widetilde{\boldsymbol{S}}_0+(\boldsymbol{I}-\lambda\boldsymbol{G})\widetilde{\boldsymbol{S}}_{n-1}$;

end for

输出:$\widetilde{\boldsymbol{S}}_{\mathrm{ID}}=\widetilde{\boldsymbol{S}}_n$;

FSD 算法是一种固定复杂度的球形译码(Sphere Decoding,SD)算法,进一步解决了 SD 算法受噪声和系统病态特性影响导致复杂度变化剧烈的问题。相对于标准的 SD,FSD 的搜索空间只是超球的一部分,因此它的检测性能和计算复杂度易受初始值和搜索半径的影响。FSD 算法可以将 SEFDM 检测问题转化为一个深度优化问题,利用 FSD 检测算法可以得到

$$\widetilde{\boldsymbol{S}}_{\mathrm{FSD}}=\arg\min_{\widetilde{\boldsymbol{S}}\in O^N}\|\boldsymbol{Y}-\boldsymbol{C}\cdot\widetilde{\boldsymbol{S}}\|^2\leqslant g \tag{4.9}$$

式中,$\widetilde{\boldsymbol{S}}$ 代表前置算法对发送序列的无约束估计,$\widetilde{\boldsymbol{S}}=\boldsymbol{C}^{\mathrm{H}}\boldsymbol{Y}$;$g$ 代表预设的搜索半径,它可以通过前置算法获得并逐步更新。易知 SEFDM 系统中矩阵 $\boldsymbol{C}$ 是一个非奇异矩阵,$\boldsymbol{C}^{\mathrm{H}}\boldsymbol{C}$ 是一个正定矩阵。通过 Cholesky 分解可得到一个上三角矩阵

$\boldsymbol{L}$ 乘它的共轭转置，即$\boldsymbol{C}^{\mathrm{H}}\boldsymbol{C}=\boldsymbol{L}^{\mathrm{H}}\boldsymbol{L}$。

ID－FSD 算法即通过前置 ID 检测算法给出固定的搜索半径 g_{ID}，g_{ID}表示 ID 检测后传递给出的搜索半径，有

$$g_{\mathrm{ID}}=\arg\min_{\bar{s}\in O^N}\|\boldsymbol{Y}-\boldsymbol{C}\cdot\tilde{\boldsymbol{S}}_n\|^2 \tag{4.10}$$

由式(4.9)和式(4.10)可知，ID－FSD 的检测算法可以表示为

$$\bar{\boldsymbol{S}}=\arg\min_{\bar{s}\in O^N}\|\boldsymbol{L}\cdot(\boldsymbol{Y}-\bar{\boldsymbol{S}})\|^2\leqslant g_{\mathrm{ID}} \tag{4.11}$$

式中，$\boldsymbol{L}=\mathrm{chol}(\boldsymbol{C}^{\mathrm{H}}\boldsymbol{C})$。

图 4.6 所示为 SEFDM 系统在加性高斯白噪声(Additive White Gaussian Noise，AWGN)信道的比特差错率(Bit Error Rate，BER)曲线，调制方式为正交相移键控(Quadrature Phase Shift Keying，QPSK)，子载波个数为 7，压缩因子 $\alpha=7/8$。

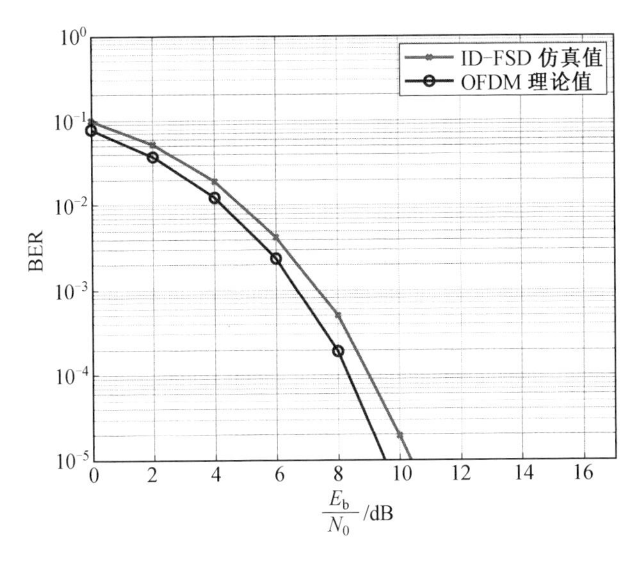

图 4.6　SEFDM 系统在 AWGN 信道的 BER 曲线

3. 基于 QOC 的低复杂度信号解调方法

针对 SEFDM 系统非正交子载波间干扰导致接收机设计复杂且性能恶化的问题，在接收机通过重构补偿发射机信号发送前截短丢弃的部分，使得接收的非正交 SEFDM 信号在补偿以后达到准正交，抑制非正交子载波间干扰，进而提升 SEFDM 接收机传输的可靠性，并且进一步给出联合准正交补偿(Quasi－Orthogonal compensation，QOC)与 FSD 的非正交信号解调方法。

图 4.7 所示为 QOC－SEFDM 接收机模型，式(4.4)给出的接收信号模型可进一步表示为

$$\boldsymbol{y}=\begin{bmatrix}\boldsymbol{I}_{N\times N} & \boldsymbol{0}_{N\times(K-N)}\end{bmatrix}\cdot\boldsymbol{s}_K+\boldsymbol{n} \tag{4.12}$$

式中，$\boldsymbol{s}_K$ 代表 SEFDM 发射机 K 点 IFFT 变换输出的全部 K 点样值。接收信号矢量 $\boldsymbol{y}$ 首先送入 QOC 模块重构补偿 ICI 干扰，重构的信号矢量表示为 $\boldsymbol{s}_{\mathrm{com}}$。补偿后的信号矢量进一步通过 K 点的 FFT 变换输出频域信号矢量表示为

$$\boldsymbol{Y}=\begin{bmatrix}\boldsymbol{I}_{N\times N} & \boldsymbol{0}_{N\times(K-N)}\end{bmatrix}\cdot(\boldsymbol{F}_K\cdot\begin{bmatrix}\boldsymbol{y}^{\mathrm{T}} & \boldsymbol{s}_{\mathrm{com}}^{\mathrm{T}}\end{bmatrix}^{\mathrm{T}}) \tag{4.13}$$

式中，$\boldsymbol{F}_K$ 代表 K 点傅里叶变换矩阵。矩阵 $\boldsymbol{F}_K$ 的第 k 行第 n 列元素为

$$F_{k,n}=\frac{1}{\sqrt{K}}\mathrm{e}^{\mathrm{j}2\pi\frac{kn}{K}},\quad k=0,\cdots,K-1;n=0,\cdots,N-1 \tag{4.14}$$

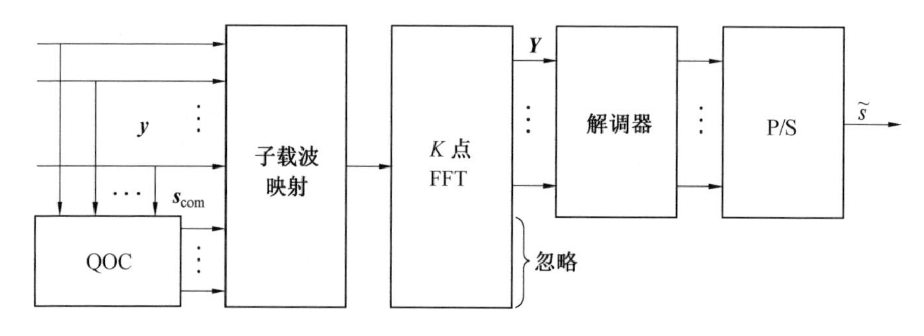

图 4.7　QOC－SEFDM 接收机模型

图 4.8 所示为 QOC 算法模型。

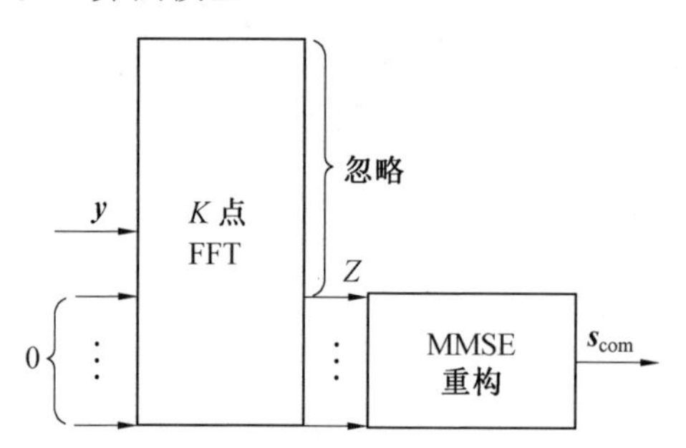

图 4.8　QOC 算法模型

首先对接收信号矢量 $\boldsymbol{y}$ 尾部补 $K-N$ 个零，然后进行 FFT 变换，得到 FFT 输出的频域信号矢量，截取末 $K-N$ 点数据表示为

$$\boldsymbol{Z}=\Phi_{K-N}(\boldsymbol{F}_K\cdot\begin{bmatrix}\boldsymbol{y}^{\mathrm{T}} & \boldsymbol{0}_{K-N}^{\mathrm{T}}\end{bmatrix}^{\mathrm{T}}) \tag{4.15}$$

式中，$\Phi_{K-N}(\cdot)$代表取列矢量或矩阵的末 $K-N$ 行运算。

式(4.15)进一步化简为

$$\begin{aligned}\boldsymbol{Z}&=\Phi_{K-N}(\boldsymbol{F}_K\cdot\boldsymbol{B}\cdot\boldsymbol{r})\\&=\Phi_{K-N}(\boldsymbol{F}_K\cdot\boldsymbol{r})+\Phi_{K-N}(\boldsymbol{F}_K\cdot(\boldsymbol{B}-\boldsymbol{I})\cdot\boldsymbol{r})\end{aligned} \tag{4.16}$$

式中，$\boldsymbol{r}$ 表示为

$$\boldsymbol{r}=\boldsymbol{s}_K+\boldsymbol{n}' \tag{4.17}$$

其中，$\boldsymbol{n}'=[\boldsymbol{n}^{\mathrm{T}}\quad \boldsymbol{0}_{K-N}^{\mathrm{T}}]^{\mathrm{T}}$ 代表补零后的噪声矢量，补零个数为 $K-N$。矩阵 $\boldsymbol{B}$ 表示为

$$\boldsymbol{B}=\mathrm{diag}(b_0,\cdots,b_n,\cdots,b_{K-1}) \tag{4.18}$$

其中

$$b_n=\begin{cases}1, & 0\leqslant n\leqslant N-1\\ 0, & N\leqslant n\leqslant K-1\end{cases}$$

式(4.16)中第一项计算表示为

$$\begin{aligned}\Phi_{K-N}(\boldsymbol{F}_K\cdot\boldsymbol{r})&=\Phi_{K-N}([\boldsymbol{S}^{\mathrm{T}}\quad \boldsymbol{0}_{K-N}^{\mathrm{T}}]^{\mathrm{T}})+\Phi_{K-N}(\boldsymbol{F}_K\cdot\boldsymbol{n}')\\&=\Phi_{K-N}(\boldsymbol{F}_K\cdot\boldsymbol{n}')\\&=\boldsymbol{V}_1\cdot\boldsymbol{n}\end{aligned} \tag{4.19}$$

式(4.16)中第二项计算表示为

$$\begin{aligned}&\Phi_{K-N}(\boldsymbol{F}_K\cdot(\boldsymbol{B}-\boldsymbol{I})\cdot\boldsymbol{r}')\\&=\Phi_{K-N}(\boldsymbol{F}_K)\cdot[(\boldsymbol{B}-\boldsymbol{I})\cdot\boldsymbol{x}+(\boldsymbol{B}-\boldsymbol{I})\cdot\boldsymbol{n}']\\&=\Phi_{K-N}(\boldsymbol{F}_K)\cdot([\boldsymbol{0}_{N\times1}^{\mathrm{T}}\quad -\boldsymbol{s}_{\mathrm{ignored}}^{\mathrm{T}}]^{\mathrm{T}})\\&=-\boldsymbol{V}_2\cdot\boldsymbol{s}_{\mathrm{ignored}}\end{aligned} \tag{4.20}$$

式中，$\boldsymbol{s}_{\mathrm{ignored}}$代表发射机 IFFT 输出样值序列丢弃的部分。

式(4.19)和式(4.20)中的 $\boldsymbol{V}_1$ 和 $\boldsymbol{V}_2$ 分别表示为

$$\boldsymbol{V}_1=\frac{1}{\sqrt{K}}\begin{bmatrix}1 & & & \mathrm{e}^{-\mathrm{j}2\pi\frac{N^2}{K}}\\ & \ddots & & \\ & & \mathrm{e}^{-\mathrm{j}2\pi\frac{kn}{K}} & \\ & & \ddots & \\ 1 & & & \mathrm{e}^{-\mathrm{j}2\pi\frac{(K-1)N}{K}}\end{bmatrix} \tag{4.21}$$

$$\boldsymbol{V}_2=\frac{1}{\sqrt{K}}\begin{bmatrix}\mathrm{e}^{-\mathrm{j}2\pi\frac{NN}{K}} & & & \mathrm{e}^{-\mathrm{j}2\pi\frac{N(K-1)}{K}}\\ & \ddots & & \\ & & \mathrm{e}^{-\mathrm{j}2\pi\frac{kn}{K}} & \\ & & \ddots & \\ \mathrm{e}^{-\mathrm{j}2\pi\frac{(K-1)N}{K}} & & & \mathrm{e}^{-\mathrm{j}2\pi\frac{(K-1)^2}{K}}\end{bmatrix} \tag{4.22}$$

综上所述，式(4.16)可进一步简化为

$$\boldsymbol{Z}=\boldsymbol{V}_1\cdot\boldsymbol{n}-\boldsymbol{V}_2\cdot\boldsymbol{s}_{\mathrm{ignored}} \tag{4.23}$$

根据式(4.23)，利用 MMSE 算法重构$\boldsymbol{s}_{\mathrm{ignored}}$，得到

$$\boldsymbol{s}_{\mathrm{com}}=-\boldsymbol{V}_2^{-1}\left(\boldsymbol{V}_2\cdot\boldsymbol{V}_2^{-1}+\frac{\alpha}{\mathrm{SNR}}\cdot\boldsymbol{I}\right)^{-1}\boldsymbol{Z} \tag{4.24}$$

式中，SNR 为信噪比(Signal-to-Noise Ratio)。

图 4.9 所示为 SEFDM 系统 QOC 与 ID 算法 BER 性能比较。其中，IFFT/FFT 变换点数设置为 8、16，调制方式为 QPSK、16 正交振幅调制(16 Quadrature

Amplitude Modulation,16QAM)。图 4.9(a)~(d)四张 BER 曲线图分别在不同的压缩因子下比较了 QOC 与 ID 的 BER。

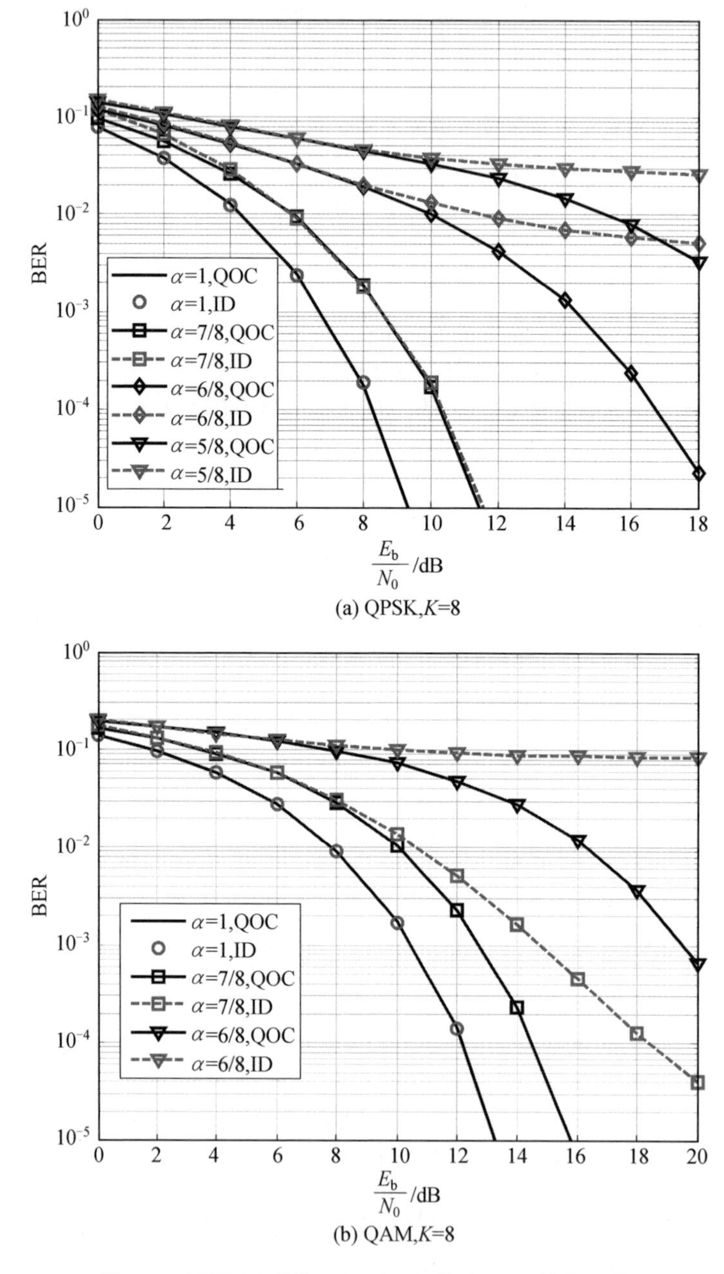

图 4.9　SEFDM 系统 QOC 与 ID 算法 BER 性能比较

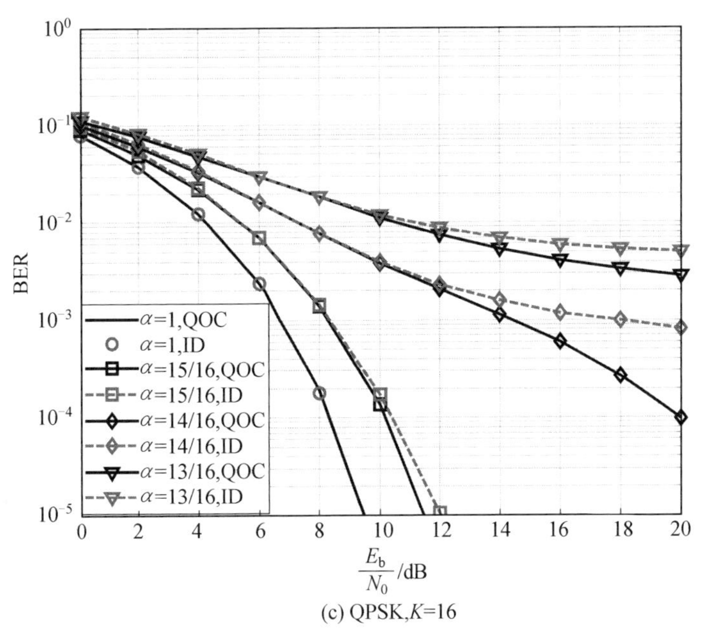

(c) QPSK,K=16

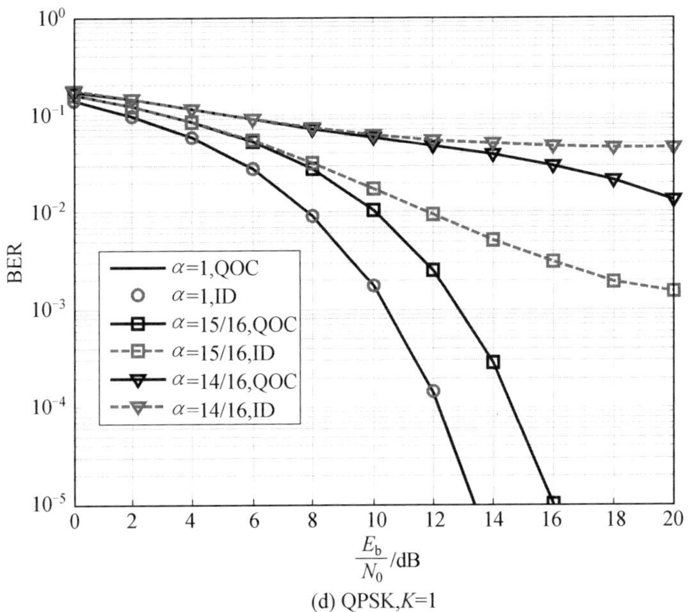

(d) QPSK,K=1

续图 4.9

通过比较发现本节提出的 QOC 方法在压缩因子较低时表现出的性能优势尤为明显，当压缩因子接近于 1 时 QOC 与 ID 的性能曲线比较接近。而当 $\alpha=1$ 时代表了正交的情况，即 OFDM 体制。因此，针对非正交子载波间干扰较大的情况，即频谱效率较高时，QOC 方法在性能方面相较于 ID 具有较大的提升。

QOC 与 ID 计算复杂度对比见表 4.1，表中针对 QOC 与 ID 算法的计算复杂度，分别统计复乘(Complex Multipication，CM)与复加(Complex Add，CA)次数。其中，N 为 SEFDM 子载波个数；K 代表 IFFT/FFT 点数，$K=N/\alpha$；v 代表迭代次数。

表 4.1　QOC 与 ID 计算复杂度对比

ID	QOC
CM	$N^3+N^2\cdot(v+1)+N$
CA	$N^3+N^2\cdot v$

图 4.10 所示为 SEFDM 系统 QOC 与 ID 算法计算复杂度比较。图 4.10(a)、(b)根据表 4.1 给出的分析结果分别绘制 CM 和 CA 与压缩因子 α 和 IFFT 点数 K 的关系。可以看出，QOC 的算法复杂度在给定子载波数时，随着压缩因子的增大而降低；在特定压缩因子下，随着子载波数的增加而增大。然而，QOC 算法相较于 ID 算法，在压缩因子 $\alpha>0.6$ 的范围内，QOC 具有显著的复杂度降低。虽然在压缩因子极低，即带宽压缩严重的情况下，QOC 比 ID 的复杂度略高，但是这种情况下由于 SEFDM 子载波间恶化严重，因此无论是 QOC 还是 ID，都不能有效地改善 SEFDM 系统性能恶化。

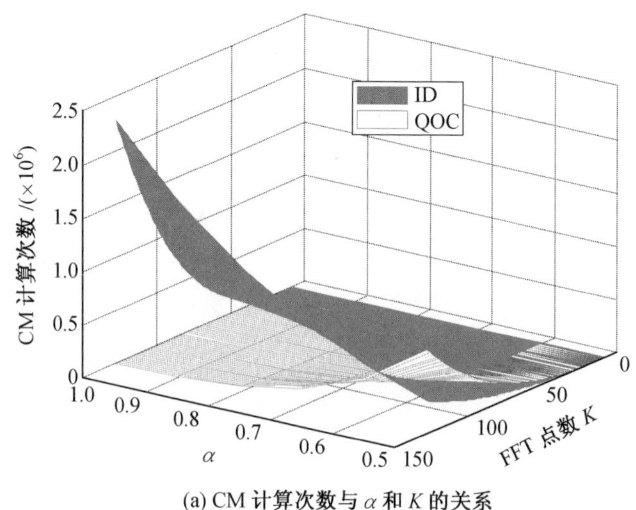

(a) CM 计算次数与 α 和 K 的关系

图 4.10　SEFDM 系统 QOC 与 ID 算法计算复杂度比较

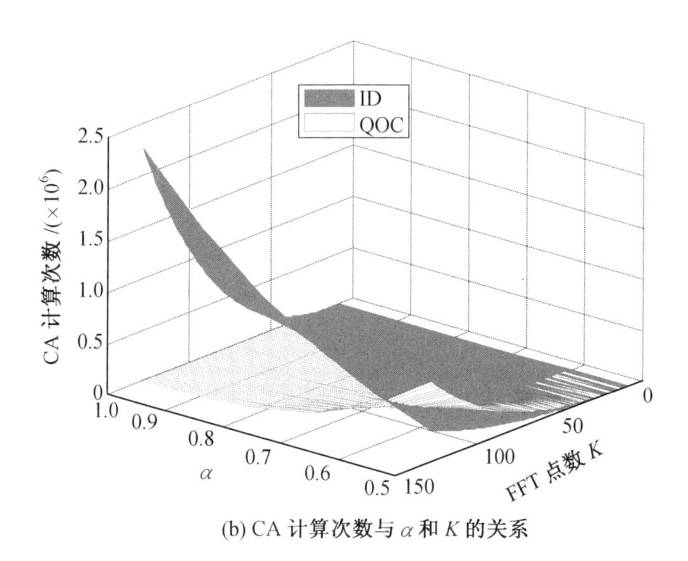

(b) CA 计算次数与 α 和 K 的关系

续图 4.10

图 4.11 所示为 SEFDM 系统 QOC－FSD 与 ID－FSD 算法 BER 性能比较，图中包含四组曲线，分别代表 QOC－FSD 与 ID－FSD 算法在压缩因子分别为 α＝12/16、13/16、14/16、15/16 的 BER 性能。通过四组曲线对比，QOC－FSD 算法在压缩因子为 α＝12/16、13/16、14/16 时与 ID－FSD 算法相比，具有一定程度上的性能提升。此外，由于 QOC 相较于 ID 算法具有低复杂度的优势，因此

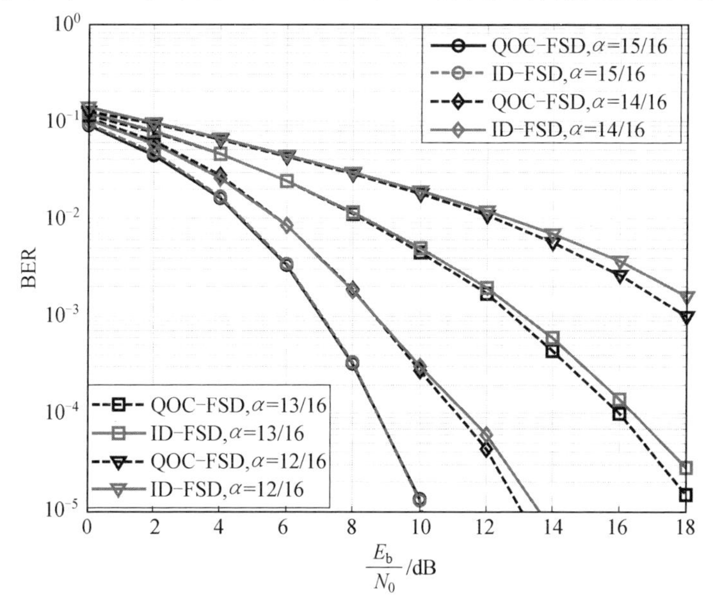

图 4.11　SEFDM 系统 QOC－FSD 与 ID－FSD 算法 BER 性能比较

QOC－FSD 相较于 ID－FSD 具有更低的计算复杂度。

4.2.2 零拖尾 DFT 拓展高效频分复用

由于无线移动环境具有时变和多径的特征，因此多载波通信系统将引入符号间干扰和子载波间干扰，进而恶化系统传输性能。零拖尾无线传输波形设计是在时域发送符号波形的开始经历一段功率趋近于零的拖尾，该设计可有效抑制数据符号的能量泄漏，加快边带衰减速度，保证数据传输的能量集中。同时，较高的符号峰均比使硬件发射功率放大器的设计更加复杂，而零拖尾波形设计方案采用 DFT 拓展技术实现，可有效降低发送信号的峰均比。自适应零拖尾波形设计方案利用拖尾长度的可控调制应对信道快速变化的多径时延，提升数据传输时效，即根据多径时延的大小设置发送波形的零拖尾长度，进而对抗多径信道衰落。

构造零拖尾时域波形可有效加快边带衰减速度，较好地保证能量集中。同时，DFT 拓展变换可有效降低基于 IFFT 的 SEFDM 信号的峰均比，节省发射机硬件放大器功耗设计。基于 FFT 的 SEFDM 接收机结合低复杂度迫零检测方法可有效解调传输信号。

1. ZH－DFT－s－SEFDM 发射机

图 4.12 所示为 ZH－DFT－s－SEFDM 发射机模型，比特信息发送序列通过调制器生成调制符号分组 $\boldsymbol{d}=[d_0,\cdots,d_m,\cdots,d_{M-1}]^{\mathrm{T}}$，$M$ 为调制符号分组长度，通过对调制符号头尾补零得到 $\boldsymbol{s}=\begin{bmatrix}\boldsymbol{0}_{N_h}^{\mathrm{T}} & \boldsymbol{d}^{\mathrm{T}}\end{bmatrix}^{\mathrm{T}}$。其中，$N_h$ 为头部补零个数。补零后的符号矢量 $\boldsymbol{s}$ 经过 N 点的 DFT 得到 $\boldsymbol{X}=[X_0,\cdots,X_k,\cdots,X_{N-1}]^{\mathrm{T}}$，有

$$\boldsymbol{X}=\sqrt{N/M}\boldsymbol{F}_N\cdot\boldsymbol{s} \tag{4.25}$$

式中，$\boldsymbol{F}_N$ 代表归一化的 N 点离散傅里叶变换矩阵，$\boldsymbol{F}_N$ 的第 n 行第 k 列表示为

$$F_{n,k}=1/\sqrt{N}\,\mathrm{e}^{\mathrm{j}2\pi\frac{nk}{N}} \tag{4.26}$$

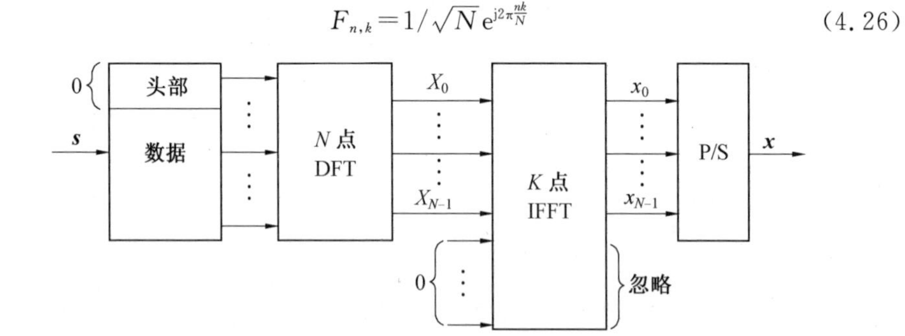

图 4.12　ZH－DFT－s－SEFDM 发射机模型

式(4.25)中的第 k 个样值信号可表示为

$$X_k=\sqrt{\frac{1}{M}}\sum_{n=0}^{M-1}d_n e^{j2\pi\frac{kn}{N}},\quad k=0,\cdots,K-1 \tag{4.27}$$

在 DFT 输出频域信号矢量 $\boldsymbol{X}$ 末尾补上 $(1-\alpha)N/\alpha$ 个零，得到 $\boldsymbol{X}'=[\boldsymbol{X}\quad \boldsymbol{0}_{(1-\alpha)N/\alpha}]^{\mathrm{T}}$，再通过 K 点的 IFFT 变换，IFFT 输出信号表示为

$$\begin{aligned}\boldsymbol{x}&=\Omega_N(\boldsymbol{F}_K^{-1}\cdot\boldsymbol{X}')\\&=\boldsymbol{F}_{\mathrm{IFFT}}\cdot\boldsymbol{X}\end{aligned} \tag{4.28}$$

式中，$\Omega_N(\cdot)$ 为抽取前 N 点数据；$\boldsymbol{F}_K^{-1}$ 为 K 点傅里叶变换逆矩阵；$\boldsymbol{F}_{\mathrm{IFFT}}$ 为矩阵 $\boldsymbol{F}_K^{-1}$ 的前 N 行前 N 列。IFFT 输出第 n 个时域样值信号表示为

$$x_n=\sqrt{\frac{1}{N}}\sum_{k=0}^{N-1}X_k e^{j2\pi\frac{kn}{N\alpha}},\quad n=0,\cdots,N-1 \tag{4.29}$$

式中，α 代表带宽压缩因子，$\alpha=N/K$。利用式(4.27)，式(4.29)可进一步表示为

$$x_n=\sqrt{\frac{1}{MN}}\sum_{k=0}^{N-1}\sum_{i=0}^{M-1}d_i e^{-j2\pi\frac{ki}{N}}e^{j2\pi\frac{kn}{N\alpha}},\quad n=0,\cdots,N-1 \tag{4.30}$$

计算拖尾部分时域信号矢量表示为$\boldsymbol{x}_h$，有

$$\begin{aligned}\boldsymbol{x}_h&=\sqrt{\frac{K}{N}}\Omega_{N_h}\left(\boldsymbol{F}_K^{-1}\cdot\boldsymbol{Q}_{\mathrm{IFFT}}\cdot\sqrt{\frac{N}{N-N_h}}\boldsymbol{F}_N\cdot\boldsymbol{Q}_{\mathrm{DFT}}\cdot\boldsymbol{d}\right)\\&=\Omega_{N_h}(\sqrt{1/\alpha}\boldsymbol{W}\boldsymbol{d})\end{aligned} \tag{4.31}$$

其中

$$\boldsymbol{W}=\boldsymbol{F}_K^{-1}\cdot\boldsymbol{Q}_{\mathrm{IFFT}}\cdot\sqrt{\frac{N}{N-N_h}}\boldsymbol{F}_N\cdot\boldsymbol{Q}_{\mathrm{DFT}} \tag{4.32}$$

式中，$\boldsymbol{Q}_{\mathrm{DFT}}$代表 $N\times M$ 的 DFT 拓展子载波映射矩阵；$\boldsymbol{Q}_{\mathrm{IFFT}}$代表 $K\times N$ 的 IFFT 映射矩阵。因此，零拖尾时域信号的功率计算表示为

$$\boldsymbol{P}_h=E\{\mathrm{diag}(\boldsymbol{x}_h\cdot\boldsymbol{x}_h^{\mathrm{H}})\}=1/\alpha\cdot E\{\Omega_{N_h}\boldsymbol{W}_{\mathrm{diag}}(\boldsymbol{d}\cdot\boldsymbol{d}^{\mathrm{H}})\boldsymbol{W}^{\mathrm{H}}\widetilde{\Omega}_{N_h}\} \tag{4.33}$$

假设发送调制符号的能量归一化，矩阵 $\boldsymbol{P}_h$ 中第 m 个元素表示为

$$P_h(m)=\frac{1}{\alpha N(N-N_h)}\sum_{n=M/N}^{(N-1)/N}\left|\sum_{k=0}^{N-1}e^{j2\pi\left(\frac{m}{K}-n\right)}\right|^2 \tag{4.34}$$

式中，$0\leqslant m\leqslant N_h-1,M/N\leqslant n\leqslant(N-1)/N$。因此，$0\leqslant m/K\leqslant\alpha(N_h-1)/N$。其中，$m/K\neq n,\forall n$。因此，$P_h(m)(m=0,\cdots,N_h-1)$会得到趋近于零的较小功率分布。

图 4.13 所示为 ZH－DFT－s－SEFDM 时域采样信号，$K=256,N=114,N_h=14,\alpha=0.5$。第 z 个数据符号的能量经过 DFT 和 IFFT 变换后主要集中在第$\lfloor zK/N\rfloor$个时域符号。从图中可以看出，时域采样信号带有一个功率远小于信号平均功率的拖尾，并且计算拖尾的长度为 $L=\lfloor N_h/\alpha\rfloor$，$\lfloor\cdot\rfloor$代表向下取整。

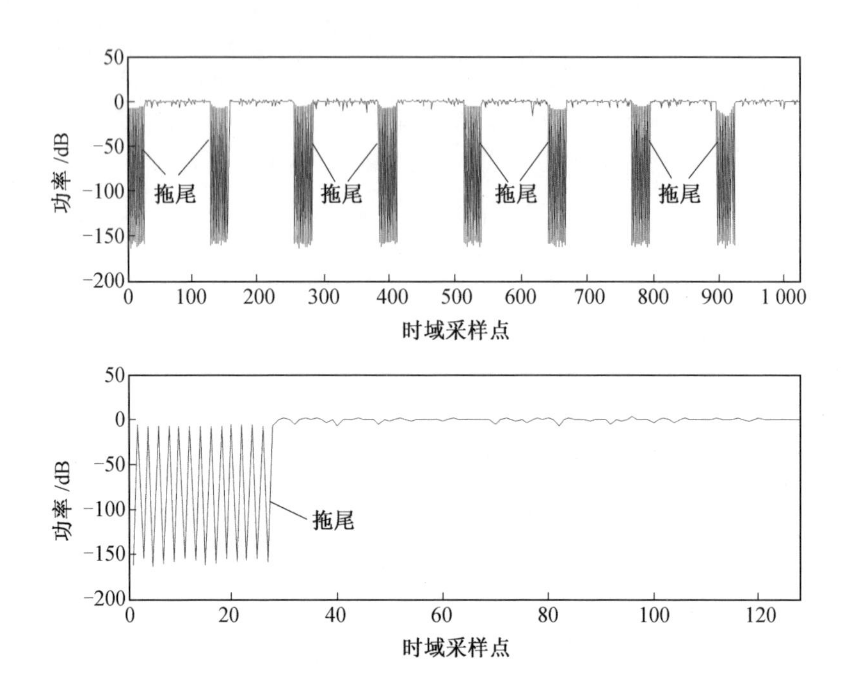

图 4.13　ZH－DFT－s－SEFDM 时域采样信号

2. ZH－DFT－s－SEFDM 接收机

图 4.14 所示为 ZH－DFT－s－SEFDM 接收机模型。接收信号矢量表示为

$$\boldsymbol{r}=\boldsymbol{x}+\boldsymbol{n} \tag{4.35}$$

式中，$\boldsymbol{x}$ 为式(4.28)给出的时域发送信号矢量；$\boldsymbol{n}$ 为高斯白噪声矢量。接收信号矢量 $\boldsymbol{r}$ 的末尾补上 $K-N$ 个零，然后通过 K 点 FFT 变换得到频域接收信号 $\boldsymbol{R}$ 表示为

$$\begin{aligned}\boldsymbol{R}&=[\boldsymbol{I}_{N\times N}\quad \boldsymbol{0}_{N\times(K-N)}]\boldsymbol{F}_K\cdot[\boldsymbol{r}^{\mathrm{T}}\quad \boldsymbol{0}_{K-N}^{\mathrm{T}}]^{\mathrm{T}}\\&=\boldsymbol{F}_{\mathrm{FFT}}\cdot\boldsymbol{r}\end{aligned} \tag{4.36}$$

式中，$\boldsymbol{I}_{N\times N}$代表 N 维的单位矩阵；$\boldsymbol{F}_K$ 代表 K 点傅里叶变换逆矩阵；$\boldsymbol{F}_{\mathrm{FFT}}$代表矩阵$\boldsymbol{F}_K$ 的前 N 行前 N 列组成的新矩阵。

FFT 输出频域信号矢量 $\boldsymbol{R}$ 进一步通过 N 点 DFT 变换表示为

$$\begin{aligned}\boldsymbol{S}&=\boldsymbol{F}_N^{-1}\cdot\boldsymbol{R}\\&=\boldsymbol{F}_N^{-1}\cdot\boldsymbol{F}_{\mathrm{FFT}}\cdot\boldsymbol{r}\end{aligned} \tag{4.37}$$

提取 DFT 模块输出的数据子载波数据进行迫零检测，有

$$\boldsymbol{s}_{\mathrm{ZF}}=\boldsymbol{C}^{-1}\cdot\boldsymbol{S} \tag{4.38}$$

其中

$$\boldsymbol{C}=\sqrt{\frac{N}{M}}\boldsymbol{Q}'(\boldsymbol{F}_N^{-1}\boldsymbol{F}_{\mathrm{FFT}}\boldsymbol{F}_{\mathrm{IFFT}}\boldsymbol{F}_N) \tag{4.39}$$

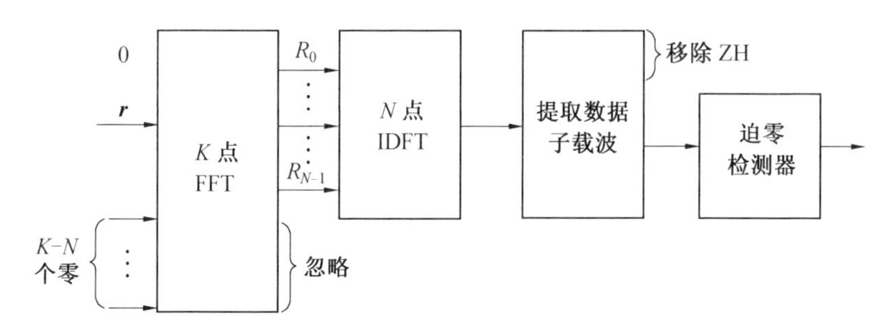

图 4.14 ZH－DFT－s－SEFDM 接收机模型

式中，$\boldsymbol{Q}'$代表数据子载波解映射矩阵，表示为

$$\boldsymbol{Q}'=\begin{bmatrix}0 & \cdots & 1 & 0 & \cdots & 0\\ 0 & \cdots & 0 & 1 & 0 & \vdots\\ \vdots & 0 & \vdots & 0 & & 0\\ 0 & \cdots & 0 & \cdots & 0 & 1\end{bmatrix} \tag{4.40}$$

3. ZH－DFT－s－SEFDM 性能评估

ZH－DFT－s－SEFDM 时域发送符号序列的峰均比计算表示为

$$\mathrm{PAPR}=\frac{\max\limits_{0\leqslant n\leqslant N-1}|x_n|^2}{E[|x_n|^2]} \tag{4.41}$$

式中，$x_n(n=0,\cdots,K-1)$代表 SEFDM 时域发送符号序列；N 代表 SEFDM 子载波个数；$E[\cdot]$代表求期望函数。峰均的互补累积概率分布函数计算表示为

$$\mathrm{PAPR}_{\mathrm{CCDF}}=\Pr(\lambda>\mathrm{PAPR}) \tag{4.42}$$

式中，Pr(·)代表概率统计算子；PAPR 为峰值平均功率比(Peak to Average Power Ratio)。

ZT－DFT－s－SEFDM 时域发送符号序列的功率谱密度计算表示为

$$\begin{aligned}P_L(f)&=\lim_{N\to\infty}\frac{1}{(2N+1)T}E\{|S_L(f)|^2\}\\&=\frac{|G(f)|^2}{T_\mathrm{S}}\sum_{m=-\infty}^{\infty}R(m)\mathrm{e}^{-\mathrm{j}2\pi mfT_\mathrm{S}}\end{aligned} \tag{4.43}$$

式中，$S_L(f)$代表 ZT－DFT－s－SEFDM 时域发送符号的功率谱，有

$$S_L(f)=G(f)\sum_{l=-L}^{L}x_n\mathrm{e}^{-\mathrm{j}2\pi fn T_\mathrm{S}} \tag{4.44}$$

其中，$G(f)$代表脉冲成形函数的功率谱，本节设计中以矩形脉冲函数为例，有

$$G(f)=T_\mathrm{S}\left(\frac{\sin\pi fT_\mathrm{S}}{\pi fT_\mathrm{S}}\right) \tag{4.45}$$

图 4.15 所示为 ZH－DFT－s－SEFDM 信号功率谱密度。图4.15(a)～(d)分别表示压缩因子为 0.5、0.7、0.9、1.0 时 ZH－DFT－s－SEFDM 与 DFT－SEFDM、SEFDM 功率谱密度对比情况。图 4.15 给出的四张不同压缩因子下

ZH－DFT－s－SEFDM 与 DFT－SEFDM、SEFDM 信号功率谱密度对比表明，零拖尾 DFT 拓展 SEFDM 波形设计方案具有较好的带外抑制效果。其中，DFT－SEFDM表示 $N_h=0$、$N_t=0$ 时 ZH－DFT－s－SEFDM 的特殊情况。仿真设置如下：SEFDM 子载波个数为 512，调制方式为 QPSK，ZH－DFT－s－SEFDM 的补零设计为 $N_h=5$、$N_t=7$。

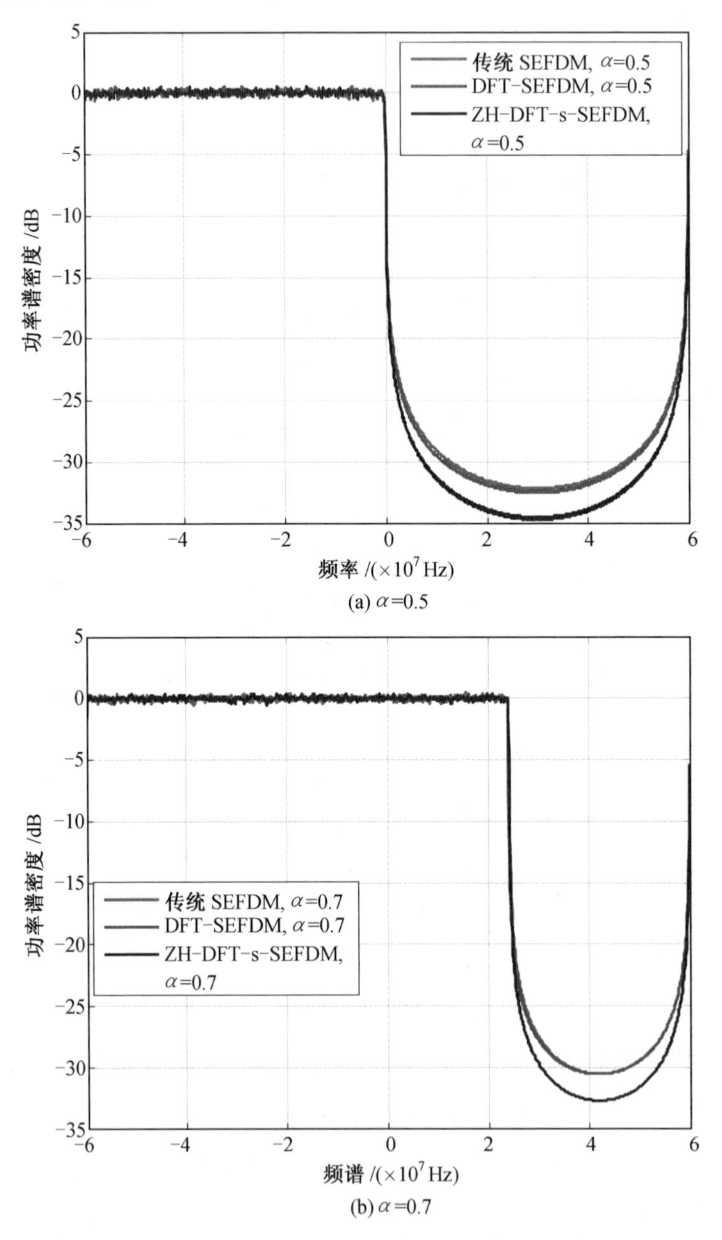

图 4.15　ZH－DFT－s－SEFDM 信号功率谱密度(彩图见附录)

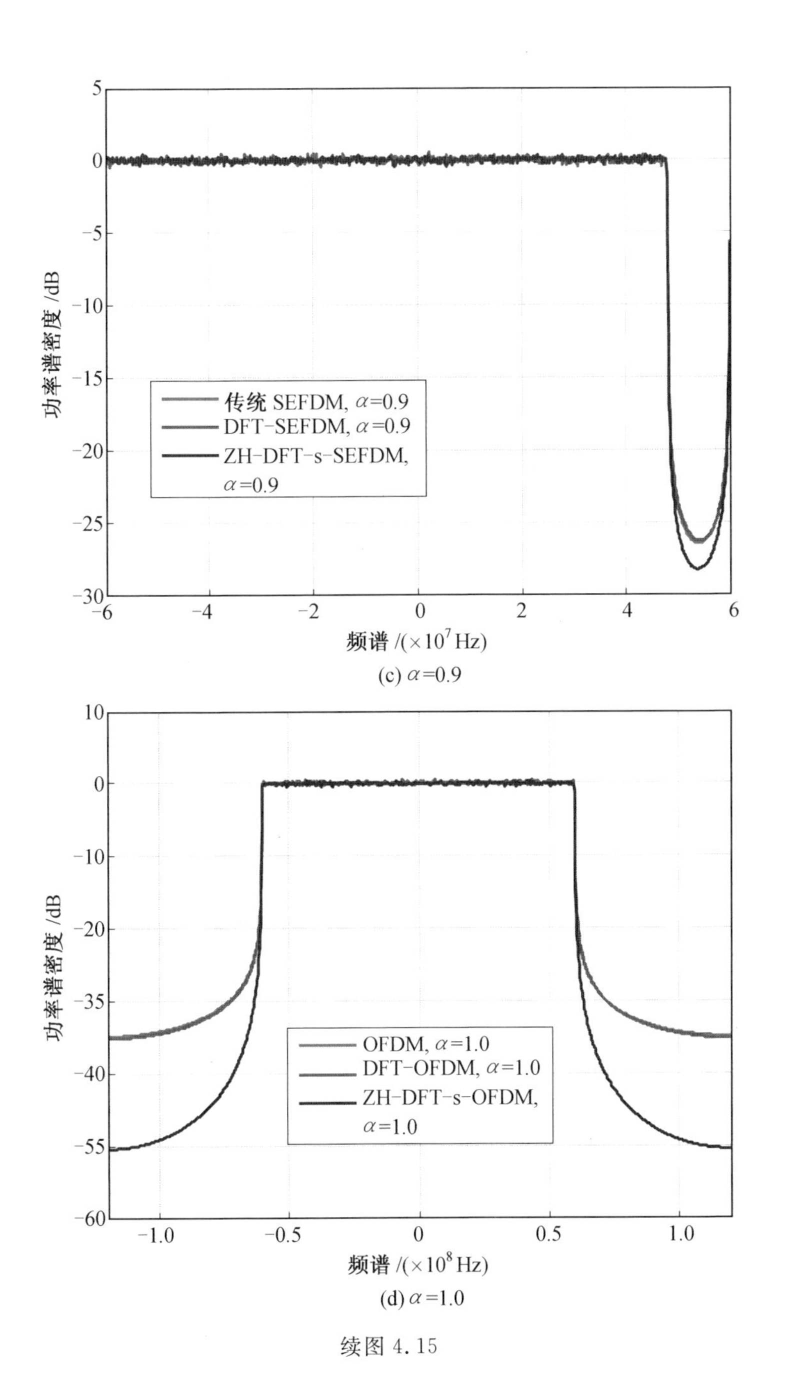

(c) $\alpha=0.9$

(d) $\alpha=1.0$

续图 4.15

图 4.16 所示为 ZH－DFT－s－SEFDM 信号峰均比互补累积概率密度函数，图中给出了两组曲线，分别代表压缩因子为 0.5 和 0.9 时 ZH－DFT－s－SEFDM 与 DFT－SEFDM、SEFDM 峰均比的互补累积概率密度函数。在压缩因子相同的情况下，每组曲线中的三条曲线对比表明 ZH－DFT－s－SEFDM 具有低于 SEFDM 的信号峰均比。基于 DFT 正交变换的峰均比抑制方法是比较常见且行之有效的方法，而 ZH－DFT－s－SEFDM 具有接近 DFT－SEFDM 的信号峰均比。仿真参数设置同上。

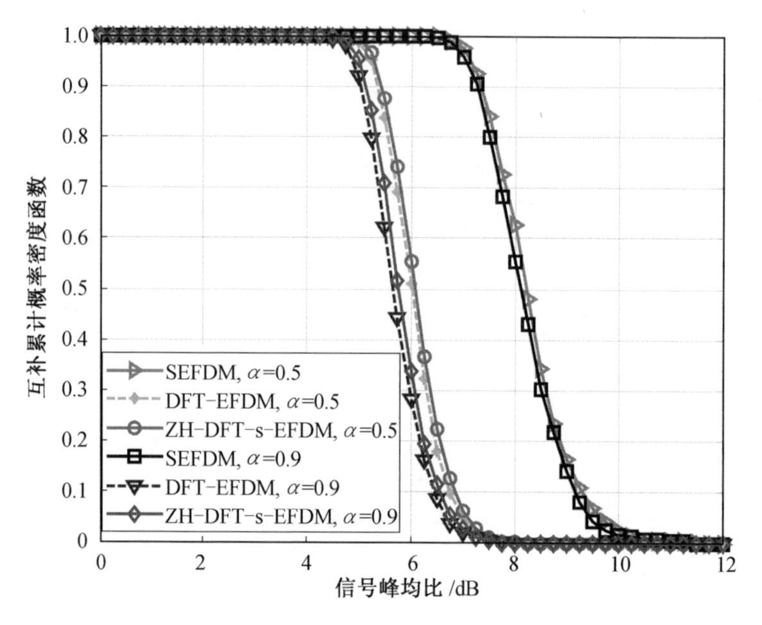

图 4.16　ZH－DFT－s－SEFDM 信号峰均比互补累积概率密度函数

图 4.17 所示为 ZH 长度对 ZH－DFT－s－SEFDM 信号峰均比互补累积概率密度函数的影响。图中给出了六组数据，分别代表 N_h＝0、2、12、22、112、212 时 ZH－DFT－s－SEFDM 峰均比的互补累积概率密度函数对比情况。从图中可以看出，ZH－DFT－s－SEFDM 峰均比随着 ZH 长度的增加而变高。

图 4.18 所示为 ZH－DFT－s－SEFDM 接收机的比特差错性能，子载波个数N=7，调制方式采用 QPSK 调制，压缩因子为 α=7/8。图中给出了五条曲线，其中三条分别代表 N_h＝3、4、5 时对 ZH－DFT－s－SEFDM 的比特差错性能的影响，另外两条曲线分别代表 SEFDM 迭代检测接收机的性能曲线和压缩因子为 1 时代表的 OFDM 系统的性能曲线。从图中可以看出，ZH－DFT－s－SEFDM 系统的比特差错性能随着零拖尾长度的增加而具有显著提升。

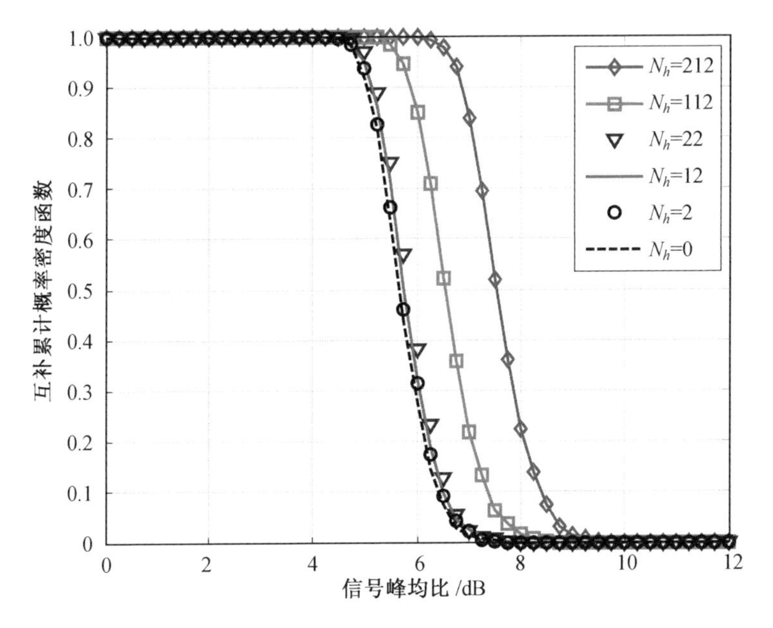

图 4.17 ZH 长度对 ZH－DFT－s－SEFDM 信号峰均比互补累积概率密度函数的影响

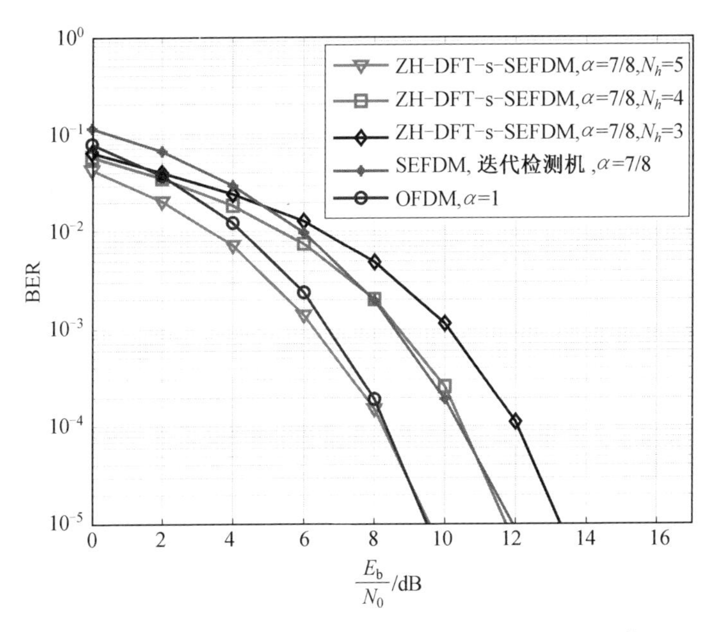

图 4.18 ZH－DFT－s－SEFDM 接收机的比特差错性能

4.2.3 安全截短 OFDM 系统

物联网时代依靠大量的智能设备互联提供很多新兴的服务，其中涉及的信息处理与感知等产生海量的数据信息。面对当前频谱资源稀缺的现状，在物联网中针对设备之间海量的数据通信和信息交换需要较高的频谱利用率。此外，多样化服务融入同一个网络中时，智能设备之间的通信保密性更值得关注。

1. STOFDM 系统模型

图 4.19 所示为基于 IFFT 的安全截短正交频分复用(Secure Truncating Orthogonal Frequency Division Multiplexing，STOFDM)发射机模型，比特信息发送序列通过调制器生成调制符号序列 $\boldsymbol{S}=[S_0,\cdots,S_k,\cdots,S_{K-1}]^{\mathrm{T}}$，$K$ 为子载波个数，通过对调制符号进行 K 点 IFFT 变换生成 K 点的时域样值序列，表示为 $\boldsymbol{s}=[s_0,\cdots,s_n,\cdots,s_{K-1}]^{\mathrm{T}}$，有

$$\boldsymbol{s}=\boldsymbol{F}_K^{-1}\cdot\boldsymbol{S} \tag{4.46}$$

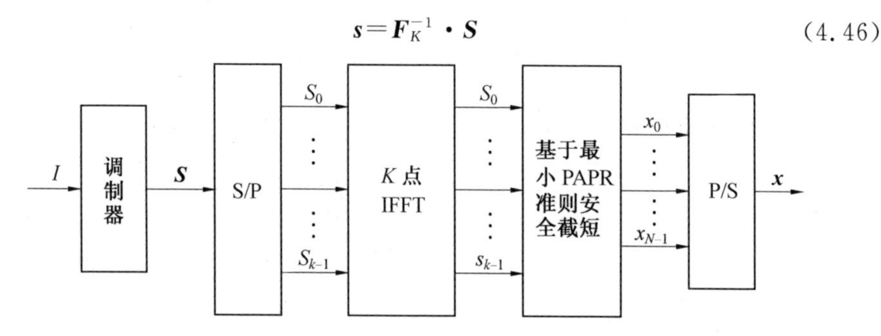

图 4.19　基于 IFFT 的 STOFDM 发射机模型

通过设计一个安全矩阵对 IFFT 输出样值序列进行随机截短发送以提升频谱利用率，同时安全矩阵的设计保证了 STOFDM 传输的安全性。STOFDM 时域发送信号矢量表示为 $\boldsymbol{x}=[x_0,\cdots,x_n,\cdots,x_{N-1}]^{\mathrm{T}}$，有

$$\boldsymbol{x}=\boldsymbol{\Theta}\cdot\boldsymbol{s} \tag{4.47}$$

式中，$\boldsymbol{\Theta}$ 代表一个 $N\times K$ 的随机截短安全矩阵，N 代表 STOFDM 时域发送符号的长度，$\boldsymbol{\Theta}$ 中的元素由 0 和 1 组成。$\boldsymbol{\Theta}_{ij}=1(0\leqslant i\leqslant N-1;0\leqslant j\leqslant K-1)$代表 IFFT 输出第 j 个样值 s_j 被选作第 i 个发送样值，即 $x_n=s_j$，反之 $\boldsymbol{\Theta}_{ij}=0$。STOFDM 的子载波间隔部署与 OFDM 相同，定义截短因子 $\alpha=N/K$ 代表 STOFDM 符号持续时间与 OFDM 符号持续时间的比值为 α。进一步，α 代表频率提升效率。

图 4.20 所示为基于 FFT 的 STOFDM 接收机模型。对于合法用户接收机，在已知安全矩阵信息的条件下，接收信号表示为

$$\begin{aligned}\boldsymbol{y}&=\boldsymbol{\Theta}^{\mathrm{T}}\boldsymbol{r}=\boldsymbol{\Theta}^{\mathrm{T}}\boldsymbol{x}+\boldsymbol{\Theta}^{\mathrm{T}}\boldsymbol{n}\\&=\boldsymbol{\Theta}^{\mathrm{T}}\boldsymbol{\Theta}\boldsymbol{s}+\boldsymbol{\Theta}^{\mathrm{T}}\boldsymbol{n}\end{aligned} \tag{4.48}$$

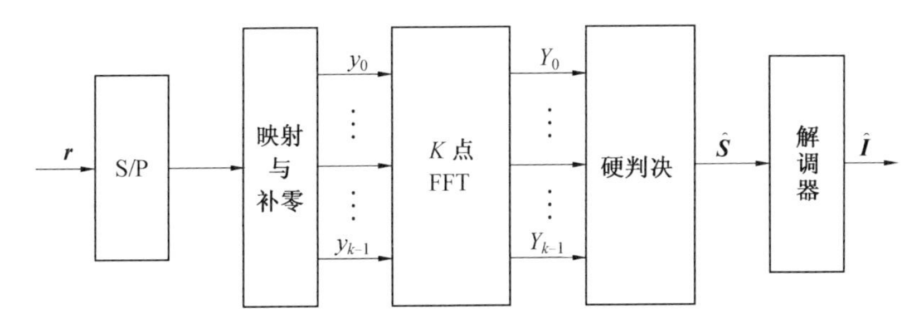

图 4.20　基于 FFT 的 STOFDM 接收机模型

式中，$\boldsymbol{\Theta}^{\mathrm{T}}$ 代表 $K\times N$ 维的映射和补零矩阵，同时$\boldsymbol{\Theta}^{\mathrm{T}}$ 为安全矩阵的转置。$\boldsymbol{r}$ 代表信道接收信号矢量，$\boldsymbol{r}=\boldsymbol{x}+\boldsymbol{n}$；$\boldsymbol{n}$ 代表信道输入加性高斯白噪声信号矢量，$\boldsymbol{n}=[n_0,\cdots,n_n,\cdots,n_{N-1}]^{\mathrm{T}}$。接收下来信号矢量 $\boldsymbol{y}$ 经过 K 点 FFT 变换得到频域观测信号矢量，有

$$\begin{aligned}\boldsymbol{Y}&=\boldsymbol{F}\boldsymbol{y}\\&=\boldsymbol{F}\boldsymbol{\Theta}^{\mathrm{T}}\boldsymbol{\Theta}\boldsymbol{F}^{-1}\boldsymbol{S}+\boldsymbol{F}\boldsymbol{\Theta}^{\mathrm{T}}\boldsymbol{n}\\&=\boldsymbol{F}\boldsymbol{L}\boldsymbol{F}^{-1}\boldsymbol{S}+\boldsymbol{W}\end{aligned}\tag{4.49}$$

式中，$\boldsymbol{L}$ 代表时域非正交传输引起的子载波间相关矩阵，$\boldsymbol{L}=\boldsymbol{\Theta}^{\mathrm{T}}\boldsymbol{\Theta}$；$\boldsymbol{W}$ 代表频域接收噪声信号矢量，$\boldsymbol{W}=\boldsymbol{F}\boldsymbol{\Theta}^{\mathrm{T}}$。

2. STOFDM 差错性能分析

针对合法用户知晓安全矩阵的情况，计算相关矩阵 $\boldsymbol{L}$ 表示为

$$L_{ii}=\begin{cases}1, & i\in\Gamma\\0, & i\notin\Gamma\end{cases},\ 0\leqslant i\leqslant K-1\tag{4.50}$$

式中，Γ 代表发射机 IFFT 输出样值被选中发送的位置索引的集合 $\{j\,|\,\boldsymbol{\Theta}_{ij}=1,0\leqslant i\leqslant N-1\}$。由式(4.49)，频域接收信号矢量 $\boldsymbol{Y}$ 进一步表示为

$$\begin{aligned}\boldsymbol{Y}&=\boldsymbol{F}[\boldsymbol{I}+(\boldsymbol{L}-\boldsymbol{I})]\boldsymbol{F}^{-1}\boldsymbol{S}+\boldsymbol{W}\\&=\boldsymbol{S}+\boldsymbol{C}\boldsymbol{S}+\boldsymbol{W}\end{aligned}\tag{4.51}$$

式中，$\boldsymbol{C}=\boldsymbol{F}(\boldsymbol{L}-\boldsymbol{I})\boldsymbol{F}^{-1}$，$\boldsymbol{CS}$ 代表子载波间干扰项。则第 k 个子信道输出观测信号表示为

$$\begin{aligned}Y_k&=S_k-\boldsymbol{F}_k(\boldsymbol{L}-\boldsymbol{I})\cdot\boldsymbol{s}+W_k\\&=S_k-\frac{1}{\sqrt{K}}\sum_{n\notin\Gamma}s_n\mathrm{e}^{-\mathrm{j}2\pi\frac{kn}{K}}+\frac{1}{\sqrt{K}}\sum_{n\in\Gamma}n_n\mathrm{e}^{-\mathrm{j}2\pi\frac{kn}{K}}\end{aligned}\tag{4.52}$$

由式(4.52)计算接收信干噪比 SINR 即 γ_k 表示为

$$\gamma_k=\frac{E\{|S_k|^2\}}{E\left\{\left|\frac{1}{\sqrt{K}}\sum_{n=N}^{K-1}s_n\mathrm{e}^{-\mathrm{j}2\pi\frac{kn}{K}}+\frac{1}{\sqrt{K}}\sum_{n=0}^{N-1}n_n\mathrm{e}^{-\mathrm{j}2\pi\frac{kn}{K}}\right|^2\right\}}$$

$$=\frac{\delta_s^2/\delta_n^2}{(1-\alpha)/\alpha \cdot \delta_s^2/\delta_n^2+\alpha} \tag{4.53}$$

式中,K 表示子载波个数,$k=1,2,\cdots,K$;S_k 表示第 k 个调制符号序列;$E\{\cdot\}$表示求期望;δ_s^2 表示信号平均功率;δ_n^2 表示噪声平均功率;α 表示截短率,即 STOFDM 符号持续时间与 OFDM 符号持续时间的比值。

根据式(4.53)进一步给出 STOFDM 符号差错概率(Symbol Error Rate, SER),即

$$P_s^{\text{MPSK}}=\frac{1}{\pi}\int_0^{(M-1)\pi/M} \mathrm{e}^{-\gamma_k \frac{\sin^2(\pi/M)}{\sin^2\theta}}\mathrm{d}\theta \tag{4.54}$$

$$P_s^{\text{MQAM}}=4\cdot\frac{\sqrt{M}-1}{\sqrt{M}}\cdot Q\cdot\sqrt{\frac{3\gamma_k}{M-1}}\cdot\left(1-\frac{\sqrt{M}-1}{\sqrt{M}}\cdot Q\cdot\sqrt{\frac{3\gamma_k}{M-1}}\right) \tag{4.55}$$

式中,θ 表示调制阶数;$Q(x)$ 表示积分变量,$Q(x)=\frac{1}{\pi}\int_0^{\pi/2}\mathrm{e}^{-\frac{x^2}{2\sin^2\theta}}\mathrm{d}\theta$ 。

3. STOFDM 低复杂度接收机设计

图 4.21 所示为迭代 ICI 干扰抑制方法模型,式(4.51)给出的频域观测信号矢量经过硬判决得到发送信号矢量的精估计值,利用已知的安全矩阵信息重构 ICI 干扰项。假设第 v 次迭代后硬判决得到的发送信号的估计值为$\widetilde{\boldsymbol{S}}_v$,则对应的干扰估计计算为 $\boldsymbol{C}\widetilde{\boldsymbol{S}}_v(v=1,2,\cdots,V)$。当 V 次迭代 ICI 干扰抑制之后,接收信号矢量表示为

$$\hat{\boldsymbol{Y}}=\boldsymbol{S}+\boldsymbol{C}(\boldsymbol{S}-\widetilde{\boldsymbol{S}}_V)+\boldsymbol{W} \tag{4.56}$$

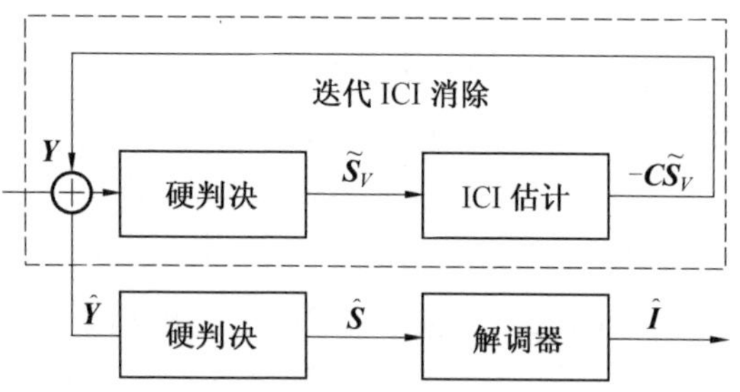

图 4.21　迭代 ICI 干扰抑制方法模型

接收信号矢量 $\hat{\boldsymbol{Y}}$ 通过硬判决输出发送符号的估计值 $\hat{\boldsymbol{S}}$,最后 $\hat{\boldsymbol{S}}$ 通过符号解调器输出比特发送序列的估计值 $\hat{\boldsymbol{I}}$。

图 4.22 所示为 QPSK 和 16QAM 调制的 STOFDM 系统符号差错概率,子载波个数设置为 512,信道类型为 AWGN 信道,截短点数分别为 $P=0$、5、12、22、52。其中,$P=0$ 代表传统 OFDM 传输体制。可以看出,理论计算的符号差错性能曲线与仿真曲线完全一致,并且随着截短点数的增加,STOFDM 系统差错性

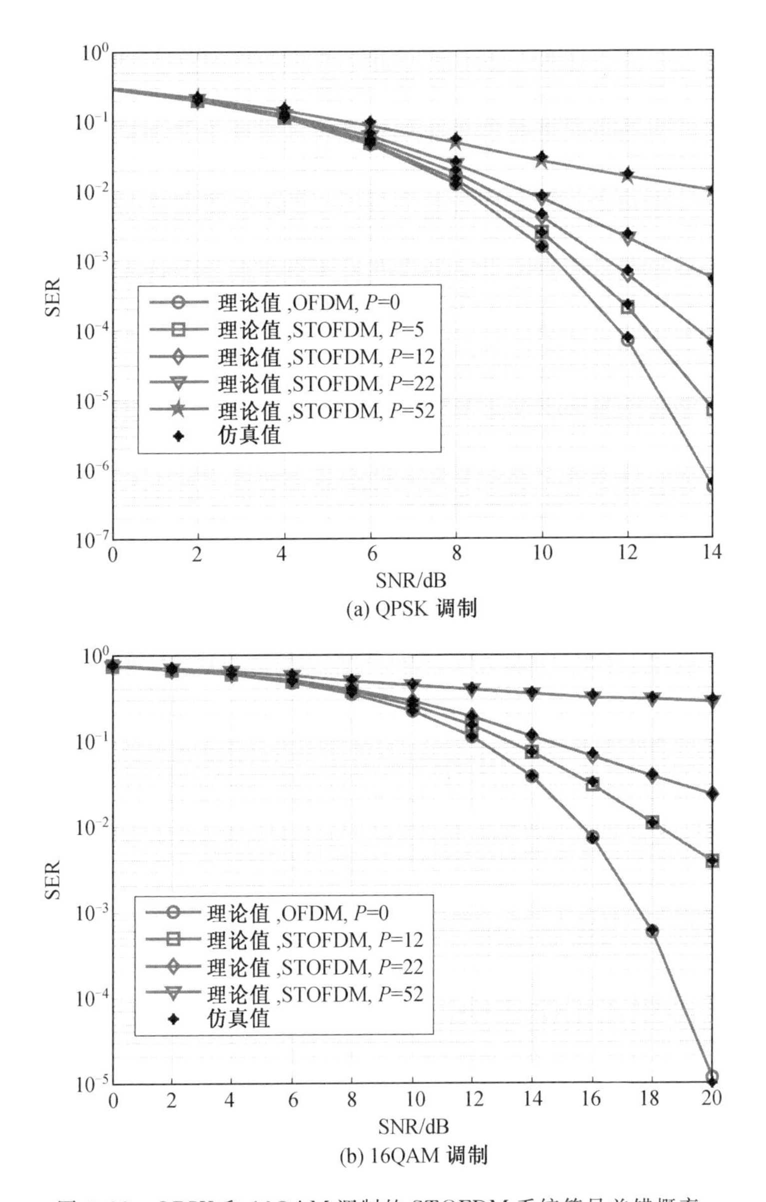

图 4.22　QPSK 和 16QAM 调制的 STOFDM 系统符号差错概率

能逐渐恶化。特别地，当 $P=0$ 时，STOFDM 系统退化为常规 OFDM 系统。

图 4.23 所示为 STOFDM 系统迭代 ICI 抑制检测符号差错性能，图中 Bob 代表合法接收机，Eve 代表不合法接收机。其中，子载波个数设置为 512，信道类型为 AWGN 信道。图中曲线分别代表 STOFDM 系统迭代 ICI 抑制方法在不同的截短因子 α 及不同的迭代次数下的符号差错性能对比。通过对比图中曲线，在相同的截断因子，随着迭代次数的增加，STOFDM 系统符号差错性能有所提

升，并且在较小迭代次数范围内达到收敛。此外，当截短样值数目较小时，STOFDM 系统通过迭代 ICI 抑制方法可以得到接近于 OFDM 系统的检测性能。当 $\alpha=1$ 时，STOFDM 系统退化为常规 OFDM 系统。

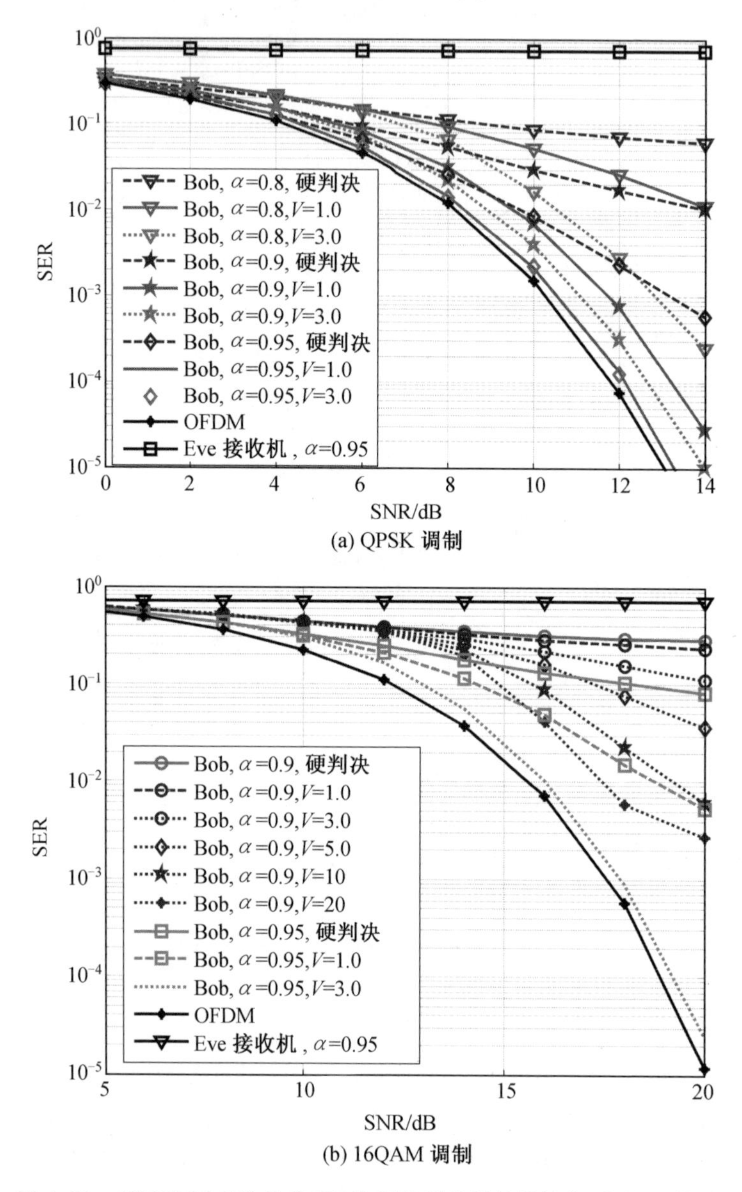

图 4.23　STOFDM 系统迭代 ICI 抑制检测符号差错性能（彩图见附录）

图 4.24 所示为 STOFDM 系统迭代 QOC 检测方法，数字基带接收信号矢量 $\boldsymbol{r}$ 首先根据安全映射规则进行补零得到修正后的信号矢量 $\hat{\boldsymbol{y}}_v$，$\hat{\boldsymbol{y}}_v$ 通过 K 点的

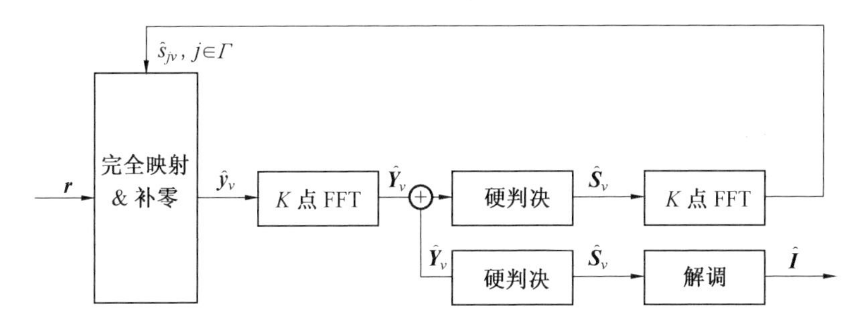

图 4.24 STOFDM 系统迭代 QOC 检测方法

FFT 变换得到频域观测信号矢量$\hat{\boldsymbol{Y}}_v$。在第 v 次迭代过程中，$\hat{\boldsymbol{Y}}_v$ 首先通过硬判决得到$\hat{\boldsymbol{S}}_v$。利用$\hat{\boldsymbol{S}}_v$ 通过K 点的 IFFT 变换得到发射端被截短而丢弃的样值估计 $\hat{s}_{jv}$ $(j\in\Gamma)$，有

$$\hat{\boldsymbol{s}}_v=\boldsymbol{F}^{-1}\hat{\boldsymbol{S}}_v \tag{4.57}$$

图 4.25 所示为 BPSK 调制的 STOFDM 系统迭代 QOC 检测差错性能，图中 Bob 代表合法接收机，Eve 代表不合法接收机。其中，子载波个数设置为 512，信道类型为 AWGN。图中曲线代表不同截短因子下 STOFDM 系统迭代 QOC 检测算法性能具有一定的提升，其中 Bob 接收机在知晓保密矩阵的前提下可以正确完成安全映射与补零操作，同时迭代 QOC 算法可利用保密矩阵有效抑制 STOFDM 子载波间干扰，保证 STOFDM 系统合法接收机的传输可靠性。

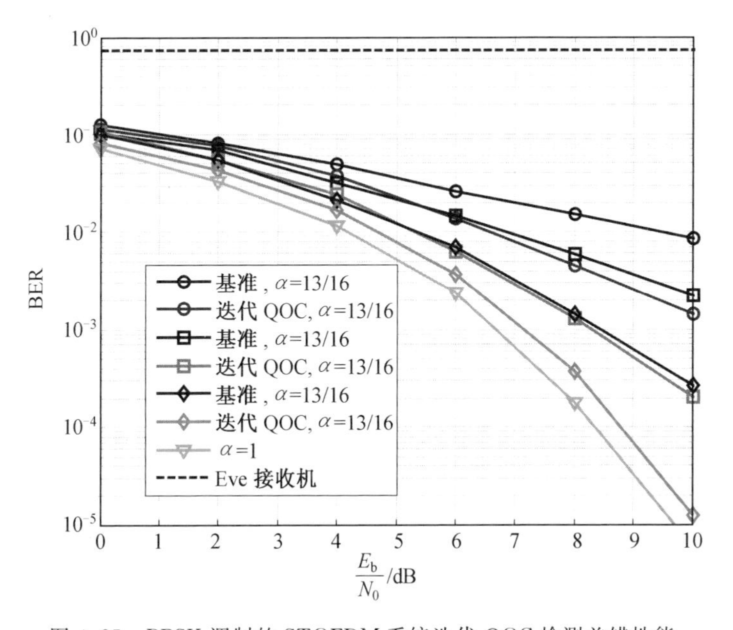

图 4.25 BPSK 调制的 STOFDM 系统迭代 QOC 检测差错性能

4.3 稀疏编码

本节针对基于稀疏码分多址的 SEFDM 通信系统建立数学模型，分析系统信号特点，掌握其具有的优良特性和能够适应的场景，并对该系统的发射机部分建立系统建模，再对该系统的接收机部分进行建模，介绍 SEFDM 与 SCMA 两个算法的常用解调算法，随后基于 AWGN 信道对算法进行仿真分析，从硬件实现的角度理解系统构架。

4.3.1 基于稀疏码分多址的 SEFDM 信号特点分析

基于稀疏码分多址的 SEFDM 信号是指结合 SCMA 和 SEFDM 两大技术优势，发挥高频谱效率、高传输速度、低连接时延等技术特点，完成对 5G 网络甚至下一代网络的支持。该系统具备以下几个特点。

(1)具有多维非正交扩频的特点。

SCMA 采用多维码本对用户进行扩频，把每个用户的信息扩频到不同的几个资源块上。实际每个用户占用多个资源块，每个资源块被多个用户占用。图 4.26所示为典型的 SCMA 多用户资源复用图。

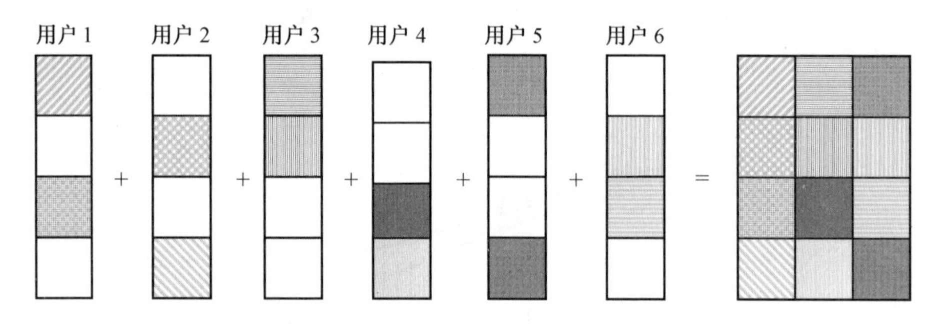

图 4.26 典型的 SCMA 多用户资源复用图(彩图见附录)

图 4.26 中有六个不同的复用四个资源块，可以看出采用多维正交扩频的结果能够使更多的用户接入系统[3]。非正交化的码本设计能够使该系统多个用户接入，存在资源块复用时更好地进行叠加和叠加后的解码。

(2)具有高带宽压缩的特点。

SEFDM 不同于 OFDM 系统，破坏了后者中子载波相互正交的特点，将子载波间的距离进一步压缩[4]。这里需要引入 SEFDM 的一个重要指标——带宽压缩因子(Bandwidth Compression Factor，BCF)，该指标的意义是指以 OFDM 作为参考，SEFDM 实际子载波压缩的比例，常用 α 来进行表示。根据该参数指标

的定义可知，当 $\alpha=1$ 时，则为 OFDM 系统，如果将子载波间进一步压缩，则得到一个 $\alpha<1$ 的带宽压缩因子。图 4.27 所示为 SEFDM 与 OFDM 的频谱对比图（$\alpha=0.5$）。可以通过图 4.27 直观地看出 SEFDM 信号比 OFDM 信号节省了一半的频谱资源。需要指出，目前由于解调算法的限制，因此 BCF 不能任意缩小。由图 4.27 可以看出 SEFDM 中各个子载波的混叠对比 OFDM 严重，进而产生巨大的载波间干扰。因此，为使系统能够正常工作，选择压缩因子时需要十分谨慎。

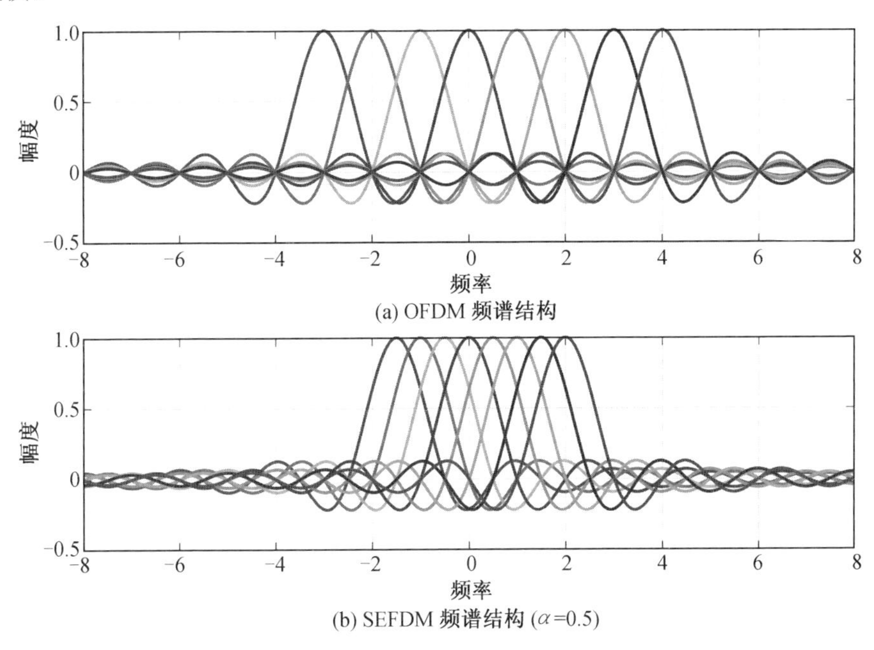

图 4.27 SEFDM 与 OFDM 的频谱对比图（彩图见附录）

（3）具有解调困难的特点。

解调的模块中，SEFDM 较高的 ICI 会降低信号的可靠性，同时该系统在进行基于非正交的码本调制与基于非正交的子载波传输方法，导致信号的正交性极差，给解码带来困难。一个好的解码算法不能仅仅保证解码准确率高，还应该兼具占用系统资源少、硬件实现方便的特点，这更加剧了解码器设计的困难。

4.3.2 基于稀疏码分多址的 SEFDM 发射机建模

本节介绍稀疏码分多址的 SEFDM 发射机的建模，将系统的发射机部分进行模块化分解和各部分功能介绍。图 4.28 所示为发射机中各模块组成图。

由图 4.28 中的信息可知，将发射机部分分为两个主要的模块：一是 SCMA 调制模块；二是在 SCMA 调制模块后的 SEFDM 调制模块。这两个模块为级联

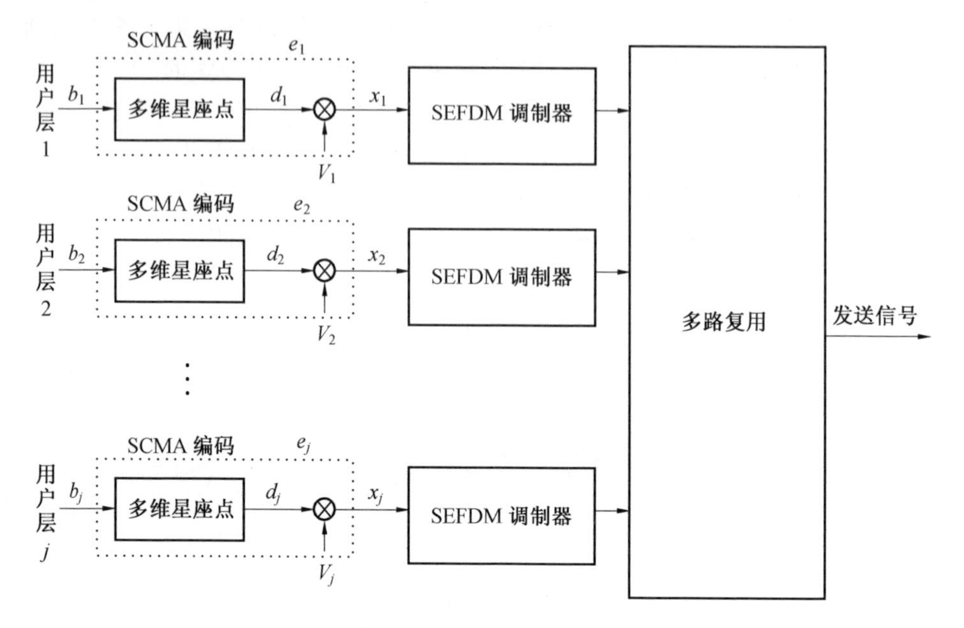

图 4.28　发射机中各模块组成图

结构，先生成 SCMA 符号，再将所生成的符号送入 SEFDM 调制器。

1. 稀疏码分多址调制模块

比特流信息输入系统之后，首先进入 SCMA 调制模块。稀疏码分多址技术在比特信息调制时采用预定义的多维码本进行调制，将比特信息转化为预定好的稀疏码字，并且按照预定义码本的资源分配情况将稀疏码字分散在制定好的资源块中。SCMA 中码本的选择是系统设计的第一步，也是事关系统性能的最重要一步，本节将使用华为公司提出的经典码本。

典型的多维码本设计将 $m=\log_2|M|$ 个二进制符号直接高维调制为一个 K 维的码字。将输入的二进制比特信息流记作$\boldsymbol{b}_j=\{b_{j1},\cdots,b_{jm}\}^{\mathrm{T}}$。其中，$j$ 为用户编号；m 为用户输入的二进制比特数据流长度；$b_{ij}\in\boldsymbol{B}$。将用户 j 通过高阶码本调制的结果记作序列$\boldsymbol{x}_j=\{x_{j1},x_{j2},\cdots,x_{jK}\}^{\mathrm{T}}$。$s_j$ 序列中 K 表示码本的维度，其中 $s_{ij}\in\boldsymbol{C}$。另外，规定 $g:\boldsymbol{B}^{\log_2|M|}\rightarrow\boldsymbol{C}^K$，通过 $g(\cdot)$来表示从比特数据流到 K 维码字的映射，有

$$s_j=g_j(\boldsymbol{b}_j) \tag{4.58}$$

因为码本对于每个用户的映射规则不同，所以用户 j 对应的 $g_j(\cdot)$是不同的。也就是说，系统中的用户拥有唯一的码本分配方式，但无论用户的映射关系是怎样的，都使用相同的 M 和 K。码本的存在保证了用户只占用预定好的资源块，本节将每个用户实际占用的资源块数目设置为 N，可以理解为对于用户 j，其比特信息流虽然被高维调制到了 K 个维度，但是只有 N 个维度拥有非零的实际

值，另外的 $K-N$ 个维度均为零，留给了其他用户进行传输使用。不同用户层采用的码本见表 4.2。以表 4.2 来举例，用户 1 的比特信息被调制到了 4 维中，但只有两个维度是非零的。与 g 相似，高维码本的某个维度当作一个索引标识，其作用是将 M 个不同的二进制比特流转化为 M 列的 K 维码字。$\boldsymbol{C}_j=\{c_{j1},c_{j2},\cdots,c_{j\mathfrak{M}}\}$表示了用户 j 的码本。

表 4.2　不同用户层采用的码本

用户层	码本
1	$\begin{bmatrix} 0 & 0 & 0 & 0 \\ -0.181\,5-0.131\,8i & -0.635\,1-0.461\,5i & 0.635\,1+0.461\,5i & 0.181\,5+0.131\,8i \\ 0 & 0 & 0 & 0 \\ 0.785\,1 & -0.224\,3 & 0.224\,3 & -0.785\,1 \end{bmatrix}$
2	$\begin{bmatrix} 0.785\,1 & -0.224\,3 & 0.224\,3 & -0.785\,1 \\ 0 & 0 & 0 & 0 \\ -0.181\,5-0.131\,8i & -0.635\,1-0.461\,5i & 0.635\,1+0.461\,5i & 0.181\,5+0.131\,8i \\ 0 & 0 & 0 & 0 \end{bmatrix}$
3	$\begin{bmatrix} -0.635\,1+0.461\,5 & 0.181\,5-0.131\,8i & -0.181\,5+0.131\,8i & 0.635\,1-0.461\,5i \\ 0.139\,2-0.175\,9i & 0.487\,3-0.615\,6i & -0.487\,3-0.615\,6i & -0.139\,2+0.175\,9i \\ 0 & 0 & 0 & 0 \\ 0 & 0 & 0 & 0 \end{bmatrix}$
4	$\begin{bmatrix} 0 & 0 & 0 & 0 \\ 0 & 0 & 0 & 0 \\ 0.785\,1 & -0.224\,3 & 0.224\,3 & -0.785\,1 \\ -0.005\,5-0.224\,2i & -0.019\,3-0.784\,8i & 0.019\,3+0.784\,8i & 0.005\,5+0.224\,2i \end{bmatrix}$
5	$\begin{bmatrix} -0.005\,5-0.224\,2i & -0.019\,3-0.784\,8i & 0.019\,3+0.784\,8i & 0.005\,5+0.224\,2i \\ 0 & 0 & 0 & 0 \\ 0 & 0 & 0 & 0 \\ -0.635\,1+0.461\,5i & 0.181\,5-0.131\,8i & -0.181\,5+0.131\,8i & 0.635\,1-0.461\,5i \end{bmatrix}$
6	$\begin{bmatrix} 0 & 0 & 0 & 0 \\ 0.785\,1 & -0.224\,3 & 0.224\,3 & -0.785\,1 \\ 0.139\,2-0.175\,9i & 0.487\,3-0.615\,6i & -0.487\,3+0.615\,6i & -0.139\,2+0.175\,9i \\ 0 & 0 & 0 & 0 \end{bmatrix}$

由于解调时判断用户的需要，SCMA 要求每个用户占有的资源块避免完全

重合，因此将 SCMA 的调制过程分为两步[5]：第一步是将 m 长度的比特信息流映射到 N 个有着实际值的码字中；第二步是根据每个用户分配的不同资源结果，把 N 个码字分配到不同的资源块位置，将该用户没有占用的 $K-N$ 个资源块的值置为 0。

第一步映射公式为

$$\boldsymbol{d}_j=p_j(\boldsymbol{b}_j) \tag{4.59}$$

式中，$p_j(\cdot)$ 为用户 j 的二进制比特到 N 维非零码字的映射的函数；$\boldsymbol{d}_j=\{d_{j1},\cdots,d_{jN}\}^{\mathrm{T}}$ 为 N 维码字。

第二步映射公式为

$$s_j=\boldsymbol{V}_j\,\boldsymbol{d}_j \tag{4.60}$$

式中，$\boldsymbol{V}_j$ 为一个 $K\times N$ 维的矩阵，是由 $N\times N$ 的矩阵根据不同的用户 j 的资源预定义规则将 $K-N$ 行的 0 插入 V_j 中的制定位置。因为每个用户的 V_j 不可以相同，所以当系统的 K 和 N 值确定之后，就可以确定系统可以承载的最大用户数量，即

$$\mathrm{User}_{\max}=\mathrm{C}_N^K \tag{4.61}$$

根据式(4.61)和表 4.2 中的数据可知，此时 $K=4$，$N=2$，这时可以容纳的最多用户数量为 $\mathrm{C}_4^2=6$ 个用户。

为方便解码，设定一个 $K\times J$ 的矩阵，定义为 $\boldsymbol{F}$ 矩阵，使用 0 或 1 直观地表示一个 SCMA 系统中所有用户预分配资源块的情况，$\boldsymbol{F}=\{\boldsymbol{f}_1,\cdots,\boldsymbol{f}_J\}$，若 $f_{k,j}=1$，则表示用户资源块 k 被用户 j 占用，$\boldsymbol{f}_j$ 的求解方式为

$$\boldsymbol{f}_j=\mathrm{diag}(\boldsymbol{V}_j\,\boldsymbol{V}_j^{\mathrm{T}}) \tag{4.62}$$

式中，diag($\boldsymbol{X}$)是求一个矩阵的对角矩阵。表 4.2 中给出的码本可以用通过式(4.62)求出，得到实际使用的 $\boldsymbol{F}$ 矩阵，即

$$\boldsymbol{F}=\begin{bmatrix}1&0&1&0&1&0\\0&1&1&0&0&1\\1&0&0&1&0&1\\0&1&0&1&1&0\end{bmatrix} \tag{4.63}$$

确定了实际使用的 $\boldsymbol{F}$ 矩阵，并规定了 d_{vj} $(j=1,2,\cdots,J)$ 和 d_{ck} $(k=1,2,\cdots,K)$ 分别表示用户 j 和资源块 k 所分别连接的资源块和用户的数目。

根据表 4.2 得出的典型 SCMA 的资源映射图如图 4.29 所示。资源映射图也体现了解调分层的思想，左边为按照用户进行运算的用户层级，右边则为按照资源块进行加和的分级，该思想在 SCMA 算法的设计与使用中不仅体现在发射机的部分，也体现在接收机算法中。

图 4.29 中通过 SCMA 调制模块将不同用户的信息映射至不同的资源层，完成 SCMA 部分的调制。

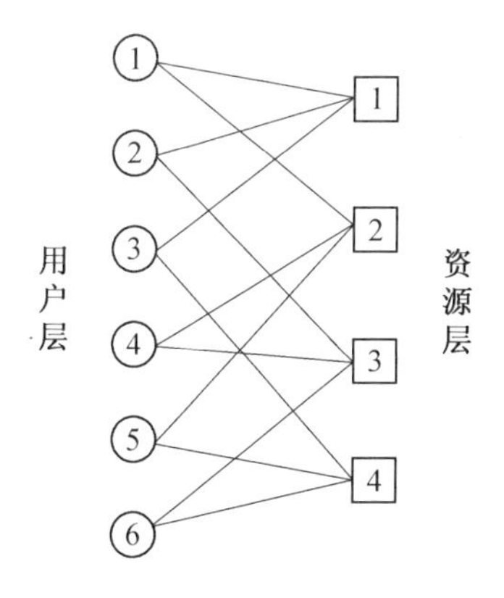

图 4.29　典型 SCMA 的资源映射图

2. SEFDM 调制模块

传统的 OFDM 中巧妙地使用了 IFFT 算法对符号进行调制。IFFT 算法的硬件实现方便，系统设计简便，硬件实现成本低，同时算法复杂度低，提高了系统中的符号生成效率[6]。而 SEFDM 作为从 OFDM 的基础上演进的传输体制，打破了子载波之间的正交性，将子载波进一步压缩，生成非正交的子载波，但对载波的生成算法和 OFDM 却没有改变，依旧可以使用 IFFT 算法进行实现。虽然随着带宽压缩比的改变，可能会出现非 2 的整数次幂的调制情况，此时可用 IDFT 算法替代 IFFT，但因为 IFFT 算法在调制中具有普遍性，所以本节中仍使用 IFFT 算法进行调制。图 4.30 所示为 SEFDM 调制模块工作流程图。

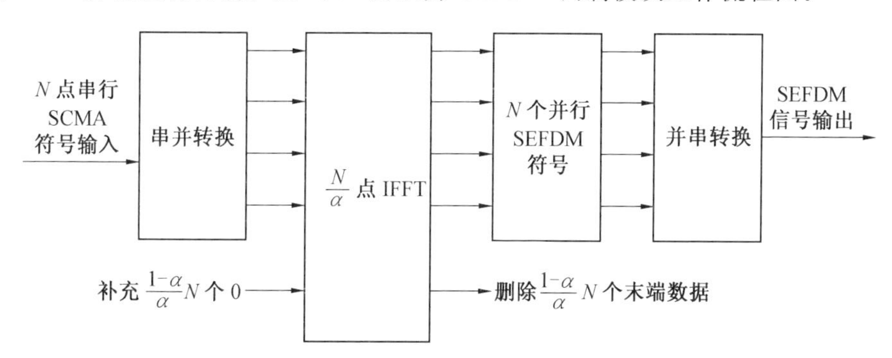

图 4.30　SEFDM 调制模块工作流程图

用户 j 的比特流信号 $\boldsymbol{b}_j=\{b_{j1},\cdots,b_{jm}\}^{\mathrm{T}}$ 经过 SCMA 调制模块生成了序列 s_j，该序列被送入 SEFDM 调制模块。不同于传统的 OFDM 信号，信息是利用每一个子载波进行传递的，在 SCMA 调制之后的 s_j 序列中占比 $(K-N)/K$ 的数据为 0，并且每个用户 0 数据出现的位置是不同的，所以在进行 SEFDM 调制之前要明确信号的载波分配。

下面以用户 1 为例进行相关关系的叙述。用户 1 经过 SCMA 典型码本调制之后，占用了第二和第四共两个资源块[7]，实际的频域信号可以表示为

$$\boldsymbol{S}_1=[0,S_{1,1},0,S_{1,2},\cdots,0,S_{1,m/2-1},0,S_{1,m/2}] \tag{4.64}$$

式中，m 表示实际的数据长度。

由于 SEFDM 与 OFDM 的主要不同在于有带宽压缩因子这个参数，在获得了待 SEFDM 调制的信号 s_j 后，数字信源信号经过串并转换变为并行数据，因此单个用户的符号数据串并转换之后的并行数据长度为 N_p，即每个调制之后的 SEFDM 符号包括 N_p 点数据，带宽压缩因子为 α。

OFDM 及 SEFDM 系统参数见表 4.3，表中说明了 SEFDM 与 OFDM 技术中子载波间隔参数的不同。基于此，若将 s_j 调制到对应的 N_p 个载波上，则调制信号的表达式为

$$x(t)=\sum_{n=0}^{N_p-1}s_n\mathrm{e}^{\mathrm{j}2\pi n\Delta f_{\mathrm{OFDM}}t} \tag{4.65}$$

式中，$\Delta f_{\mathrm{OFDM}}=\frac{1}{T}$。则式(4.65)可以展开为

$$x(t)=\sum_{n=0}^{N_p-1}s_n\mathrm{e}^{\frac{\mathrm{j}2\pi nt}{T}} \tag{4.66}$$

表 4.3　OFDM 及 SEFDM 系统参数

系统类型	符号周期	带宽压缩因子	子载波间隔
OFDM	T	无或 $\alpha=1$	$\Delta f_{\mathrm{OFDM}}=\frac{1}{T}$
SEFDM	T	$\alpha<1$	$\Delta f_{\mathrm{OFDM}}=\frac{\alpha}{T}$

在式(4.66)中，$x(t)$ 表示的是一个 OFDM 符号所对应的连续时间信号表达式，但是往往符号数远大于载波数，这就表示串并转换之后存在的符号数据需要按列进行 IFFT 的变换，每个符号的符号周期 T 不变。考虑到所有的符号，式(4.66)中的 $x(t)$ 将会进行改变，同时因为信号发送的实际原因，所以需要对 OFDM 符号进行归一化处理，归一化后的表达式为

$$x(t)=\frac{1}{\sqrt{T}}\sum_{l=-\infty}^{\infty}\sum_{n=0}^{N_p-1}s_{l,n}\mathrm{e}^{\frac{\mathrm{j}2\pi n(t-lT)}{T}} \tag{4.67}$$

式中，$s_{l,n}$ 表示第 l 个符号上第 n 个子载波上的调制数据。根据表 4.3 中的参数对比，可以根据式(4.67)推导出 SEFDM 的时域信号表达式，即

$$x(t)=\frac{1}{\sqrt{T}}\sum_{l=-\infty}^{\infty}\sum_{n=0}^{N_p-1}s_{l,n}\mathrm{e}^{\mathrm{j}2\pi n\Delta f_{\mathrm{SEFDM}}(t-lT)} \tag{4.68}$$

将表 4.3 中的 $\Delta f_{\mathrm{SEFDM}}=\frac{\alpha}{T}$ 代入式(4.68)中,得到

$$x(t)=\frac{1}{\sqrt{T}}\sum_{l=-\infty}^{\infty}\sum_{n=0}^{N_p-1}s_{l,n}\mathrm{e}^{\frac{\mathrm{j}2\pi n\alpha(t-lT)}{T}} \tag{4.69}$$

因为实际发送的信号具有时域上的离散型,所以涉及信号的采样问题。将采样间隔设为 T/Q,其中 $Q=\rho N_p$,且 $\rho\geqslant 1$,这表示了在一个符号周期 T 中采集了 Q 个点,且 $Q\geqslant N$,据此可推导出离散时间式的 SEFDM 符号,即

$$X[k]=\frac{1}{\sqrt{Q}}\sum_{n=0}^{N-1}s_n\mathrm{e}^{\frac{\mathrm{j}2\pi nk\alpha}{Q}}$$

式中,$X[k]$ 表示 k 个采样时间点中一个符号的值;$\frac{1}{\sqrt{Q}}$ 为归一化常数。

在进行了时域信号 $X[k]$ 的生成后,还需要根据信道的特点对信号进行进一步的处理。例如,在信道中存在着多径效应,因此需要在信号中增加过采样系数,对时域信号进行过采样操作,以提高接收机接收信号的可靠性。

4.3.3　基于稀疏码分多址的 SEFDM 接收机建模

根据发射机的信号调制顺序对应设计接收机的工作流程。接收机使用与发射机相同的级联结构,发射机的调制顺序为先 SCMA 后 SEFDM,与之对应的接收机的解调顺序为先 SEFDM 解调后 SCMA 解调。需要注意的是,解调 SEFDM 符号后必须按照发射机中的子载波映射方法将信号进行恢复,才能送入 SCMA 解调模块。图 4.31 所示为接收机中各模块组成图。

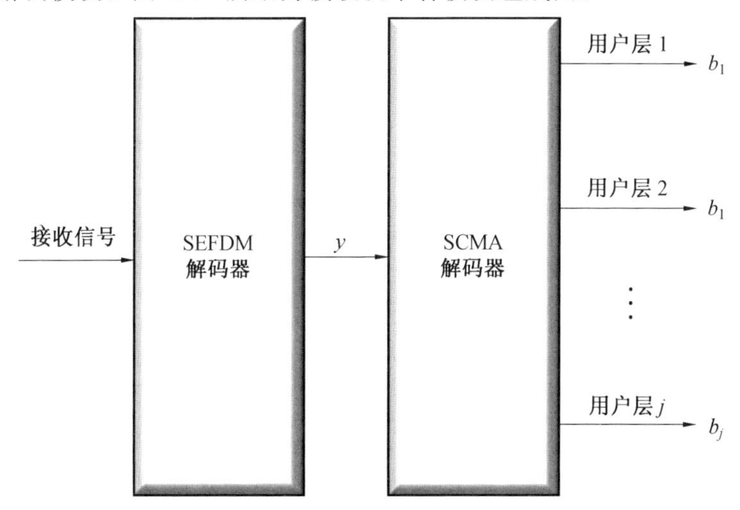

图 4.31　接收机中各模块组成图

图 4.31 中对传统的典型接收机进行了描述，该系统传统的接收模块分为两个部分，分别为 SEFDM 解码器和 SCMA 解码器[8]。下面将对信号的解调与解码流程进行叙述，并且分模块给出在 AWGN 信道下的仿真图。

1. 经典检测算法原理与实现

由图 4.31 可知，SEFDM 解码器的输入信号直接来自于接收端，由对 SEFDM 信号特点的描述与 SEFDM 调制模块的设计可知，SEFDM 系统因为其子载波之间的非正交性，所以会带来子载波间相较于 OFDM 更强的干扰，因为存在自干扰，所以即便将发射机与接收机直连做解调也会存在较大的误差，需要使用运算量较大的复杂解调辅助算法，这里以 SEFDM 解调中较为常见的 ID 算法进行描述。图 4.32 所示为一种 SEFDM 解调模块内部流程图。

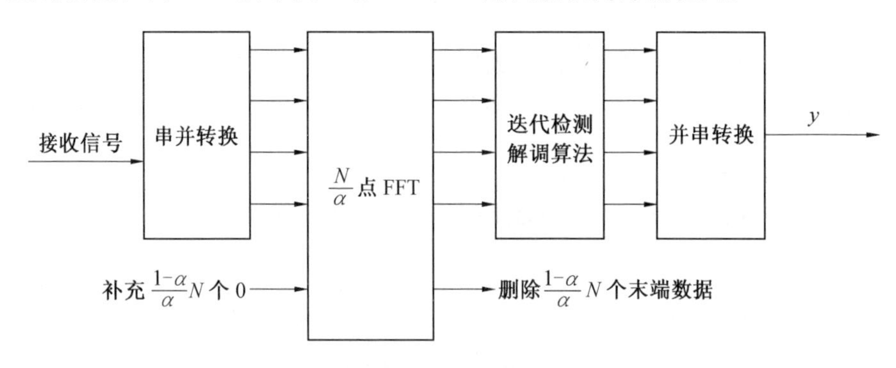

图 4.32　一种 SEFDM 解调模块内部流程图

图 4.32 中的解调算法因为 SEFDM 信号有带宽压缩比这一参数而使用了补 $\frac{1-\alpha}{\alpha}N$ 个 0 元素进行 IFFT，在 IFFT 之后再去掉同样个数的尾端数据来进行带宽压缩的实现，所以解调模块也需要使用相同的方法来实现具有带宽压缩比信号的解调，先将接收信号进行串并转换，补 $\frac{1-\alpha}{\alpha}N$ 个 0 之后进行 $\frac{N}{\alpha}$ 点的 FFT 再将尾端的 $\frac{1-\alpha}{\alpha}N$ 个数据删除，保留了解调之后的并行频域符号。经过抛出末端数据后的信号定义为矩阵 $\boldsymbol{R}$，该矩阵中的元素 $r_{l,n}$ 表示第 l 个符号上第 n 个子载波上的接收数据[9]，将此信号送入迭代检测流程中。

迭代检测(Iterative Detection, ID)算法的基本思想是利用实际星座点和参考星座点的欧氏距离与参考不断变化的欧氏距离之间进行判别比较[10]。该算法每一次迭代都会消除矩阵 $\boldsymbol{R}$ 中的一些符号间的串扰，最后得到一个能够完成部分符号信息恢复的矩阵 $\boldsymbol{Y}$。需要注意的是，迭代检测算法仅负责信号的估计与恢复，并不负责符号的判决与解调。根据式(4.58)将 SCMA 调制后送入 SEFDM 的原始信号设为 $\boldsymbol{S}$，$\boldsymbol{R}$ 为送入 ID 算法的基础估计值，S_n 为经过 n 次迭代后的检

测结果，其表达式为

$$S_n=\boldsymbol{R}-(\boldsymbol{C}-\boldsymbol{e})S_{n-1} \tag{4.70}$$

式中，$\boldsymbol{C}$ 为失真矩阵，该矩阵由 SEFDM 系统的子载波使用点数和带宽压缩比两个参数共同决定，$\boldsymbol{C}=\boldsymbol{F}\cdot\boldsymbol{F}_h$，$\boldsymbol{F}$ 和 $\boldsymbol{F}_h$ 分别为$\frac{N}{\alpha}$点 DFT 矩阵和$\frac{N}{\alpha}$点 IDFT 矩阵的 N 阶顺序主子式，$\frac{N}{\alpha}$是系统中 IFFT 的长度，N 是发送端原始信源符号的有效数据长度；$\boldsymbol{e}$ 为单位阵。

ID 算法的目的是消除信号中的符号间干扰。在式(4.70)中，S_{n-1} 可以理解为前一次迭代的结果，即对原始发送序列的一个估计值 $\hat{\boldsymbol{S}}$。在 AWGN 信道下，接收到的信号可写成

$$\boldsymbol{R}=\boldsymbol{CS}+\boldsymbol{Z} \tag{4.71}$$

式中，$\boldsymbol{Z}$ 为信号中夹带的 AWGN 噪声经过 FFT 算法之后的形式。联立式(4.70)和式(4.71)得到

$$\begin{aligned} S_n &=\boldsymbol{R}-(\boldsymbol{C}-\boldsymbol{e})S_{n-1} \\ &=\boldsymbol{CS}-(\boldsymbol{C}-\boldsymbol{e})\hat{\boldsymbol{S}}+\boldsymbol{Z} \\ &=\boldsymbol{CS}-\boldsymbol{C}\hat{\boldsymbol{S}}+\hat{\boldsymbol{S}}+\boldsymbol{Z} \\ &=\hat{\boldsymbol{S}}-(\boldsymbol{C}\hat{\boldsymbol{S}}-\boldsymbol{CS})+\boldsymbol{Z} \end{aligned} \tag{4.72}$$

式(4.72)说明了在每次的迭代中，通过$(\boldsymbol{C}\hat{\boldsymbol{S}}-\boldsymbol{CS})$的运算，缩小了 S_n 的误差，从而达到逐步消除一部分符号间干扰的运算效果。根据以上推导介绍了 ID 算法的原理及核心思想，其特点是使用矩阵化运算的思想，可以降低运算的复杂度。ID 算法的运行步骤归纳如下：

(1)接收的 RX_Symbol 经过 FFT 等运算步骤后得到待解调信号 $\boldsymbol{R}$；

(2)通过已知的子载波个数与带宽压缩比参数，进行失真矩阵 $\boldsymbol{C}$ 的求解；

(3)将失真矩阵 $\boldsymbol{C}$ 中的值载入迭代的核心公式即式(4.69)中，$\boldsymbol{e}$ 为单位阵；

(4)按照设定的迭代次数完成运算，输出最终的 $\boldsymbol{y}$。

根据图 4.32，在完成了 SEFDM 解调模块之后，信号被送入 SCMA 的解调器中。本节给出的解调算法为消息传递算法(message passing algorithm，MPA)算法[11]，该算法为 SCMA 解调的经典算法。图 4.33 所示为 MPA 算法流程图。

图 4.33 中的 MPA 算法使用迭代的思想，在用户规定的迭代次数中进行运算，每一次迭代都进行功能节点的更新和变量节点的更新。MPA 算法的核心是将 SCMA 系统的调制抽象为图 4.29 中用户与资源对应的因子图，根据这个因子图可以使用和积算法对每个用户传输码字的可能概率进行迭代，最终使用码字可能判决的结果进行似然比的计算，输出比特似然比，这就是信息传递算法的主要思想，其核心的检测公式为

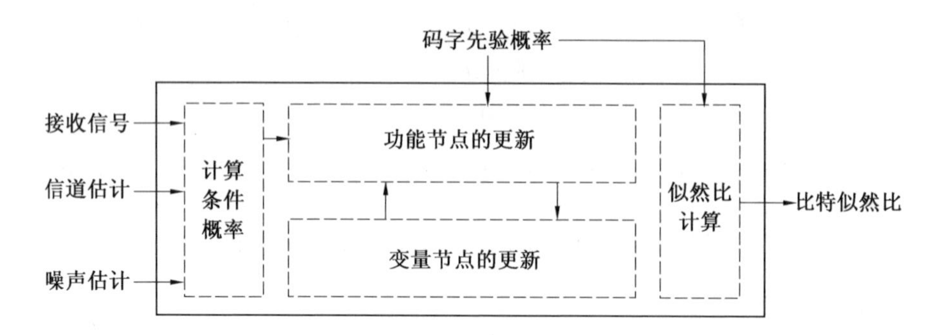

图 4.33 MPA 算法流程图

$$\hat{\boldsymbol{X}}=\arg\max_{X\in(x_{j=1}^{J})C_j} P(\boldsymbol{X}|\boldsymbol{y}) \tag{4.73}$$

式中,$\hat{\boldsymbol{X}}$ 是 J 个用户最有可能的码字向量,又称最佳估计量,$\hat{\boldsymbol{X}}=\{\hat{\boldsymbol{x}}_1,\hat{\boldsymbol{x}}_2,\cdots,\hat{\boldsymbol{x}}_J\}$;而$(x_{j=1}^{J})C_j:=C_1\times C_2\times\cdots\times C_J$,其中的乘积表示笛卡儿乘积,通过该乘积的出现可以发现,随着用户数量的增加,需要进行的运算量明显增加,所以在实际设计算法时,需要利用因子图对基础的算法进行进一步的优化和缩减。

图 4.29 中使用因子图来对用户和资源进行映射,基础的求最佳估计量问题就可以转化成对多用户运算更加友好、运算复杂度低的算法。将因子图的用户定义为变量节点(Variable Node, VN),将因子图中的资源节点定义为函数节点(Function Node, FN),而用户层与资源层之间根据 SCMA 的码本预定义的分配规则进行实际连接,表示用户 j 的信息会映射到指定的资源块上进行传输。

信息传递算法结合因子图进行设计后,将求解最大置信度的过程放入 FN 和 VN 中。在每次迭代中都将每个用户的码字与每个码字解码可能结果的概率进行更新,图 4.34 所示 SCMA 系统的一种因子图表示了这一过程,图中表示了因子图与实际的信息传递流程。

图 4.34 中信息部分的传递有 FN 和 VN 两层互相影响的情况,资源层中数据的值对用户层中每个用户的可能信息概率都有影响[12],将 $I_{r_k\to v_j}$ 表示为资源块 k 向用户 j 传递信息。同时每个用户的可能信息概率也会给资源层中的数据更新提供影响,将 $I_{v_j\to r_k}$ 表示用户 j 向资源块 k 传递信息。信息会随着迭代而不断进行更新,在第 q 次迭代时,更新的信息可以表示为

$$I_{r_k\to v_j}^{q}(\tilde{\boldsymbol{x}}_j)=\sum_{\substack{X\in X^{[\eta_k]}\\ x_j=\tilde{x}_j}}\boldsymbol{M}_k(\boldsymbol{X})\prod_{\delta\in\eta_k/j}(I_{v_\delta\to r_k}^{q-1}(\boldsymbol{x}_\delta)) \tag{4.74}$$

式中,$\boldsymbol{X}^{[\eta_k]}=\{C_{\eta_{k,1}}\times C_{\eta_{k,2}}\times C_{\eta_{k,d_c}}\}$,其中 $\boldsymbol{M}_k(\boldsymbol{X})$ 为一个基于欧氏距离的计算函数,该函数中的 $\boldsymbol{X}$ 是$\boldsymbol{X}^{[\eta_k]}$ 的一个结合,其作用是计算参考星座点与实际星座点的值,$M_k(\boldsymbol{X})$ 为

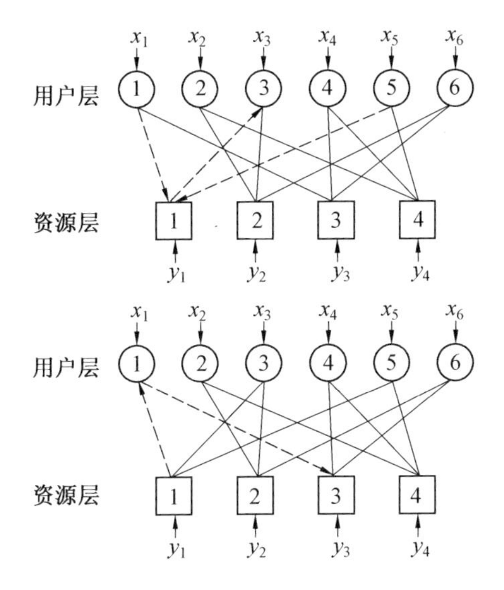

图 4.34　SCMA 系统的一种因子图

$$\boldsymbol{M}_k(\boldsymbol{X}) = \mathrm{e}^{-\frac{1}{\sigma^2}(y_k - \sum_{j\in\eta_k} x_{j,k})} \tag{4.75}$$

另外，$I_{v_j \to r_k}$ 的值在第 q 次迭代时也有更新，更新的信息可以表示为

$$I^q_{v_j \to r_k}(\widetilde{\boldsymbol{x}}_j) = \text{normalize}\left(\prod_{\delta\in\varepsilon_j/k}\left(I^q_{r_\delta \to v_j}(\widetilde{\boldsymbol{x}}_j)\right)\right) \tag{4.76}$$

式中，normalize(•) 为求数据的归一化函数。因为 $I_{v_j \to r_k}$ 为置信估计值，实际上为小于等于 1 的概率值，所以需要进行归一化求解。

当迭代次数达到系统设置的最大上限次数之后，算法将会终止，实际的信号估计值可表示为

$$\hat{\boldsymbol{x}}^m_s = \arg\max_{\boldsymbol{x}_s\in C_s}\left(\prod_{\delta\in\varepsilon_j}\left(I^m_{r_\delta \to v_s}(\boldsymbol{x}_s)\right)\right) \tag{4.77}$$

需要注意的是，式(4.77) 中的 $\hat{\boldsymbol{x}}^m_s$ 代表实际信息的最大置信结果，需要将概率结果转化为对数似然比(Log-Likelihood Ratio, LLR)，才能进行信号的最终判决。概率转化为 LLR 的算法十分基础[13]，这里不再进行赘述。算法 4.2 描述了信息传递算法的具体逻辑流程。

算法 4.2:信息传递算法

输入：I_T, m

初始化：$I_{v_j \to r_k}(\boldsymbol{x}_j) = 1/M, P(\boldsymbol{x}_j) = 1/M, i = 1, \bar{\boldsymbol{X}} = \breve{\boldsymbol{X}} = \varnothing$

If $i \leqslant m$ then

$$I^i_{r_k \to v_j}(\widetilde{\boldsymbol{x}}_j) = \sum_{X^{[\eta_k]}, x_j = \widetilde{x}_j} \boldsymbol{M}_k(\boldsymbol{X}^{[\eta_k]}) \prod_{\delta\in\eta_k/j}\left(I^{i-1}_{v_\delta \to r_k}(\boldsymbol{x}_\delta)\right)$$

$$I^{i}_{v_j\to r_k}(\tilde{\boldsymbol{x}}_j)=P(\tilde{\boldsymbol{x}}_j)\ \text{normalize}\left(\prod_{\delta\in\varepsilon_j}\left(I^{i-1}_{r_\delta\to v_j}(\tilde{\boldsymbol{x}}_j)\right)\right)$$

End if

For $\boldsymbol{x}_u\in\bar{\boldsymbol{X}}$ do

$$\hat{\boldsymbol{x}}^{I_T}_u=\text{normalize}\left(\prod_{\delta\in\varepsilon_j}\left(I^{I_T}_{r^i_\delta\to v_s}(\tilde{\boldsymbol{x}}_u)\right)\right)\in\breve{\boldsymbol{X}}$$

End for

输出：$\hat{\boldsymbol{x}}^{I_T}_u$

至此，系统的解调模块已经全部介绍完毕，传统的解调分为不同的部分，每个部分进行单独的功能解调，所以每个部分的算法功能也将分开进行分析。

2. 经典检测算法性能分析

使用经典解调结构即 ID 和 MPA 算法进行信号的解调，本节从算法解码正确性和复杂度两个角度对接收机解调性能进行仿真。首先对 SEFDM 解调模块进行分析。ID 解调算法是在经典的 SEFDM 系统中使用的，AWGN 信道 ID 检测方式下 SEFDM 系统误码率如图 4.35 所示。

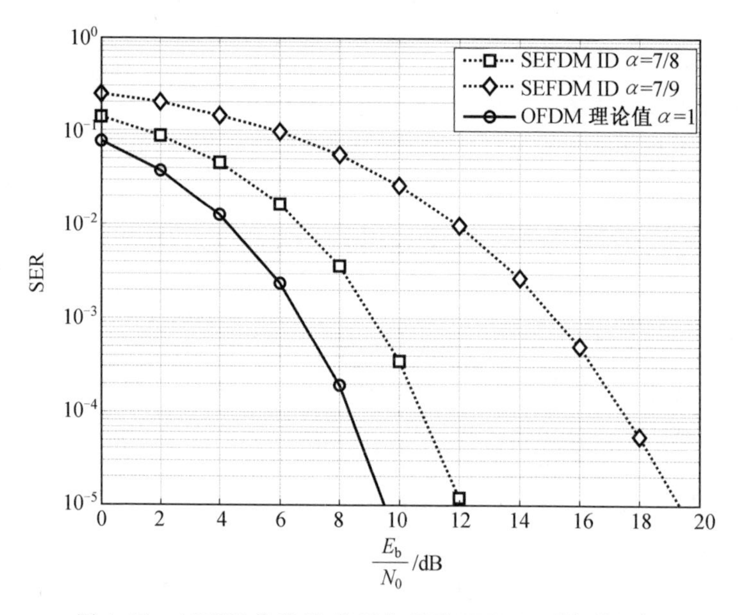

图 4.35　AWGN 信道 ID 检测方式下 SEFDM 系统误码率

图 4.35 描述了使用 AWGN 信道中 QPSK 情况下不同带宽压缩比时的 SEFDM 信号解调性能。从 ID 算法的实际解调结果中可以看出，随着带宽压缩

比的增加，ID 算法的解调性能会变差，但是在带宽压缩程度不高的情况下，误码率仍在可以忍受的程度，可以使用该算法对 SEFDM 进行解调。

需要注意的是，当带宽压缩比不同时，越高的带宽压缩比需要越高的算法迭代次数，才能够获得稳定和可靠的输出结果，而且需要达到收敛的次数明显增加，这会给系统的解码速度带来成倍的增加。ID 算法仿真参数见表 4.4，可知带宽压缩比只增加了 12%，但迭代次数却增加了 10 倍，而且解调的误码率性能也相差巨大。需要指出，该迭代次数的增加与带宽压缩比的增加没有线性关系，而且在带宽压缩比高的情况下，即使成倍地增加迭代次数，也不能获得误码率性能的提升，这是 ID 算法本身的解码瓶颈导致的。

表 4.4　ID 算法仿真参数

检测方式	有效数据长度	带宽压缩因子	FFT/DFT 点数	迭代次数	SEFDM 符号数	星座映射方式
ID	7	$\alpha=7/8$	8	10	1 000	QPSK
	7	$\alpha=7/9$	9	100	1 000	QPSK
	7	$\alpha=7/9$	9	10	1 000	QPSK
	7	$\alpha=7/9$	9	100	1 000	8PSK
	7	$\alpha=7/9$	9	100	1 000	16QAM
	7	$\alpha=7/9$	9	100	1 000	64QAM

参考传统的 QPSK 调制下的 SEFDM 信号解调性能，得出结论为 ID 算法能够在带宽压缩程度低时该算法有着良好的解调性能，并且在迭代次数这一指标上有着优势。但是当带宽压缩程度提高后，ID 算法不仅所需要的迭代次数成倍增长，而且误码率性能下降严重。

本节分析了 ID 算法在不同带宽压缩比时的性能后，进行 ID 算法星座点性能的分析。AWGN 信道 ID 检测方式下不同调制方式下 SEFDM 系统误码率如图4.36所示，图中对不同调制阶数下的实际误码率曲线图进行了梳理。

从图 4.36 中可以发现，随着调制阶数的升高，实际的误码率性能退化明显，这是 ID 算法本身带有的问题，出现该问题主要原因在于 ID 算法需要进行严格的最小判定距离限定，取值的大小会直接影响算法的性能。本次仿真中所有最小判定距离的选择均为标准参考星座点之间欧氏距离的一半。需要指出的是，表 4.4 中给出了所有的调制方式，这些方式的星座点都是标准星座点。也就是说，每个星座点之间的欧氏距离是恒定的。但是在实际的 SCMA 码本中，星座点的排列每个距离并不相同，SCMA 与 64QAM 不同的星座点排列如图 4.37 所示。

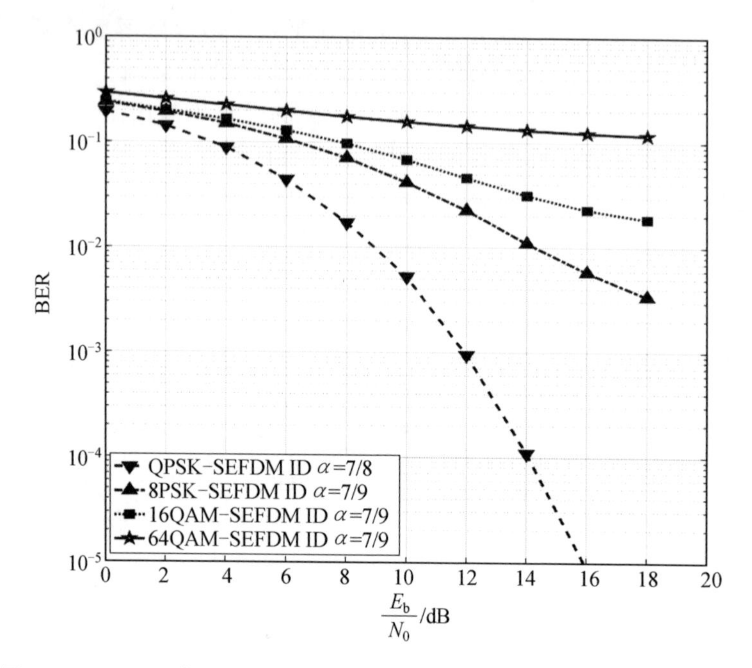

图 4.36　AWGN 信道 ID 检测方式下不同调制方式下 SEFDM 系统误码率

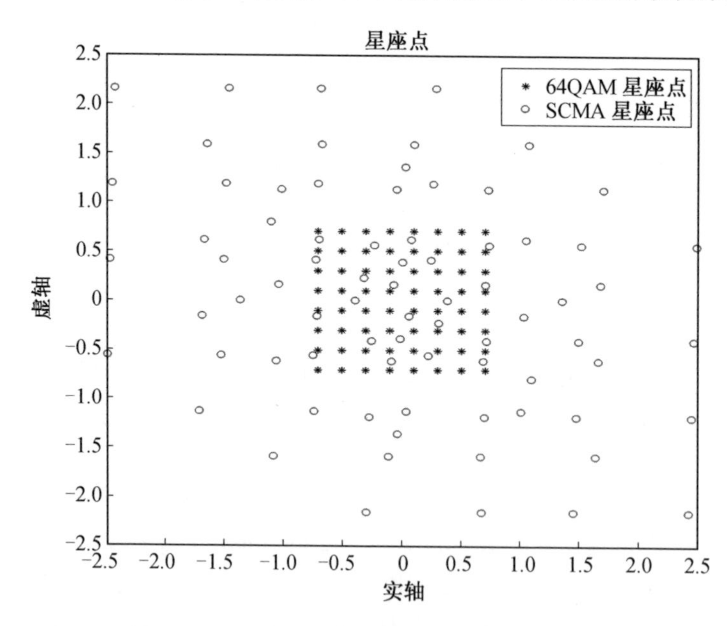

图 4.37　SCMA 与 64QAM 不同的星座点排列

从图 4.37 中可以明显地看出 SCMA 星座点与 64QAM 星座点之间的不同，64QAM 星座点中各个星座点距离相等，而且象限分布均匀，而 SCMA 的星座点

看起来却不同，因为 SCMA 的星座点的生成过程需要进行非正交化与旋转。因此，在实际的 SCMA 星座点解调中得到的 ID 算法在 100 次迭代的情况下仍不能把误码率降至 10^{-1} 数量级以下。SEFDM 解调模块分析完成，接下来将对 SCMA 解调算法进行分析。图 4.38 所示为 AWGN 信道下的信息传递算法误码率性能曲线，所对比的是最大似然估计算法。需要指出的是，该仿真算法使用的是表 4.2 的 SCMA 码本，过载因子为 150%。通过误码率曲线可以看出，信息传递算法的解码性能与最大似然估计检测算法的性能几乎相同，但是信息传递算法的运算复杂度却低于最大似然估计算法，因此可以认为 MPA 算法是一个有效的检测算法[14]。

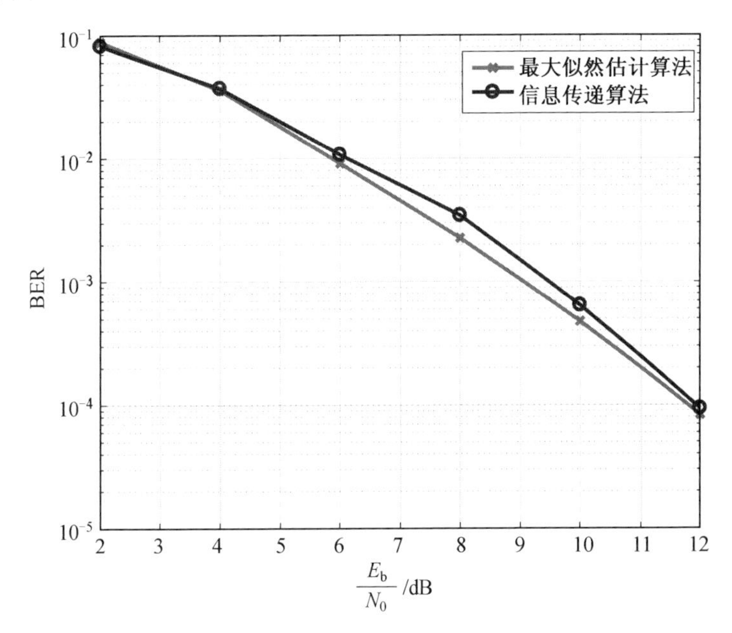

图 4.38　AWGN 信道下的信息传递算法误码率性能

但是进行了 ID 解调算法的分析之后，就已经通过了传统级联式的解调算法性能。前半部分的 ID 算法已经导致了很大的误码率，致使后续的 SCMA 解调模块的性能难以发挥。但是仍旧需要执行使用了 MPA 算法的 SCMA 解调模块。

SCMA 的解调复杂度一直是一个关键的问题。本节使用实数浮点数的数学运算数目（即实数加法和乘法的数目总和 flops，floating point operations per second 的缩写，指每秒浮点运算次数，是一个性能指标）对复杂度进行定量。本节叙述的仅为 SCMA 解调模块的复杂度，与接收机中其他算法的复杂度无关。根据式（4.73）可以推出

$$I^{q}_{r_k\to v_j}(\tilde{\boldsymbol{x}}_j)=\sum_{\substack{X\in X^{[\eta_k]}\\ x_j=\tilde{x}_j}}\boldsymbol{M}_k(\boldsymbol{X})\prod_{\delta\in\eta_k/j}(I^{q-1}_{v_\delta\to r_k}(\boldsymbol{x}_\delta)) \tag{4.78}$$

通过对式(4.78)中的运算进行分析，得出了各个运算的计算次数。计算量统计表见表4.5。

表4.5　计算量统计表

指标	次数
指数	M^{d_f-1}
复数乘法	0
实数乘法	$M^{d_f-1}(d_f+1)$
复数加法	$d_fM^{d_f-1}$
实数加法	$M^{d_f-1}-1$
求模	M^{d_f-1}

对于表4.5中的计算次数，需要说明的是一次求复数的模运算需要3 flops，一次复数加法运算需要2 flops，一次复数乘法需要6 flops，所以根据表4.5中的运算内容可以看出，执行一次迭代 $I_{r_k\to v_j}(\tilde{\boldsymbol{x}}_j)$需要的flops为 $a=3d_f+5$，有

$$\text{flops}_{k\to j}=Kd_fM^{d_f}a \tag{4.79}$$

根据式(4.74)可以得到

$$I^{q}_{v_j\to r_k}(\tilde{\boldsymbol{x}}_j)=\text{normalize}(\prod_{\delta\in\varepsilon_j/k}(I^{q}_{r_\delta\to v_j}(\tilde{\boldsymbol{x}}_j))) \tag{4.80}$$

使用相同的计算方式可以得出一次迭代更新，计算量统计表见表4.6。

表4.6　计算量统计表

指标	次数
指数	0
复数加法	0
实数乘法	d_v-2
求模	0

从表4.6的运算计算量上进行参考，可以得到迭代一次 $I_{v_j\to r_k}(\tilde{\boldsymbol{x}}_j)$的flops为

$$\text{flops}_{j\to k}=Jd_vM(d_v-2) \tag{4.81}$$

基于式(4.79)和式(4.81)可以得出在 I_T 次迭代中，检测一个符号所需要的flops为

$$\text{flops}_{\text{MPA}}=I_T(Kd_fM^{d_f}a+Jd_vM(d_v-2)) \tag{4.82}$$

式(4.82)中对实际的 MPA 运算使用的 flops 给出了详细设定，可以看出 I_T 迭代次数的控制对实际算法的性能有着极大的影响。

SCMA 模块的解调性能本身可靠，但是被前端的 ID 算法限制，不能进行正确的解调，所以传统的解调模式并不能在基于稀疏码分多址的 SEFDM 通信系统中使用，而且在实际的解调运算中，二者都进行了实际星座点和参考星座点距离的运算，存在可优化空间[15]。

4.3.4 系统模型

根据前面两节内容的描述，图 4.39 所示为传统的基于稀疏码分多址的 SEPDM 传输系统。图 4.39 中的系统在发射端使用了 SCMA 高维调制器，将单个用户的比特信息流调制到多个资源层中，多个用户信息叠加，实现资源层的复用。再将调制好的符号信息流通过 SEFDM 技术映射到不同的子载波上，完成信号的调制之后进行发射，发射信号经过 AWGN 信道，到达接收机一侧，接收机同样进行分模块检测，将 SEFDM 与 SCMA 信号区分进行检测，最终基于 LLR 进行判决，输出最终每个用户的比特信息[16]。

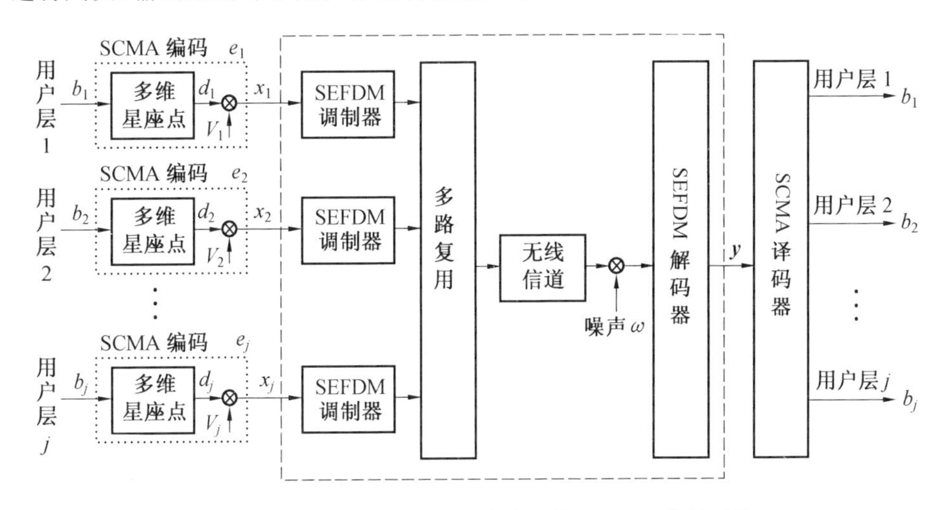

图 4.39 传统的基于稀疏码分多址的 SEFDM 传输系统

但是，该模型中的接收端存在极大的问题。首先是 SEFDM 中解调器的问题，因为 ID 算法需要输入基础的参考星座点，并且要根据参考星座点进行判决门限的步进值设定，这在以传统的 QAM 或 QPSK 为基础星座点的系统内有着良好的性能。但 SCMA 码本身存在码字稀疏的特性，并且不同用户的叠加信息相互独立，这可能导致可能出现在接收机一侧的星座点个数多，星座点之间距离不恒定，ID 算法的性能下降明显。其次是在 SCMA 的解调模块中，MPA 算法计算的复杂度高[18]，且与 SEFDM 解调模块中的欧氏距离等计算内容存在重复，多次调用同样的系统资源，并且 MPA 算法的输入值可能因为星座点映射的不准确而存在输入误差，这无疑给解码带来更大的挑战性。因此，实际实现系统采用新的传输系统逻辑构架。图 4.40 所示基于稀疏码分多址的 SEFDM 传输系统提出了新的传输系统构架方案。

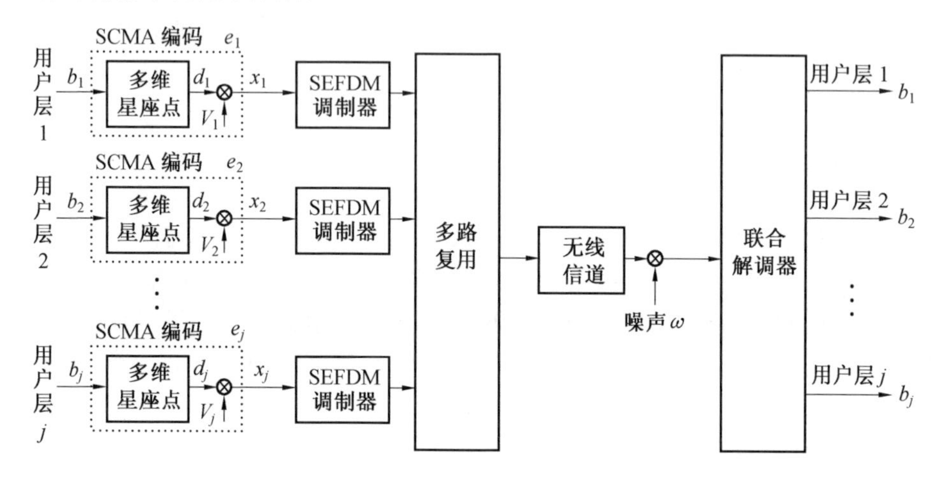

图 4.40　基于稀疏码分多址的 SEFDM 传输系统

图 4.40 中的传输系统在解调端使用 SEFDM－SCMA 联合解调器对信号进行高速可靠解调。设计目标在于克服传统基于稀疏码分多址的 SEFDM 传输系统接收机一侧的弊端。具体来说，使用联合解调器能够减少运算的积累误差，消除各个调制模块之间的相互影响。同时从运算量角度分析，联合解调算法能够更彻底地降低运算的复杂度，减少重复计算。但这也给设计带来了挑战。具体来说，在单个模块的解调中送入的待解调符号也存在严重的子载波间干扰和用户间干扰，如何在运算量低的同时克服干扰将是设计中主要面临的问题。

4.4　多址接入

本节以实现天地一体物联网的透明空口为目标，围绕天基网络的接入技术及业务优先的接入机理和方法进行介绍。

4.4.1　天基网络接入技术分析

1. 接入场景分析

天基网络是由航空器、空间飞行器及位于不同轨道面上的不同卫星组成的层次化立体化的网络[19]，其接入场景多种多样，总体来说可归纳为以下几类：

(1)GEO—MEO/LEO;

(2)GEO—临近空间飞行器;

(3)MEO/LEO—近地空间飞行器;

(4)近地空间飞行器—近地空间飞行器。

无论接入场景会涉及哪些具体的终端类型,都能够简单地看作接入终端与接入点的关系。对于天基网络中不同种类的卫星来说,每种类型的卫星都有其各自的特点。对于GEO卫星来说,其位置相对地球静止,由于其位置较高,因此对地的覆盖区域很广,较少数量的卫星数即可实现全球覆盖。对于MEO、LEO来说,其对地运动速度较快,与地球相距较近,从而往返时延会较小,GEO系统和MEO、LEO系统相互支持和融合,可以达到整个系统的互联互通。研究近地高空层中低轨卫星接入地球同步轨道卫星的接入技术、提高卫星网络的通信能力是研究天地一体化网络的基础。本节针对多颗地球同步轨道卫星覆盖,对低轨卫星终端的接入问题进行分析研究[17]。

2. 业务类型分析

天基网络中会提供怎样的服务,具体有哪些业务,这将直接影响接入技术的设计。在调研国内外天基卫星系统的各种业务类型的基础上,从以下两个方面对卫星通信业务进行了归纳分类。

对于卫星通信系统来说,存在不同的频段,如L、S、C、Ku、Ka等,可以按照系统使用的频段类型对其传输的业务进行分类(表4.7)。

表4.7 按照卫星系统频段划分业务

频段业务应用	可用频段	传输损耗及抗雨衰情况	防止相互干扰	适用业务类型
L频段	网络协调量少,分配给卫星通信频段少	损耗小,抗雨衰能力强	主要考虑与地面业务的相互干扰	音频广播等
S频段	网络协调量较少,分配给卫星通信频段少	损耗小,抗雨衰能力强	主要考虑与地面业务的相互干扰	卫星移动电话、移动视频广播等
C频段	需要大量网络协调,存在频段划分给地面移动通信的风险	传输大气损耗小,降雨损耗不严重	遭受地面微波等干扰源的同频干扰较严重	卫星固定通信、卫星电视广播等

续表 4.7

频段业务应用	可用频段	传输损耗及抗雨衰情况	防止相互干扰	适用业务类型
Ku 频段	与地面微波通信协调难度低，卫星 EIRP 高	易受暴雨、浓云、密雾的影响，雨衰较大	Ku 波段的地面干扰很小，大大降低了对接收环境的要求	卫星电视广播、卫星直播、卫星数字发行、VSAT 业务通信等
Ka 频段	可用带宽宽，网络协调难度较低	雨衰大，对器件和工艺的要求较高	与地面网络业务干扰小，主要考虑卫星间的相互干扰	高吞吐量卫星通信、宽带卫星接入等

另外，从卫星通信系统的服务对象（即市场纬度）来看，按照卫星系统市场纬度划分业务见表 4.8。

表 4.8　按照卫星系统市场纬度划分业务

市场纬度业务应用	组成	适用业务类型
服务于电信运营商的业务	网络中继、基站回传	互联网 IP 业务
服务于广播电视的业务	地球站	电视广播、直播到户
服务于军队的业务	各类卫星、移动地球站	战略通信、战术通信
服务于行业用户的业务	卫星专线	石油系统的 VSAT 网络业务、金融类业务等
服务于大众用户的业务	移动地球站、移动终端、通信卫星	卫星电话、卫星上网、直播到户等

随着卫星通信技术的迅速发展，从卫星系统只能支持单一的业务（如语音），到现在卫星系统能够传输视频、图像、数据流等多种不同种类业务共存的多样化业务，其发展相当迅速。总体来说，天基网络卫星业务涉及甚广，可以按照对实时性的要求不同分为两类：第一类业务为实时性业务，如语音、时频、基于 IP 的语音传输（Voice over Internet Protoclo，VoIP，又称网络电话）、远程会议等，对时延和带宽要求严格，具有较高的优先级，在天基通信系统中应重点满足这类业务对信道资源的需求；第二类为非实时性业务，如文件传输协议（File Transfer Protocol，FTP）、短消息传输、邮件传送、网页浏览等，业务的时延和带宽是可变的，在通信质量许可的范围内具有弹性的传输业务带宽，从而可以将这些业务的优先级看作较低。

3. 接入优先级分析

在对传统地面通信系统的相关研究中，很少涉及对各类终端用户进行优先级划分，而且重点对业务优先级进行划分并实施研究的也不多。总体来看，对于区分终端优先级的相关研究不够周到全面。而对于天基网络来说，形形色色的卫星系统，其种类主要按照各自执行的功能和重点传输的业务类型进行划分。因此，研究天基网络时，在对终端用户进行优先级划分时，必须要考虑到具体的业务。

(1)终端优先级。

划分终端优先级的目的在于不能平等看待进行接入的各种用户，要分为不同的重要程度。重点考虑高优先级的用户，应确保其在接入时享有“特权”，如应急通信卫星的优先级理应高于其他类型的卫星。

(2)业务优先级

划分业务优先级的目的在于要区分不同业务的重要程度。卫星通信系统业务多样化发展，需要对其实施优先级划分，否则不能保证系统整体的 QoS。同样，需要重点关注高优先级业务传送，在不影响低优先级业务通信质量的前提下尽可能地给予其优先权。

4. 接入协议分析

对于天基网络接入技术的研究，本节重点分析接入协议，按照协议的具体功能对应用于天基卫星网络的各类接入协议进行分类，可按照信道的状态(信道是静态还是动态)、控制算法是否自适应、接入方式(是集中式还是分布式)等方面进行划分。常用的 MAC 层接入协议分类如图 4.41 所示，每类接入协议都有其适用范围，也都有各自的特点。总体来说，可将这些协议分为竞争类接入协议、非竞争类接入协议和有限竞争类接入协议三类。

对于竞争类接入协议，采取的是一有数据就发的方式，因此必然会存在碰撞，比较常见的竞争类接入协议有 ALOHA、时隙 ALOHA(S－ALOHA)、优先级导向按需分配协议(Prority oricented demand assignment，PODA)及载波侦听多路访问(Carrier Sense Multiple Access，CSMA)。其中，CSMA 是 ALOHA 的改进，其原理是综合考虑 ALOHA 和载波侦听技术，将二者的优点结合在一起。

对于非竞争类的接入协议，比较常见的有时分多址(Time Division Multiple Access，TDMA)、频分多址(Frequency Division Multiple Access，FDMA)、码分多址(Code Division Multiple Access，CDMA)、空分多址(Space Division Multiple Access，SDMA)和多服务接入平台(Multi-Services Access Platform，MSAP)。其优点在于“公平”对待各个终端用户，为每个用户平等分配系统资源，因此不会发生碰撞，故又名固定多址接入协议。

有限竞争类接入协议是综合考虑竞争类协议和非竞争类协议的产物，具体工作方案是：在系统的通信负载较高时，采用非竞争接入方式；在系统的通信负载较低时，采用竞争接入方式。研究中比较常用的措施是对不同的用户终端依照传输的业务类型进行优先级划分，则在某个特定时刻，每个分组中只存在一个终端用户进行通信，如此可以降低参与竞争的终端数目。

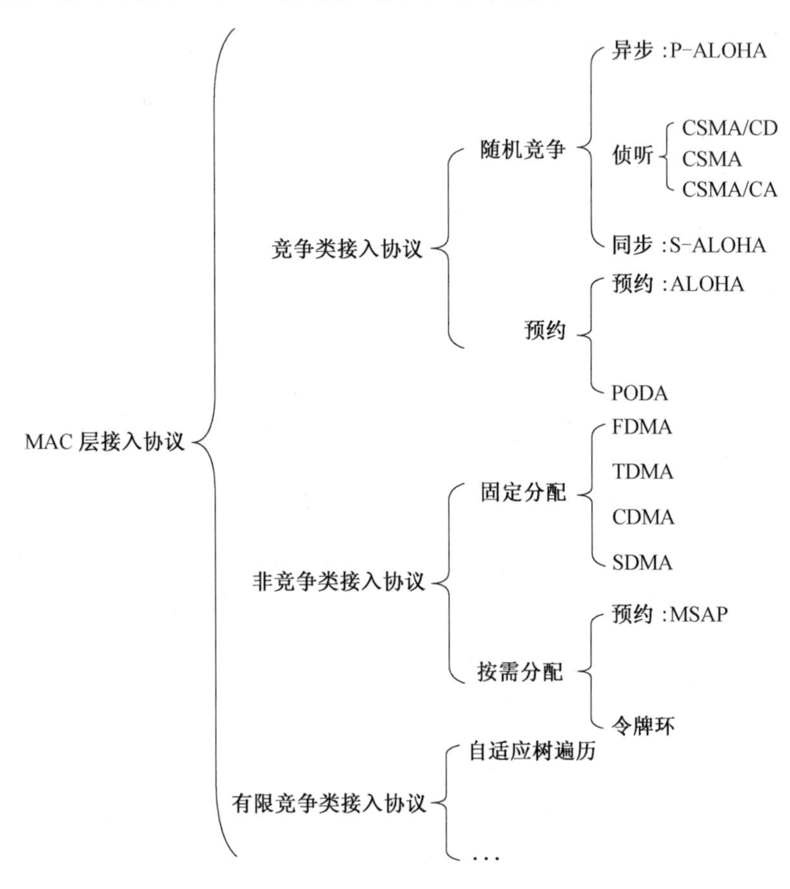

图 4.41　常用的 MAC 层接入协议分类

综合以上的各类接入方式，可以总结如下。竞争类的协议（如 ALOHA、S-ALOHA、CSMA），其最大优势在于能够同一时刻服务众多的终端用户，并且终端节点可以随时地入网、出网，网络具有较高的动态性和良好的可扩展性。这些特点正好符合天基高动态网络环境的需求，因此在卫星网络系统中比较常见的就是竞争类接入协议。但这类协议也不可避免地存在缺陷，如不同类型的终端用户对这类协议来说是没有任何区别的，无法区分不同业务类型的重要程度，为所有业务和终端提供同等的服务，更不用说为保证 QoS 而去为某些更重要的业务（高优先级业务）提供更可靠的服务，尽可能地去提升其吞吐量。非竞争类接

入协议的优势在于能够保证通信高可靠、无冲突，从而达到很高的吞吐量性能。其缺点是网络的定时、同步比较困难，由于资源分配的固定性，网络的可扩展性较差，终端用户不能随时随地入网和出网，无法按需动态地改变系统资源，因此很容易出现两种情况：系统资源浪费和资源利用不足。

另外，重要的是，对于天基网络来说，其通信环境与地面无线通信环境存在较大差异，所以在选择适用的 MAC 层接入协议时，需要考虑其特有的一些特点，满足一些特殊需求。

5. 仿真分析

由于卫星通信系统中比较常用的接入协议是竞争类的多址接入协议，因此下面对常用竞争类协议的性能做简要对比分析。主要仿真参数见表 4.9。

表 4.9　主要仿真参数

参数	值
比特速率/($bit \cdot s^{-1}$)	6×10^6
符号速率/($symbol \cdot s^{-1}$或 Baud)	3×10^6
数据包长度/bit	500
路径损耗系数	2

ALOHA、S-ALOHA、CSMA 三种协议在有捕获效应和无捕获效应情况下的归一化吞吐量和归一化时延性能分别如图 4.42 和图 4.43 所示。

由图 4.42 和图 4.43 可以看出，无论是在有捕获效应还是在无捕获效应情况下，CSMA 性能都相对较好，ALOHA 较差。这是因为 CSMA 综合了 ALOHA 和载波侦听技术的优势。在天基网络的星簇架构模型中最常用的接入协议即 CSMA 接入协议。随着认知技术在星间卫星通信系统中的应用，带有认知能力的卫星系统也在逐渐发展，使得载波侦听技术也进一步发展，从而使得 CSMA 协议也能够应用到天基网络的星座架构模型中[20-21]。

有捕获效应与无捕获效应相比，其性能能够进一步提升，如果不考虑捕获效应，则只要发生碰撞则就认为发送失败，进行丢弃或随机退避。考虑捕获效应，在发生碰撞时进一步判断接收到的信号功率是否大于捕获门限，若大于则认为发送成功，否则认为发生失败，故提高了吞吐量，降低了时延。

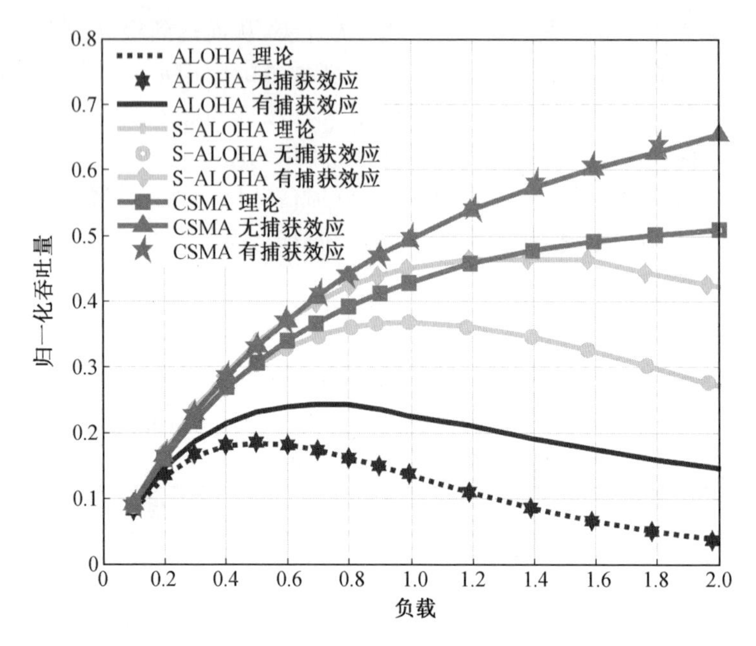

图 4.42　三种协议在有捕获效应和无捕获效应情况下的归一化吞吐量

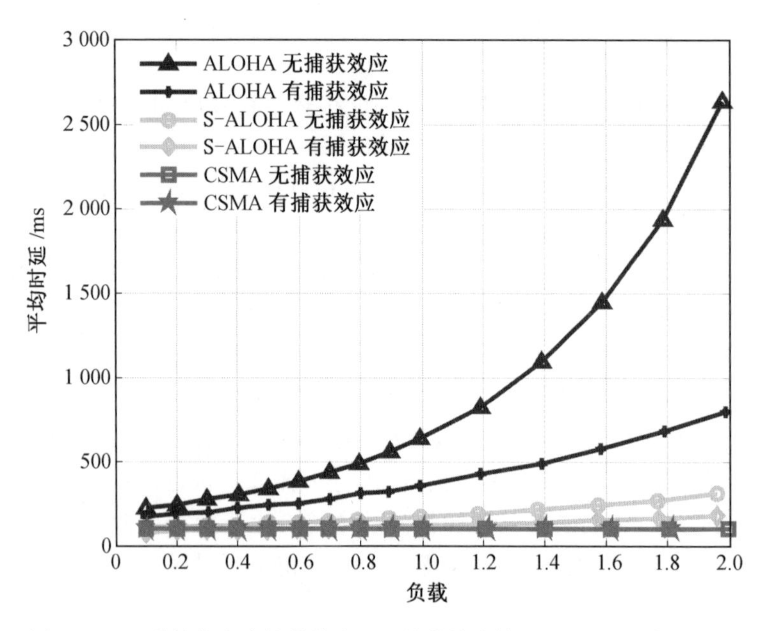

图 4.43　三种协议在有捕获效应和无捕获效应情况下的归一化时延性能

4.4.2　基于业务优先级的自适应能耗接入机理

由于天基系统是功率受限系统，因此为节约能耗、延长网络的使用寿命，针

对GEO/LEO卫星系统，对系统中的卫星实行分簇处理。主要从以下两个方面进行研究。

首先对卫星网络传统的星群分簇方案低功耗自适应集簇分层型协议(Low Energy Adaptive Clustering Hierarchy，LEACH)算法进行改进。LEACH算法采用网络动态分簇方式，随机选择LEO簇首节点，网络以循环的方式实时更换LEO簇首节点，针对该方案中确定LEO簇首时未权衡星簇内LEO卫星当前时刻的剩余能量，从而导致整个天基网络能量分配不平衡状况。改进方法是依照LEO的剩余能量设置被选为簇首的最佳概率再进行动态分簇，从而延长节点生命周期并节约能量。

然后进一步进行改进，由于LEO卫星数量较少，因此可取消设定LEO簇首，所有LEO卫星都作为星簇内的普通节点，并考虑天基网络中的业务优先级。系统执行的服务类型有两种：实时业务服务和非实时业务服务。该方案根据业务类型和传输链路长度允许或拒绝建立传输链路来降低网络能耗。

1. 传统分簇接入方案

针对GEO/LEO双层星座，根据GEO个数分成四个星簇，即Cluster1、Cluster 2、Cluster 3、Cluster4，经过簇内通信链路和簇间通信链路实现信息共享。所有星簇都是由一颗GEO和若干颗LEO组成的。

在传统分簇方案中，为更好地对网络进行层次化管束，会在LEO星簇内随机选择LEO作为该LEO星簇的簇首，从而作为星簇内卫星节点之间通信的中转站。簇内其他普通LEO卫星通过该LEO簇首与所在簇的其他LEO进行通信，或者通过该LEO簇首与所在簇的大簇首GEO卫星通信而达到与另外星簇的LEO卫星通信的目的。传统分簇方案如图4.44所示。

(1)LEACH算法。

在传统分簇方案中，最常见的分簇算法是LEACH[22]算法，该算法适用于簇内各节点具有较快的运动特性的情况，网络拓扑结构实时变化，显然符合天基网络的环境特性。LEACH算法属于动态分簇方式，其思路可归结为：随着簇内各节点的实时运动，网络会随机地确定某个节点担任该簇群的簇首，并且随着时间的流逝而实时更换其他节点作为簇首。为防止原先选择的簇首因能耗损失较大而死亡，这种实时更换簇首的方式可以均衡网络中所有节点的能耗，尽量延长网络的生存时间。

LEACH中有一个重要名词——“轮(Round)”，每一轮分为两个阶段：初始化阶段和稳定阶段。为尽量降低系统的处理开销，稳定阶段持续时间相对较长。在初始化时，系统通过如下机制确定簇群的簇首：每个卫星随机生成一个(0,1)范围内的数，此数若小于阈值$T(n)$，则选择该卫星作为簇首，$T(n)$的确定方式是

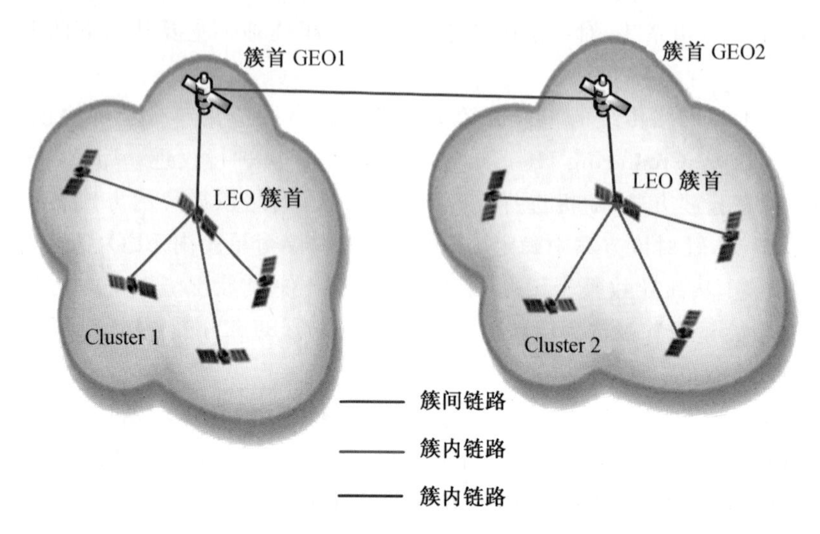

图 4.44 传统分簇方案(彩图见附录)

$$T(n)=\begin{cases}\dfrac{p}{1-p[r\times \bmod(1/p)]}, & n\in G\\ 0, & 其他\end{cases} \tag{4.83}$$

式中,p 为卫星星群中的卫星被选为簇首的比例;r 为目前的轮数;n 为卫星节点总数;G 为当前所有星簇成员节点集合;$r\times \bmod(1/p)$ 为当选过簇首节点数目。LEACH 算法流程图如图 4.45 所示。

LEACH 方案中,LEO 簇首的确定原则依照随机数决定。而在天基系统中,若某颗 LEO 卫星当前的剩余能量不多却被选为 LEO 簇首,那么这颗 LEO 可能会因能量消耗过多而死亡,从而导致整个天基网络的能量负载分配不均衡,甚至会影响整个 LEO 簇群的信息共享和通信。针对这些问题,对 LEACH 算法进行改进,具体措施是改变随机选择簇首的做法,依照卫星当前的剩余能量和具体的能耗情况确定 LEO 簇首,改进的 LEACH 算法称为 N－LEACH 算法。

(2)N－LEACH 算法。

N－LEACH 算法的原理是:选择 LEO 簇首时,假定每个 LEO 卫星都知道所在星簇系统的总能量,并且依据卫星当前状态下的能量确定选为 LEO 簇首的最佳概率。在初始化阶段,分配给每颗卫星一个权重,其值等于该卫星的初始状态下的能量除以普通卫星节点的初始状态下的能量,这个权重对应最佳概率 p_{opt}。另外,定义普通卫星加权被确定为簇首的概率为 p_{nrm},高级卫星加权被确定为簇首的概率为 p_{adv},其表达式分别为

$$p_{nrm}=\frac{p_{opt}}{1+am} \tag{4.84}$$

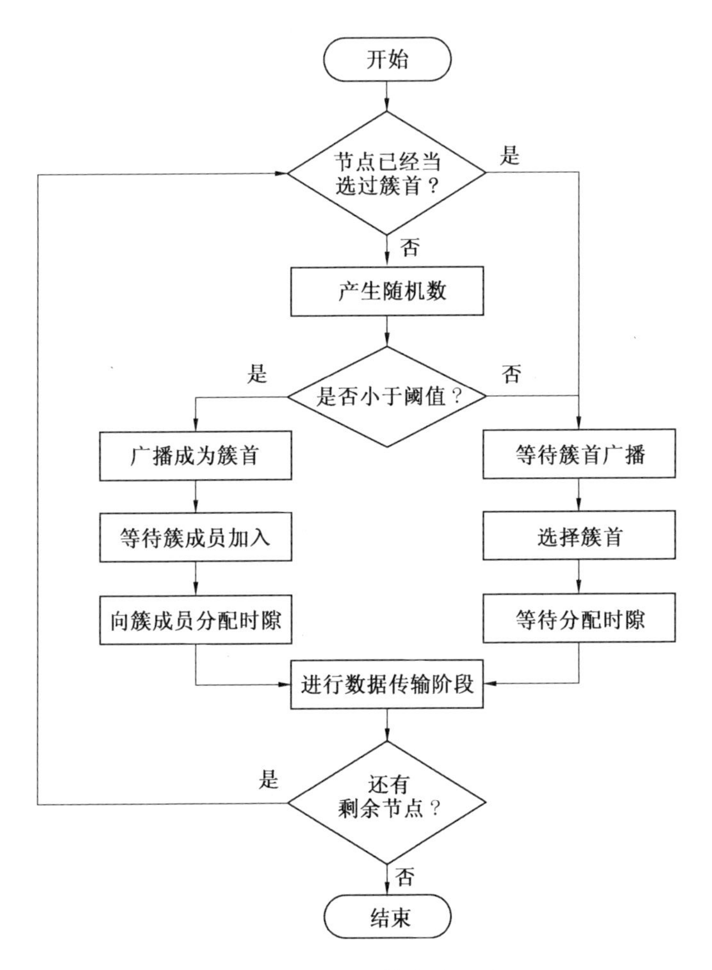

图 4.45　LEACH 算法流程图

$$p_{\text{adv}}=\frac{p_{\text{opt}}}{1-am}(1+a) \tag{4.85}$$

式中，a 的值等于高级卫星的初始能量除以普通卫星的初始能量；m 为高级卫星占总卫星数目的百分比。对于普通卫星节点和高级卫星节点，其被选为簇首的阈值分别为 $T(s_{\text{nrm}})$ 和 $T(s_{\text{adv}})$，其计算公式分别为

$$T(s_{\text{nrm}})=\frac{p_{\text{nrm}}}{1-p_{\text{nrm}}[r\times \text{mod}(1/p_{\text{nrm}})]} \tag{4.86}$$

$$T(s_{\text{adv}})=\frac{p_{\text{adv}}}{1-p_{\text{adv}}[r\times \text{mod}(1/p_{\text{adv}})]} \tag{4.87}$$

通过改进，N－LEACH 算法可以确保剩余能量高的卫星比剩余能量低的卫星被确定为簇首具有更大的可能性。

(3)仿真分析。

为比较 LEACH 算法与 N－LEACH 算法的性能,在仿真模型中,假设有 50 颗 LEO 卫星节点在仿真区域内随机分布。卫星节点分布图如图 4.46 所示。主要仿真参数见表 4.10[23]。

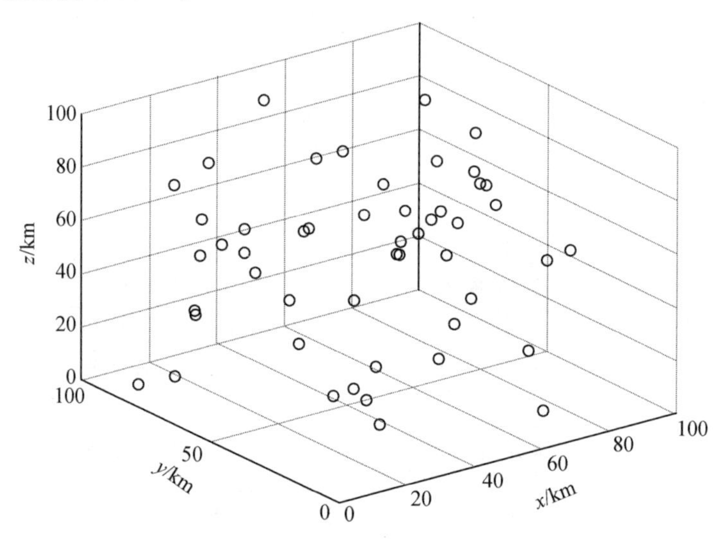

图 4.46　卫星节点分布图

表 4.10　主要仿真参数

参数	符号	值	单位
单个卫星节点初始能量	E_0	2	J
发射能耗	E_{elec}	50	nJ/bit
数据融合能耗	E_{DA}	5	nJ/(bit · signal)
传输放大器的能耗	E_{amp}	100	pJ/(bit · m^2)
路径损耗系数	ξ	2	—

接下来对 LEO 卫星的存活数目、节点平均剩余能量及传输的数据量仿真进行说明。

①卫星节点存活数目。从卫星存活数目来看(图 4.47),关于 LEACH 方案,首颗卫星的死亡是在 1 200 轮左右,N－LEACH 方案的首颗卫星死亡出现在 1 400轮。LEACH 方案在 1 800 轮左右有将近一半的卫星失效,然而 N－LEACH 方案出现此种情况是在 3 000 轮。也就是说,对于一半卫星的死亡时刻,N－LEACH 方案比 LEACH 方案延后了将近 66%,并且当 LEACH 方案在 6 000 轮左右,存活的卫星数目趋于 0,而方案 N－LEACH 在 6 000 轮左右时,存活的卫星数量仍趋于 8。

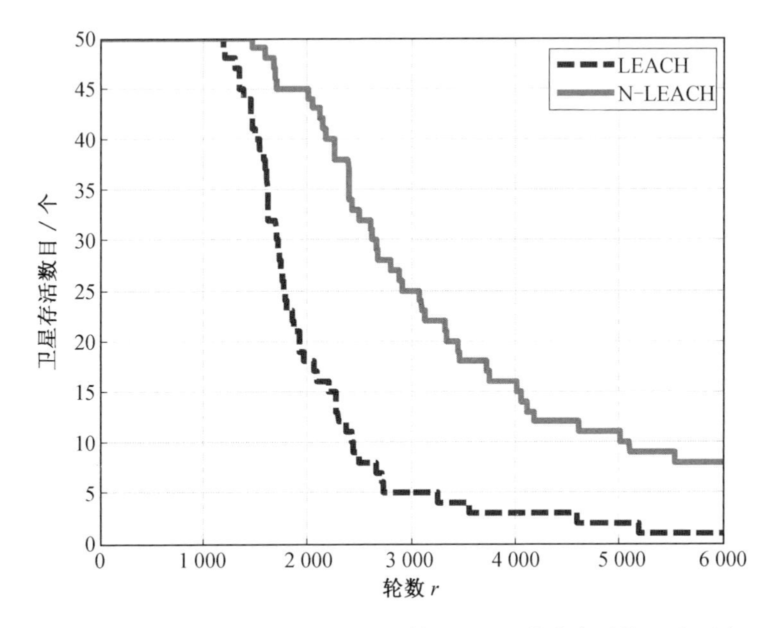

图 4.47　LEACH 算法和 N-LEACH 算法的卫星节点存活数目对比图

②卫星节点平均剩余能量。从剩余能量来看(图 4.48),在第 3 000 轮时,LEACH 算法节点平均剩余能量趋于 0,N-LEACH 在 6 000 轮时平均剩余能量才趋于 0,N-LEACH 算法可以很大程度上延长网络生存时间。

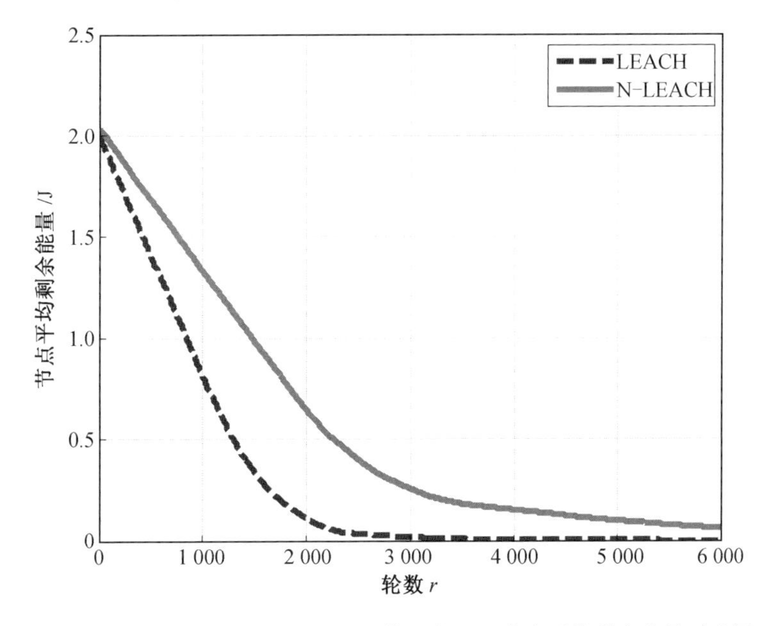

图 4.48　LEACH 算法和 N-LEACH 算法的卫星节点平均剩余能量对比图

在传输数据量方面(图 4.49),N－LEACH 也比 LEACH 算法具有优势。

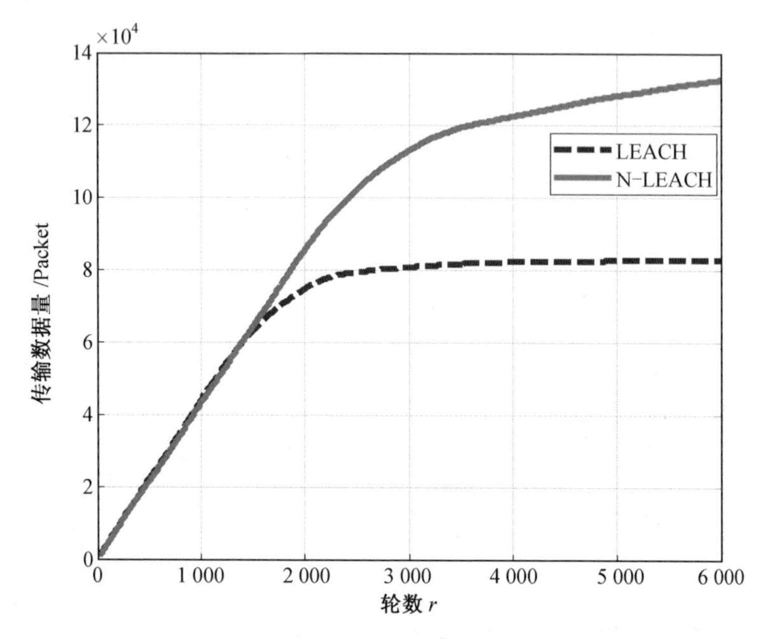

图 4.49　LEACH 算法和 N－LEACH 算法的卫星节点传输数据量对比图

从图 4.47、图 4.48 和图 4.49 中可以看出,N－LEACH 算法相对于 LEACH 算法,其性能得到了提升。这是因为与传统的 LEACH 算法相比,N－LEACH 算法具有如下优势:在 N－LEACH 方案中,不同卫星初始能量不一样,通过改进能够确定残余能量较多的卫星被选为 LEO 簇首,从而使得第一颗卫星的死亡时刻延后了很多,也就是延长了稳定阶段的持续时间。

2. 基于业务优先级的自适应能耗接入方案

(1)总体思路。

为支持天基网络中不同优先级的业务,进一步降低网络能耗,提出了基于业务优先级的自适应能耗接入方案(Adjustable Energy Comsumption Access Scheme Base on Priority,P－AECAS)。基于 GEO、LEO 卫星部署的簇群模型如图 4.50 所示,简化起见,这里每个星群只画出两颗 LEO。

对于图 4.50 来说,每颗 GEO 卫星总是其所在星群的簇首。GEO1 是 Cluster 1的簇首,永远不会是 Cluster 2、Cluster 3 或 Cluster 4 的簇首。GEO 卫星和 LEO 卫星的运行速度分别约为 4.64 km/s 和 7.8 km/s,也就意味着 LEO 卫星相对于 GEO 卫星来说,其改变位置更快。对于图 4.50 来说,假设在时间 t_1,LEO1 和 LEO2 都在 Cluster 1 中,也就是都由 GEO1 管理。然而,由于 GEO 和 LEO 运行速度存在差异,因此在时间 t_2,LEO 相较于 GEO1 来说其位置改变更容易。这也就意味着 LEO1 和 LEO2 在时间 t_3、t_4时刻都有可能在另一个星群

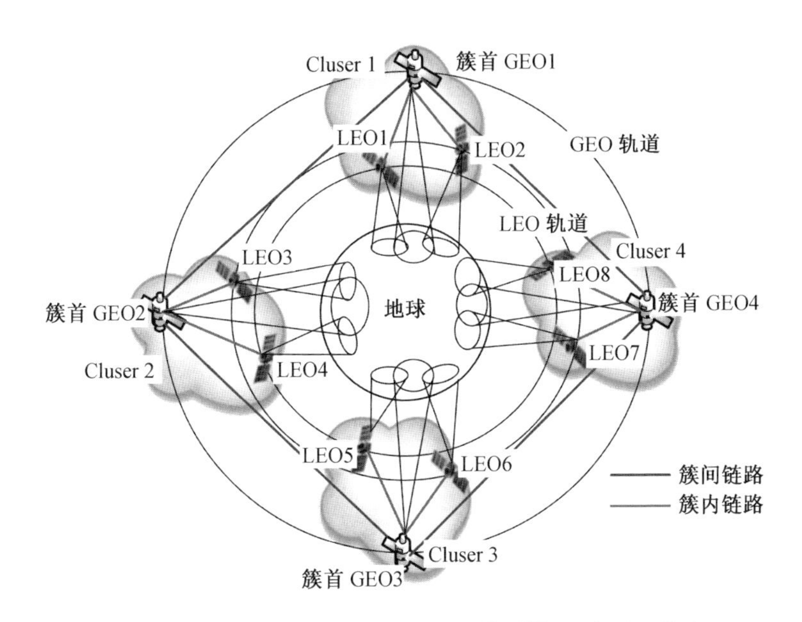

图 4.50　基于 GEO、LEO 卫星部署的簇群模型(彩图见附录)

里。因此,LEO 卫星根据其位置在某个特定的时间段内动态地属于不同的星群。

与传统的星群分簇接入方案相比,P－AECAS 方案有以下两个重要区别。

①网络拓扑。在传统接入方案中,若同一簇群里的两个节点 LEO1 和 LEO2 需要建立一条通信链路,则这两节点必须通过它们所在 LEO 星簇的簇首。在 P－AECAS方案中,由于天基背景 GEO/LEO 网络中 LEO 数量较少,因此取消 LEO 簇首的设立(图 4.50),若 LEO1 和 LEO2 距离很近,则允许 LEO1 和 LEO2 直接建立链路。如果参与通信的两个节点位于两个不同的簇群,如 LEO1 和 LEO3,则 LEO1 通过 GEO1 连接 GEO4 再到 LEO3,达到与之通信的目的。此时,LEO1 必须通过它的簇首 GEO1 连接 LEO3 的簇首 GEO2。最后,GEO2 与 LEO3 建立链路。

②星间链路(Inter-Satellite Link,ISL)是否建立基于业务类型及卫星之间的距离。P－AECAS 方案假设非实时业务服务因其本身的服务类型的原因而可以被延迟执行,并且不会对终端用户产生影响。为节省能量,长距离链路的非实时业务服务能够延后传输,即当参与通信的卫星距离较近时再进行传输。如果传输链路是关于实时业务的,则由于此种业务类型严格的时延限制,因此无论卫星链路是长距离还是短距离,都必须立即建立。另外,传统的分簇接入方案没有考虑距离长度因素来拒绝建立链路,因为拒绝建立链路的可能性在传统接入方案中根本不存在。

(2)P－AECAS 接入方案。

P－AECAS 方案处理过程涉及两个场景。其中,Case a 为实时业务;Case b

为源卫星节点与目的卫星节点之间的长距离非实时业务；Case c 为源卫星节点和目的卫星节点之间的短距离非实时业务。

①场景一涉及一个簇群的通信，只包括一条簇内链路（图 4.51），其过程如下。

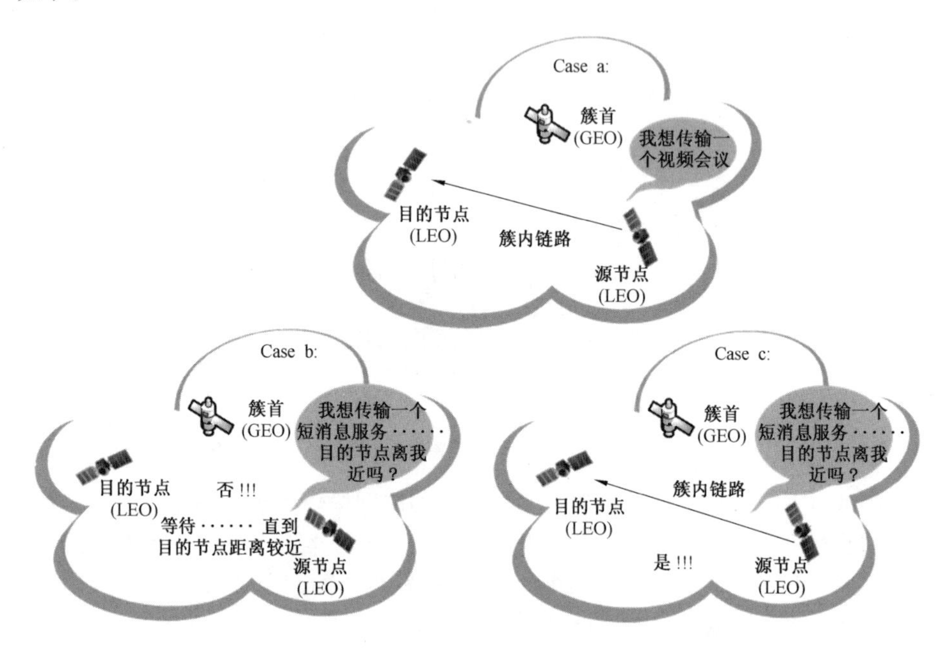

图 4.51　场景一下的 P－AECAS 方案

第一步：P－AECAS 方案判定链路涉及的业务类型。

第二步：如果传输的是实时业务（Case a），则无论源节点与目的节点之间的距离多长，簇内链路都直接建立并且无须请求簇首的协助。如果传输的是非实时业务，则首先判定源卫星节点与目的卫星节点之间的距离：如果源卫星与目的卫星节点之间的距离很长（Case b），则簇内链路是被拒绝的，直到它们的距离较近时才建立；如果源节点与目的卫星节点之间的距离较短（Case c），则簇内链路直接建立而无须请求簇首的协助。图 4.52 所示为场景一下的 P－AECAS 方案流程图。

②场景二涉及两个星簇之间的通信，包含两条簇内链路和一条簇间链路（图 4.53），其过程如下。

第一步：P－AECAS 方案判定链路涉及的业务类型。

第二步：如果传输的是实时业务，则一条簇内链路在源节点与 Cluster 1 之间直接建立，而不用考虑卫星之间的距离（Cluster 1 内的 Case a）。如果传输的是非实时业务，则首先判定源卫星节点与 Cluster 1 之间的距离：如果节点之间的距离很长，则簇内链路被拒绝，直到两节点间的距离较近时才建立（Cluster 1 内的

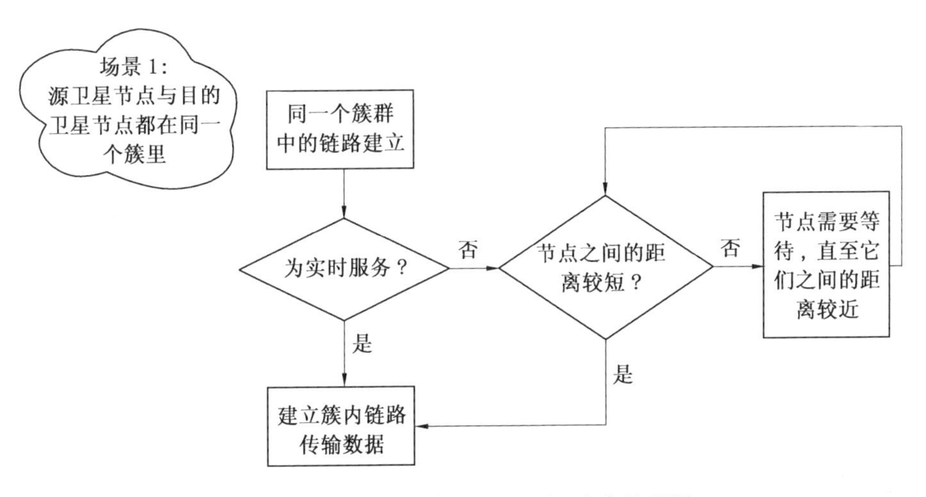

图 4.52　场景一下的 P－AECAS 方案流程图

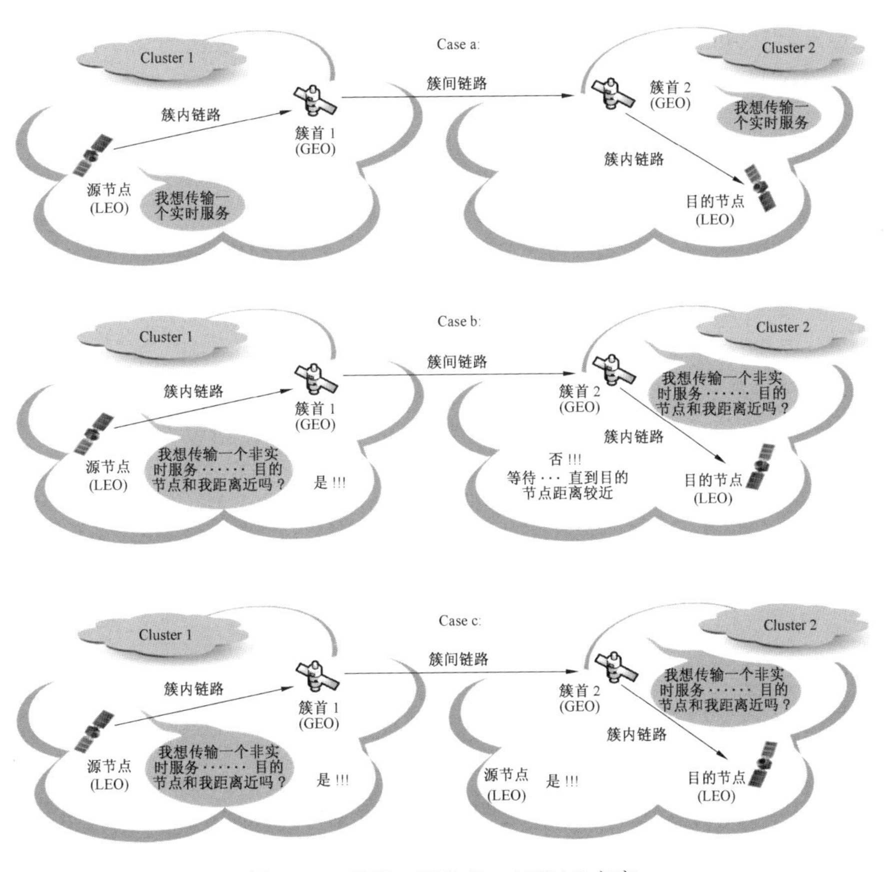

图 4.53　场景二下的 P－AECAS 方案

Case b);如果源卫星节点与目的卫星节点之间的距离较短,则源卫星节点和簇首之间的簇内链路直接建立(Cluster 1 内的 Case c)。

第三步:一旦第一条簇内链路建立了,则 Cluster 1 需要建立与 Cluster 2 之间的簇间链路。

第四步:在簇间链路建立完之后,接下来建立第二条簇内链路。此时,方案再一次判定关于此链路执行的业务类型。

第五步:如果传输的是实时业务,则第二条簇内链路在 Cluster 2 与目的卫星节点之间直接建立而无须考虑它们之间的距离(Cluster 2 内的 Case a)。如果传输是非实时业务,则首先判定 Cluster 2 与目的卫星节点之间的距离:如果节点之间的距离很长,则 Cluster 2 拒绝簇内链路的建立(Cluster 2 内的 Case b),在这种情况下,Cluster 2 保存数据在它的缓冲区内,等待另一条簇内链路的建立,簇内链路被拒绝,直到 Cluster 2 到目的卫星节点间的距离较近时才建立;如果 Cluster 2 与目的卫星节点之间的距离较短,则 Cluster 2 与目的卫星节点之间的簇内链路直接建立(Cluster 2 内的 Case c)。最后,数据传输执行完毕。

场景二下的 P-AECAS 方案流程图如图 4.54 所示。

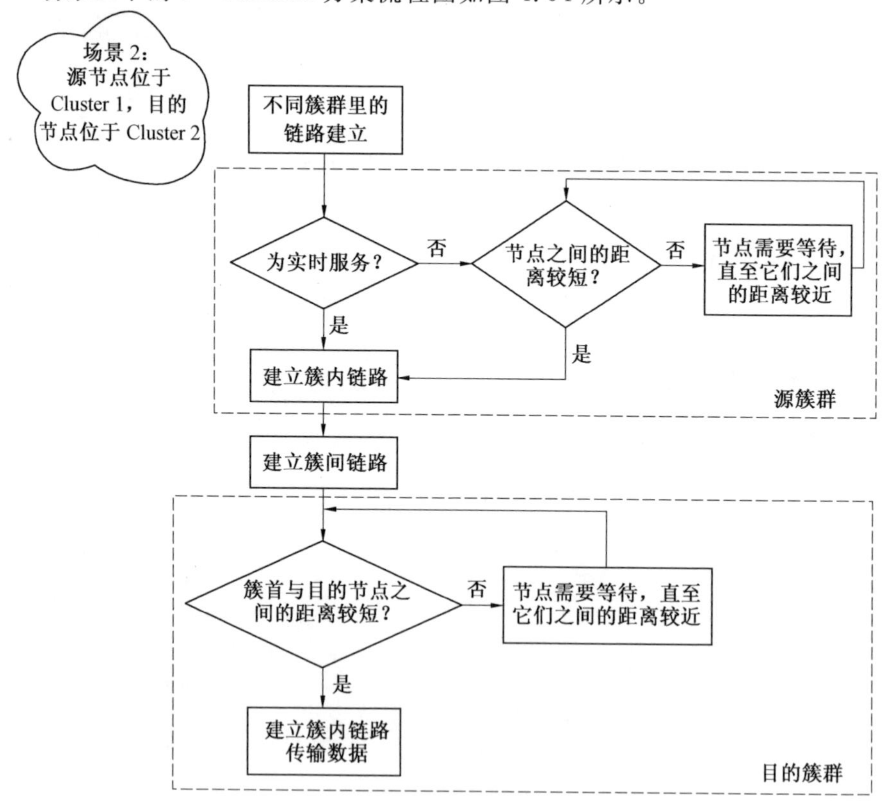

图 4.54 场景二下的 P-AECAS 方案流程图

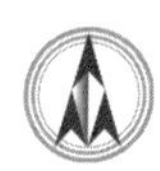

3. 仿真分析

(1)系统能耗。

在通信系统中,能耗是指在两个网络通信节点之间传输信息所需要的能量。天基网络中,发射模块与接收模块之间的距离为 d,传输 K bit 的数据时,发送信息的卫星节点能耗[24]可表示为

$$E_{tx}=E_{elec}K+E_{amp}Kd^{\xi} \tag{4.88}$$

接收端的卫星节点能耗可表示为

$$E_{rx}=E_{elec}K \tag{4.89}$$

式中,E_{elec}是发射模块 TX 和接收模块 RX 在发射和接收 1 bit 数据时的能耗;E_{amp}是传输放大器的能耗;K 是要传输的信息比特长度;d 是发射模块 TX 与接收模块 RX 的距离;ξ 是路径损耗系数。

P－AECAS 方案节省能耗的原因在于取消了 LEO 簇首的设立,且只在必要时才允许长距离传输信息。对于 P－AECAS 接入方案,系统事件有两种类型的结果,包括一个簇群的通信和两个星簇间通信。在实行实时业务或非实时业务传输时,存在两种类型的链路:短距离链路和长距离链路。通过分析基于二项分布的随机事件序列,实时请求和非实时请求的发生概率、短距离链路和长距离链路的发生概率都是各自相互独立的,从而每个事件(短距离实时服务、长距离实时服务、短距离非实时服务、长距离非实时服务)的联合发生概率也是相互独立的。在仿真分析时,实时请求和非实时请求的发生概率近似相等,短距离链路和长距离链路的发生概率分别为 6.25％和 93.75％(卫星节点之间的距离小于1 km时认为是短距离链路)。另外,主要仿真参数见表 4.11。

表 4.11　主要仿真参数

参数	符号	值	单位
发射能耗	E_{elec}	50	nJ/bit
数据长度	K	200	bits
传输放大器的能耗	E_{amp}	100	pJ/(bit・m^2)
路径损耗系数	ξ	2	

分别计算簇内和簇间通信的传输损耗,将结果与 LEACH 算法和 N－LEACH 算法进行比较。不同接入方案的能耗对比图如图 4.55 所示。可以看出,与 LEACH 和 N－LEACH 接入方案相比,P－AECAS 的能耗更低。

由图 4.55 可知,当每个星簇中有四个节点,在节点间的距离约为 55 km 的情况下进行信息传输时,自适应能耗接入方案比改进的传统星簇方案 N－LEACH 的能耗低 15.92 J。因此,自适应能耗接入方案的传输损耗占 N－

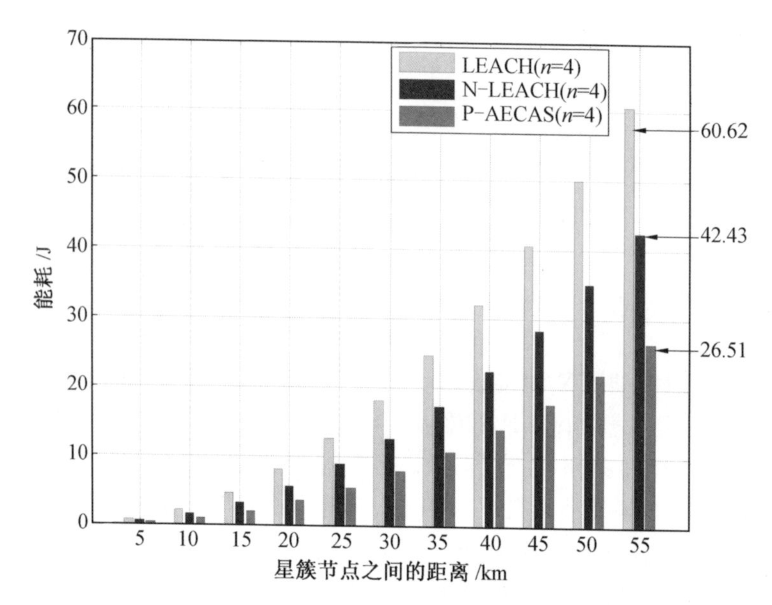

图 4.55　不同接入方案的能耗对比图

LEACH 方案传输损耗的 62.5%，节省了 37.5%的能量，相比于 LEACH 方案能耗更低。把节省的能量转化为卫星的使用寿命，可延长整个网络的生存时间，使用自适应能耗接入方案的优势显而易见。

为估计不同星簇大小的传输损耗，可改变每个星簇中节点的数目。在此，设置每个星簇中有七颗 LEO。在每个星簇有七个节点的场景中(图 4.56)，使用自适应能耗接入方案比 N－LEACH 方案节省了 37.5%的能量。基于图 4.55 和图 4.56 的结果，能耗与每个簇群的卫星数成正比。若每个簇群的卫星数增加，则该簇群网络也会消耗更多能量。此外，注意到每个星群有七颗卫星节点时，使用自适应能耗接入方案的能耗(图 4.56)仍比每个簇群有四个卫星节点下使用 N－LEACH方案(图 4.55)的能耗低，尽管前者网络具有更多的卫星节点数。换句话说，使用自适应能耗接入方案，每个簇群能够使用更低的能耗承载更多的卫星节点数。

(2)传输时延。

自适应能耗接入方案是以牺牲长距离非实时业务的传输时延为代价的。为分析系统的传输时延，需要考虑以下几个因素：数据包传送时间、往返时延 R_{TT}、来自卫星 W 的主要延时及重传时延。

$$D_{\text{intra cluster}}=1+R_1+W_{11}^1+E_1\left(1+A_1+\frac{1}{2}(K_r-1)\right) \tag{4.90}$$

$$D_{\text{inter cluster}}=3+R_1+W_{11}^1+E_1\left(1+A_1+\frac{1}{2}(K_r-1)\right)+$$

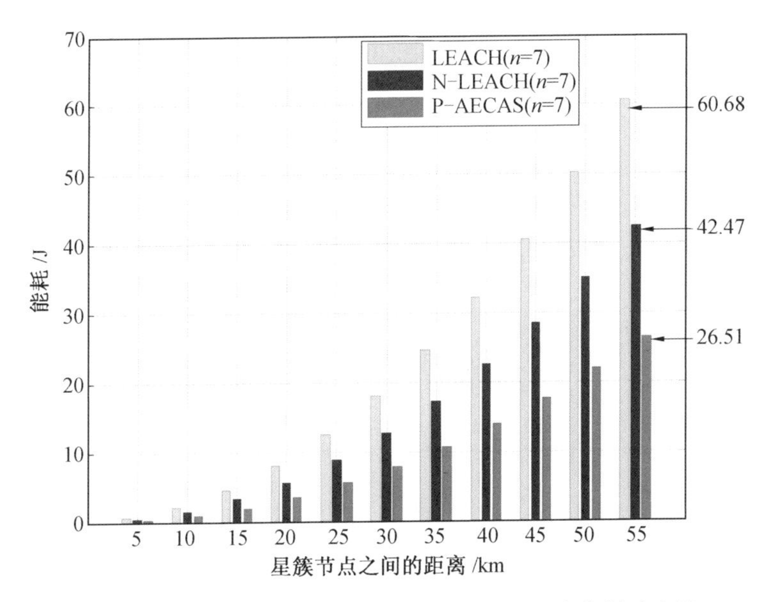

图4.56　每个簇群有7个节点场景下的不同方案能耗对比图

$$\frac{1}{2}R_2+W_{12}^2+J+\frac{3}{2}R_3+W_{12}^3+$$

$$W_{22}^3+2E_3(1+A_3\ \frac{1}{2}(K_r-1)) \tag{4.91}$$

$$W_{ij}^n=\frac{Q_{ij}^n}{S_{ij}^n} \tag{4.92}$$

式中，R_1、R_2、R_3 分别表示来自卫星1、卫星2、卫星3的往返传输时延；K_r 为重传范围；J 为星间传输时延；A_1、A_3 分别为来自卫星1、卫星3的确认时延；E_1、E_3 分别为卫星1、卫星3的重传次数；W_{ij}^n 为卫星 n 从源簇群 i 到目的簇群 j 的主要星上时延；Q_{ij}^n 为卫星 n 从源簇群 i 到目的簇群 j 要传输的数据包的平均队列长度；S_{ij}^n 为卫星 n 的吞吐量。

式(4.90)表示簇内环境下的传输时延，式(4.91)表示簇间环境下的传输时延[25]。

传输延迟与通信距离长短息息相关。另外，本方案中主要的传输延时也要考虑到受卫星之间暂时拒绝建立簇内链路的影响，因为本方案主要目的就是降低系统能耗，主要比较自适应能耗接入方案和传统星簇接入方案的传输延迟。为计算卫星 $n(W_{ij}^n)$ 的主要星上延时，可利用式(4.92)。在式(4.90)和式(4.91)中，W_{11}^1 是指卫星1的业务在相同的簇群1中从一颗卫星到另一颗卫星的主要星上时延；W_{12}^2 是指卫星2(其业务从簇群1到簇群2)的主要星上时延。在分析时，考虑200 bit的数据包大小。

图 4.57 和图 4.58 所示分别为场景一和场景二下的时延仿真结果。另外，主要仿真参数设置见表 4.12。

表 4.12　主要仿真参数设置

参数	符号	值	单位
往返时延	R_{TT}	280	ms
主要星上时延	W_{ij}^{n}	21	ms
重传次数	K_r	10	—
确认时延	A_1	20	ms
星间传输时延	J	110	ms
时隙间隔	SlotTime	2	ms

假设在簇内通信场景下，整个链路距离长度在 40 000～80 000 km；在簇间通信场景下，整个链路距离长度在 80 000～160 000 km(以上距离考虑了地球站到卫星之间的往返通信距离以及相应的簇内/簇间链路距离)。在上述设计的 GEO/LEO 双层网络中，LEO 距离地面距离约为 1 200 km，GEO 距离地面距离约为 36 000 km。在场景一(图 4.57)中，传统的星簇接入方案对于最短路径的主要时延为 150 ms，而自适应能耗接入方案的主要时延为 220 ms。在最长距离情况下，传统星簇接入方案和自适应能耗接入方案的主要时延分别为 300 ms 和 570 ms。总的来说，在簇内通信场景下，自适应能耗接入方案的主要时延约为传

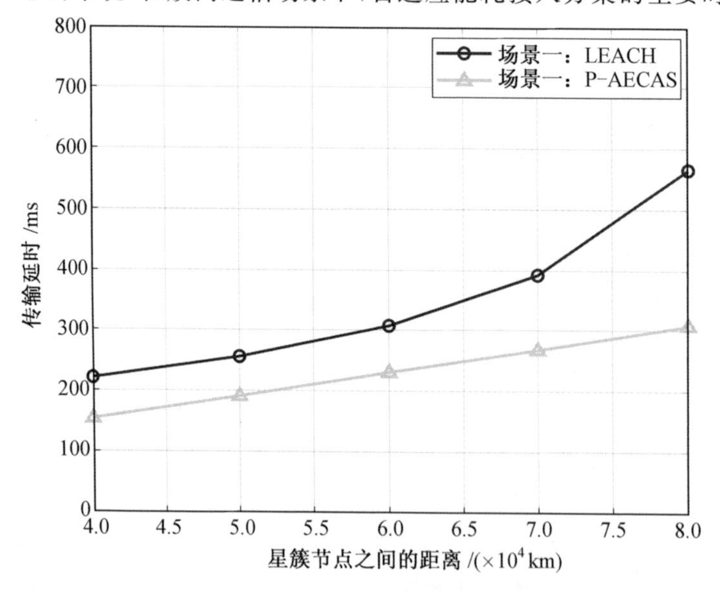

图 4.57　场景一下的延时仿真结果

统星簇接入方案主要时延的 1.7 倍。在场景二(图 4.58)中,这两个方案的主要时延差距更大,这是因为基于业务优先级的自适应能耗接入方案要考虑暂时拒绝长距离非实时服务的情况,此时存在保持时间。因此,在主要时延方面,传统方案比自适应能耗接入方案体现了更好的性能,这个问题降低了自适应能耗接入方案的有效性。但这对卫星系统来说是可以接受的,因为对于天基网络来说,尽可能延长卫星系统的生命周期是主要关注的重点。

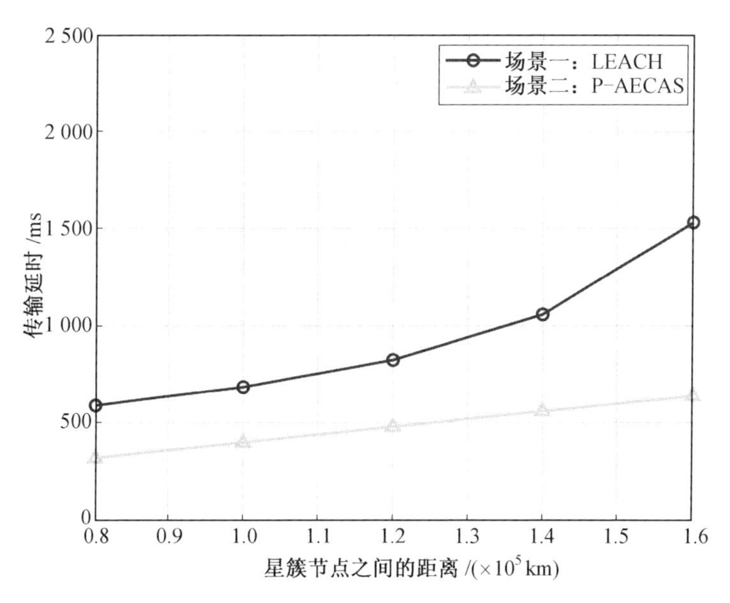

图 4.58　场景二下的延时仿真结果

(3)链路可用性。

传输功率效率和接收机的敏感度是选择合适传输媒介时需要考虑的两个因素。自由空间光链路能够支持更长距离卫星间的通信。比较空间的传输媒介,自由空间光传输由于可以使用更窄的波束,因此会消耗更少的能量。由于自由空间的激光通信可以帮助减少误码率和能耗,因此卫星间链路采用光链路更合适。为分析簇内和簇间链路可用性,有必要考虑几种传输媒介参数。

①链路可用性。链路可用性由实时的功率链路预算决定。链路可用性 A 可以表征天基网络保证性能优异的可能性大小。功率链路预算主要由三方面组成:卫星发射机、信道和卫星接收机。卫星发射机部分的链路预算包含光功率、调制损耗、发射天线增益及光损失总和;信道部分链路预算包含空间损耗、大气层吸收、散射等;卫星接收机部分包含接收天线增益、光损失和敏感度。

$$P_{\mathrm{SYS}}=P_{\mathrm{TX}}+G_{\mathrm{TX}}+A_{\mathrm{RX}}-\sum(L_{\mathrm{TX}}+L_{\mathrm{RX}}) \tag{4.93}$$

$$P_{\mathrm{RX}}=P_{\mathrm{SYS}}-D_{\mathrm{L}}=P_{\mathrm{SYS}}-20\log_2\frac{2g}{1m} \tag{4.94}$$

$$G_{\mathrm{TX}}=10\log_2\frac{4\pi}{2\pi(1-\cos 0.5\alpha)} \tag{4.95}$$

$$A_{\mathrm{RX}}=20\log_2 R_A \tag{4.96}$$

式中，G_{TX}表示在特定的全波束发散角α下的几何传输增益；A_{RX}表示在不同光孔径半径R_A下的几何接收增益；L_{TX}表征发射端部分的光损耗；L_{RX}表征接端机部分的光损耗；D_{L}指卫星之间以米为单位几何距离；g是卫星模块间的几何长度。式(4.93)和式(4.94)描述了光输出功率P_{TX}、系统功率因子P_{SYS}和接收功率P_{RX}之间的关系[26]。基于这些表达式，可以得到特定链路余量M_{SPEC}和接收功率容限P_{RS}，有

$$M_{\mathrm{SPEC}}=\frac{1\ 000}{g}(P_{\mathrm{RX}}-P_{\mathrm{RS}}) \tag{4.97}$$

$$P_{\mathrm{RS}}=K_{\mathrm{B}}(T_{\mathrm{TX}}+T_{\mathrm{RX}})B(S/N_0) \tag{4.98}$$

式中，K_{B}是玻尔兹曼常量；T_{TX}和T_{RX}分别是卫星发射机和卫星接收机的等效噪声温度；B表征卫星系统带宽；S/N_0表征输出端所需要的信噪比。

$$\alpha_{\mathrm{scat,spec}}=\frac{10\log_2\dfrac{1}{\gamma}}{V} \tag{4.99}$$

$$V=\frac{\ln\dfrac{1}{\gamma}}{\lambda} \tag{4.100}$$

式中，$\alpha_{\mathrm{scat,spec}}$为特定的散射衰减；$\gamma$表示传输阈值；$V$是在特定传输阈值$\gamma$下的大气路径距离。

链路可用性A由特定传输阈值γ下的散射衰减$\alpha_{\mathrm{scat,spec}}$决定。如果$M_{\mathrm{SPEC}}$比$\alpha_{\mathrm{scat,spec}}$大，则链路可用性$A$等于1。对于任何其他的值，没有链路可用性可言，有

$$A=\begin{cases}1, & M_{\mathrm{SPEC}}\geqslant\alpha_{\mathrm{scat,spec}}\\ 0, & M_{\mathrm{SPEC}}<\alpha_{\mathrm{scat,spec}}\end{cases} \tag{4.101}$$

观察以上关系式，传输阈值γ对于链路的建立与否及链路通信质量好坏非常重要。在计算中，设置$\gamma=2\%$。

②链路余量。得到的链路余量越高，说明接收的信号质量越好。对于长距离链路，波束宽度随着链路长度的增加而增加，从而接收功率水平会因扩散效应而随之减小。因此，接收功率减小，得到的链路余量也会减小。利用式(4.97)可以得到光链路和射频链路的链路余量，如图4.59所示。另外，光链路余量的主要影响因素见表4.13。

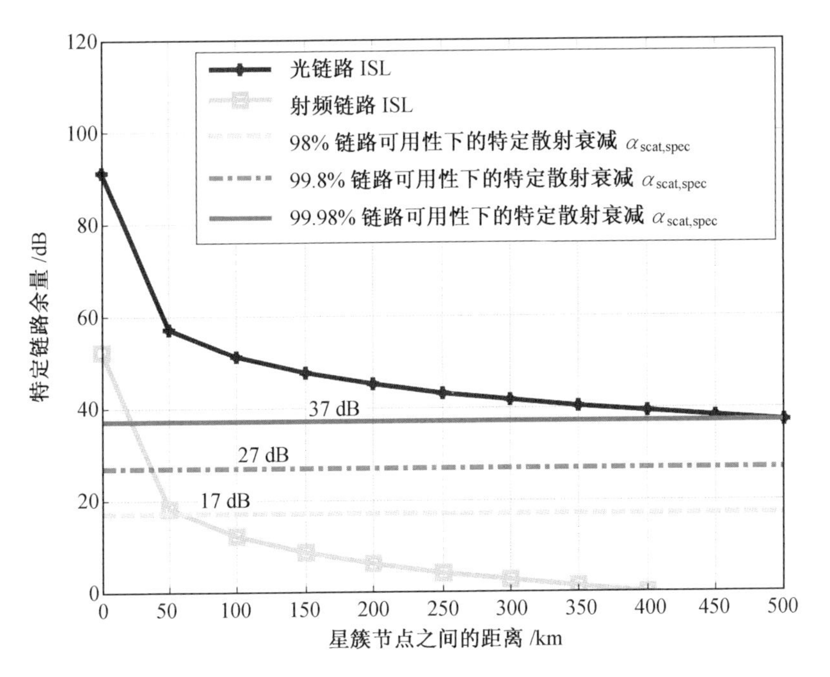

图 4.59　光链路和射频链路的链路余量

表 4.13　光链路余量的主要影响因素

参数	符号	值	单位
定位损失	$L_{positioning}$	1	dB
发射端的光损失	$L_{opt.\ TX.}$	6	dB
空间损耗	$L_{e.\ l.}$	208.52	dB
波束腰	W_0	1.5×10^{-6}	m
接收天线增益	G_{RX}	119.5	dBm
几何距离的分贝值	D_L	1.53×10^2	dBm
接收端的光损失	$L_{opt.\ RX.}$	6	dB
空间跟踪损失	$L_{sp.\ Track.}$	1	dB
玻尔兹曼常数	K_B	1.38×10^{-23}	J/K
发射机噪声温度	T_X	290	K
接收机噪声温度	R_X	290	K

由于传输距离原因，因此簇内链路的链路余量要比簇间链路大。另外，在任何距离下，激光链路的链路余量都要比射频链路大。事实上，在距离超过 50 km 的情况下，射频链路的可靠性已低于 98%。因此，为获得更好的簇内链路和簇间链路，激光链路比射频链路具有更多的优势。对于距离未超过 450 km 的簇间激

光链路，链路余量总是高于任意的传输阈值，以保证链路99.98%的可靠性。对于比这更长的距离，链路可靠性也能保证99.8%的可靠性。因此，激光链路可以支持更远距离的星间通信。

4.4.3 基于业务优先级的时频二维混合接入协议

在天基网络中，高速飞行的卫星终端间要想合理共享有限的信道资源，需设计合适的接入协议。这里分析仍是带认知能力的卫星，在卫星星簇中，现有的MAC层协议无法支持特别远距离的链路建立（如千百公里的链路距离）。另外，传统卫星系统多采用单一的多址工作方式（如ALOHA、TDMA、CSMA），频带利用率低，不能有效地满足多种业务的接入需求。为支持长距离的星间通信，提出了一种基于业务优先级的时频二维混合接入方式，具体包括以下三个方面。

（1）将多频时分多址（Multi Frequency TDMA，MF－TDMA）二维多路访问控制（Multiple Access Control，MAC）层接入方案融入天基网络，其采取频分和时分联合的二维方式，频域维度采取正交频分多址（Orthogonal Frequency Division Multiple Access，OFDMA）技术实行接入，时域维度采用天基系统常用的带有冲突避免的载波侦听多路访问（Carrier Sense Multiple Access with Collision Avoid，CSMA/CA）接入协议。

（2）为满足不同优先级业务的传输需求，引入优先级机制，对MF－TDMA时间维度上CSMA接入协议的退避算法进行改进，以支持不同优先级的业务。

（3）进一步，对MF－TDMA时间维度上的CSMA接入方式进行改进，综合CSMA和TDMA的优点，提出CSMA/TDMA混合的多址接入方案，在对时隙资源进行分配时，采用固定分配联合动态分配的方法，尽可能地使用所有资源，规避时隙浪费现象。

1. 天基网络MF－TDMA二维MAC层接入方案

参考相关标准[27]的物理层和MAC方式，提出时频二维混合MAC层接入方案（MF－TDMA）。MF－TDMA混合MAC层接入方案[28]能够在时间域和频率域的二维方向上允许多个站点充分利用子信道和不同时隙同时竞争可用资源，从而进行数据传输，有效提升吞吐量。

MF－TDMA机制下按需分配带宽的方式如图4.60所示。该多址接入方式有助于天基网络卫星模块间的长距离通信。当卫星之间存在长距离通信时，由于通信链路是功率受限的，因此减少分配给任意给定链路的带宽不一定会降低该链路的吞吐量，但却可以同时释放资源（频谱）给其他链路。通过跨层优化，可以分配某个卫星节点二维的时/频时隙和其他的卫星节点进行通信。因此，对于长距离的通信链路来说，可以相应增加吞吐量。对于相对较短距离的通信链路，

一个 OFDM 符号内的多个子载波联合可以增加给定链路的吞吐量。

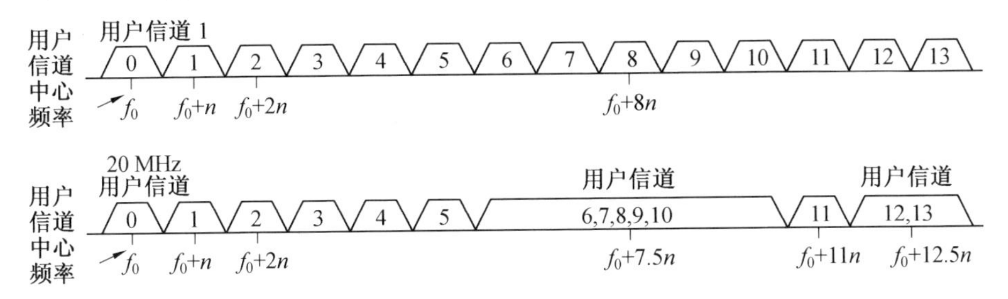

图 4.60　MF－TDMA 机制下按需分配带宽的方式

因此，分配给某条链路的载波数量和时隙数量是一个二维自由度的 MAC 层方式，以此来调度资源。二维超帧（Superframe，SF）时/频时隙分配示例如图 4.61所示（信标期 BP 通常占超帧时长的 1%）。其中，超帧的前一部分为信标时隙。另外，设置信标期（Beacon Period，BP）的作用为，卫星在此期间传输信标帧，达到与天基系统的其他卫星时间同步、协商接入的目的。然后，超帧 SF 的其他时/频时隙用来分配给定卫星节点并与其他卫星节点进行通信，其中几个时/频时隙也可能用来支持相关 MAC 层的协议。因此，MF－TDMA 方案能够可靠解决星间通信网络关于效率和机动性问题。

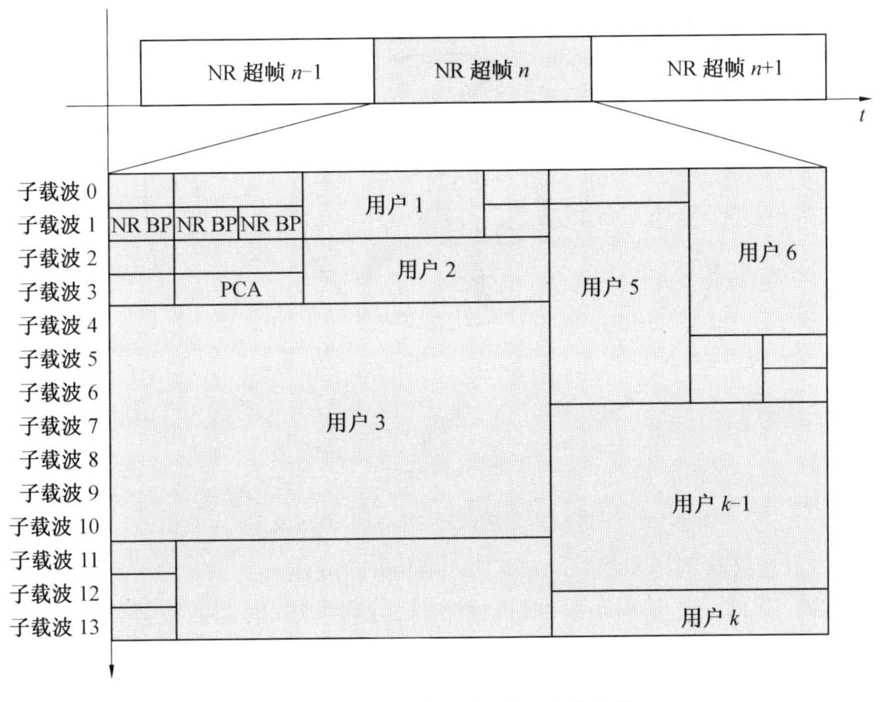

图 4.61　二维超帧时/频时隙分配示例

(1)天基网络的双程(Dual Range)设计。

面向GEO/LEO双层卫星系统的应用背景,同样按照GEO的个数进行分簇处理。为解决天基网络在极长距离下的效率问题,在每个星簇内定义两种不同区域范围:正常区域(Normal Range,NR)和扩展区域(Extended Range,ER)。

星群设置正常区域NR和扩展区域ER示意图如图4.62所示。正常区域NR是指预计卫星模块能够正常运作和服务的区域(如10 km),在这个区域内,MAC层能提供最优的性能。正常区域NR的范围不是固定不变的,其距离依照具体的通信性能好坏可变,在保证卫星模块正常运作的前提下,正常区域NR甚至能定义为100 km。扩展区域ER是指预计卫星模块能够基本保证正常控制和通信的区域范围,但在此区域内不能实现高数据速率的服务。ER的实际区域受到发散卫星模块范围、原始卫星发射范围、卫星发现范围、遗失或非机动模块范围的影响。

毫无疑问,NR、ER的范围可以不是静态的。事实上,它们根据不同的通信需求而动态变化。

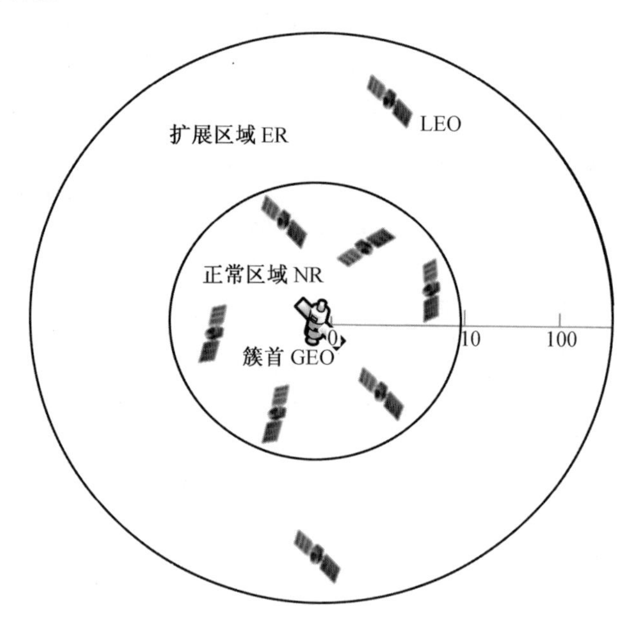

图4.62　星群设置正常区域NR和扩展区域ER示意图

(2)卫星模块的单双模(Single/Dual Modes)运作。

超帧SF的一些基本元素(如持续时间、时隙大小、时隙数量等)可以依照不同的通信需求动态变化以更好地适应不同的通信场景。

此外,针对GEO/LEO网络进行双程设计,提出两种不同的运作模式:单模(Single Mode,SM)和双模(Dual Mode,DM)。在单模时,无论是对于正常区域

NR 还是扩展区域 ER(SM/NR 和 SM/ER)，都只定义一种类型的超帧 SF。在单模时，所有子频带用于所有卫星节点。

在双模中，定义两种同时有效的超帧：一是用于 NR 的超帧 NR SF；二是用于 ER 的超帧 ER SF。子频带 0 专用于扩展区域 ER(称为 ER 带)，在 ER 带使用扩展区域超帧 ER SF。剩余的子频带用于正常区域 NR(称为 NR 带)，在 NR 带使用正常区域超帧 NR SF。

当所有卫星模块要么都在正常区域 NR，要么都在扩展区域 ER 时，卫星节点进入单模 SM 方式，如图 4.63 所示。当在单模 SM 方式时，所有模块遵循单个的 MF－TDMA 结构。结构的具体参数根据需要动态改变，但是总的 MAC 协议在特定的时间对所有节点来说都是一样的。

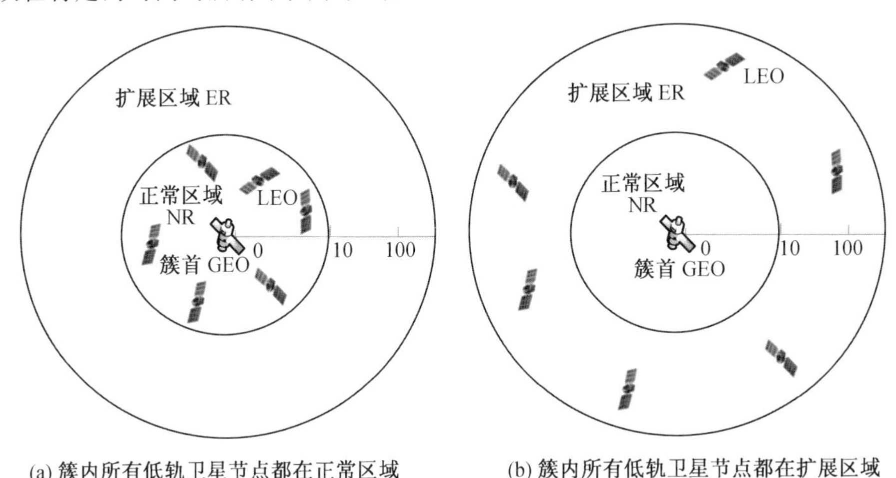

图 4.63　单模 SM 方式

当某些节点在正常区域 NR，另一些节点在扩展区域 ER 时，使用双模方式 DM。这样的情况比较常见，如当在正常区域 NR 保持较好性能的同时，星间网络簇群在扩展区域 ER 寻找新发射的卫星模块，或者一些正常运行的卫星模块需要监督另外一些寄存卫星模块。

对于给定的运作模式和通信距离，某颗卫星可能会处于下列状态中的一种：SM/NR、SM/ER、DM/NR、DM/ER。

(3) MF－TDMA 二维接入方案系统资源分析。

MF－TDMA 方案的系统资源是时间和频率的二维资源。在时间维度上，对于天基网络而言，由于卫星终端的高动态性，常用竞争类协议是 CSMA/CA，因此不同终端进行资源竞争，各卫星占用不同的时隙传输信息。频域维度由一系列子频带构成，故能采取 OFDMA 技术实行接入，将整个频段的这些子频带实行分组，每组子频带构成一个窄带子信道，整个带宽就能够形成多个不同的子信道以供 NR、ER 不同区域卫星终端同时使用。各子信道间具有正交性，不存在干扰。

根据相关标准定义的频段(3.1～10.6 GHz)[29]，分析 MF－TDMA 机制在频域维度的信道化方案。该标准将在物理层将频带划分成 14 个子频带，并进一步分成五组：第 1 组 3 168～4 752 MHz；第 2 组 4 752～6 336 MHz；第 3 组 6 336 MHz～7 920 MHz；第 4 组 7 920～9 504 MHz；第 5 组 9 504～10 560 MHz。物理信道划分如图 4.64 所示。可以看到，第 1 组到第 4 组都有三个子频带，第 5 组有两个子频带。

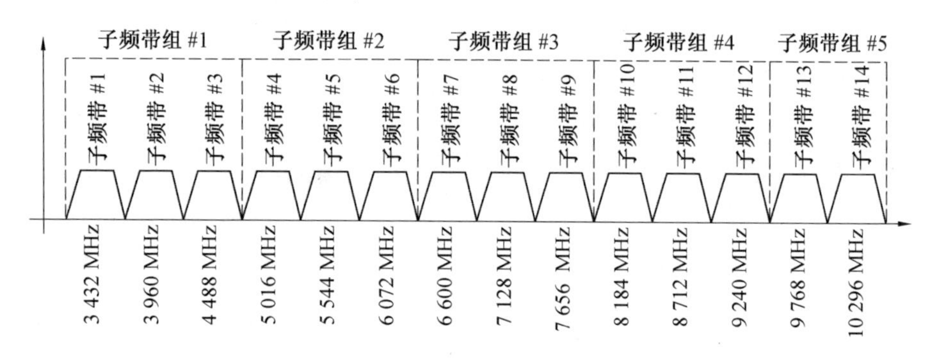

图 4.64　物理信道划分

为获取频率分集增益，物理层常采取跳频技术——时频码(Time-Frequency Code，TFC)来分布 OFDM 包。例如，时频码 312312 表征符号 1 在频段 3 发送，符号 2 位于频段 1，符号 3 在频段 2 发送，以此循环。关于时频码，有两种扩频交织技术：时频交织(Time-Frequency Interleaving，TFI)和固定频率交织(Fix Frequency Interleaving，FFI)。在参考的超宽带(Ultra Wide Band，UWB)内，采取 TFI 时，符号会在三个子频带内交织；采取 FFI 时，则只位于某一个频带。TFI 技术示意图如图 4.65 所示。

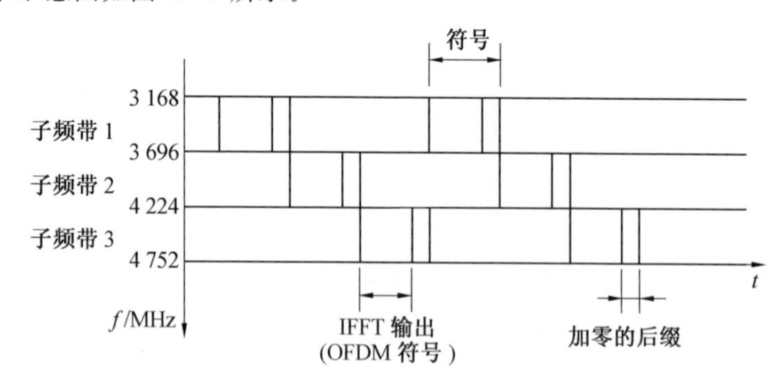

图 4.65　TFI 技术示意图

以第 1 组为例，子频带数目为 3，对应三个跳频点，假定分别是 1、2、3。在参考系统采取 TFI、FFI 技术（表 4.14），每组划分成七个逻辑信道，前面四个逻辑信道使用 TFI 技术，后面三个逻辑信道使用 FFI 技术。则对于整个频段来说，总共五组共计 4×(4+3)+2=30 个逻辑信道（其中，第 5 组仅能使用 FFI 技术）。

表 4.14　MB－OFDM 使用的时频码

逻辑信道号	跳频序列					
1	1	2	3	1	2	3
2	1	3	2	1	3	2
3	1	1	2	2	3	3
4	1	1	3	3	2	2
5	1	1	1	1	1	1
6	2	2	2	2	2	2
7	3	3	3	3	3	3

显而易见，五个子频带相互正交，能够利用此特性扩展成多信道。

仍然先分析第一个子频带，假设某颗卫星使用了逻辑信道 1，由于 TFI 技术，因此为获得正交信道，可将 OFDM 偏移一位，一共可得到三个具有正交性的子信道，逻辑信道 1 的正交子信道见表 4.15。按照同样的方式，逻辑信道 2 也可以获得三个具有正交性的子信道。

表 4.15　逻辑信道 1 的正交子信道

子信道号	跳频序列					
1	1	2	3	1	2	3
2	3	1	2	3	1	2
3	2	3	1	2	3	1

而观察逻辑信道 3、4 的跳频序列可以看到，要想利用正交性得到正交信道，需将 OFDM 偏移两位，逻辑信道 3 的正交子信道见表 4.16。

表 4.16　逻辑信道 3 的正交子信道

子信道号	跳频序列					
1	1	1	2	2	3	3
2	3	3	1	1	2	2
3	2	2	3	3	1	1

逻辑信道5、6、7使用的是FFI技术,互相正交,可以将这三个一起看待。

因此,利用频率的正交性可以很容易地将参考系统的每个频带组扩展成多信道。MF－TDMA频域的OFDMA技术实现多信道划分如图4.66所示,前四个频带组的划分方式相同,对于每个频带组来说,存在五个多信道,每个包含三个子信道。在MF－TDMA接入方式的频域维度,采用OFDMA技术,可以将一个逻辑信道扩展到多信道。下面分析中也以三个子信道进行分析,主要讨论卫星节点数不小于信道数情况下的性能。

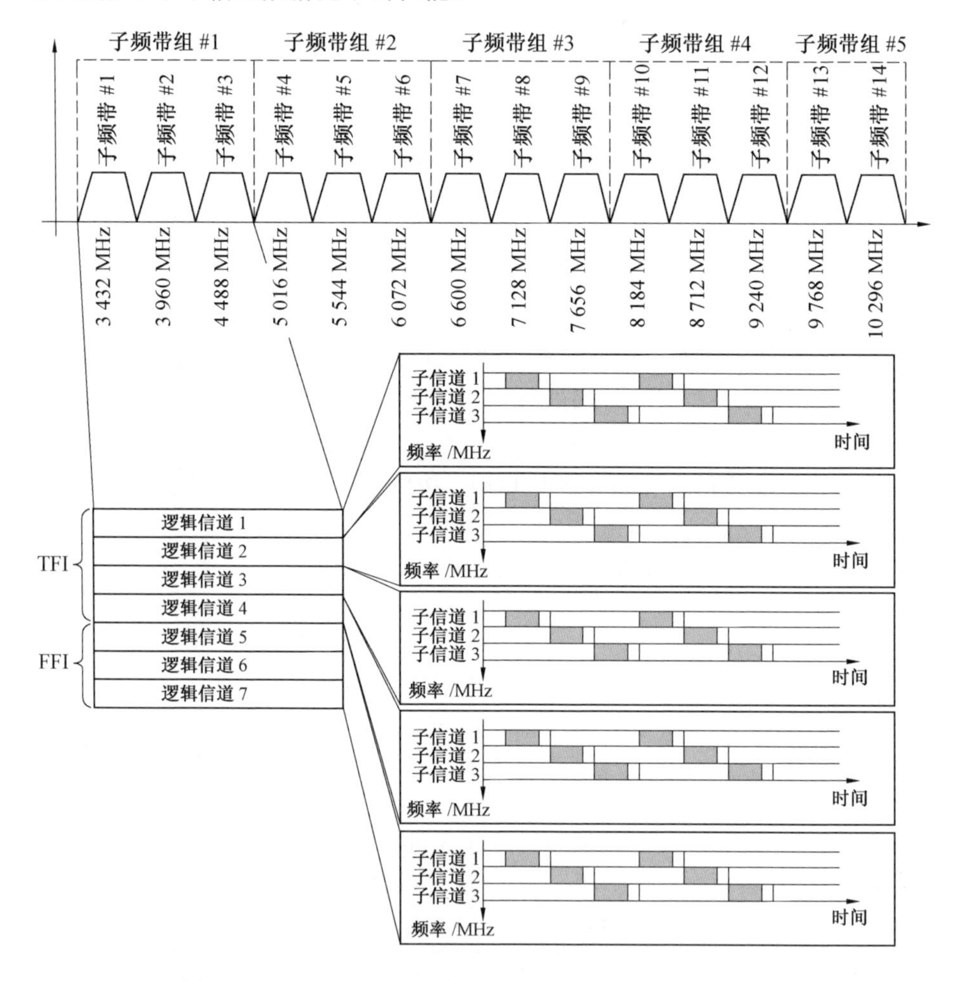

图4.66　MF－TDMA频域的OFDMA技术实现多信道划分

(4)仿真分析。

对于MF－TDMA二维接入机制,在频域维度上采用OFDMA技术进行接入,在时间维度上采用CSMA/CA接入协议,从而结合OFDMA和CSMA/CA技术,实现在时域和频域上的二维接入。将MF－TDMA二维接入方案与传统

一维 CSMA/CA 方案进行性能对比。主要仿真参数见表 4.17。

表 4.17　主要仿真参数

系统系数	值	单位
信息数据速率	2	Mbit/s
频率	2.4	GHz
SIFS	6	ms
DIFS	30	ms
时隙长度	12	ms
最小竞争窗口	15	—
数据包平均到达时间	110	slot
数据包分布	泊松分布	—
平均数据包长度	50	slot

图 4.67 所示为 MF－TDMA 二维接入机制的状态转移图及其说明。对于每个卫星节点，主要存在 S1 检测、S2 回退、S3 预约、S4 发送四个状态。

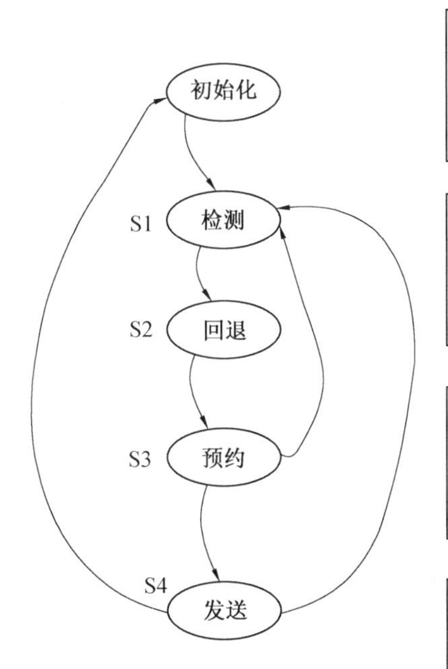

S1
当用户有数据待发时，周期性地检测各子信道当前使用情况。当检测到空闲子信道时，选择该子信道并进入 S2，否则继续检测各子信道

S2
当进入退避阶段时，随机设置退避计数器的值，退避计数器在每个时隙结束时从该值开始减一，直到该值为零时进入 S3

S3
用户向接入点预约时隙资源，预约成功后利用该时频资源发送数据，若没有预约成功，则重新检测子信道，检测到空闲子信道后重新设置退避计数器的值

S4
当用户成功接收到接入点发回的确认帧后，将退避计数器的值归零；否则，返回 S1，用户重新发送丢失的数据

图 4.67　MF－TDMA 二维接入机制的状态转移图及其说明

在仿真中,以每个频带组的三个子信道讨论节点数目不小于信道数情况下的性能。图 4.68、图 4.69、图 4.70 所示分别为时域采用 CSMA/CA 的 MF－TDMA 和传统一维 CSMA/CA 方案的吞吐率、冲突概率、平均时延对比。

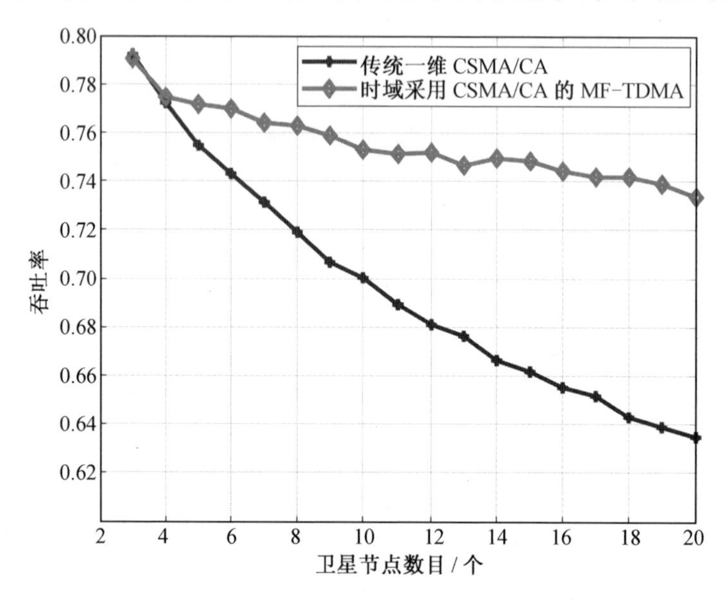

图 4.68 时域采用 CSMA/CA 的 MF－TDMA 和传统一维 CSMA/CA 方案的吞吐率对比

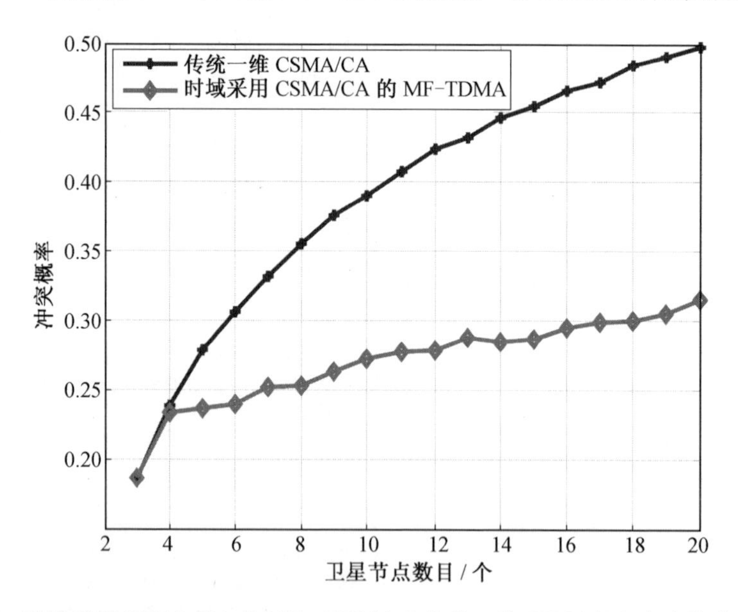

图 4.69 时域采用 CSMA/CA 的 MF－TDMA 和传统一维 CSMA/CA 方案的冲突概率对比

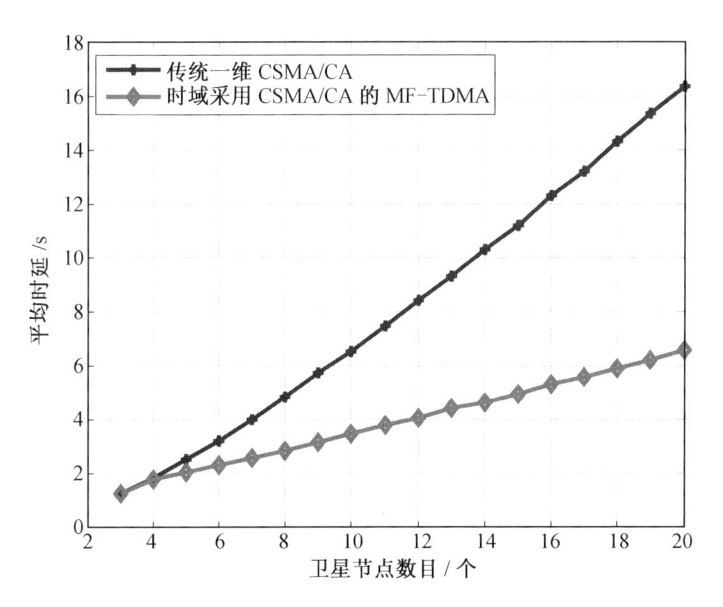

图 4.70　时域采用 CSMA/CA 的 MF－TDMA 和传统一维 CSMA/CA 方案的平均时延对比

由图 4.68 可知，MF－TDMA 二维接入方式下的吞吐率比在传统一维 CSMA/CA 接入方式下大，并且随着卫星节点数目的增加，吞吐率呈下降趋势。这是因为随着参与竞争的卫星节点数目的增加，碰撞加剧，导致吞吐率下降。另外，当子信道数目为 1 时，MF－TDMA 就退化为传统单信道一维 CSMA/CA 方式；当子信道数目大于 1 时，系统采用的就是 MF－TDMA 二维接入机制。

从图 4.69 中可以看出，MF－TDMA 二维接入机制与传统一维 CSMA/CA 接入机制相比，当站点数目固定时，其明显降低了冲突概率，但在节点数目较小时，其性能优化不是很明显。这是因为节点数目较少时，发生碰撞的可能性本身就很小。与此同时，无论是 MF－TDMA 二维接入机制还是传统的 CSMA/CA 接入机制，随着系统中参与竞争接入信道的卫星节点数目的增加，系统冲突概率逐渐上升，并且冲突概率增长速率慢慢变小。

同理，从图 4.70 中可以看出，MF－TDMA 二维接入机制与传统的 CSMA/CA 接入机制相比，降低了平均时延。

由以上仿真结果可以得到，采用 MF－TDMA 二维接入机制，与传统的一维 CSMA/CA 接入机制相比，其在吞吐率、冲突概率和平均时延性能方面都明显得到了提升。这是因为采用 MF－TDMA 二维接入方案时，各个卫星节点任意检测空闲子信道或空时隙来实现数据传输，因此增加了随机接入的机会，即增加了可用资源，从而提高了信道资源利用率，使系统能够容纳更多终端，且减小了冲突几率，提升了传输效率，从而增大了系统的吞吐量。

2. MF－TDMA 时域的 CSMA/TDMA 混合协议设计

在天基网络中，高速飞行的卫星终端之间要想合理共享有限的信道资源，需要设计合适的多址接入协议。MF－TDMA 二维 MAC 层接入方案中时域采用的基于竞争的 CSMA 协议基本满足天基网络用户的接入需求，但不可避免地会存在碰撞。基于固定时隙资源分配的 TDMA 接入协议可以完全规避碰撞问题，但显然不适用天基网络用户的高动态性。为进一步提高资源利用率，可联合考虑 CSMA、TDMA 接入协议，综合二者各自优点，扬长避短，进一步提升性能。

TDMA 接入协议针对天基网络用户的高动态性，其频带利用率会很低，在接入过程中会产生很多空时隙的情况（即卫星没有占用给定时隙），而且由于卫星运动速度较快，因此这种情况出现的频率会较高。在此情况下，考虑利用 CSMA 接入协议，通过竞争的方式占用这些空时隙，避免浪费资源，并且 TDMA 的使用可以从一定程度上减轻冲突。另外，考虑天基网络中的业务优先级因素，为满足多种业务的接入需求，同时优化 CSMA 的退避算法，通过改变 CSMA 接入窗口的大小来支持类型繁多的业务。总之，针对 MF－TDMA 二维接入方案下的时域纬度上单一的接入方式（即 CSMA），提出一种混合的多址接入协议（即 CSMA/TDMA），即在 MF－TDMA 的时域纬度上对时隙资源进行分派时，采用固定、动态相结合的方法。具体来说，固定分配采用 TDMA 方式，动态分配采用 CSMA 方式。采用 TDMA，能够给所有入网的卫星分配时隙资源，其最大限度地避免了碰撞；采用 CSMA，可以最大限度地利用资源，避免空时隙的浪费。如此优势互补，以期进一步提高网络吞吐量、降低平均时延。

（1）不同业务优先级下的 CSMA 退避算法改进。

为满足天基网络多种业务的接入需求，同时对 CSMA 的退避算法进行改进，可以改变 CSMA 接入窗口的大小来支持不同优先级的业务。

对于 CSMA 接入协议来说，最具代表性的有二进制指数退避算法（Binary Exponential Back-off，BEB）[30] 和倍数递增线性递减（Multiplicative Increase Linear Decrease，MILD）[31] 退避算法，有

$$\begin{cases} F_{\text{inc}} = \min(2CW, CW_{\max}) \\ F_{\text{dec}} = CW_{\min} \end{cases} \tag{4.102}$$

式(4.102)给出了 BEB 算法的 F_{inc} 和 F_{dec} 函数。具体思路为：若信息传输成功，则减小退避时间，即实行 F_{dec}；若信息传输失败（即发生碰撞），则加大退避时间，即实行 F_{inc}。BEB 算法的缺点在于，信息传输成功的卫星在下一次接入时具有更大的优势，导致竞争信道时存在不公平，甚至部分卫星发生“饿死”的状况。

为解决 BEB 算法的缺陷，提出了 MILD 算法，即

$$\begin{cases} F_{\text{inc}} = \min(\alpha CW, CW_{\max}) \\ F_{\text{dec}} = \max(CW-\beta, CW_{\min}) \end{cases} \tag{4.103}$$

为保证算法的“公平性”，引入 α 和 β 参数。在合理取值的情况下，β 的存在能够使卫星在成功传输信息后退避窗口急剧减小，在接下来的接入过程中不会让该节点存在竞争优势。另外，α 的存在使卫星发生冲突后退避窗口难以出现急剧减小的情况。显然，MILD 算法相比于 BEB 算法会更公平一些。但无论是 BEB 还是 MILD，显然都无法支持业务优先级。

考虑到天基网络的特殊性，卫星业务重要程度不同，应该赋予卫星节点不同的业务优先级。因此，改进退避算法，采取基于优先级划分的退避算法。

在设计基于优先级划分的退避算法时，参考优先信道访问（Prioritized Channel Access，PCA）机制[32]。PCA 为四种不同接入类型（Access Categorie，AC）的业务给予了一种分布式的竞争接入方式。总体来说，对应不同的优先级，四种接入类型 AC_VO、AC_VI、AC_BE、AC_BK 重要性依次降低，用户优先级与接入类型的映射关系见表 4.18。

表 4.18　用户优先级与接入类型的映射关系

优先级	用户优先级	AC	名称
最低	0	AC_BK	Background
↓	1	AC_BK	Background
↓	2	AC_BE	Best Effort
↓	3	AC_BE	Best Effort
↓	4	AC_VI	Video
↓	5	AC_VI	Video
↓	6	AC_VO	Voice
最高	7	AC_VO	Voice

PCA 基于优先级的竞争接入机制如图 4.71 所示。其原理可总结为：每颗卫星在传输之前先检测信道，若信道空闲，则依照自身需要传输的业务优先级等待时间间隔（Arbitration Inter-Frame Space，AIFS），AIFS[AC]的长短与业务所属的优先级相关，在 AIFS[AC]结束后，实行时隙退避（Backoff Slots）。

（2）CSMA/TDMA 混合协议的时隙分配方案。

对于改进的 CSMA/TDMA 混合协议，首先对每个卫星节点进行 TDMA 固定时隙资源分配，每颗卫星都有属于自己的固定资源。在通信过程中，在某个时隙内，如果属于本时隙的卫星没有数据进行传输，则其他有业务传输需求的邻近卫星可以通过 CSMA 的竞争机制暂时占据这个时隙，在竞争时隙资源时，拥有通信需求的卫星会根据自身的业务类型依照退避机制实现业务的优先级划分。混合协议的执行流程如图 4.72 所示。

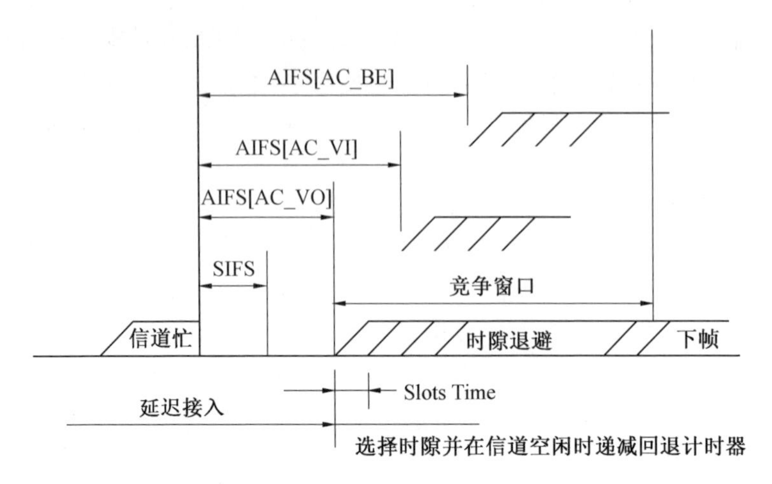

图 4.71　PCA 基于优先级的竞争接入机制

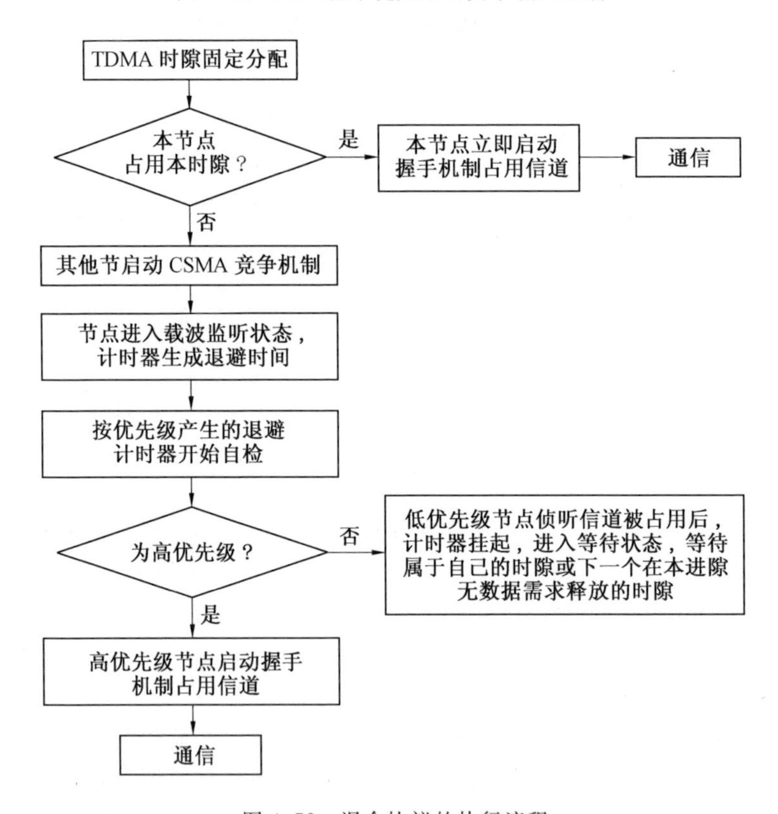

图 4.72　混合协议的执行流程

具体来说，分为以下几个步骤。

①时隙分配。TDMA 方式。属于该时隙的卫星按通信要求占据所属时隙资源。

②时隙竞争。时隙分配完成后，其他有业务传输需求的卫星一直检测信道，判断原卫星有没有占据此时隙。若原卫星需要传输数据，则发送请求发送(Request to Send，RTS)，占据此时隙，此时其他卫星不进行时隙竞争；若原卫星没有传输需求，则其他卫星会判定此时信道空闲，进行竞争接入。竞争的优先级可以通过每颗卫星产生不同的初始值进行业务区分。

具体来说，就是在分布式帧间间隔(Distributed Inter-Frame Spacing，DIFS)内，所有参与竞争的卫星会设置自己的退避计数器，依照自身传输业务的优先级设置退避时间 $T_r = N_{ini} \times T_{slot}$。其中，$N_{ini}$ 表征卫星生成的初始值，该初始值即对应接入窗口的大小，根据产生初始值的不同来区分不同类型的业务，传输业务的优先级越高，这个值越小，从而接入窗口就越小，就更容易接入成功；T_{slot} 表示时隙时间。

③竞争接入开始后，每颗卫星的退避计数器从 N_{ini} 开始自减，优先级越高，则计数器由于初始值较小，因此会先减小到 0，先占据信道。然后告知其他参与竞争的卫星，其他卫星就会挂起计数器，停止竞争。

(3)仿真分析。

针对天基网络类型繁多的业务，提出基于优先级划分的退避算法。每个卫星节点在检测到信道不忙时需要根据自己待传数据的优先级等待一个 AIFS。高优先级的数据流拥有较短的 AIFS[AC]；反之，较低优先级的数据流的 AIFS[AC]较长，并且每个节点都应当为不同优先级设置不同的退避时隙计数器。退避机制参数取值见表 4.19[33]。

表 4.19　退避机制参数取值

优先级	CW_{min}[AC]	CW_{max}[AC]	AIFS[AC]
AC_VO	3	255	1
AC_VI	7	511	2
AC_BE	15	1 023	4
AC_BK	15	1 023	7

根据不同业务的退避机制，对于优先级从高到低的四种业务 AC_VO、AC_VI、AC_BE、AC_BK，其初始化接入窗口大小和退避时隙数目分别如图 4.73 和图 4.74所示。

由图 4.73 可见，对于 AC_VO、AC_VI、AC_BE(AC_BK)来说，优先级依次降低，相应接入窗口大小依次增大，接入窗口的大小意味着等待接入时间的长短。显然，业务优先级越高，则意味着越容易接入成功，从而实现了有竞争的媒体接入。

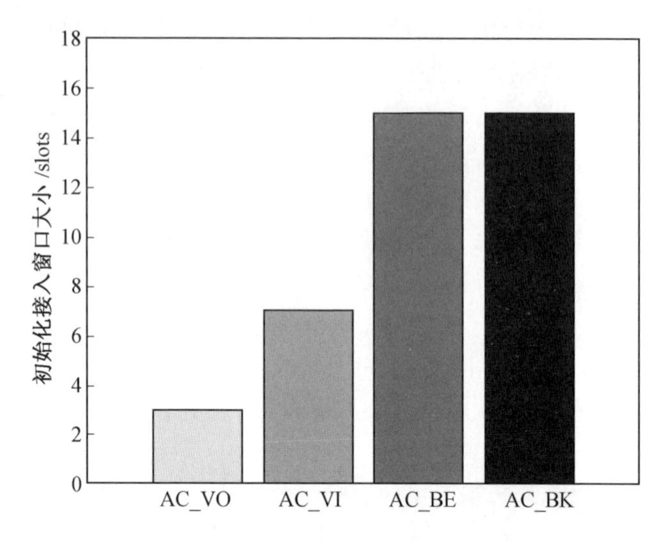

图 4.73　不同业务的初始化接入窗口大小

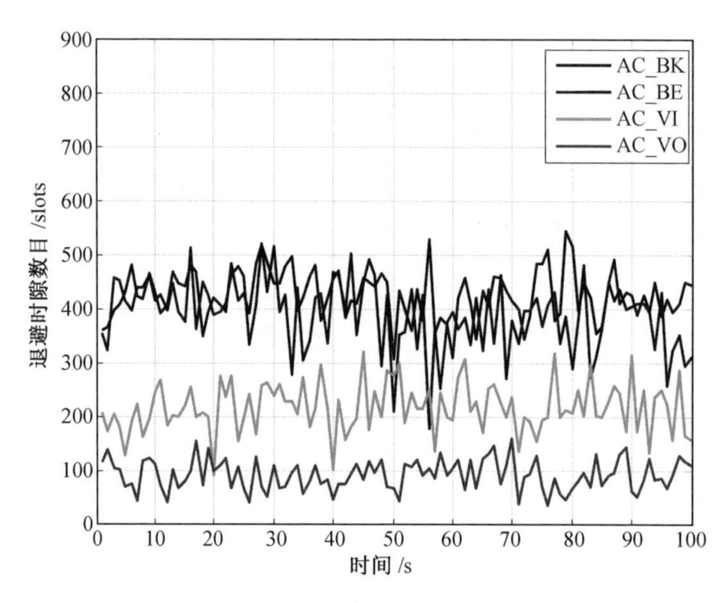

图 4.74　不同业务的退避时隙数目(彩图见附录)

由图 4.74 可知,不同类型业务的退避时隙数目不同。对于 AC_VO 来说,其退避时隙数目在 100 上下波动,AC_VI 则约等于 200。最后,AC_BE、AC_BK 的退避时隙数目均值为 400 左右。显而易见,优先级越高的业务类型,进行时隙退避的值越小,越容易实现接入,也就能够比其他类型的业务越早地进行传输。

对 MF－TDMA 接入方案下时域分别为 CSMA 接入协议及 CSMA/TDMA 混合接入协议实行建模仿真,性能比较包括信道吞吐率、冲突概率和平均时延的

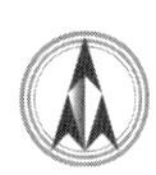

性能。仍然讨论的是每个频带组的三个子信道下节点数目不小于信道数时的性能。时域分别采用 CSMA/TDMA 和 CSMA 的 MF－TDMA 方案的吞吐率、冲突概率、时延对比如图 4.75、图 4.76、图 4.77 所示。

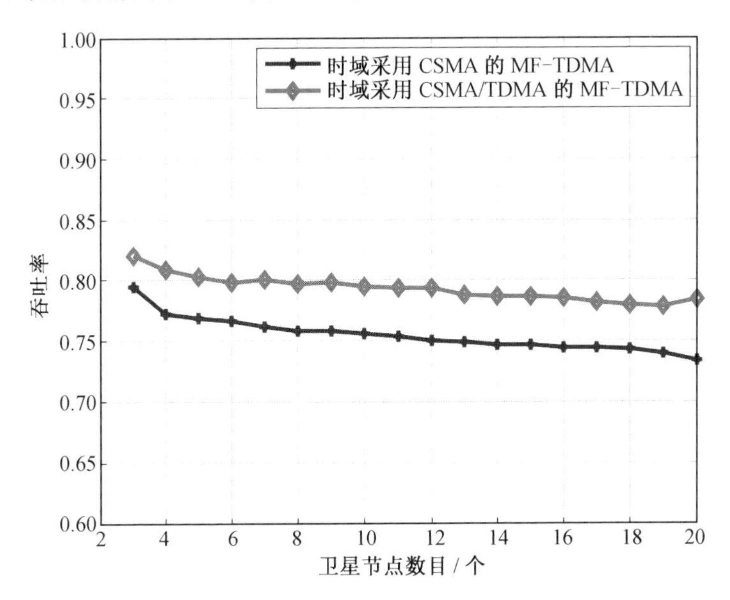

图 4.75　时域分别采用 CSMA/TDMA 和 CSMA 的 MF－TDMA 方案的吞吐率对比

由图 4.75 可知，MF－TDMA 二维接入方式下时域采用 CSMA/TDMA 混合接入协议的吞吐率比 MF－TDMA 二维接入方式下时域采用 CSMA 大，这是因为 TDMA 固定时隙分配方式的存在减轻了 CSMA 的碰撞情况，提升了性能。另外，可以看到随着卫星节点数目的增加，吞吐率呈下降趋势，这是因为随着参与竞争的卫星节点数目的增加，碰撞加剧，导致吞吐率下降。

从图 4.76 中可以看出，MF－TDMA 二维接入方式下时域采用 CSMA/TDMA 混合接入协议与 MF－TDMA 二维接入方式下时域采用 CSMA 接入协议相比，当站点数目固定时，冲突概率明显降低，但在节点数目较小时，性能优化不是很明显。这是因为节点数目较少时，发生碰撞的可能性本身就很小。另外，TDMA 固定时隙分配方式的存在减轻了 CSMA 的碰撞情况，提升了性能。同时，无论是时域采用 CSMA/TDMA 的 MF－TDMA 二维接入机制，还是时域采用 CSMA 的 MF－TDMA 二维接入机制，随着系统中参与竞争接入信道的卫星节点数目的增加，系统冲突概率逐渐上升，并且冲突概率增长速率逐渐变小。

同理，从图 4.77 中可以看出，MF－TDMA 接入下时域采用 CSMA/TDMA 混合协议与 MF－TDMA 二维接入方式下时域采用 CSMA 协议相比，降低了平均时延。这是因为 TDMA 固定时隙分配方式的存在减轻了 CSMA 的碰撞情况，提升了性能。

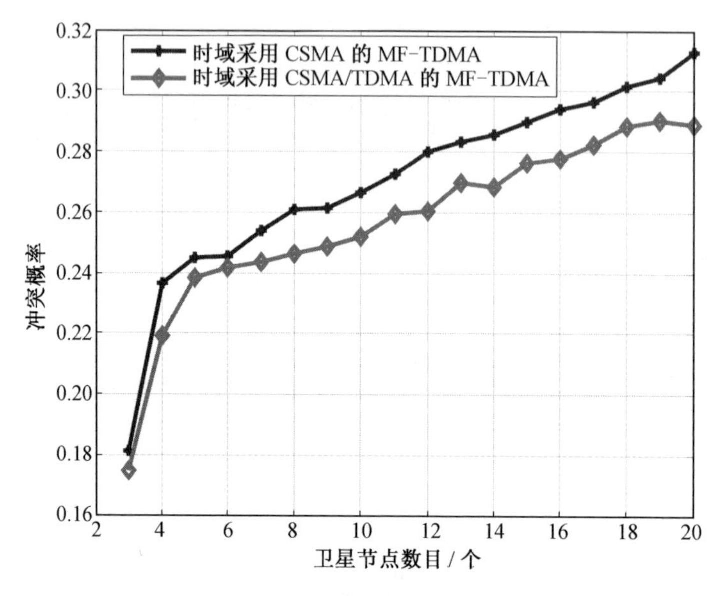

图 4.76　时域分别采用 CSMA/TDMA 和 CSMA 的 MF－TDMA 方案的冲突概率对比

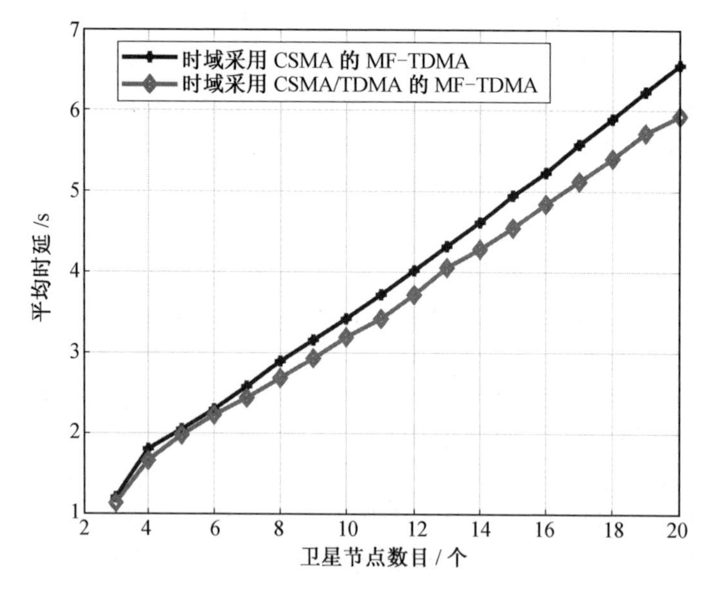

图 4.77　时域分别采用 CSMA/TDMA 和 CSMA 的 MF－TDMA 方案的时延对比

4.5　可定制空口方案

本节基于以上章节的相关内容进行介绍，尝试分析给出可定制空口方案的建议。

图4.78所示为空口自适应技术的基本框架，主要由多个信号处理模块(如频谱、调制编码、传输波形、多址方式、空间处理、双工模式、天线、协议等)构成。空口自适应技术的挑战主要来自两方面：一是候选空口技术集合及相应参数的选取；二是根据场景、业务及链路环境的空口自适应机制。在候选空口技术集合及相应参数的选取上，应该遵循灵活和高效两大基本设计理念。灵活性体现在空口自适应技术能够提供一个足够多样性的技术集合和相关参数集合，使得候选技术集合中的技术能够支撑不同场景与业务的极端需求；高效性体现在技术方案的选择需要考虑性能与复杂度的折中，一方面是技术集中的候选技术方案的数量要控制在一定的范围内，另一方面是候选技术方案尽量使用统一的实现结构，复用相关实现模块，以提高资源的利用效率。

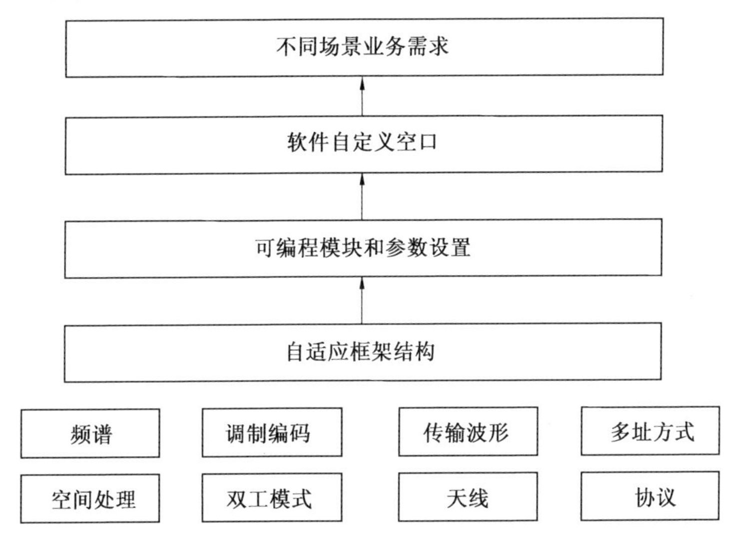

图4.78　空口自适应技术的基本框架

考虑到典型场景及终端类型的相对固定性以及用户业务类型及用户链路等的动态变化特点，空口自适应可以考虑两种不同时间粒度上的自适应配置：根据场景和部署的需要等进行半静态配置；针对用户链路质量、移动性、传输业务类型、网络接入用户量等动态变化的环境参数进行动态空口自适应配置。相应的空口配置可以针对一些典型的场景(如广域大覆盖、热点高容量覆盖、低时延高可靠、低功耗大连接等)需求设计相应的优化空口技术方案,具体可包括频段、帧结构、波形调制技术、接入技术等设计,最终归纳为几种典型的无线空口技术配置。第二种动态配置方式时间变化周期短且有用户区分性,需要通过控制信道向具体的用户通知其空口配置参数。动态配置方式可针对信道环境变化、上下行业务量、用户的移动性及传输业务类型等瞬时变化。

4.6 本章小结

本章从波形设计、稀疏编码、多址接入三个方面介绍了天地一体物联网透明空口实现的基础。面向不同应用场景和业务需求,以优化系统效能为目标,探究了可定制空口方案,寻找最优空口配置集,给出了天地一体化网络物理层传输解决方案。

本章参考文献

[1] DARWAZEH I, XU T Y, GUI T, et al. Optical SEFDM system; bandwidth saving using non-orthogonal sub-carriers[J]. IEEE Photonics Technology Letters,2014,26(4):352-355.

[2] 尹志胜. 星地通信系统物理层安全理论与方法研究[D].哈尔滨:哈尔滨工业大学,2020.

[3] ZHANG H , HAN S , MENG W X . Multi-stage message passing algorithm for SCMA downlink receiver[C]. Montreal: 2016 IEEE 84th Vehicular Technology Conference (VTC-Fall), 2016:1-5.

[4] XU T, DARWAEEH I. Bandwidth compressed carrier aggregation[C]. London:2015 IEEE International Conference on Communication Workshop (ICCW), 2015: 1107-1112.

[5] MA X , YANG L , CHEN Z , et al. Low complexity detection based on dynamic factor graph for SCMA systems[J]. IEEE Communications Letters, 2017, 21(12):2666-2669.

[6] ZAVJALOV S V, VOLVENKO S V, MAKAROV S B. A method for increasing the spectral and energy efficiency SEFDM signals[J]. IEEE Communications Letters,2016,20(12):2382-2385.

[7] MOON S , LEE H S , LEE J W . SARA: sparse code multiple access-

applied random access for IoT devices[J]. IEEE Internet of Things Journal, 2018,1:1.

[8] TIAN L , ZHAO M , ZHONG J , et al. Resource-selection based low complexity detector for uplink SCMA systems with multiple antennas[J]. IEEE Wireless Communications Letters, 2018,7(3):316-319.

[9] XU T, DARWAZEH I. Nyquist－SEFDM: pulse shaped multicarrier communication with sub-carrier spacing below the symbol rate [C]. Prague: 2016 10th International Symposium on Communication Systems, Networks and Digital Signal Processing (CSNDSP), 2016:1-6.

[10] ISAM S, DARWAZEH I. Simple DSP－IDFT techniques for generating spectrally efficient FDM signals[C]. Newcastle Upon Tyne: 2010 7th International Symposium on Communication Systems, Networks & Digital Signal Processing (CSNDSP 2010), 2010:20-24.

[11] DU Y, DONG B, CHEN Z, et al. A fast convergence multiuser detection scheme for uplink SCMA systems[J]. IEEE Wireless Communication Letters, 2016, 5(4):238-246.

[12] MU H, MA Z, ALHAJI M, et al. A fixed low complexity message pass detector for up-link SCMA system[J]. IEEE Wireless Communications Letters, 2015,4(6):585-588.

[13] LIU J, WU G, LI S, et al. On fixed-point implementation of Log－MPA for SCMA signals[J]. IEEE Wireless Communications Letters, 2016, 5(3):324-332.

[14] SUNDARESAN K, SIVAKUMAR R, INGRAM M A, et al. Medium access control in ad hoc networks with MIMO links: optimization considerations and algorithms [J]. IEEE Transactions on Mobile Computing, 2004, 3(4):350-365.

[15] 李俊龙. 基于稀疏码分多址的 SEFDM 通信系统设计与实现[D]. 哈尔滨: 哈尔滨工业大学,2019.

[16] NIKOPOUR H, YI E, BAYESTEH A, et al. SCMA for downlink multiple access of 5G wireless networks[C]. Austin:2014 IEEE Global Communications Conference, 2014:3940-3945.

[17] 江丽琼. 基于业务优先级的天基动态网络用户接入技术研究[D]. 哈尔滨: 哈尔滨工业大学,2017.

[18] BAYESTEH A, NIKOPOUR H, TAHERZADEH M, et al. Low complexity techniques for SCMA detection[C]. San Diego: 2015 IEEE

Globecom Workshops (GC Wkshps), 2015:1-6.

[19] 柳罡，陆洲，周彬，等. 天基物联网发展设想[J]. 中国电子科学研究院学报，2015(6)：586-592.

[20] LI H, LI J. Wavelet transforms detection of spectrum sensing in the space network[C]. London: 2015 Science and Information Conference (SAI), 2015: 978-984.

[21] RADHAKRISHNAN R, EDMONSON W W, AFGHAH F, et al. Survey of inter-satellite communication for small satellite systems: physical layer to network layer view[J]. IEEE Communications Surveys and Tutorials, 2016, 18(4): 2442-2473.

[22] 叶继华，王文，江爱文. 一种基于 LEACH 的异构 WSN 能量均衡成簇协议[J]. 传感技术学报，2015(12)：1853-1860.

[23] GAYTAN L D C H, PAN Z, LIU J, et al. Adjustable energy consumption access scheme for satellite cluster networks[J]. IEICE Transactions, 2015, 98-B (5): 949-961.

[24] HANDY M J, HAASE M, TIMMERMANN D. Low energy adaptive clustering hierarchy with deterministic cluster-head selection [C]. Stockholm: 4th International Workshop on Mobile and Wireless Communications Network, 2002:368-372.

[25] GANZ A, KARMI G. Satellite clusters: a performance study[J]. IEEE Transactions on Communications, 1991, 39(5): 747-757.

[26] KAUSHAL H, KADDOUM G. Optical communication in space: challenges and mitigation techniques[J]. IEEE Communications Surveys and Tutorials, 2017, 19(1): 57-96.

[27] AJORLOO H, MANZURI-SHALMANI M T. Modeling Beacon period length of the UWB and 60-GHz mmWave WPANs based on ECMA－368 and ECMA － 387 standards [J]. IEEE Transactions on Mobile Computing, 2013, 12(6): 1201-1213.

[28] TROPEA M, FAZIO P, DE RANGO F, et al. Novel MF－TDMA/SCPC switching algorithm for DVB－RCS/RCS2 return link in railway scenario [J]. IEEE Transactions on Aerospace and Electronic Systems, 2016, 52 (1): 275-287.

[29] HE J, LONG F, DENG R, et al. Flexible multiband OFDM ultra-wideband services based on optical frequency combs[J]. Journal of Optical Communications and Networking, 2017, 9(5): 393-400.

[30] ZHANG C, CHEN P, REN J, et al. A backoff algorithm based on self-adaptive contention window update factor for IEEE 802.11 DCF[J]. Wireless Networks, 2017, 23(3): 749-758.

[31] HU X, GUO W. An efficient and stable congestion control scheme with neighbor feedback for cluster wireless sensor networks[J]. KSII Transactions on Internet and Information Systems, 2016, 10(9): 4342-4366.

[32] KHAN P, ULLAH N, ALI F, et al. Performance analysis of different backoff algorithms for WBAN-based emerging sensor networks[J]. Sensors, 2017, 17(492), 1-21.

[33] PENG F, SHAFIEE K, LEUNG V C M. Throughput modeling of differentiation schemes for IEEE 802.11e MAC protocol[C]. Quebec City: 2012 IEEE Vehicular Technology Conference (VTC Fall), 2012: 1-5.

第 5 章

天地一体物联网的资源管理

5.1 引　　言

天地一体化的信息网络作为获取、传输、处理、融合及分发信息的空间综合的基础设施，已经成为全球科技产业发展的热点。

在实际通信过程中，一体化的卫星地面网络将会给通信带来很多优势，如增大系统的容量、提升资源利用效率，但也会面临很多挑战，特别是干扰问题。无线通信快速发展，频谱需求日益迫切。由于频谱资源的匮乏，因此卫星点波束和地面蜂窝小区均采用频率复用技术，同一频段会在不同的网络进行复用，这在部署各种应用服务方面发挥了重要作用。然而，在同频点波束、同频段蜂窝小区及两种网络同频组件之间不可避免地会出现干扰。因此，为充分利用有限资源进行合理的频谱资源分配，本章将同频干扰限制在系统可容忍范围之内，尽可能增大频谱资源利用率和系统容量，让卫星多媒体与广播等服务的数据传输更快速，服务质量更优越。这是天地一体化系统亟待解决的关键问题。一套合理有效的资源分配方案对于实现大容量和高性能的天地一体化系统来说十分迫切，这是天地一体化的重要研究方向。

5.2 频 率 管 理

本节主要围绕认知卫星网络频谱分配和切换技术进行介绍。

5.2.1 认知卫星网络频谱分配技术

资源分配通过共享频谱的感知结果获取，对可用频谱资源进行合理划分，并通过具体应用场景对用户的传输功率进行功率控制，对用户的不同传输需求进行带宽的分配。多数频谱分配方面的研究是基于地面网络各认知场景的，只有少数的研究关注星地频谱共享场景[1]。与认知地面网络的研究有所不同，在卫星网络中应用认知无线电技术，需要考虑卫星波束角度、地面站位置、卫星轨道和接收端移动性的问题。

通过对认知卫星网络场景中各种技术的调研，提出了一种基于流量控制的频谱分配方法，应用在与云技术结合的认知网络中。提出了一种计算机辅助质量管理(Computer Aided Quality，CAQ)系统用来适应环境的动态性，该方法在网络吞吐量和延时性能上有显著提升，通过联合考虑流量需求和信道条件对多波束卫星进行功率分配。在军用卫星通信的载波频率分配基础上，考虑频谱效率与弹性之间的平衡，并根据无线电地图实现卫星和地面网络的资源共享[2-8]。其中，卢森堡学者 Shree Krishna Sharma 所在研究团队是认知卫星领域研究起步较早的团队之一。

目前，随着通信业务覆盖范围以及带宽需求的大幅度增加，基于认知的卫星网络的研究频谱由 S 频段向更高频段(如 Ka 频段)转移。因此，更多的关注点聚焦在更高的频段，包括认知卫星网络如何使用频谱的问题。针对 Ka 频段的认知卫星技术，目前有许多研究[9-14]。针对卫星固定业务和 5G 共享频谱的认知场景，基于博弈论和天线赋形技术，提高 17～30 GHz 的频谱在上述两个系统中的频谱利用效率。一些研究场景是宽带卫星系统和蜂窝网的频谱共享，建立卫星地面站的接收端干扰闭环模型和中断概率的计算方法。通过分析地面认知用户对卫星网络下行链路进行频谱认知的情况。研究结果表明，随着卫星服务质量要求的提高，地面系统有效容量不断下降。此外，本节给出了一种天地一体化场景中的认知技术，研究了一种基于延时最小化的地面终端选择方法。最后，针对卫星网络认知地面网络的场景，采用优化频率复用和极化的方法，减少了卫星下行链路对地面基站的干扰。

在认知卫星网络的研究中，一个研究重点就是如何消除认知系统和授权系统之间的相互干扰。波束成形技术通过调整天线的参数，在最大化认知用户信干噪比(Signal to Interference Plus Noise Ratio，SINR)的同时，消除了认知链路对授权用户链路的干扰。目前，有研究将波束赋形技术与认知卫星网络场景相结合，提出波束成形和频谱分配联合的认知方法，为 17.7～19.7 GHz 的卫星下行链路进行认知频谱分配，以提高下行链路总吞吐量。通过对认知系统地面网络中的基站发射端天线实现波束成形，减少认知基站发射信号对授权网络的干扰,同时最大化认知链路信干噪比。

目前用于认知卫星网络的频谱分配技术重点研究的问题是如何进行干扰控制,但在干扰控制的同时提高网络总吞吐量的研究较少。因此,亟需研究在保证干扰抑制的前提下提高认知网络吞吐量的分配方法,并且考虑认知链路优先级的问题[15]。

5.2.2 认知卫星网络频谱切换技术

频谱切换将当前认知用户的数据传输转移到其他信道,这个过程是频谱共享中的关键。目前,频谱切换技术主要集中在地面网络,研究地面认知用户的频谱切换过程和信道选择方法,对卫星场景内的相关研究较少。

在早期的地面网络频谱切换研究中,如果授权用户接入当前信道,则认知用户多采用原地等待方式,当频谱可用后再次接入当前信道,这会导致极高的认知用户信息延迟。并且重新接入的时间完全由授权用户通信时长决定,这种方法简单但效率很低[16]。后来,频谱切换的部分研究基于预留频谱池来实现频谱切换过程。通过对认知网络中频谱预留池技术的研究,选择最适合认知用户的频谱预留方式以减少认知用户的频谱切换时延。其中,基于频谱类型和认知用户的流量速率及频谱切换成本函数设定的频谱切换方式被重点关注[17]。

最新的频谱切换技术利用排队论、模糊逻辑和马尔可夫模型等数学模型。并且,频谱切换技术主要集中于主动切换和被动切换这两个切换方式。主动切换能够减少认知用户与主用户之间的干扰;被动切换可以准确定位切换的目标信道,提高切换的准确度。一种主动频谱切换方法通过建立一个框架来观察主用户的到达规律,能够预测主用户的到达时间,然后基于频谱切换时间来确定目标选择方式。通过分析认知用户的移动性带来的切换问题以及频谱空洞的不同分布形式建立一种评估模型,比较主动切换与被动切换的切换性能。结果显示,主动频谱切换的认知用户和主用户碰撞的可能性更小[18-20]。

对于卫星场景中的频谱切换,目前的研究集中于移动用户在小区之间的频谱切换,而认知场景中的研究较少。在我国的研究现状中,中国航天科技集团第五研究院针对固定卫星移动用户的认知场景研究频谱切换技术。

5.3 功率控制

FSS 上行链路在进行信号传输时,FSS 地面站发送端的发送信号会对 FS 基站的接收端产生干扰。为保证 FS 基站正常接收信号,FS 基站接收端接收 FSS 发送信号的干扰应小于某一门限值。因此,本节主要围绕 FSS 上行链路的频谱

分配需要考虑如何控制对 FS 网络的干扰问题进行介绍。

经过研究发现，可以通过调整各 FSS 地面站的发射功率，保证卫星网络对各 FS 地面基站的干扰小于 FS 基站的干扰门限。由上述可得，频谱和发射功率是 FSS 地面站进行频谱分配时的两个重要分配对象。因此，需要进行上述两个资源的联合分配。首先对 FSS 地面站进行发射功率的控制，然后进行 FSS 地面站上行链路的信道分配，并通过仿真分析这种联合分配方法的性能。

5.3.1　功率控制技术

图 5.1 所示为 FSS 上行链路信道分配概念图，图中显示了在共享频谱(27.5～29.5 GHz)内的信道分配流程。下面将按照流程的顺序详细说明功率和频谱联合分配的方法。

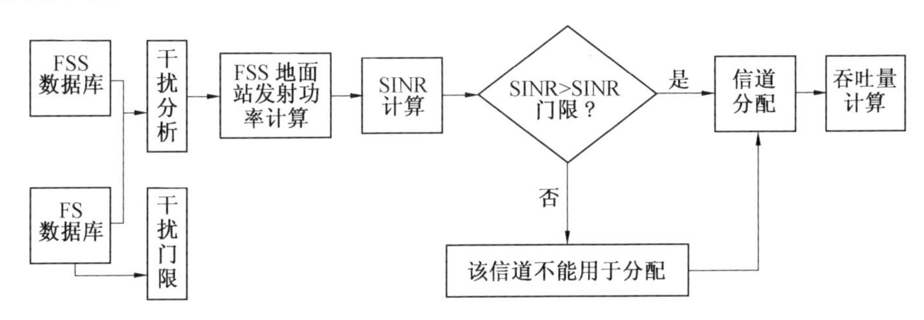

图 5.1　FSS 上行链路信道分配概念图

1. 传统方法[21]

传统方法根据干扰增益矩阵 $\boldsymbol{G}$，可以得到工作在各信道时，每个 FSS 地面站可以得到的最大发射功率。具体方法如下。

(1)计算信道 k 干扰增益矩阵 $\boldsymbol{G}(k)$。

(2)找出 $\boldsymbol{G}(k)$ 第 m 行中的最大元素所在列 n，可以确定第 m 个 FSS 地面站对哪个 FS 基站接收端产生的干扰最大，用符号 $i(m,k)$ 表示该 FS 基站序号。

(3)第 n 个 FS 基站接收端的干扰门限决定了第 m 个 FSS 地面站工作在频率 f_k 时的发射功率。

设定 $I_{\mathrm{thr},i(m,k)}$ 表示第 $i(m,k)$ 个 FS 基站的干扰门限值，如果考虑 FSS 卫星站与 FS 基站带宽问题，则工作在第 k 个信道的第 m 个卫星 FSS 地面站，其干扰约束值为

$$I_{\mathrm{w}}(m,k)=I_{\mathrm{thr},i(m,k)}\left(\frac{B^{\mathrm{FSS}}}{B^{\mathrm{FS}}}\right)$$

因此，在信道 k 上工作时，第 m 个 FSS 地面站的发射功率应该满足约束条件

$$I_{\mathrm{w}}(m,k)\geqslant p(m,k)\cdot G_{\mathrm{T}}^{\mathrm{FSS}}(\theta_{m,n})\cdot G_{\mathrm{R}}^{\mathrm{FS}}(\theta_{n,m})\cdot L_{\mathrm{S}}\cdot L_{\mathrm{d}} \tag{5.1}$$

由式(5.1)可得到在保证满足 FS 网络干扰门限条件时，每个 FSS 地面站的最大发射功率为

$$p_{\max}(m,k)=\frac{I_{\mathrm{w}}(m,k)}{G_{\mathrm{T}}^{\mathrm{FSS}}(\theta_{m,n})\cdot G_{\mathrm{R}}^{\mathrm{FS}}(\theta_{m,n})\cdot L_{\mathrm{S}}\cdot L_{\mathrm{d}}} \tag{5.2}$$

结合 FSS 地面站自身的最大发射功率要求，得到各 FSS 地面站的发射功率为

$$p(m,k)\begin{cases}P_k^{\max}, & p_{\max}(m,k)>P_k^{\max}\\ p_{\max}(m,k), & p_{\min}(m,k)\leqslant p_{\max}(m,k)<P_k^{\max}\\ 0, & p_{\max}(m,k)<p_{\min}(m,k)\end{cases} \tag{5.3}$$

为进行匈牙利算法，用矩阵 $\boldsymbol{P}\in\mathbf{R}^{M\times K}$ 表示各 FSS 地面站在各频率工作时的发射功率，有

$$\boldsymbol{P}=\begin{pmatrix}p(1,1) & \cdots & p(1,K)\\ \vdots & & \vdots\\ p(M,1) & \cdots & p(M,K)\end{pmatrix} \tag{5.4}$$

上述方法是对 FSS 地面站进行发射功率控制的方法，该方法通过 FSS 地面站与 FS 基站接收端天线增益和距离等限制条件计算出各 FSS 地面站的最大发射功率。因此，该方法可以保护 FS 网络不受 FSS 上行链路干扰。

2. 改进方法

在上述的方法中可以看出，根据矩阵 $\boldsymbol{G}$ 确定每行中的最大元素所在列，可以确定在频率 f_k 工作时的 FSS 地面站对哪个 FS 基站接收端产生的干扰最大，该 FS 基站决定了 FSS 地面站工作在频率 f_k 时的发射功率。

这种功率控制方法存在的问题是，如果受到最大干扰的 FS 基站并没有使用 f_k，则该 FSS 地面站就不会对该 FS 基站产生干扰。此时，FSS 地面站发射功率 $p(k,m)$ 小于正在使用频率 f_k 的 FS 地面站对于该 FSS 地面站发射功率的限制要求，造成 FSS 地面站发射功率限制过度。接下来，为提高 FSS 地面站的发射功率，将根据在具体信道工作的 FS 基站的干扰限制要求确定各 FSS 地面站的发射功率。

在指定时间 T 内，可以得到 FS 基站对共享频谱的具体划分情况。假设第 k 个信道上工作的 FS 基站共有 S 个，第 m 个 FSS 地面站使用信道 k 时，该 FSS 地面站需要考虑的对 FS 基站的干扰增益共有 S 个，有

$$\boldsymbol{G}_m(k,T)=[g_1,g_2,\cdots,g_S]_{1\times S} \tag{5.5}$$

S 个 FS 基站的干扰约束条件为

$$\boldsymbol{I}_m(k,T)=[I_1,I_2,\cdots,I_S]_{1\times S} \tag{5.6}$$

因此，第 m 个 FSS 基站需要满足针对 S 个 FS 基站的最大功率为

$$\boldsymbol{P}_m(k,T)=[P_1,P_2,\cdots,P_S]_{1\times S} \tag{5.7}$$

由式(5.7)可以得到，在指定时间 T，第 m 个 FSS 地面站在第 k 个信道进行传输时的发射功率为 $P_m(k,T)=[P_1,P_2,\cdots,P_S]_{\min}$。

构造新的增益矩阵，$\boldsymbol{P}(T)\in\mathbf{R}^{M\times K}$ 表示在时刻 T 时，每个 FSS 地面站使用每个信道时的发射功率为

$$\boldsymbol{P}(T)=\begin{pmatrix} p_{1,1}(T) & \cdots & p_{1,K}(T) \\ \vdots & & \vdots \\ p_{M,1}(T) & \cdots & p_{M,K}(T) \end{pmatrix} \tag{5.8}$$

本节详细说明了根据干扰增益矩阵 $\boldsymbol{G}$ 对 FSS 地面站进行功率控制的方法及其改进方法。接下来将根据求得的各 FSS 地面站发射功率 $\boldsymbol{P}$ 进行信道分配。

5.3.2 联合功率和频谱的信道分配方法

通过功率与信道联合分配的方案，提高 FSS 上行链路网络总吞吐量。

根据式(5.4)和式(5.8)可以得到 FSS 地面站发射功率。结合式(5.5)中 SINR 的计算方法，可以得到 SINR 矩阵 $\mathbf{SINR}_{\mathrm{up}}\in\mathbf{R}^{M\times K}$ 为

$$\mathbf{SINR}_{\mathrm{up}}=\begin{pmatrix} \mathrm{SINR}_{\mathrm{up}}(1,1) & \cdots & \mathrm{SINR}_{\mathrm{up}}(1,K) \\ \vdots & & \vdots \\ \mathrm{SINR}_{\mathrm{up}}(M,1) & \cdots & \mathrm{SINR}_{\mathrm{up}}(M,K) \end{pmatrix} \tag{5.9}$$

式中，每行代表一个卫星 FSS 地面站，每列代表一个信道。

衡量通信链路性能的一个重要指标是信道容量。其中，第 m 个地面站在使用第 k 个信道时的上行链路信道容量 $C(m,k)$ 可以表示为

$$C(m,k)=B_{\mathrm{FSS}}(1+\mathrm{SINR}_{\mathrm{up}}(m,k)) \tag{5.10}$$

利用式(5.10)求得信道容量矩阵为

$$\boldsymbol{C}_{\mathrm{up}}=\begin{pmatrix} C(1,1) & \cdots & C(1,K) \\ \vdots & & \vdots \\ C(M,1) & \cdots & C(M,K) \end{pmatrix} \tag{5.11}$$

设定矩阵 $\mathbf{A}=[\boldsymbol{a}_1,\cdots,\boldsymbol{a}_K]$ 为信道分配矩阵，其中元素 $\boldsymbol{a}_k\in\boldsymbol{P}^{M\times 1}$ 是含有 M 个元素的列向量，当 $\boldsymbol{a}_k$ 中有第 m 行的元素为 1 时，代表第 m 个 FSS 上行链路分配到第 k 列代表的第 k 个信道，此时 $\boldsymbol{a}_k$ 列其他元素为 0。因此，对于每个信道 k，有 $\sum\limits_{m=1}^{M}\boldsymbol{a}_k(m)=1$，其中 $\boldsymbol{a}_k(m)$ 代表列向量 $\boldsymbol{a}_k$ 中的第 m 个元素，有

$$\mathbf{A}=\begin{pmatrix} a_{1,1} & \cdots & a_{1,K} \\ \vdots & & \vdots \\ a_{M,1} & \cdots & a_{M,K} \end{pmatrix} \tag{5.12}$$

因此，在 FSS 上行链路信道分配的过程中，提出的优化目标是

$$\max_{\boldsymbol{A}}(\|\boldsymbol{A}\odot \boldsymbol{C}_{\mathrm{up}}\|_1),\sum_{m=1}^{M}\boldsymbol{a}_k(m)=1 \tag{5.13}$$

匈牙利算法是一种图论优化算法，可以处理以最大化效益值为目标的一对一分配问题。但是存在一个问题，即该方法要求待进行分配的矩阵行数与列数相同，即要求$\boldsymbol{C}_{\mathrm{up}}\in\mathbf{R}^{M\times K}$中$M=K$。因此，要将$\boldsymbol{C}_{\mathrm{up}}$矩阵转化为方阵。对上述优化目标使用匈牙利算法进行一对一的信道分配，可以得到M个卫星FSS地面站在使用共享频谱时上行链路的总吞吐量为$\mathrm{Th}_{\mathrm{up}}$。

5.4 干扰管理

本节通过结合认知无线电技术，介绍一种卫星网络和地面网络共享频谱的场景，在避免两个网络相互干扰的前提下，进行共享的频谱是Ka频段。卫星网络作为认知网络，使用地面微波网络的频谱资源，以缓解卫星网络频谱资源紧张的问题。FSS网络认知FS网络频谱的场景图如图5.2所示。承载固定卫星业务的FSS网络通过认知的方法使用承载固定业务FS的地面微波网络的Ka频谱(17.7～19.7 GHz和27.5～29.5 GHz)，在上述场景中基于干扰环境对频谱分配和频谱切换技术进行研究。

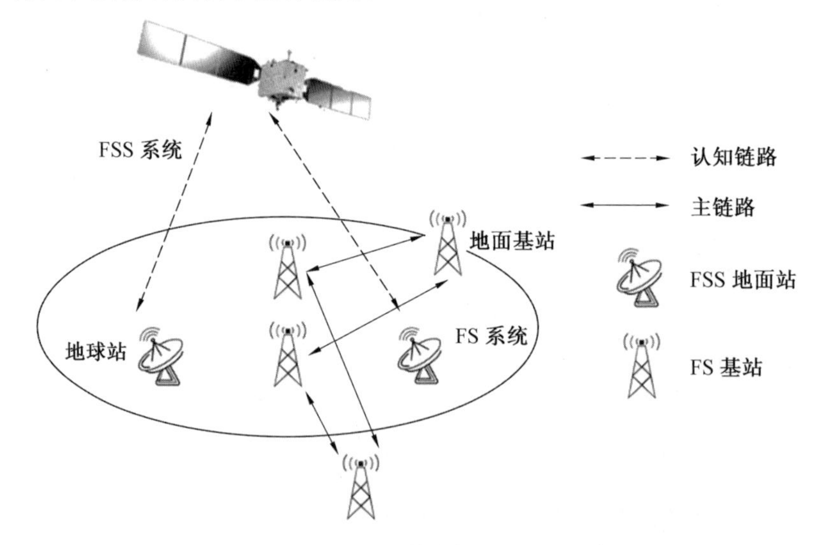

图5.2 FSS网络认知FS网络频谱的场景图

在Ka频段内，固定卫星业务的FSS网络与地面固定业务的FS网络可以共同使用部分频谱资源。ETSI对所研究的认知卫星网络给出了具体描述和规定[22]。GEO卫星系统地面站分为固定地面站和慢速的车载移动站。移动地面

站可看作固定地面站的特殊情况，对于频谱共享技术的应用与固定地面站相同。认知卫星网络和地面微波网络共同使用 Ka 频段的一部分频谱，以提高 GEO 卫星系统的业务承载能力，但首先需要考虑的前提是如何避免两个网络之间产生干扰。

卫星 FSS 网络进行 GEO 卫星与其地面站之间的信号传输，信号传输链路分为上行链路和下行链路。在同一共享频谱内，每个卫星波束覆盖多个 FS 链路。由于信号传输距离较长，因此无论是地面网络还是卫星网络都安装高增益的天线。地面网络的微波链路信号传输是水平方向的点对点传输，卫星网络的链路信号传输是视距传输。

FSS 网络与 FS 网络共享频谱的前提就是二者不会干扰彼此的正常通信。因此，如何避免二者之间的干扰十分关键。下面分别描述认知 FSS 卫星上行链路和下行链路的具体场景和干扰环境。

5.4.1 FSS 网络上行链路场景和干扰分析

CEPT 将 29.5～30 GHz 的频谱分配给卫星 FSS 网络单独使用。同时，在未对地面 FS 链路产生干扰的前提下，FS 网络使用的 27.5～29.5 GHz频谱也可以供卫星 FSS 地面站上行链路使用[23]。如图 5.3(a)所示，本节研究在 27.5～29.5 GHz的频谱中，卫星 FSS 地面站与需要干扰保护的 FS 微波链路动态进行频谱共享的方法。上述场景中，由于地面 FS 网络对该部分频谱具有最高优先级的使用权，因此认知卫星网络 FSS 上行链路必须在未对 FS 链路产生干扰的前提

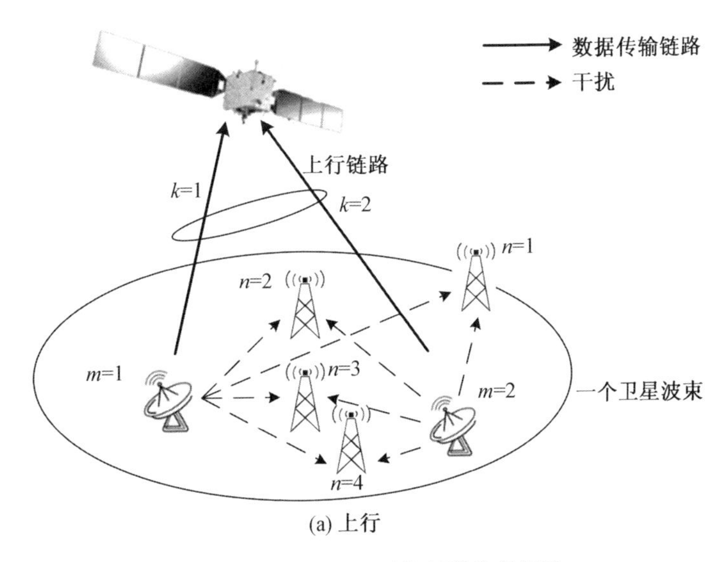

(a) 上行

图 5.3　FSS 和 FS 网络频谱共享模型

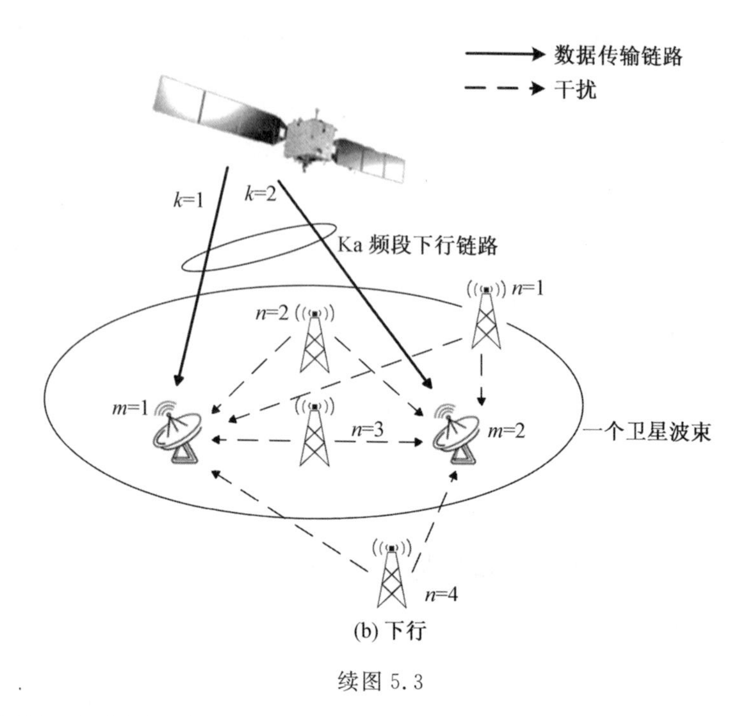

(b) 下行

续图 5.3

下,才能使用共享频谱进行通信。只要未对地面网络产生干扰,认知卫星网络就可以长期不间断地使用同一频谱。

通常情况下,地面 FS 网络基站接收信号时允许的最大干扰有具体的规定[24,25]。为在 FSS 地面站向卫星传输信号的过程中对 FS 基站接收信号进行保护,ITU 要求对 FSS 地面站的发射功率进行限制,使得 FSS 地面站的发射信号到 FS 基站接收端时的干扰低于 FS 基站要求的干扰门限值。

卫星上行链路是指卫星网络的地面站发送信号到卫星的链路,28 GHz 的卫星 FSS 网络上行链路会对地面 FS 基站的接收端产生干扰,即干扰地面 FS 基站接收信号。

下面为干扰建立模型。干扰的建模与地面场景中应用频谱感知技术不同,本节应用的是数据库技术。数据库是频谱感知的手段,FSS 地面控制中心获得 FSS 网络周围的电磁环境。通过两个数据库,固定卫星网络数据库和地面微波网络数据库分别用来存放两个网络各用户的固定数据和实时变化的数据,FS 数据库的信息可以与 FSS 网络共享。卫星波束较大,如果采用能量检测的方法,则是宽带的检测方法,比上述方法复杂。

考虑认知卫星网络的单波束场景中,存在 M 个卫星 FSS 地面站和 N 个地面 FS 基站,卫星的可用认知信道共有 K 个。为减小复杂度又不失普遍性,假设各信道带宽相同。为对地面 FS 网络基站进行限制接收干扰的保护,规定 FS 接收

端所允许的干扰应小于某一门限值，即满足公式

$$I_n(k) \leqslant I_{\mathrm{thr},n} \tag{5.14}$$

式中，$I_{\mathrm{thr},n}$ 为第 n 个 FS 基站接收端的干扰门限；$I_n(k)$ 为第 n 个地面 FS 基站接收端工作在频率 f_k 时，所有工作在该信道的卫星 FSS 地面站对该 FS 基站接收端的干扰。其中，$I_n(k)$ 可表示为

$$I_n(k) = \sum_{m=1}^{M} p(k,m) \cdot g_{m,n}(k) \tag{5.15}$$

式中，$p(k,m)$ 为第 m 个卫星 FSS 地面站工作在频率 f_k 时的发射功率；$g_{m,n}(k)$ 为工作在频率 f_k 时，第 m 个 FSS 地面站对第 n 个 FS 基站接收端的干扰增益，可表示为

$$g_{m,n}(k) = G_{\mathrm{T}}^{\mathrm{FSS}}(\theta_{m,n}) \cdot G_{\mathrm{R}}^{\mathrm{FS}}(\theta_{n,m}) \cdot L_{\mathrm{S}} \cdot L_{\mathrm{d}} \tag{5.16}$$

式中，$G_{\mathrm{T}}^{\mathrm{FSS}}(\theta_{m,n})$ 为当方位角为 $\theta_{m,n}$ 时，第 m 个 FSS 地面站的信号发送天线增益；$G_{\mathrm{R}}^{\mathrm{FS}}(\theta_{n,m})$ 为当方位角为 $\theta_{n,m}$ 时，第 n 个 FS 基站的信号接收天线增益；L_{S} 为自由空间路径损耗；L_{d} 为根据 Bullington 模型计算的衍射损耗。

需要注意的是，如果 FSS 地面站上行链路与 FS 链路带宽不同，则需要考虑两种信道的带宽占比问题。

设定 FS 天线位置和方位角可由 FS 数据库获得，该信息用来对 $g_{m,n}(k)$ 进行估计。

为方便计算，将每个信道的干扰增益整合到一个矩阵中，$\boldsymbol{G} \in \mathbf{R}^{M \times N}$ 表示为

$$\boldsymbol{G}(k) = \begin{bmatrix} g_{1,1}(k) & \cdots & g_{1,N}(k) \\ \vdots & & \vdots \\ g_{M,1}(k) & \cdots & g_{M,N}(k) \end{bmatrix} \tag{5.17}$$

每个卫星地面站都有其最大功率限制。为方便计算，根据 ETSI 相关标准，统一将 $p_k^{\max}(k=1,\cdots,K)$ 设为 7.9 dBW。因此，每个 FSS 地面站需要满足的发射功率为 $p(k,m) \leqslant p_m^{\max}$。

由上述得出，在信道 m 工作时，每个卫星 FSS 地面站上行链路的 SINR 可表示为

$$\mathrm{SINR}_{\mathrm{up}}(m,k) = \frac{p(k,m) \cdot G_{\mathrm{T}}^{\mathrm{FSS}}(0) \cdot G_{\mathrm{R}}^{\mathrm{SAT}}(0) \cdot L_{\mathrm{S}}}{I_{\mathrm{rth}}^{\mathrm{co}} + N_0} \tag{5.18}$$

式中，$G_{\mathrm{T}}^{\mathrm{FSS}}(0)$ 为 FSS 地面站天线增益；$G_{\mathrm{R}}^{\mathrm{SAT}}(m)$ 为卫星对第 m 个 FSS 地面站的接收增益；$I_{\mathrm{rtn}}^{\mathrm{co}}$ 为卫星频谱复用造成的干扰。

5.4.2 FSS 网络下行链路场景和干扰分析

CEPT 将 19.7～20.2 GHz 的频谱分配给卫星 FSS 网络单独使用。同时，FS 网络使用的 17.7～19.7 GHz 的频谱也可以供卫星 FSS 地面站下行链路使

用。GEO 卫星到卫星 FSS 地面站的信号传输链路称为卫星下行链路，具体场景模型如图 5.3(b)所示，地面微波网络中地面固定业务的 FS 基站是授权用户。认知卫星网络的固定卫星业务 FSS 在满足自身干扰条件的前提下可以使用该频谱。

该场景中，地面网络信号传输链路对卫星地面站存在干扰[26-27]，但认知卫星下行链路的 EIRP 大小有限，所以可以不计卫星下行链路信号对地面基站接收端的干扰。

与上行链路场景模型类似，下行链路也考虑单波束场景。存在 M 个卫星 FSS 地面站和 N 个地面 FS 基站，卫星的可用认知信道共有 K 个。FSS 地面站 m 接收到的信号功率 $P_{\mathrm{R}}(m)$ 为

$$P_{\mathrm{R}}(m)=P_{\mathrm{T}}^{\mathrm{SAT}}\cdot G_{\mathrm{T}}^{\mathrm{SAT}}(m)\cdot G_{\mathrm{R}}^{\mathrm{FSS}}(0)\cdot L_{\mathrm{S}} \tag{5.19}$$

式中，$P_{\mathrm{T}}^{\mathrm{SAT}}$ 为卫星的发射功率；$G_{\mathrm{T}}^{\mathrm{SAT}}(m)$ 为卫星到第 m 个地面站的天线发射增益；$G_{\mathrm{R}}^{\mathrm{FSS}}(0)$ 为 FSS 地面站接收卫星信号的天线接收增益；L_{S} 为自由空间路径损耗，$L_{\mathrm{S}}=\left(\dfrac{C}{4\pi df}\right)^2$，$C=3\times10^8$ m/s 为电磁波传播速度，$d=35\ 786$ km 为卫星与地面站的距离，f 为卫星信号传输使用的频率。

在频率 f_k 上工作的第 m 个卫星 FSS 下行链路会受到工作在 f_k 的 FS 基站的干扰。在频率 f_k 上，第 m 个地面站受到来自第 n 个地面 FS 基站的干扰，$I_m(n,k)$ 可表示为

$$I_m(n,k)=P_{\mathrm{T}}^{\mathrm{FS}}(n)\cdot G_{\mathrm{T}}^{\mathrm{FS}}(\theta_{n,m})\cdot G_{\mathrm{R}}^{\mathrm{FSS}}(\theta_{m,n})\cdot L(d,f_k) \tag{5.20}$$

式中，$P_{\mathrm{T}}^{\mathrm{FS}}(n)$ 为地面基站发射端的功率；$G_{\mathrm{T}}^{\mathrm{FS}}(\theta_{n,m})$ 为当天线偏斜角为 $\theta_{n,m}$ 时，基站发射端的天线增益；$G_{\mathrm{T}}^{\mathrm{FSS}}(\theta_{m,n})$ 为当天线偏斜角为 $\theta_{m,n}$ 时，卫星地面站接收端的天线增益；$L(d,f)$ 为自由空间路径损耗，$L(d,f)=\left(\dfrac{C}{4\pi df}\right)^2$，$d$ 为发送端与接收端的距离。

第 m 个卫星 FSS 下行链路在信道 k 工作时，该卫星波束中的整个地面 FS 网络对其干扰可以表示为

$$I_m(k)=\sum_{n=1}^{N}I_m(n,k) \tag{5.21}$$

根据式(5.19)和式(5.20)得到在认知卫星网络下行链路中第 m 个卫星 FSS 地面站在第 k 个信道接收信号时的信干噪比 SINR 为

$$\mathrm{SINR}_{\mathrm{down}}(m,k)=\frac{P_R(m)}{I_m(k)+I_{\mathrm{down}}^{\mathrm{co}}+N_0} \tag{5.22}$$

式中，$I_{\mathrm{down}}^{\mathrm{co}}$ 为卫星系统频谱复用产生的干扰；N_0 为噪声。

将每个 SINR 值整合到一个矩阵中，$\mathbf{SINR}_{\mathrm{down}}\in\mathbf{R}^{M\times K}$ 表示为

$$\mathbf{SINR}_{\text{down}}=\begin{bmatrix}\text{SINR}_{\text{down}}(1,1) & \cdots & \text{SINR}_{\text{down}}(1,K)\\ \vdots & & \vdots\\ \text{SINR}_{\text{down}}(M,1) & \cdots & \text{SINR}_{\text{down}}(M,K)\end{bmatrix} \tag{5.23}$$

式中，每行代表一个卫星 FSS 下行链路，每列代表一个信道。

根据 ITU 标准 RS. 465，地面站接收端的增益为

$$G=\begin{cases}32-25\lg\varphi, & \varphi_{\min}\leqslant\varphi<48^\circ\\ -10, & 48^\circ\leqslant\varphi<180^\circ\end{cases} \tag{5.24}$$

式中，G 的单位为 dBi；$\varphi_{\min}$ 的取值与工作波长 λ 和传输距离 D 有关。

当 $\frac{\lambda}{D}\geqslant 50$ 时，$\varphi_{\min}=1^\circ$ 或 $\frac{72\lambda}{D^{-1.09}}$；当 $\frac{\lambda}{D}<50$ 时，$\varphi_{\min}=2^\circ$ 或 $\frac{144\lambda}{D^{-1.09}}$。

根据 ITU 标准 RF. 1245－2，基站发送端的增益为

$$10\lg\frac{2L}{\lambda_0}$$

式中，L 为天线长度；λ_0 为中心工作波长。

5.5　移动性管理

由于 FS 链路可以随时使用共享频谱中的信道，因此为避免 FSS 网络与 FS 网络之间产生干扰，需要对 FSS 链路进行实时信道切换。如果认知卫星网络检测出授权用户的接入，则认知链路需要执行频谱切换过程。本节给出 FSS 卫星链路的频谱切换框架，描述频谱切换流程，并给出一种基于动态权重的信道选择方法。

5.5.1　认知卫星网络频谱切换流程

频谱切换流程图如图 5.4 所示。频谱切换是一个循环过程，其作用于整个频谱共享过程。由于认知网络周围的无线电环境是实时变化的，因此任何时期都可能有授权用户接入共享频谱。此时，为避免认知链路干扰授权链路的正常通信，认知链路需要立刻终止其数据传输过程，让出当前信道，等到频谱切换。

在频谱共享的过程中，认知卫星网络通过 FS 数据库的信息发现有 FS 基站在使用某一 FSS 链路正在使用的信道，并且两个链路之间产生了干扰。FSS 卫星和 FSS 地面站都需要立刻触发频谱切换指令。当 FSS 链路进入频谱切换状态后，该通信链路进入链路保持模式。在链路保持阶段，FSS 卫星和 FSS 地面站首先需要终止该卫星链路在当前信道的数据传输，将信道移交给 FS 基站，然后等待是否切换到其他信道的指令。收到切换指令后进行信道切换，若没有收到，则

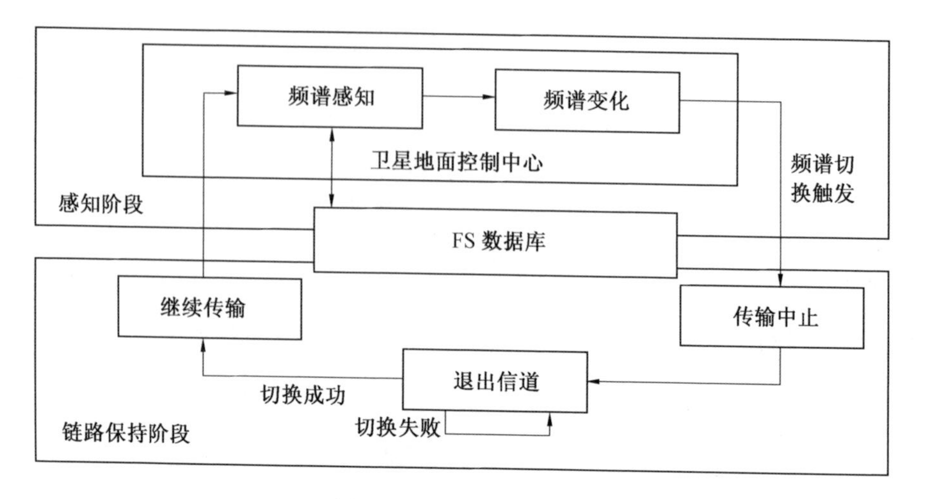

图 5.4 频谱切换流程图

继续原地等待或终止通信。切换成功后,FSS 链路继续进行未完成的信号传输。

在研究的 FSS 卫星网络认知 FS 地面网络的场景中,上下行链路可以触发信道切换的原因都有两种。对于上行链路来说,一是 FS 基站需要使用某一信道,而正在使用该信道的 FSS 地面站会对 FS 链路产生干扰,此时 FSS 上行链路需要退出当前信道;二是 FSS 上行链路正在使用的信道环境变差,FSS 地面站也需要暂停传输等待切换。对于下行链路来说,一是当 FS 基站使用 FSS 卫星下行链路正在使用的某一信道时,可能对该 FSS 下行链路产生干扰,导致其信道质量变差,不满足通信要求,FSS 下行链路需要切换到其他信道;二是周围环境变化也可能导致 FSS 下行链路信道环境变差,FSS 下行链路需要进行频谱切换。

图 5.5 所示为频谱切换原理图。FSS 链路使用信道 1 进行信号传输,当存在 FS 链路占用该信道时,FSS 链路切换到信道 2 继续传输,当存在 FS 链路占用信道 2 时,信道 1 和信道 3 都处于空闲状态,此时需要进行目标信道选择方法,为 FSS 链路选择更理想的信道继续传输,最终 FSS 链路选择信道 3 继续传输数据。

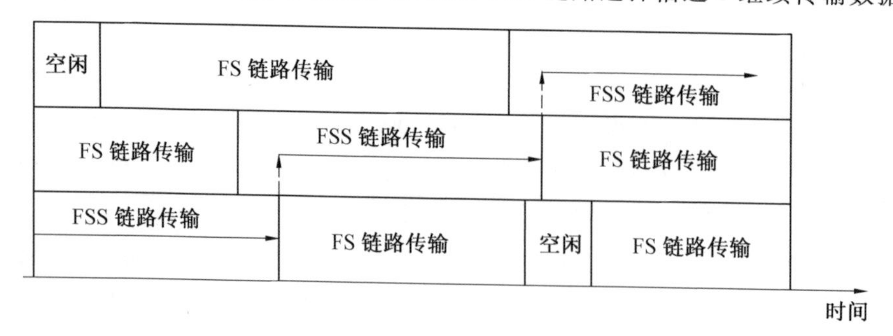

图 5.5 频谱切换原理图

1. 频谱切换技术的选择

频谱切换技术有多种切换类型和工作模式。本节为 FSS 链路选择一种合理的切换方法,并分别为上下行链路建立具体的切换流程。

信道切换共分为三种类型:被动式频谱切换、主动式频谱切换和混合式频谱切换。

图 5.6 所示为被动式频谱切换示意图。FSS 链路执行频谱切换过程是在 FS 链路占用当前频谱之后完成的。这种方式会让 FSS 链路产生高延时,但同时可以保证频谱切换命令的准确性。当 FSS 链路进行频谱切换时,FS 链路已经到达,因此二者会产生干扰碰撞。

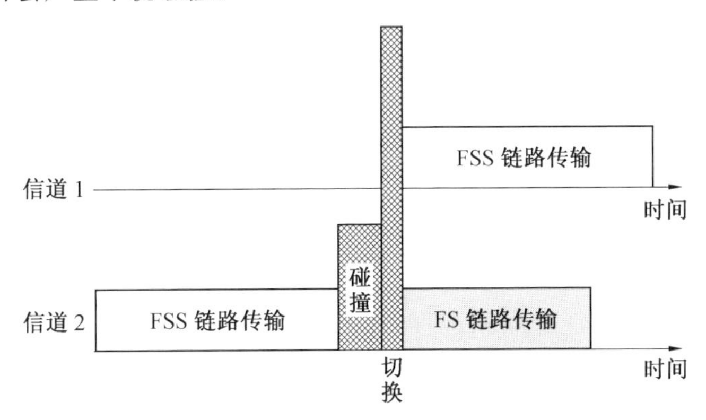

图 5.6　被动式频谱切换示意图

图 5.7 所示为主动式频谱切换示意图,认知用户可以提前预测是否有主用户将要接入信道,在主用户到达之前可完成切换过程。该方法对于认知用户来说有较小的传输时延,但同时频谱切换的判断有可能产生错误。由于频谱切换发生在 FS 链路到达之前,因此两个链路之间不会产生干扰。

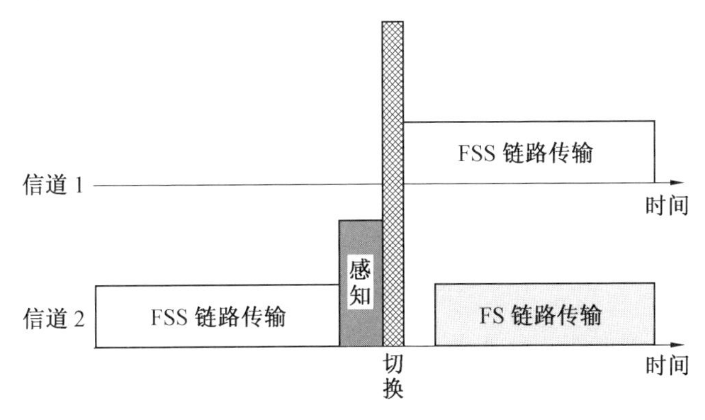

图 5.7　主动式频谱切换示意图

将上述两种方法相结合的切换方式称为混合式频谱切换，认知用户提前预测是否需要进行信道切换，并且选择频谱切换的目标信道，但只在主用户到达后再执行。此方法相对于被动切换方法可以减少时延，同时切换准确性有所提高。

各种频谱切换方式的优劣势对比见表5.1。

表5.1　各种频谱切换方式的优劣势对比

频谱切换方法	优点	缺点	切换延时
无切换方式	对主用户干扰极低	对认知用户干扰极高	无法预测的等待时延
被动式频谱切换	准确的目标信道选择	响应速度较慢	中等延时
主动式频谱切换	快速响应	目标信道信息更新不及时	低延时
混合式切换	较快响应	目标信道信息更新不及时	较低延时

对于所研究的认知卫星网络场景，FSS网络没有可以预测频谱使用情况的能力，而是根据FS数据库的信息判定切换，因此采用被动式频谱切换方式。

2. 频谱切换过程概述

(1)频谱预留技术。

为保证认知用户能够顺利进行频谱切换，可以采用频谱预留技术。在频谱进行分配时，会留出一部分频谱资源不予分配，而是作为预留频谱。当认知用户需要发生切换时，将在预留频谱资源中寻找合适的频谱进行切换。频谱预留技术一般分为静态预留和动态预留。

通过所研究的认知场景中可以看出，作为认知网络的FSS网络中的上行链路和下行链路的可用频谱对于不同的卫星链路是不同的。由干扰模型建立可以得到，由于不同的FSS地面站周围的FS基站使用频谱情况不同，因此在上行链路中，各FSS地面站在使用同一信道时的控制功率不同，导致不同的FSS地面站同一时间可以选择的信道不同。在下行链路中，不同FSS下行链路在使用同一信道时受到的FS链路干扰不同，导致各下行链路同一时间的可用信道也不同。

因此，卫星地面控制中心需要为各链路预留不同的频谱资源。为方便管理和简化算法，规定除FSS链路正在使用的信道和所有被其他FSS链路使用的信道外，剩余信道都放入资源预留池中，但对不满足FSS链路使用标准的信道进行标记。同时，记录预留池中各信道的多种参数值，为进行目标信道的多属性判决提供数据。

频谱预留原理如图5.8所示。预留池的频谱增加存在两种可能：FS链路传输结束，其使用信道可以供FSS链路使用；同波束下其他FSS链路传输结束，其使用信道加入预留池。预留池频谱减少也存在两种可能：FS链路占用预留信道；同波束下其他FSS链路占用预留信道。

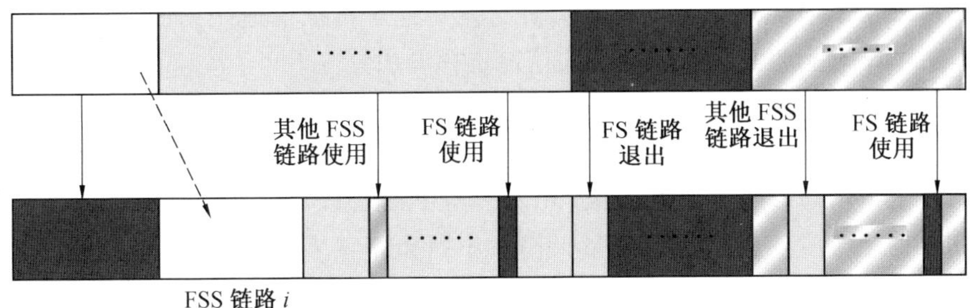

图5.8 频谱预留原理

(2)频谱切换流程。

FSS网络频谱切换过程示意图如图5.9所示。通过FSS卫星网络的地面控制中心来完成授权链路是否占用共享频谱的检测,FS网络对于共享频谱的使用情况可以被准确地获得。首先,当FS基站对于共享频谱的使用情况发生变化时,卫星地面控制中心会立即判断是否有FSS链路需要执行频谱切换。然后,控制中心向需要进行频谱进行的FSS地面站和FSS卫星发送传输中止指令,FSS链路进入链路保持阶段。同时,控制中心通过预先规定的信道选择方法计算FSS链路切换的目标信道序列。接着,控制中心告知FSS地面站切换的目标信道序列,同时将该信息通过卫星网络的上行控制链路告知卫星。最后,FSS地面站与卫星再次进行握手和通信链路的建立,恢复通信过程。如果没有可以用于切换的信道,则当前FSS链路进入排队序列,等待可用信道出现,也可以根据自

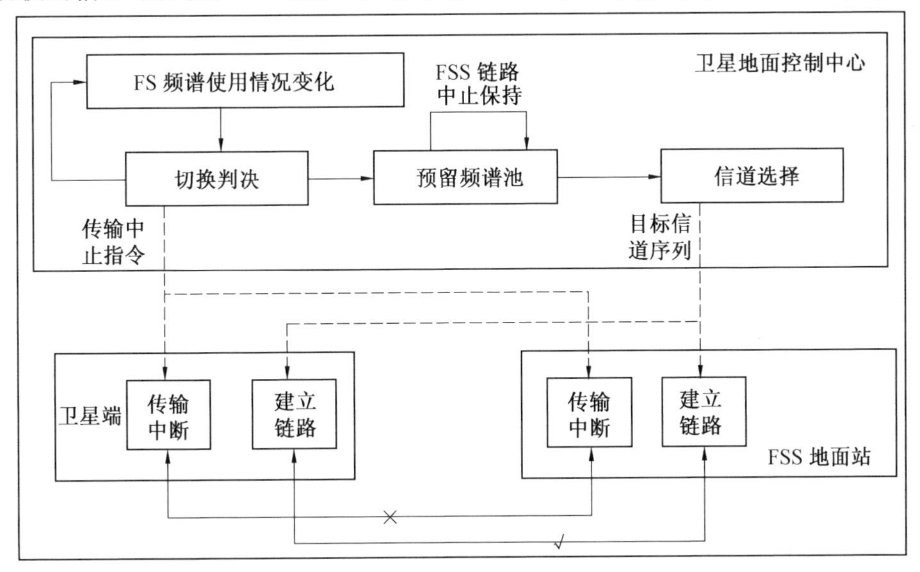

图5.9 FSS网络频谱切换过程示意图

身的需求退出通信。其中一种算法研究就是针对目标信道序列的选择问题，提出一种基于动态权重的多属性判决信道选择方法。

5.5.2 基于固定权重的多属性判决信道选择方法

在进行动态权重的研究之前，先说明基于固定权重的多属性判决方法。认知用户的服务质量受到信道质量、带宽、中断概率等多个因素的影响。因此，在认知用户选择信道进行频谱切换时，一般都需要对信道的各个属性进行联合判决，故引入多属性判决的方法。常用的判决方法有简单加权法(Simple Additive Weight, SAW)、逼近理想解排序法(Technique for Order Preference by Similarity to an Ideal Solution, TOPSIS)和模糊判决方法等。本节介绍基于简单加权的多属性判决方法。

1. 判决属性

在信道切换的多种属性中，可以考虑的判决属性包括信道容量、带宽、信道延时和切换失败的概率等。在所研究的场景中，由于卫星认知链路带宽相同，而使用的信道彼此靠近，传输路径类似，因此时延差别很小。在研究中考虑切换失败概率和信道容量这两个判决因素。

(1)切换失败概率。

通过频谱预留的方式为需要切换的 FSS 链路提供目标信道序列。假设在频谱切换过程中，预留池中共有 $m(m=1,2,\cdots,M)$ 个信道可供 FSS 链路进行选择。由于 m 个信道的频率和编码方式等各个通信参数不同，因此切换过程中 FSS 地面站与 FSS 卫星之间必须再次进行握手和重新建立通信链路。如果上述过程中有 FS 链路接入目标信道，则会导致 FSS 链路通信连接建立失败，FSS 链路需要重新接入下一个目标信道。如果在所有预留池中的信道都建立通信链路失败，则本次的频谱切换失败。

假设通信链路建立的总时长为 T_S，按照顺序依次进行 m 个信道循环访问的周期为 T。FS 链路接入某信道的过程相当于授权用户到达该信道的过程，属于泊松分布，其概率密度函数为

$$P(X=k)=\frac{\lambda^k}{k!}e^{-\lambda}, \quad k=0,1,\cdots \tag{5.25}$$

式中，λ 为单位时间内随机事件的平均发生次数，这里用 λ_m 表示在单位时间内，FS 链路在第 m 个信道内的平均到达速率。

因此，FS 链路的出现时间服从指数分布，其参数为 λ_m，则其概率密度函数为

$$f(x)=\begin{cases} xe^{-\lambda_m x}, & x\geqslant 0 \\ 0, & x<0 \end{cases} \tag{5.26}$$

信道 m 的空闲时间也服从指数分布，其概率密度函数为

$$f(x)=\begin{cases}\dfrac{1}{t_m}e^{-\frac{1}{t_m}x}, & x\geqslant 0\\ 0, & x<0\end{cases} \tag{5.27}$$

式中，t_m 为第 m 个信道的平均空闲时间。

可以得到 FSS 链路接入第 m 个信道时失败的概率为

$$P_f(m)=1-e^{-\lambda_m[(m-1)T+T_S]} \tag{5.28}$$

同时，也可以得到 FSS 链路接入第 m 个信道成功的概率为

$$P_s(m)=e^{-\lambda_m[(m-1)T+T_S]} \tag{5.29}$$

因此，得出 FSS 链路访问所有信道失败的概率，即切换失败的概率为

$$\prod_{m=1}^{M}P_f(m)=\prod_{m=1}^{M}1-e^{-\lambda_m[(m-1)T+T_S]} \tag{5.30}$$

(2)信道容量。

信道容量也是信道需要考虑的一个重要属性。第 m 个信道的信道容量为

$$C(m)=B_{FSS}(1+\mathrm{SINR}(m)) \tag{5.31}$$

式中，SINR(m)的计算方法在之前的内容中已经给出。

假设 FSS 链路切换到第 m 个信道成功，则 FSS 链路的信道容量可以表示为

$$C_m=\begin{cases}(1-P_f(1))C(1), & m=1\\ \left(\prod\limits_{i=1}^{m-1}P_f(i)\right)(1-P_f(m))C(m), & 1<m\leqslant M\end{cases} \tag{5.32}$$

因此，FSS 链路的遍历信道容量为

$$\bar{C}=\sum_{m=1}^{M}C(m) \tag{5.33}$$

上述两个属性是在本部分的切换场景中需要考虑的判决因素。下面将给出基于上述判决因素的信道选择方法。

2. 信道选择方法

对于为减小信道切换失败概率的目标信道选择方法来说，预留池中平均空闲时间大的信道优先被选择，因此信道排序应按照各信道空闲时间由大到小的顺序排列。对于为提高信道容量的目标信道选择方法来说，预留池中 SINR 值大的信道优先被选择，因此信道排序应按照各信道 SINR 值由大到小的顺序排列。按照上述两种顺序进行信道排序的结果一般是不同的。因此，需要通过设置权重的方式在两个属性之间进行一个平衡的选择，具体方法如下。

首先，由于两个属性的量纲不同，不能对两个属性的大小进行直接比较，因

此需要进行归一化处理。归一化处理的方式为

$$N_i(m)=\frac{A_i(m)-A_{i,\min}}{A_{i,\max}-A_{i,\min}} \tag{5.34}$$

式中，i 为需要归一化处理的第 i 个属性，$i=1,2,\cdots,I$，本节 $i=2$；$A_i(m)$ 为第 m 个信道的第 i 个属性值；$A_{i,\min}$ 为第 i 个属性的最小值；$A_{i,\max}$ 为第 i 个属性的最大值。

假设各信道的平均空闲时间为 $\boldsymbol{t}=[t_1,t_2,\cdots,t_M]$，各信道的 SINR 值为 $\mathbf{SINR}=[\mathrm{SINR}_1,\mathrm{SINR}_2,\cdots,\mathrm{SINR}_M]$。对平均空闲时间和 SINR 进行归一化处理的公式为

$$t_{\mathrm{n}}(m)=\frac{t_m-t_{\max}}{t_{\min}-t_{\max}} \tag{5.35}$$

$$\mathrm{SINR}_{\mathrm{n}}(m)=\frac{\mathrm{SINR}_m-\mathrm{SINR}_{\max}}{\mathrm{SINR}_{\min}-\mathrm{SINR}_{\max}} \tag{5.36}$$

然后对各个属性进行加权处理，固定权重的加权处理方式为

$$f(m)=\sum_{i=1}^{I}\omega_i\cdot N_i(m) \tag{5.37}$$

式中，i 为 $i\in[1,I]$，表示共有 I 个判决属性；m 为 $m\in[1,M]$，表示预留池中共有 M 可用频谱；ω_i 为第 i 个判决属性所占权重大小；$N_i(m)$ 为第 i 个判决属性的归一化值。

本节共需要设置两个权重。设定 ω_{t} 为平均空闲时间的权重，ω_{SINR} 为 FSS 链路的信干噪比 SINR 在各个信道的权重，并且 $\omega_{\mathrm{t}}+\omega_{\mathrm{SINR}}=1$。因此，可以得到各个信道经过归一化处理和加权之后的判决值为

$$f(m)=\omega_{\mathrm{t}}\cdot t_{\mathrm{n}}(m)+\omega_{\mathrm{SINR}}\cdot \mathrm{SINR}_{\mathrm{n}}(m) \tag{5.38}$$

因此，可以得到一个 FSS 链路的频谱预留池中所有信道的判决值 $\boldsymbol{F}=[f(1),f(2),\cdots,f(M)]$。然后将 $\boldsymbol{F}$ 进行降序排列，可以得到 FSS 链路切换时的信道选择序列。结合式(5.30)和式(5.33)，求得固定权重的信道选择方法的切换失败概率和遍历信道容量。

3. 误差分析

考虑两个信道判决属性，分别是信道的平均空闲时间和 SINR。其中，信道的平均空闲时间是通过观测和统计该信道的时间样本得出的，该统计值与具体时间内第 m 个信道的实际空闲时间存在误差，此误差称为估计误差。在引用信道平均空闲时间作为信道选择方法时，需要考虑估计误差造成的影响。

通过一段时间的历史统计，得到多个观测样本。设定 $\tau_i(m)$ 表示第 i 次统计的第 m 个信道在单位时间内的空闲时间，$i=1,2,\cdots,N$ 表示共进行 N 次统计。

信道 m 的平均空闲时间估计值为

$$\tau(m)=\sum_{i=1}^{N}\tau_i(m)/N \tag{5.39}$$

由于 FS 链路到达某一信道的模型服从泊松分布，单位时间内 FS 链路占用信道的时间服从指数分布，因此当信道的平均空闲时间实际值为 t_m 时，其估计方差[28]为

$$D[\tau(m)]=\frac{t_m^2}{N} \tag{5.40}$$

4. 仿真结果

对固定权重算法进行仿真分析。设定 $T_S=100$ ms，$T=40$ ms。M 个信道的平均空闲时间服从[100,500](ms)的随机分配，SINR 值服从[10,20](dB)的随机分配。

固定权重的信道切换失败概率与空闲时间权重的关系如图 5.10 所示，当频谱预留池信道数 $M=10$ 时，随着平均空闲时间权重的增加，信道切换失败概率减小，由 0.011 下降到 0.004 左右，下降幅度超过 60%。当 $\omega_t=0.5$ 时，信道切换失败的概率比随机选择时下降了 50%左右。由此可以看出，切换失败概率随着空闲时间权重的增加而显著下降。

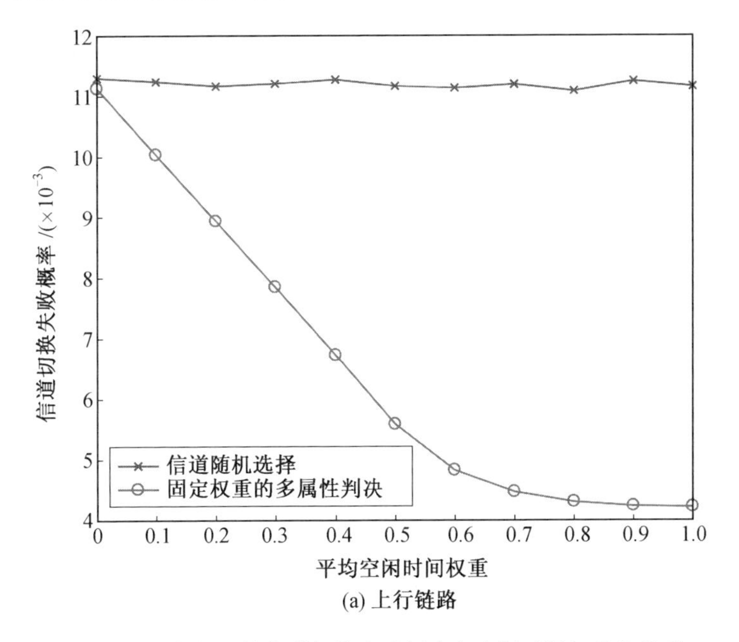

(a) 上行链路

图 5.10　固定权重的信道切换失败概率与空闲时间权重的关系

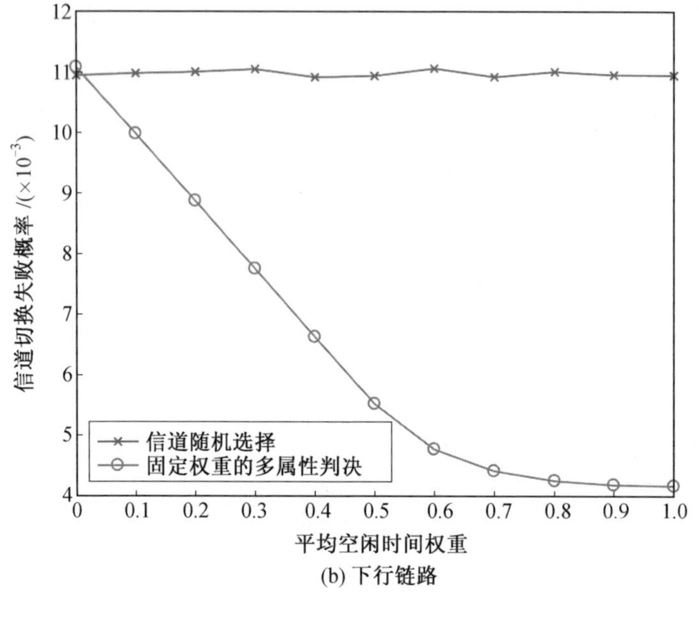

(b) 下行链路

续图 5.10

固定权重的遍历信道容量与 SINR 权重的关系如图 5.11 所示。当频谱预留池信道数 $M=10$ 时，随着 SINR 权重的增加，遍历信道容量增加。上行链路由 36 Mbit/s增加到 43 Mbit/s，当 $\omega_{\text{SINR}}=0.5$ 时，遍历信道容量比随机选择时上升了 8 Mbit/s；下行链路由 135 Mbit/s 增加到168 Mbit/s，当 $\omega_{\text{SINR}}=0.5$ 时，遍历信道容量比随机选择时上升了 30 Mbit/s。由此可以看出，遍历信道容量随着 SINR 权重的增加而上升。

值得说明的是，由图 5.10 和图 5.11 可以看出，采用固定权重的目标信道排序方法时，无论权重值如何设置，其切换性能都比随机信道排序的方法有所提高。

固定权重的信道切换失败概率与遍历信道容量的关系如图 5.12 所示。当频谱预留池信道数 $M=10$ 时，随着平均空闲时间权重的增加，信道切换失败的概率减小，但同时遍历信道容量也在减小，说明切换失败概率和信道容量两个性能不能同时提高，必须根据用户的实际切换要求进行折中的选择。

由上述基于固定权重的信道选择方法的仿真结果可以看出，权重的调整可以对频谱切换性能进行提升。但一般各性能之间需要进行平衡选择，通常是根据认知网络的实际需求进行相应的权重选择。

信道切换失败概率与预留池信道总数的关系如图 5.13 所示。当频谱预留池信道数 M 变化时，信道切换失败概率会有所变化。随着预留池信道数 M 的增加，无论是随机选择还是多属性的联合判决，同一权重设置下的信道切换失败概

率都会减小。同一权重设置下，$M=8$ 时比 $M=6$ 时下降 0.02，$M=10$ 时比 $M=6$ 时下降 0.05。

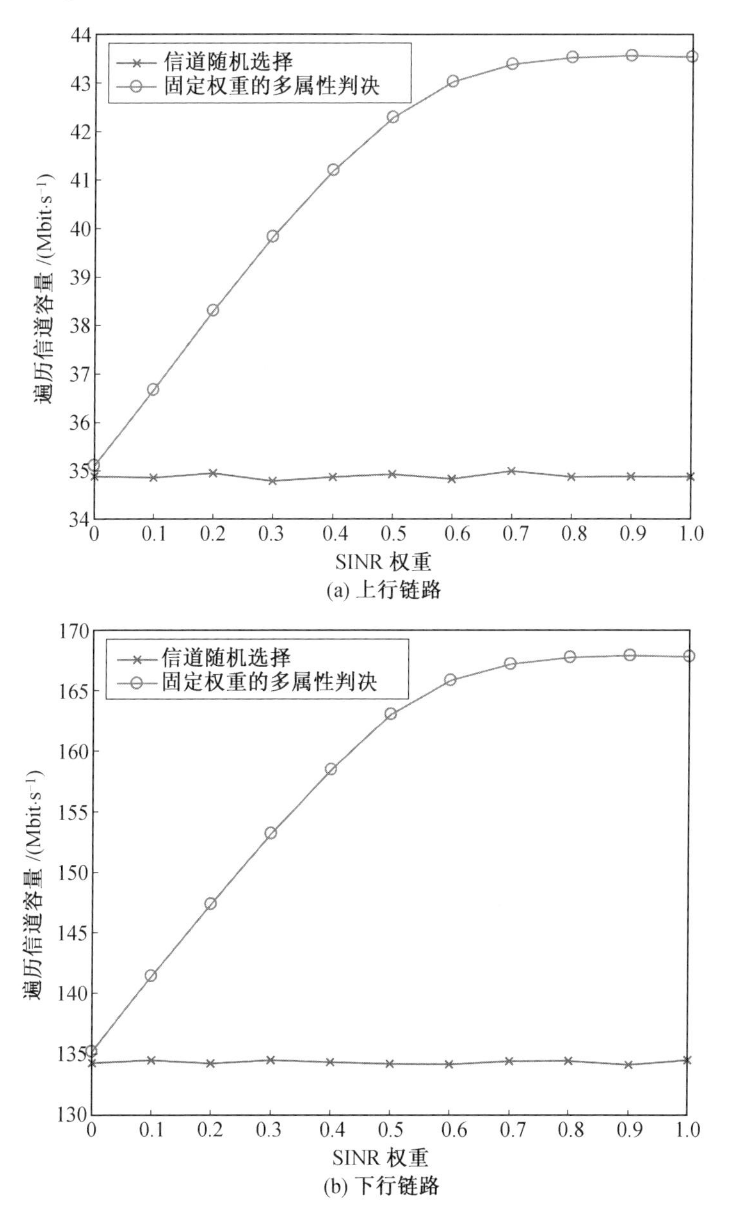

图 5.11　固定权重的遍历信道容量与 SINR 权重的关系

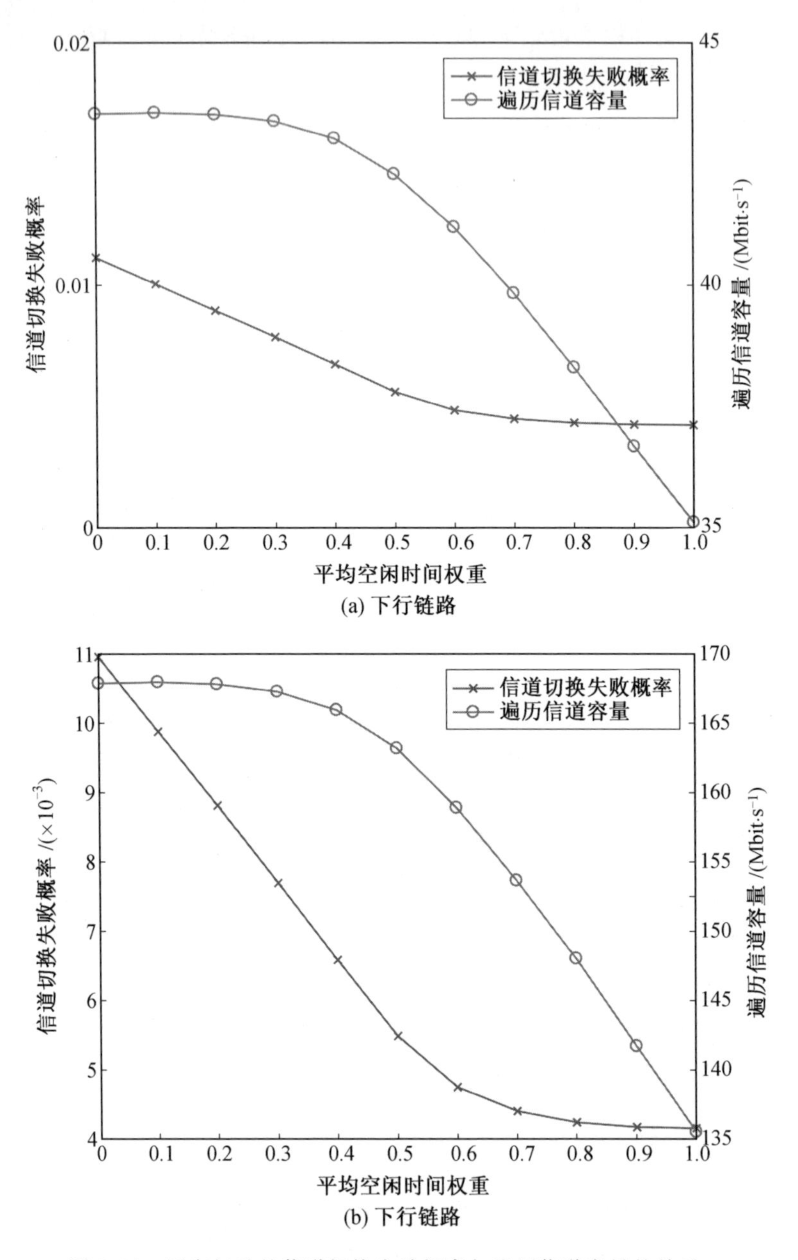

图 5.12　固定权重的信道切换失败概率与遍历信道容量的关系

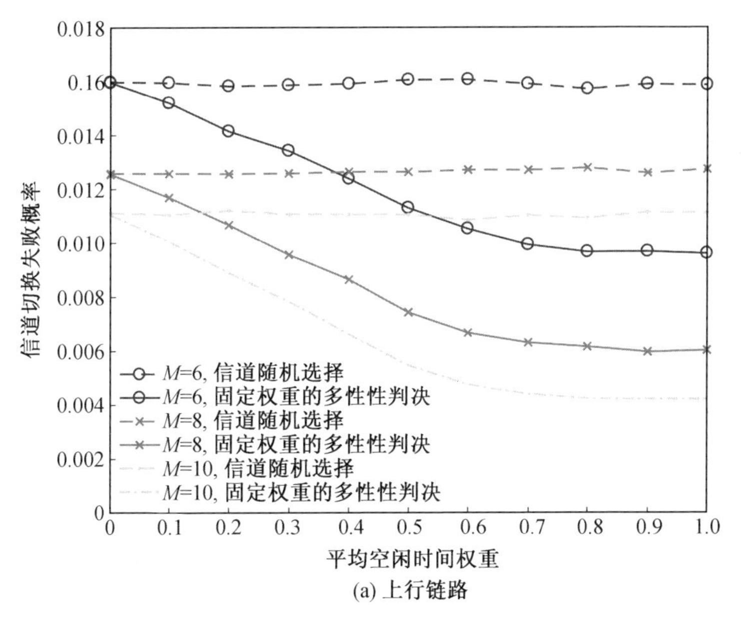

(a) 上行链路

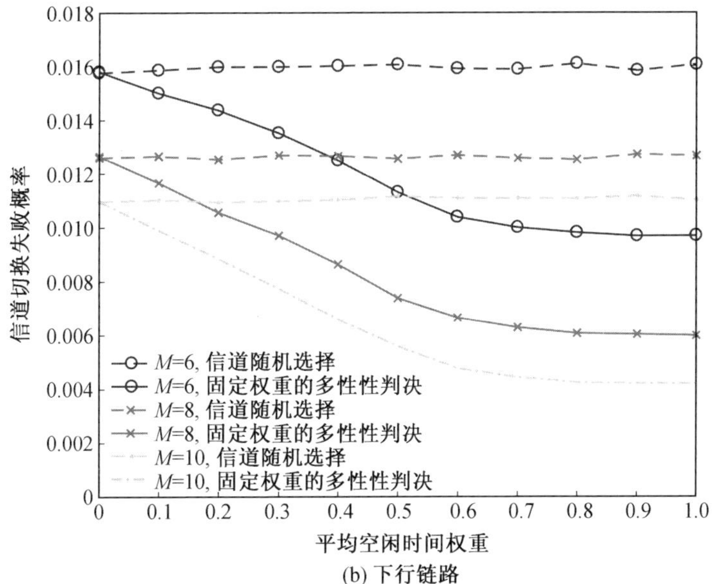

(b) 下行链路

图 5.13　信道切换失败概率与预留池信道总数的关系

随着预留池中信道个数的增加，FSS 链路在进行信道切换时有更多的信道可以选择，其切换成功的概率会有所增加，切换失败概率会有所下降。

遍历信道容量与预留池信道总数的关系如图 5.14 所示。当频谱预留池信道数 M 变化时，遍历信道容量也会有所变化。随着 M 增加，选择多属性的联合

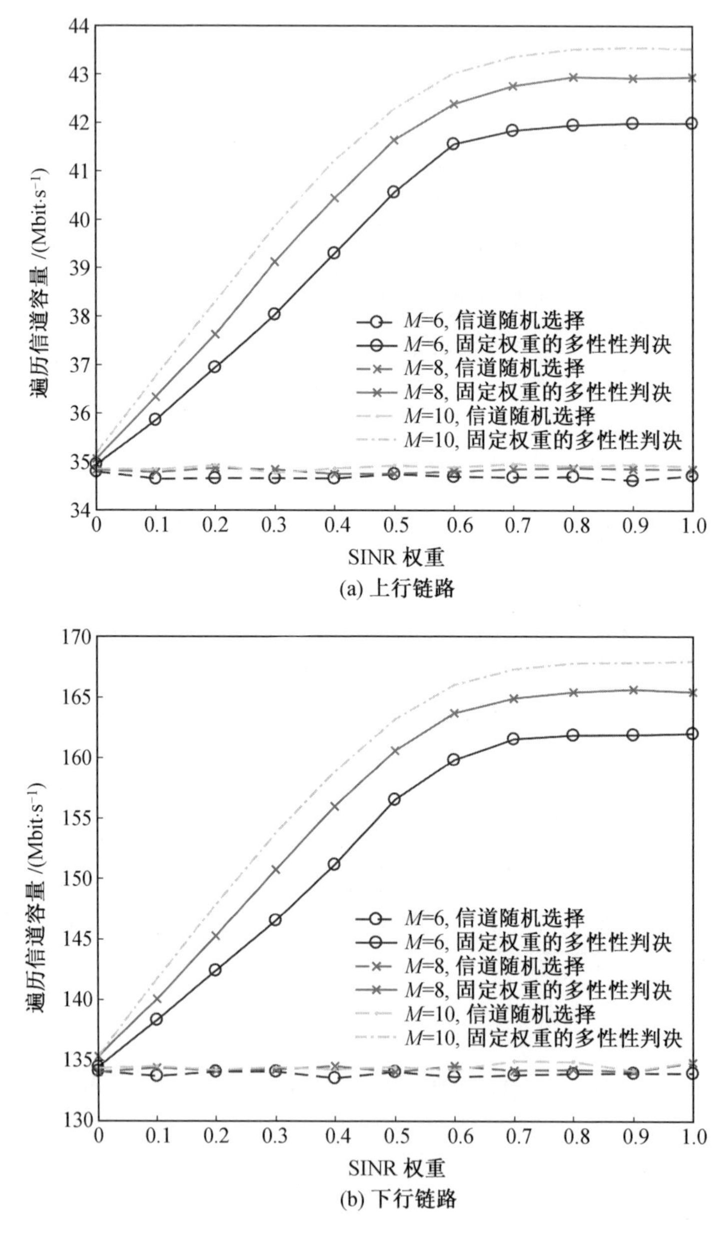

图 5.14　遍历信道容量与预留池信道总数的关系

判决时，同一权重设置下的遍历信道容量会增加。随着权重增加，信道数量增加对于遍历信道容量的提升更加显著。但是对于随机信道选择方法，增加频谱预留池信道数量不会增加其遍历信道容量。

由图 5.13 和图 5.14 可以看出，对于固定权重的信道选择方法来说，预留池信道数量的增加可以提高切换的性能。

遍历信道容量与 SINR 的关系(上行链路)如图 5.15 所示。当 $M=10$ 时，随着 SINR 均值的变化，遍历信道容量也会有所变化。SINR 均值增加 5 dB，信道容量增加 10 Mbit/s 左右。这说明随着信道质量提高，FSS 链路切换后的信道容量会有所提高。

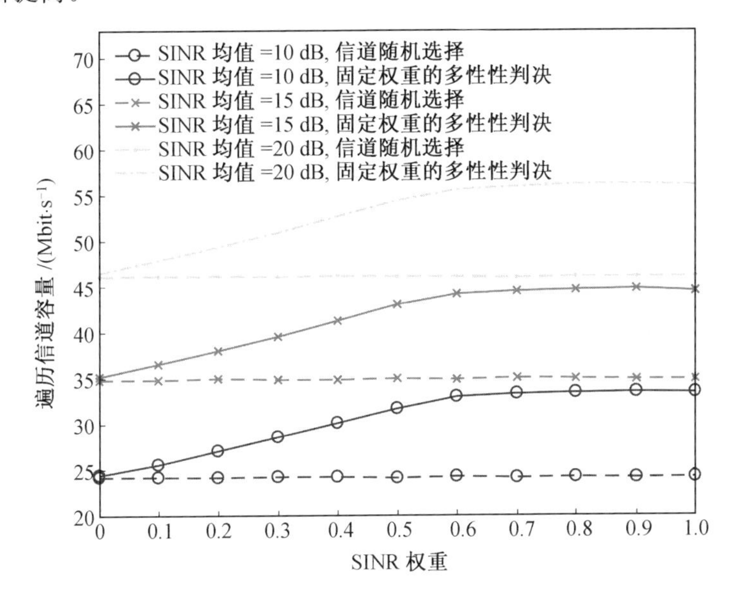

图 5.15 遍历信道容量与 SINR 的关系(上行链路)

下面结合误差分析进行估计误差对切换性能的影响性能仿真。

估计误差对切换失败概率的影响($M=10$)如图 5.16 所示。当信道的空闲时间样本数量较少时，根据估计的平均空闲时间值进行切换信道的选择排序，信道切换失败的概率远高于没有估计误差时。例如，当样本数量为 1 时，在任何权重下，切换失败概率都比理想情况下高出至少 0.02，并且随着权重的增加，估计误差对于切换失败概率的影响增大。这是因为对于信道的平均空闲时间估计不准确会导致信道排列顺序产生变化。

但随着时间样本数量的增加，切换失败概率的值逐渐接近没有估计误差时的值。例如，当时间样本数量在 10 个左右时，估计误差对于切换的目标信道排列顺序影响几乎不存在。

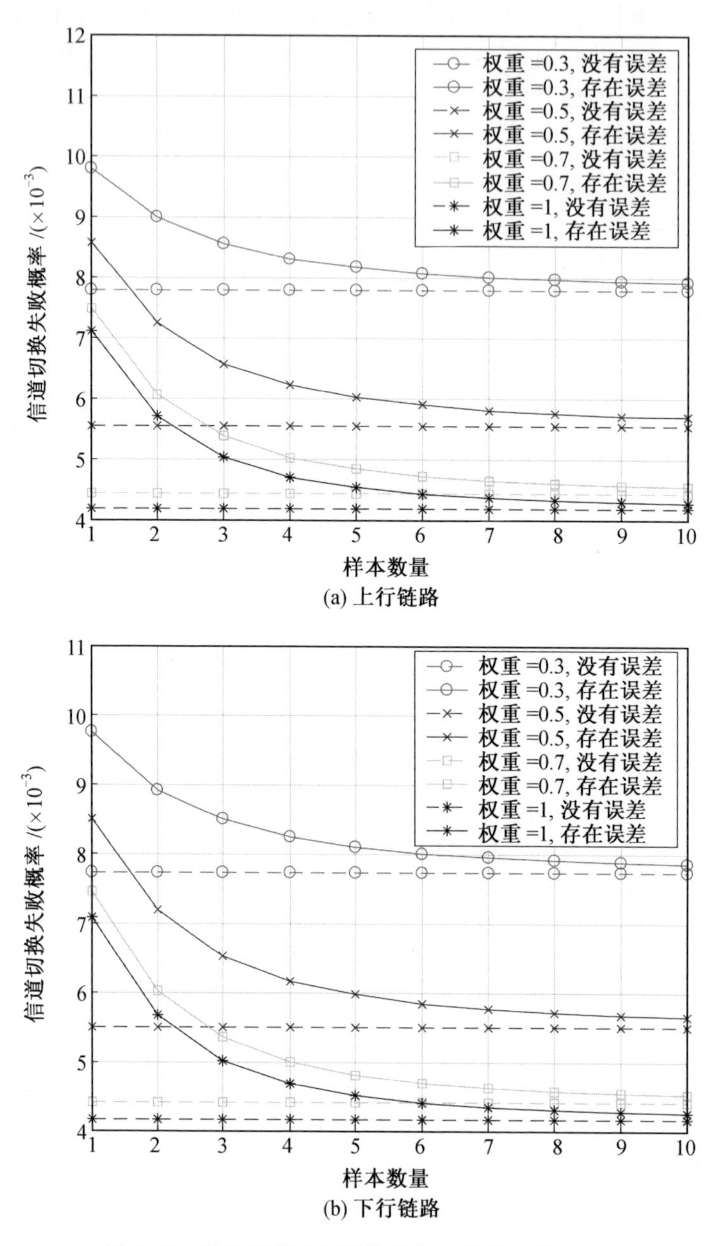

图 5.16　估计误差对切换失败概率的影响(M=10)

5.5.3 基于动态权重的多属性判决信道选择方法

多属性权重设置的方法是简单的加权法，在该方法中权重设置是固定的，往往根据历史经验或者网络要求进行设置，这会导致方法灵活性较差，不能动态地适应认知无线电环境的实时变化情况。因此，本节采用一种各属性权重动态变化的多属性判决方法。

1. 动态权重计算

动态权重计算方法的原理是使得某段时间内波动范围更大的属性所占权重更大。例如，当 FS 链路使用共享频谱较频繁时，会有更多的 FS 链路到达各认知信道，此时 FSS 链路频谱预留池中各信道的平均空闲时间就会变小，信道切换失败的概率会增加。因此，信道平均空闲时间这一属性应该占有更大的权重，以减少 FSS 链路切换失败概率。

由式(5.34)可以得出每个信道各属性归一化处理后的值。用 α_i 表示第 i 个属性在所有预留池信道的均值，计算公式为

$$\alpha_i = \frac{1}{M}\sum_{m=1}^{M} A_i(m), \quad i = 1, 2, \cdots, I \tag{5.41}$$

β_i 表示所有信道中第 i 个属性值的标准差，计算公式为

$$\beta_i = \sqrt{\frac{1}{M}\sum_{m=1}^{M} (A_i(m) - \alpha_i)^2} \tag{5.42}$$

动态权重可以计算为

$$\omega_{d,i} = \frac{\frac{\beta_i}{\alpha_i}}{\sum_{i=1}^{I} \frac{\beta_i}{\alpha_i}} \tag{5.43}$$

这里共讨论两个属性，用 α_t 和 α_{SINR} 表示平均空闲时间和 SINR 这两个属性在所有信道的均值，计算公式为

$$\alpha_t = \frac{1}{M}\sum_{m=1}^{M} t_n(m) \tag{5.44}$$

$$\alpha_{SINR} = \frac{1}{M}\sum_{m=1}^{M} SINR_n(m) \tag{5.45}$$

β_t 和 β_{SINR} 表示平均空闲时间和 SINR 这两个属性在所有信道的标准差，计算公式为

$$\beta_t = \sqrt{\frac{1}{M}\sum_{m=1}^{M} (t_n(m) - \alpha_t)^2} \tag{5.46}$$

$$\beta_{\mathrm{SINR}}=\sqrt{\frac{1}{M}\sum_{m=1}^{M}\left(\mathrm{SINR}_{\mathrm{n}}(m)-\alpha_{\mathrm{SINR}}\right)^{2}} \tag{5.47}$$

平均空闲时间的动态权重可以计算为

$$\omega_{\mathrm{d,t}}=\frac{\dfrac{\beta_{\mathrm{t}}}{\alpha}}{\dfrac{\beta_{\mathrm{t}}}{\alpha_{\mathrm{t}}}+\dfrac{\beta_{\mathrm{SINR}}}{\alpha_{\mathrm{SINR}}}} \tag{5.48}$$

SINR 的动态权重可以计算为

$$\omega_{\mathrm{d,SINR}}=\frac{\dfrac{\beta_{\mathrm{SINR}}}{\alpha_{\mathrm{SINR}}}}{\dfrac{\beta_{\mathrm{t}}}{\alpha_{\mathrm{t}}}+\dfrac{\beta_{\mathrm{SINR}}}{\alpha_{\mathrm{SINR}}}} \tag{5.49}$$

2. 信道选择方法

给出动态权重的计算方法，将动态权重与固态权重结合，得出最终用于分配的权重。

结合后各个属性的权重可以表示为

$$\omega_i=v_1\cdot\omega_{\mathrm{s},i}+v_2\cdot\omega_{\mathrm{d},i} \tag{5.50}$$

式中，v_1 为固定权重所占比例；v_2 为动态权重所占比例；$\omega_{\mathrm{s},i}$ 为属性 i 的固定权重，由历史经验和网络业务需求得出；$\omega_{\mathrm{d},i}$ 为属性 i 的动态权重，由式(5.43)求出。

最终，由式(5.50)求出平均空闲时间的权重 ω_{d} 和 SINR 的权重 ω_{SINR}。

3. 仿真结果

在仿真参数设置中，设置频谱预留池信道总数 $M=10$，$v_1=v_2=0.5$。固定权重与动态权重的判决方法的比较如图 5.17 所示。当 FS 链路平均到达速率为 10 个/s 时，可以看出动态权重的方法对于固定权重的信道排序方法有一个修正的作用。随着权重的增加，动态权重的方法信道切换失败概率的变化比固定权重的方法更加平缓。

随着 FS 链路到达速率的增加，各信道的平均空闲时间减少，FSS 链路接入某信道的过程中有 FS 链路接入的可能性增加，信道切换失败的概率增加，共享频谱资源紧张。

动态权重的判决方法与 FS 链路到达速率的关系如图 5.18 所示。基于动态权重的信道选择方法在 FS 链路到达速率低时，其切换失败概率略高于 $\omega_{\mathrm{s},i}=0.5$ 时的固定权重方法。但随着 FS 链路到达率的提高，动态权重的方法可以使得 FSS 链路的切换失败概率下降。例如，当 FS 链路的到达率超过 8 个/s 时，采用动态权重方法的切换失败概率小于权重为 0.5 时的值，对目标信道选择起到调节的作用，使得认知系统更加侧重考虑切换失败概率这一判决属性。

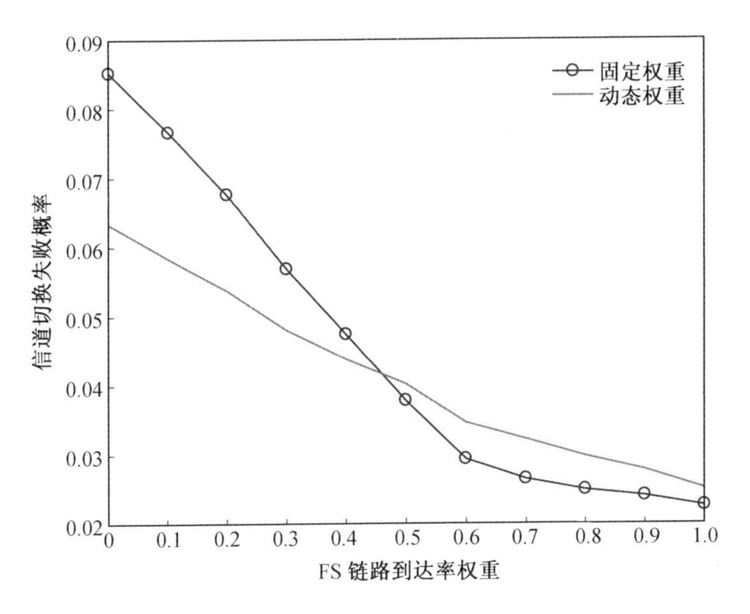

图 5.17　固定权重与动态权重的判决方法的比较

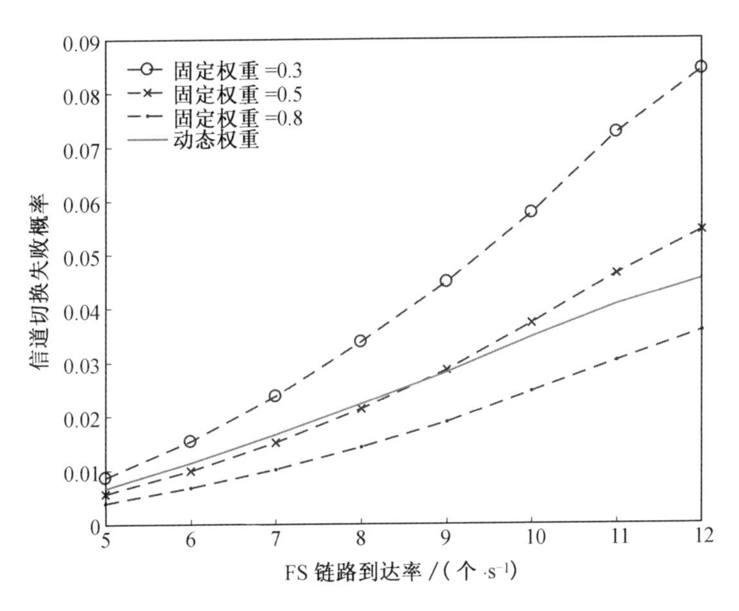

图 5.18　动态权重的判决方法与 FS 链路到达速率的关系

5.6 资源优化

5.6.1 基于固定资源分配的干扰协调技术研究

1. 基于禁区的干扰协调技术

在两种相对独立的网络之间采用频谱共享技术，可以有效避免同一波束内的干扰情况，大幅度提升一体化系统的容量。但是传统的方案也存在严重缺陷。某一个卫星点波束内的SAT－UE在与卫星进行通信过程中，相邻点波束内会存在使用相同频率与CGC基站通信的很多个CGC－UE，这会给卫星上行信号造成干扰。当干扰源CGC－UE分布于SAT－UE所在波束的边缘区域时，由于星地传输距离的缩小，因此会导致严重的同频干扰问题。

为减轻来自波束边缘区域的CGC－UE的干扰信号强度，进一步引入禁区(Exclusive Zone，EZ)的概念，将其定义为以卫星天线的主瓣功率下降到某一隔离值所对应的目标波束半径值为半径的圆形区域，这个隔离值的大小即EZ的宽度。用于干扰协调的EZ的概念如图5.19所示。通俗地讲，EZ是指点波束区域及其边界周围新开拓的区域，每个点波束是3 dB的波束宽度，即EZ为3 dB时表示没有使用禁区[29]。部署在禁区内部的CGC－UE在使用频率上需要严格遵循禁区原则，即禁止使用分配给禁区的频率资源和相邻波束内的部分频率资源，这样就可以减轻来自点波束边缘CGC－UE的干扰强度。

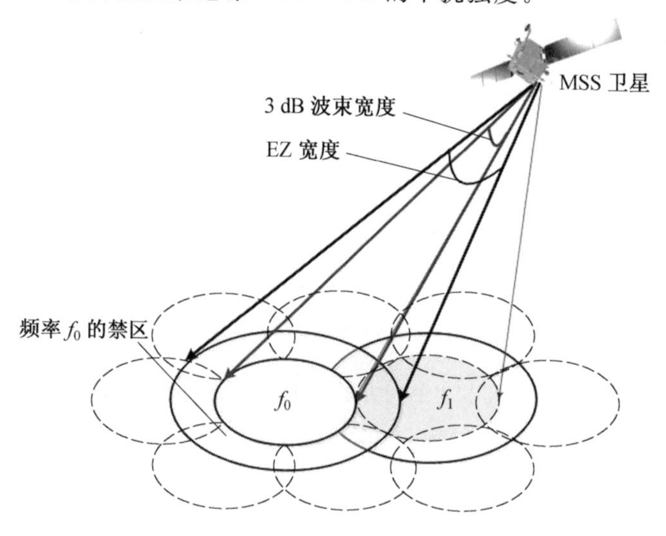

图5.19　用于干扰协调的EZ的概念(彩图见附录)

一个波束禁区范围的最小值为 3 dB，为保证仿真的准确性，需要对禁区最大值进行讨论。禁区并非可以无限扩大，禁区范围过大的极端情况如图 5.20 所示。可以看出，禁区重叠覆盖层数最小为一层，最大为七层。中心波束内的斜线区域是由七个波束禁区进行重叠覆盖的，该区域内部 CGC－UE 不可以使用这七个波束的频率资源，即没有可用的频段。这种极端现象的出现会导致该区域用户无法进行正常通信，因此需要坚决避免。当相对的两个点波束的禁区边缘相交于中间波束的中心点时，禁区宽度达到最大值。根据上述分析，可以得到 EZ 的取值范围为

$$3 \leqslant \mathrm{EZ} \leqslant G_{\mathrm{m}} - G\left(\arctan\frac{\sqrt{3}R}{h}\right)\ (\mathrm{dB}) \tag{5.51}$$

式中，R 为点波束的半径（m）；h 为卫星高度（m）；G_{m} 为卫星多波束天线的最大增益（dBi），一般取 $G_{\mathrm{m}}=50$ dBi。

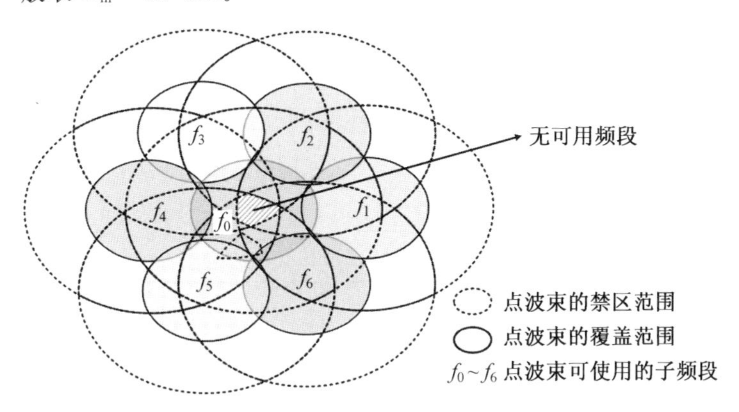

图 5.20　禁区范围过大的极端情况

2. 方案有效性验证

基于干扰估计方法和改进的星地频谱共享模型，对地面 CGC－UE 干扰卫星上行链路的场景进行仿真，验证所提方案的可行性和有效性。星地一体化系统的仿真参数见表 5.2，现就部分参数进行简单说明。

卫星点波束大小为 3 dB，根据公式可以计算出点波束半径约为 94.2 km，而地面 CGC 基站的覆盖区域半径约为 1 km，由此可以估计出一个点波束内大约分布了 9 577 个 CGC 基站，不考虑终端移动性的特点，利用这种快照模型进行干扰估计。在终端分布及发射功率上，无论是 SAT－UE 还是 CGC－UE，都是随机分布于点波束范围内。CGC 基站与 CGC－UE 之间采用所介绍的宏小区传播模型，并使用部分功率控制公式补偿发射功率。SAT－UE 的发射功率始终都是 24 dBm。此外，仿真以位于中间位置的波束作为目标波束，即有用信号在该波束中产生。仿真中假设上行载波频段是 1 980～2 010 MHz，共有七个点波束，每个

点波束所分配的上行带宽是 4.3 MHz,假设单用户带宽是 180 kHz,那么一个卫星点波束内约有 24 个信道,因此假设中心点波束内存在 24 个卫星用户。

表 5.2　星地一体化系统仿真参数

参数名称	卫星组件参数取值	地面组件参数取值
卫星高度 h	36 000 km	—
卫星天线方向图模型	参考 ITU－R S.672－4	—
噪声温度 T	559 K	—
上行载波频率 f_0	2 GHz(1 980～2 010 MHz)	2 GHz
点波束/地面蜂窝半径 R、r	3 dB 波束宽度	1 km
单波束/地面蜂窝小区内 UE 的数量	24	1
点波束/地面蜂窝小区数量	7	9 577 个波束
频率复用因子 K	3、4、7	1
SAT－UE/CGC－UE 发射功率	24 dBm	－30～24 dBm
SAT－UE/CGC－UE 位置	随机分布于开阔地	随机分布于城市
单用户带宽	180 kHz	180 kHz
单用户天线增益	0 dBi	0 dBi
星地信道模型	PérezFontán(开阔地)	PérezFontán(城市)

使用表 5.2 参数进行仿真,具体从以下三个角度进行分析,对所提方案的可行性进行验证。

(1)卫星接收端的 INR 和 SINR。

图 5.21 所示为卫星接收端干噪比(Interference Noise Ratio,INR)和 SINR 的累积分布函数(Cumulative Distribution Function,CDF)曲线随禁区宽度的变化($K=7$)。由图 5.21(a)可以看出,随着禁区宽度的增大,INR 的 CDF 曲线左移,说明 CGC－UE 对卫星上行链路的干扰强度逐渐减小。这是因为在 EZ 区域内的地面终端不会使用卫星上行链路所用的频段,这就避免了波束边缘 CGC－UE 对卫星上行信号的干扰。由图 5.21(b)可以看出,增加 EZ 宽度可以有效提升卫星接收信号信噪比。

(2)系统可容纳的最大 CGC－UE 数量。

系统的可接受干扰大小会限制系统能容纳的地面用户数量。仿真假设有七个点波束,无干扰要求时每个点波束覆盖区域内存在 9 577 个 CGC－UE。为统计系统能容纳的 CGC－UE 的最大数量,假设天地一体化系统中卫星可接受的干扰功率为 I_{accept},在点波束周围区域内共存在 N 个同频的 CGC－UE,每个地面终

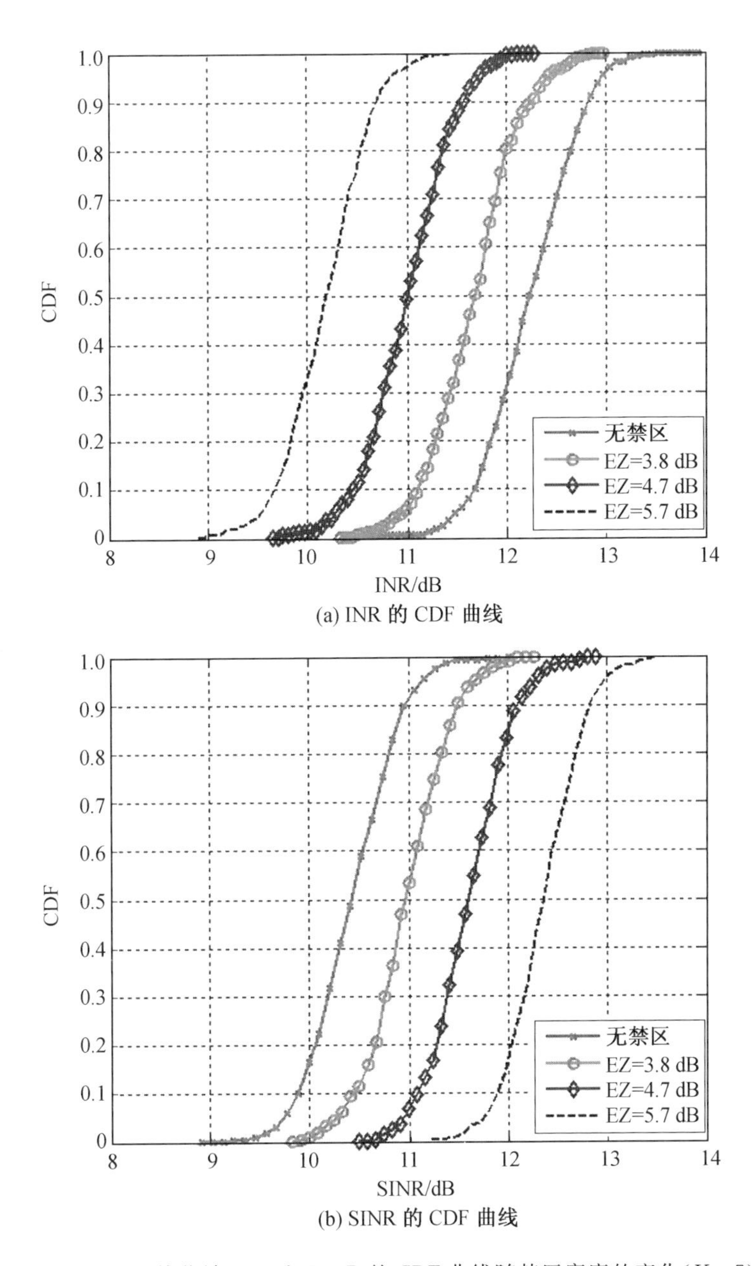

图 5.21　卫星接收端 INR 和 SINR 的 CDF 曲线随禁区宽度的变化($K=7$)

端产生的对卫星的干扰功率表示为 $I_n(n=1,2,\cdots,N)$。将该干扰功率由小到大进行排列,记排序后的单个实体干扰功率为 $I'_n(n=1,2,\cdots,N)$,满足当 $n_1 < n_2$ 时,$I'_{n_1} < I'_{n_2}$。如果 $\sum_{n=1}^{K} I'_n \leqslant I_{\text{accept}}$ 和 $\sum_{n=1}^{K+1} I'_n > I_{\text{accept}}(K=1,2,\cdots,N-1)$ 这两个条件同时满足,那么 K 即为系统能够容纳的最大同频 CGC－UE 的数量。

图 5.22 所示为系统能容纳的 CGC－UE 的最大数量随 EZ 宽度值的变化。图中给出了当系统可接受的干扰功率值是－145 dBW 时，在不同的禁区宽度下，天地一体化系统能容纳的使用频段 f_0 的 CGC－UE 的最大数量的变化曲线。随着禁区宽度的增大，周围波束内同频 CGC－UE 所产生的干扰信号强度减小，小于系统可容忍干扰值的 CGC－UE 数量会增加。由图 5.22 曲线的上升趋势可以得出，所提方案能有效提高一体化系统能支持的最大地面用户数量。上述只对使用频段 f_0 的 CGC－UE 的最大数量进行了估计，如果考虑所有频段，那么系统能容纳的地面用户数量将会有很大幅度的增加。

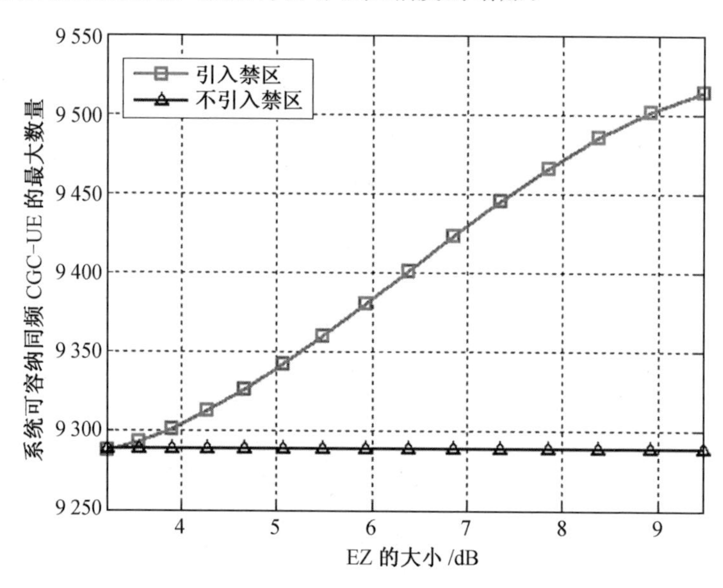

图 5.22　系统能容纳的 CGC－UE 的最大数量随 EZ 宽度值的变化

3. 基于干扰源位置的地面网络可用带宽估计方法

由上述分析可知，增大禁区的宽度可以减轻干扰强度，提升系统能容纳的用户数量，但这是以牺牲地面系统能使用的带宽资源为代价的。地面系统可用带宽的多少直接决定了辅助地面网络的系统容量，所以地面频谱利用率也是衡量方案有效性的指标。

在点波束禁区范围内的地面网络禁止使用分配给该点波束的频率和部分相邻波束的频率资源。具体限制哪几个频段，取决于频率复用因子和地面 CGC－UE 的位置信息。根据禁区宽度的取值范围可以将地面干扰源 CGC－UE 的位置分为以下两种情况（以频率复用因子是 7 为例）[30]。

当 $3 \leqslant \mathrm{EZ} \leqslant G_{\max} - G\left(\arctan \dfrac{3R}{2h}\right)$ (dB) 时，中心波束外围波束中任意两个不相邻波束的禁区不存在重叠的可能性（图 5.23），此时 CGC－UE 的位置分布存

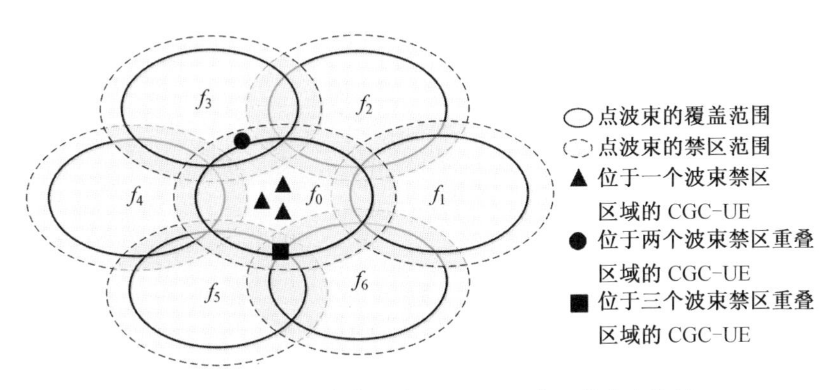

图 5.23　中心波束禁区内 CGC－UE 的三种分布位置

在以下三种情况。

(1)CGC－UE 处于波束的中心区域，且只处于所在波束的禁区范围内，此时仅禁止使用该波束的频带资源。

(2)CGC－UE 处于两个波束禁区的重叠范围内，此时禁止使用这两个波束的频段，并且不能使用相邻两个波束的部分频段。

(3)CGC－UE 处于三个波束禁区的重叠范围内，此时禁止使用这三个波束的频段，并且不能使用相邻两个波束的部分频段。

当 $G_{\max}-G\left(\arctan\dfrac{3R}{2h}\right)\leqslant \mathrm{EZ}\leqslant G_m-G\left(\arctan\dfrac{\sqrt{3}R}{h}\right)$ (dB) 时，中心波束外围波束中任意两个相对的波束禁区不发生重叠，而非相对的任意两个波束禁区发生重叠(图 5.24)，此时 CGC－UE 的位置分布除上述三种情况外，还存在第四种情况，即 CGC－UE 处于四个波束禁区重叠范围内，此时禁止使用这四个波束的频段，并且不能使用相邻两个波束的部分频段。

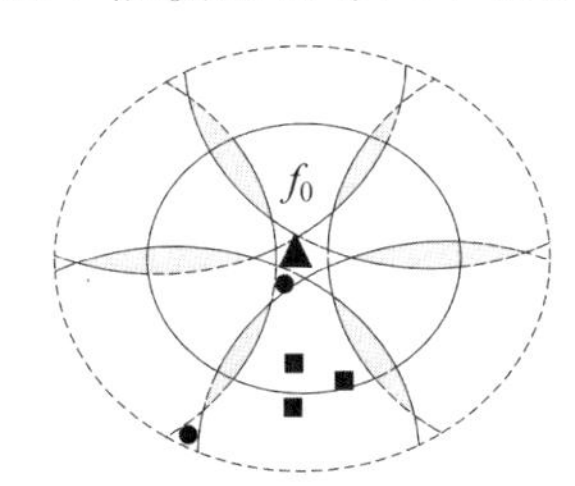

图 5.24　中心波束内部 CGC－UE 的四种分布位置(彩图见附录)

假设系统可用频带宽度是 B，频率复用因子是 K，在任意一个卫星点波束簇内，地面 CGC－UE 在不同频率复用因子时的可用带宽见表 5.3。其中，α、β、γ 是权衡系统容量和干扰大小得到的加权因子。

表 5.3 地面 CGC－UE 在不同频率复用因子时的可用带宽

	$K=3$	$K=4$	$K=7$
情况一	$W_1=2\dfrac{B}{K}$	$W_1=3\dfrac{B}{K}$	$W_1=6\dfrac{B}{K}$
情况二	$W_2=\alpha\dfrac{B}{K}$	$W_2=2\beta\dfrac{B}{K}$	$W_3=(3+2\gamma)\dfrac{B}{K}$
情况三	—	$W_3=\beta\dfrac{B}{K}$	$W_3=(2+2\gamma)\dfrac{B}{K}$
情况四	—	—	$W_3=(1+2\gamma)\dfrac{B}{K}$

CGC－UE 所处位置的概率与以上四种情况所占的面积比例是相关的。为减小计算复杂度,采用蒙特卡洛仿真,可以将面积之比的计算转换成区域内部随机点数量之比。为消除随机因素造成的影响,采用足够多的随机点,进行多次反复计算,得到某区域内部随机点的平均点数。令上述四种情况所在区域内随机点的平均个数是 N_1、N_2、N_3、N_4,则任何一个 CGC－UE 所在位置的概率是

$$p_i=\frac{N_i}{N},\quad i=1,2,3,4 \tag{5.52}$$

结合表 5.3 给出的每种情况的概率,根据全概率公式,可以得到每个 CGC－UE 可以使用的平均频带宽度为

$$W_{\text{avail}}=\sum_{i=1}^{4}p_iW_i \tag{5.53}$$

仿真假设系统上行链路可用带宽是 30 MHz。图 5.25 所示为中心波束禁区内地面 CGC－UE 平均可用带宽随禁区宽度的变化,图中给出了在复用因子 $K=3$、4、7时,地面 CGC－UE 可用带宽随禁区宽度的变化曲线。由曲线趋势可知,提升频率复用因子可以增加地面网络的可用带宽,但是增大禁区宽度会导致地面可用带宽资源减少。因此,禁区宽度并非越大越好,其取值必须考虑系统上行链路有效性,充分权衡系统干扰大小和频谱利用率。

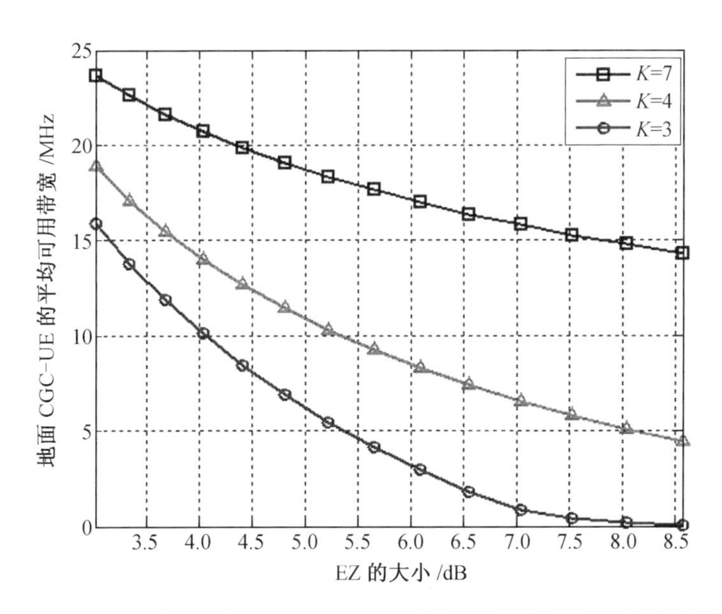

图 5.25　中心波束禁区内地面 CGC－UE 平均可用带宽随禁区宽度的变化

5.6.2　基于业务需求的功率带宽联合优化分配算法

1. 构建资源联合分配数学模型

卫星通信系统采用多波束天线技术和频率复用技术，能在不同波束的同频信道内同时与多个卫星终端通信。在这种情况下，波束的旁瓣增益对其他同频波束会造成严重干扰。

假设所有波束的卫星天线方向图都遵循 ITU－R S.672－4 中的定义，根据之前部分给出方向角的计算方法可以计算出同频干扰功率。图 5.26 所示为多波束卫星下行链路同频干扰示意图，假设每个波束都配置一个发射机，且只在高斯广播信道上发送一个信号进行传输。

位于波束 B_i 中心位置的某一卫星 SAT－UE 正在与卫星进行下行链路的通信，有用信号和干扰信号通过相同的路径（传输距离均为 d）到达被干扰用户，因此二者遭受的自由空间损耗 $(4\pi d/\lambda)^2$ 和移动信道衰落因子 γ 均相等。

用户接收到的有用信号功率 P_r^i 和干扰信号功率 I_r^i 计算公式为

$$P_r^i = \gamma P_t^i G_{\max} G_r \left(\frac{\lambda}{4\pi d}\right)^2 \tag{5.54}$$

$$\begin{aligned} I_r^i &= \sum_{m=1}^{M} \gamma P_t^m G_{m,i} G_r \left(\frac{\lambda}{4\pi d}\right)^2 \\ &= \sum_{m=1}^{M} \gamma P_t^m \frac{G_{m,i}}{G_{\max}} G_{\max} G_r \left(\frac{\lambda}{4\pi d}\right)^2 \end{aligned}$$

$$=\sum_{m=1}^{M}\gamma P_{\mathrm{t}}^{m}h_{m,i}G_{\max}G_{\mathrm{r}}\left(\frac{\lambda}{4\pi d}\right)^{2} \tag{5.55}$$

式中，P_{t}^{m} 为卫星分配给波束 B_m 的发射功率；G_{r} 为卫星用户的接收天线增益；$G_{\max}$为卫星天线的最大增益；$G_{k,i}$为波束 B_k 在波束 B_i 上的天线增益。

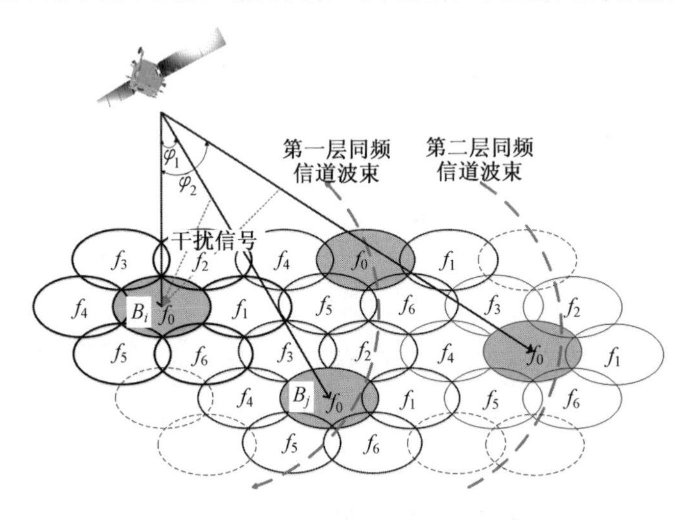

图 5.26　多波束卫星下行链路同频干扰示意图

在上式中将旁瓣天线增益归一化，引入了波束间干扰系数矩阵 $\boldsymbol{H}\in\boldsymbol{C}^{M\times M}$，能够衡量系统内任意两个同频波束之间的干扰大小，$\boldsymbol{H}$ 的计算公式为

$$\boldsymbol{H}=\frac{1}{G_{\max}}\begin{bmatrix}G_{1,1} & G_{1,2} & \cdots & G_{1,M}\\ G_{2,1} & G_{2,2} & \cdots & G_{2,M}\\ \vdots & \vdots & & \vdots\\ G_{M,1} & G_{M,2} & \cdots & G_{M,M}\end{bmatrix} \tag{5.56}$$

式中，$G_{i,j}$代表波束 i 在波束 j 上的天线增益，它的取值取决于波束之间的频率复用情况。由于忽略了波束内部各用户的干扰，因此 $G_{i,i}=0$，如果波束 i 和波束 j 使用不同的子频段，则 $G_{i,j}=0$，$G_{j,i}=0$。通过在波束 j 内随机产生若干点代表用户，计算波束 B_i 在每个用户方向上的天线增益，所有用户增益的平均值即为 $G_{i,j}$。

在得到点波束 B_i 的接收信号功率 P_{r}^{i} 和干扰功率 I_{r}^{i} 后，基于香农公式，分配给 B_i 的信道容量 C_i 为

$$C_i=W_i\log_2\left(1+\frac{P_{\mathrm{r}}^{i}}{W_iN_0+I_{\mathrm{r}}^{i}}\right)$$

$$=W_i\log_2\left[1+\frac{\gamma P_{\mathrm{t}}^{i}G_{\max}G_{\mathrm{r}}\left(\frac{\lambda}{4\pi d}\right)^{2}}{W_iN_0+\sum_{m=1}^{M}\gamma P_{\mathrm{t}}^{m}h_{m,i}G_{\max}G_{\mathrm{r}}\left(\frac{\lambda}{4\pi d}\right)^{2}}\right]$$

$$=W_i\log_2\left(1+\frac{P_t^i}{\alpha_i W_i N_0+\sum_{m=1}^{M}P_t^m h_{m,i}}\right) \tag{5.57}$$

式中，$\alpha_i=\frac{1}{\gamma G_{\max}G_r}\left(\frac{4\pi d}{\lambda}\right)^2$，表示点波束 B_i 传输信道的综合衰减因子，它的大小会受到很多因素的影响，如信号频带、接收用户海拔、自由空间损耗、电离层吸收损耗、大气吸收损耗及降雨损耗等[31]；N_0 为噪声功率谱密度。

式(5.57)把接收端的 SINR 用发射功率来表示，更有利于从卫星发射端的角度研究星上资源的分配问题。增加分配给波束 B_i 的功率或带宽资源能提高该波束分配到的信道容量 C_i，在点波束容量不足以保证该波束区域内用户需求时，最好的解决方法是在满足合理约束的前提下，尽量缩小 C_i 与 T_i 之间的差距。

在实际的多波束卫星通信系统中有很多实时的业务，如视频音频流，时延性能是重要的评估标准。波束的平均时延限制可以转化为每个波束的最小业务需求，实际分配容量应高于时延所决定的业务需求，才能保证通信的服务质量。因此，时延确定的通信需求是实际分配容量的下限[32]，有

$$C_i\geqslant\frac{T_i}{(1-e_i)D_i} \tag{5.58}$$

式中，e_i 表示点波束 B_i 传输信道的误包率，一般来说 $(1-e_i)D_i>1$。

评估系统性能的方法有很多种，如最大化系统容量及公平性等。这里的评估标准是最小化点波束业务需求和分配给该点波束容量的差值。采用二阶差分优化目标函数，在满足约束条件的基础上，使分配的信道容量与业务需求的差值达到最小。综上分析，可以将该优化问题抽象成以下数学模型(以下称为原问题)，即

$$\min f(\boldsymbol{P},\boldsymbol{W})=\min_{\{P_i,W_i\}}\sum_{i=1}^{M}(T_i-C_i)^2 \tag{5.59}$$

$$\text{s.t.}\quad C_i\leqslant T_i \tag{5.60}$$

$$C_i\geqslant\frac{T_i}{(1-e_i)D_i} \tag{5.61}$$

$$\sum_{i=1}^{M}P_i\leqslant P_{\text{total}} \tag{5.62}$$

$$\sum_{i=1}^{M}W_i\leqslant W_{\text{total}} \tag{5.63}$$

式(5.60)表示分配的容量不能超过其业务需求，即每个点波束的业务需求是所分配的容量的上限。式(5.61)指定了所分配容量的下限。式(5.62)和式(5.63)表明卫星的功率和带宽资源是有限的。原问题是一个非线性规划问题，每个点波束分配的功率和带宽是相互耦合的，因此很难获得原问题的全局最优解。

2. 最优功率带宽联合分配算法

(1)优化问题建模。

对于波束之间的资源分配问题，通过引入非负的拉格朗日乘子 $\boldsymbol{\rho}$、λ 和 μ，可以得到该优化问题的拉格朗日函数，即

$$L(\boldsymbol{P},\boldsymbol{W},\boldsymbol{\rho},\lambda,\mu)=\sum_{i=1}^{M}(T_i-C_i)^2+\sum_{i=1}^{M}\rho_i\left[\frac{T_i}{(1-e_i)D_i}-C_i\right]+\lambda\sum_{i=1}^{M}(P_i-P_{\text{total}})+\mu\sum_{i=1}^{M}(W_i-W_{\text{total}}) \tag{5.64}$$

式中，$\boldsymbol{P}=\{P_1,P_2,\cdots,P_M\}$；$\boldsymbol{W}=\{W_1,W_2,\cdots,W_M\}$；$\boldsymbol{\rho}=\{\rho_1,\rho_2,\cdots,\rho_M\}$。

由于目标优化函数中考虑了波束之间的同频干扰问题，因此上述优化问题不属于凸优化范畴，应设法考虑该问题的对偶问题。

定义拉格朗日对偶函数 $g(\boldsymbol{\rho},\lambda,\mu)$ 为

$$g(\boldsymbol{\rho},\lambda,\mu)=\min_{\boldsymbol{P},\boldsymbol{W}}L(\boldsymbol{P},\boldsymbol{W},\boldsymbol{\rho},\lambda,\mu) \tag{5.65}$$

$g(\boldsymbol{\rho},\lambda,\mu)$ 把 $L(\boldsymbol{P},\boldsymbol{W},\boldsymbol{\rho},\lambda,\mu)$ 看成变量 $\boldsymbol{P}$、$\boldsymbol{W}$ 的函数所得到的最小值。假设 $\boldsymbol{P}^*$、$\boldsymbol{W}^*$ 是原问题 $f(\boldsymbol{P},\boldsymbol{W})$ 的最优解，即 $f(\boldsymbol{P}^*,\boldsymbol{W}^*)=p^*$，则 $g(\boldsymbol{\rho},\lambda,\mu)$ 与 p^* 有以下关系，即

$$\begin{aligned}
g(\boldsymbol{\rho},\lambda,\mu)&=\min_{\boldsymbol{P},\boldsymbol{W}}L(\boldsymbol{P},\boldsymbol{W},\boldsymbol{\rho},\lambda,\mu)\\
&=\min_{\boldsymbol{P},\boldsymbol{W}}\Bigg\{f(\boldsymbol{P},\boldsymbol{W})+\sum_{i=1}^{M}\rho_i\left[\frac{T_i}{(1-e_i)D_i}-C_i\right]+\\
&\quad\lambda\sum_{i=1}^{M}(P_i-P_{\text{total}})+\mu\sum_{i=1}^{M}(W_i-W_{\text{total}})\Bigg\}\\
&\leqslant f(\boldsymbol{P}^*,\boldsymbol{W}^*)+\sum_{i=1}^{M}\rho_i\left[\frac{T_i}{(1-e_i)D_i}-C_i{}^*\right]+\\
&\quad\lambda\sum_{i=1}^{M}(P_i^*-P_{\text{total}})+\mu\sum_{i=1}^{M}(W_i^*-W_{\text{total}})\\
&\leqslant f(\boldsymbol{P}^*,\boldsymbol{W}^*)=p^*
\end{aligned} \tag{5.66}$$

在上述公式中，不等式成立的原因是 $\boldsymbol{P}^*$、$\boldsymbol{W}^*$ 位于原问题的可行域内，式(5.61)～(5.63)均满足，且拉格朗日乘子 $\boldsymbol{\rho},\lambda,\mu\geqslant 0$。由式(5.66)可知，如果将 $L(\boldsymbol{P},\boldsymbol{W},\boldsymbol{\rho},\lambda,\mu)$ 看成变量 $\boldsymbol{P}$、$\boldsymbol{W}$ 的函数，在整个定义域内取下界，则得到的结果为 $g(\boldsymbol{\rho},\lambda,\mu)$，它表示原问题最优值 p^* 的一个下界。

为减小 $g(\boldsymbol{\rho},\lambda,\mu)$ 值与最优值 p^* 的差距，需要寻找最优下界，即所有下界中最大的值。因此，可以得到拉格朗日对偶问题，即

$$\begin{aligned}
&\max\ g(\boldsymbol{\rho},\lambda,\mu)\\
&\text{s.t.}\quad \begin{array}{l}\lambda\geqslant 0\\ \beta\geqslant 0\end{array}
\end{aligned}$$

$$\rho_i \geqslant 0, \quad i=1,2,\cdots,M \tag{5.67}$$

假设上述拉格朗日对偶问题的最优值为 d^*，d^* 与原问题最优值 p^* 之间存在关系式

$$d^* \leqslant p^* \tag{5.68}$$

(2) 对偶问题的求解。

通过以上分析可知，从对偶问题的角度来求解原问题的最优解，能最小化对偶间隙 $|p^* - d^*|$。可以通过拉格朗日对偶理论及次梯度法迭代求解原问题的最优下界。具体来说，对偶问题的求解可以分为以下三个顺序迭代子问题。

① 子问题一：波束间功率分配。对于给定的对偶变量 $\boldsymbol{\rho}$、λ 和 μ，基于 Karush-Kuhn-Tucket(KKT) 条件，将 $L(\boldsymbol{P},\boldsymbol{W},\boldsymbol{\rho},\lambda,\mu)$ 对每一个 $P_i(i=1,2,\cdots,M)$ 求偏导，可以得出近似解 P_i^* 肯定满足

$$T_i - C_i + \frac{\rho_i}{2} = \frac{\alpha_i \lambda N_0 \ln 2}{2}\left(1 + \frac{P_i^* + \sum_{k=1}^{M} P_k h_{i,k}}{\alpha_i W_i N_0}\right) \tag{5.69}$$

假设 $C_i > T_i$ 成立，由于 $(1-e_i)D_i > 1$，因此约束条件式(5.61)明显成立，相应的拉格朗日乘子 $\rho_i = 0$。根据式(5.69)，同时基于上述假设，可以推出 $\lambda < 0$，这与 λ 非负的前提相互矛盾，因此当 $\lambda \geqslant 0$ 时，$C_i \leqslant T_i$ 必然成立，所以式(5.60)必然成立，可以忽略。

对于式(5.69)，由于 C_i 的存在，因此很难求得其解析解，但是通过分为高信噪比和低信噪比两种情况可以得到近似解 P_i^*。在低 SINR 情况下，即 $\text{SINR} \ll 1$ 时，使用 $\ln(1+x) \simeq x$ 近似；在高 SINR 情况下，即 $\text{SINR} \gg 1$ 时，使用部分泰勒展开式 $\ln(1+x) \simeq x - x^2/2$ 近似。但是上述两种特殊情况并不能满足当前卫星系统的设计需求，因此最希望得到在 SINR 取值介于上述两种情况之间时的功率最优值 P_i^{opt}。为此，本节采用黄金分割法来求得近似解 P_i^*。用黄金分割法搜索功率近似解的具体实现步骤如下。

a. 初始化。输入系统总功率 P_{total}，收敛精度为 ε，令 $\lambda = (1+\sqrt{5})/2$，初始区间 $[a,b]=[0,P_{\text{total}}]$，$a_1 = a + (1+\lambda)(b-a)$，$\varphi_1 = \varphi(a_1)$，$a_2 = a + \lambda(b-a)$，$\varphi_2 = \varphi(a_2)$。

b. 若 $|a_2 - a_1| > \varepsilon$ 成立，则转步骤 c；否则，转步骤 d。

c. 若 $\varphi_1 < \varphi_2$ 成立，则 $b = a_2$，$a_2 = a_2$，$\varphi_2 = \varphi_1$，$a_1 = a + (1-\lambda)(b-a)$，$\varphi_1 = \varphi(a_1)$，转步骤 b；否则，$a = a_1$，$a_1 = a_2$，$\varphi_1 = \varphi_2$，$a_2 = a + \lambda(b-a)$，$\varphi_2 = \varphi(a_2)$，转步骤 b。

d. 输出 $P^* = (a_1 + a_2)/2$，$\varphi^* = \varphi(P^*)$。

该方法是在搜索区间内适当插入两点，通过迭代，搜索区间无限缩小，满足一定精度后即可得到近似解 P_i^*，进而得到最优解 $P_i^{\text{opt}} = \max(0, P_i^*)$。算法中涉

及的目标函数 $\varphi(P_i)$ 为

$$\varphi(P_i)=\left|T_i-W_i\log_2\left(1+\frac{P_i^*}{\alpha_iW_iN_0+\sum_{k=1,k\neq i}^{M}P_kh_{i,k}}\right)-\frac{\rho_i}{2}-\frac{\alpha_i\lambda N_0\ln 2}{2}\left(1+\frac{P_i^*+\sum_{k=1,k\neq i}^{M}P_kh_{i,k}}{\alpha_iW_iN_0}\right)\right| \tag{5.70}$$

② 子问题二：波束间带宽分配。把子问题一求出的 P_i^{opt} 代入式(5.64)中，将 $L(\boldsymbol{P},\boldsymbol{W},\boldsymbol{\rho},\lambda,\mu)$ 对每一个 $W_i(i=1,2,\cdots,M)$ 求偏导，可以得到

$$2\left[T_i-C_i+\frac{\rho_i}{2}\right]\times\left[H\log_2\left(1+\frac{P_i^{\text{opt}}}{\alpha_iW_i^*N_0}\right)-\alpha_iW_i^*P_i^{\text{opt}}N_0\right]-E\mu=0 \tag{5.71}$$

其中，E 取值为

$$E=\left[\left(\alpha_iW_i^*N_0+\sum_{k=1}^{M}P_kh_{i,k}\right)^2+\left(\alpha_iW_i^*N_0+\sum_{k=1}^{M}P_kh_{i,k}\right)P_i^{\text{opt}}\right]\ln 2 \tag{5.72}$$

可以利用黄金分割法求得近似解 W_i^*，那么分配给点波束 B_i 的最优带宽 $W_i^{\text{opt}}=\max\{0,W_i^*\}$。

③ 子问题三：对偶变量更新。在得到 $\boldsymbol{P}^{\text{opt}}$ 和 $\boldsymbol{W}^{\text{opt}}$ 后，对偶问题的优化变量仅有对偶变量 $\boldsymbol{\rho}$、λ、μ，即

$$(\rho^{\text{opt}},\lambda^{\text{opt}},\mu^{\text{opt}})=\arg\max_{\rho,\lambda,\mu}g(\boldsymbol{\rho},\lambda,\mu)=\arg\max_{\rho,\lambda,\mu}\min L(\boldsymbol{P}^{\text{opt}},\boldsymbol{W}^{\text{opt}},\boldsymbol{\rho},\lambda,\mu) \tag{5.73}$$

对偶变量的最优值可以采用次梯度法来更新对偶变量的取值。次梯度法是通过设置合理的迭代步长在次梯度方向上更新对偶变量。具体的迭代过程为

$$\begin{cases}\rho_i^{n+1}=\left[\rho_i^n-\Delta_{\rho_i}^n\left[C_i^{\text{opt}}-\frac{T_i}{(1-e_i)D_i}\right]\right]^+\\ \lambda^{n+1}=\left[\lambda^n-\Delta_\lambda^n\left(P_{\text{total}}-\sum_{i=1}^{M}P_i^{\text{opt}}\right)\right]^+\\ \mu^{n+1}=\left[\mu^n-\Delta_\mu^n\left(W_{\text{total}}-\sum_{i=1}^{M}W_i^{\text{opt}}\right)\right]^+\end{cases} \tag{5.74}$$

式中，$[\cdot]^+=\max\{0,\cdot\}$；$n$ 表示迭代次数；Δ^n 表示标量步长序列。只要选择的迭代步长合理，用次梯度法就可以保证对偶变量收敛在最优值，从而保证该优化问题的收敛性。虽然由此得出的最优解为原问题最优解的最优下界，但是只要保证迭代次数足够大，就可以让对偶间隙 $|p^*-d^*|$ 接近于零[33]。

(3) 功率带宽联合优化分配算法的实现过程。

结合上述资源优化算法，将功率带宽联合优化分配算法的实现过程描述

如下。

① 输入。对偶变量初始值为ρ^1、λ^1、μ^1，相应迭代步长为Δ^ρ、Δ^λ、Δ^μ，最大迭代次数为 N_{iter}，精度为 ε。

② 初始化。令迭代次数指示变量 $i=1$，设定各点波束的初始带宽为 $W_m^i = W_{\text{total}}/M$，初始功率为 $P_m^i = P_{\text{total}}/M$，其中 $m=1,\cdots,M$。

③ 将 ρ^i、λ^i、μ^i、$\boldsymbol{W}^i$ 及$\boldsymbol{P}^i$ 代入式(5.70)中，更新获得分配给每个点波束的最优功率$\boldsymbol{P}_{\text{opt}}^{i+1}$。

④ 将 ρ^i、λ^i、μ^i、$\boldsymbol{W}^i$ 及$\boldsymbol{P}_{\text{opt}}^{i+1}$ 代入式(5.73)中，计算并更新给每个点波束分配的最优带宽 W_{opt}^{i+1}。

⑤ 将 ρ^i、λ^i、μ^i、$\boldsymbol{W}_{\text{opt}}^{i+1}$ 及 $\boldsymbol{P}_{\text{opt}}^{i+1}$ 代入式(5.74)中，更新对偶变量得到 ρ^{i+1}、λ^{i+1}、μ^{i+1}。

⑥ 进行迭代中止条件判断。如果$\left|P_{\text{total}}-\sum_{i=1}^{M}P_{\text{opt}}^{i+1}\right|<\varepsilon$、$\left|W_{\text{total}}-\sum_{i=1}^{M}W_{\text{opt}}^{i+1}\right|<\varepsilon$ 及 $P_{\text{total}}\geqslant\sum_{i=1}^{M}P_{\text{opt}}^{i+1}$，$W_{\text{total}}\geqslant\sum_{i=1}^{M}W_{\text{opt}}^{i+1}$ 同时满足或 $i=N_{\text{iter}}$，则转到步骤 ⑦；否则 $i=i+1$，转步骤 ③ 继续进行迭代。

⑦ 输出。返回各点波束的最优资源分配方案$\boldsymbol{W}_{\text{opt}}^{i+1}$ 及$\boldsymbol{P}_{\text{opt}}^{i+1}$。

假设黄金分割法的算法复杂度为 $O(S)$，实际迭代次数为 N，点波束个数为 M，式(5.69)、式(5.71)、式(5.74)的算法复杂度分别是 $O(SM)$、$O(SM)$、$O(2+M)$。因此，整个算法的复杂度为 $O(2NSM+2N+MN)$。所提算法的复杂度是点波束个数的线性函数，因此该算法很容易在实际中实现。

3. 仿真与性能分析

多波束卫星通信系统仿真参数及其取值见表 5.4。

表 5.4　多波束卫星通信系统仿真参数及其取值

参数名称	参数取值
卫星高度 h	36 000 km
卫星天线方向图	参考 ITU－RS. 672－4
点波束半径 R	3 dB 波束宽度
点波束个数 M	10
系统总功率 P_{total}	200 W
系统总带宽 W_{total}	500 MHz

续表 5.4

参数名称	参数取值
每个点波束的业务需求 T	120 ～ 255 Mbit/s,步长为 15 Mbit/s
各波束信道条件归一化系数 $\alpha_i N_0$	0.2×10^{-6}
每个点波束的时延系数	0.2
对偶变量 ρ、λ、μ 的迭代步长 Δ''	0.5、1.542、0.7
最大迭代次数 N_{iter}	5 000

为证明所提算法的有效性,仿真考虑以下五种算法。

(1) 最优联合资源分配算法(Optimal Power and Optimal Bandwidth Allocation,OPOB)。

(2) 最优功率分配算法(Optimal Power and Unfied Bandwidth Allocation, OPUB)。该算法分配给每个点波束带宽资源为 $W_i = W_{\text{total}}/M, i \in \{1,2,\cdots,M\}$,功率资源则根据需求在各点波束之间进行优化分配。

(3) 最优带宽分配算法(Unified Power and Optimal Bandwidth Allocotion,UPOB)。该算法把分配给每个点波束功率资源为 $P_i = P_{\text{total}}/M, i \in \{1,2,\cdots,M\}$,带宽资源则根据需求在各点波束之间进行优化分配。

(4) 统一资源分配算法(Unified Power and Unified Bandwidth Allocation, UPUB)。该算法将系统总资源均分给每个点波束。

(5) 不考虑时延的最优联合资源分配算法(Optimal Power and Optimal Bandwidth without Delay Constraint Allocation, OPOBND)。

本节将从以下三个角度验证联合资源优化算法的可行性和有效性。

(1) OPOB 算法收敛性验证。

根据上述仿真参数,在各波束信道相同的前提下,图 5.27 所示为对偶变量的收敛情况。当迭代次数大于 15 时,三个对偶变量都稳定在某一确定的值,实现收敛。图 5.28 所示为优化变量及目标优化函数的收敛情况。结合图 5.27 和图 5.28 可知,当对偶变量收敛时,系统的总资源和目标优化函数也是收敛的。因此,仿真所设置的对偶变量的迭代步长是合理的,同时通过观察对偶变量是否收敛于某一确定值可以推断出功率和带宽的取值是否在该优化问题的可行域内。

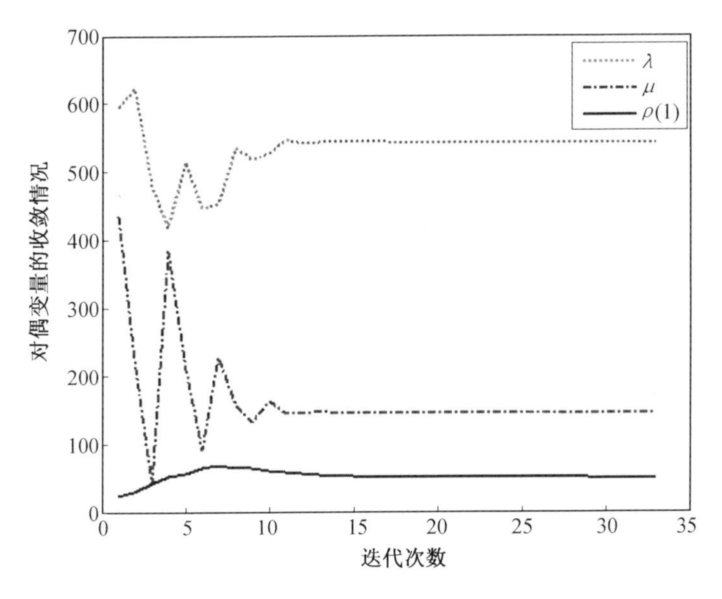

图 5.27　对偶变量的收敛情况

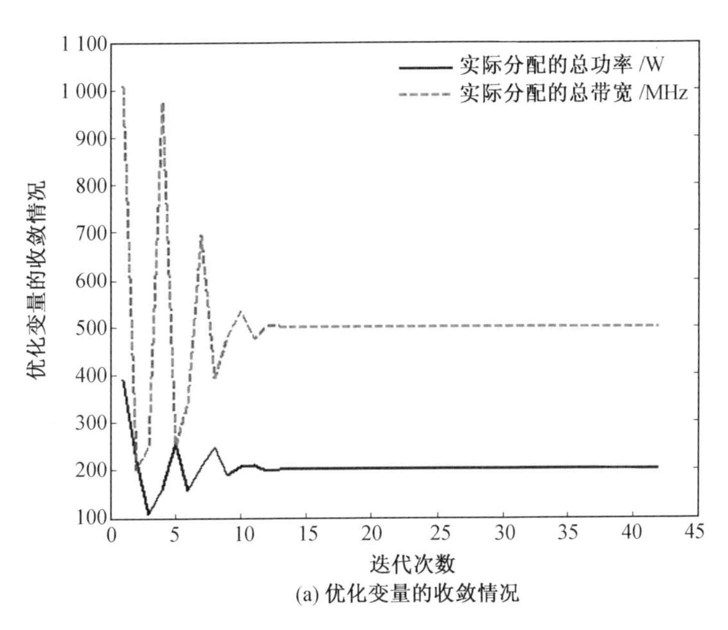

图 5.28　优化变量及目标优化函数的收敛情况

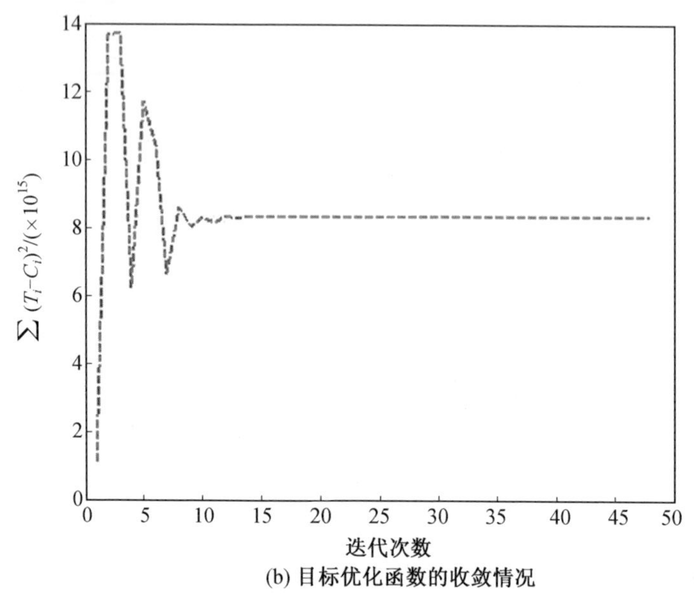

(b) 目标优化函数的收敛情况

续图 5.28

(2)信道条件相同时,OPOB 算法优越性验证。

假设各个点波束信道条件一致,并考虑波束之间的干扰,在系统容量及其容量与需求的差值方面进行对比。图 5.29 所示为四种算法下点波束的容量分配情况,图 5.30 所示为四种算法下各点波束分配的容量与业务需求差值的平方和。四种算法对应的系统总容量与目标函数值见表 5.5。

从容量分配角度来看,传统的 UPUB 算法不考虑波束区域内的业务需求,给每个点波束分配相同的功率带宽,这会导致资源的浪费或无法满足某些点波束的高业务需求。相比于单一资源分配算法,OPOB 算法会分配较多的资源给高业务需求区域的点波束,而分配较少资源给低业务需求区域的点波束,以减小容量与需求的差距。从表 5.5 中的系统总容量来看,联合优化分配算法提供的系统总容量明显大于其他三种算法。因此,OPOB 资源分配算法更具有灵活性,能满足不同点波束的业务需求,同时能在有限资源的限制下大幅度提升系统总容量。

从分配容量与业务需求差值角度分析,尽管在点波束 1~5,OPOB 算法的差值明显高于 OPUB、UPOB 和 UPUB 算法,但是从点波束 6 开始,该算法的差值基本保持不变,而其他几种算法却呈现较快的增长趋势。从表 5.5 中的系统目标函数差值来看,OPOB 算法分配给每个波束的容量与该波束需求的差值平方和最小。因此,在系统能提供的总容量不足以满足每个波束业务需求时,相比于

单一资源分配算法和统一资源分配算法，OPOB 算法能最大限度地减小二者之间的差值，尽可能满足每个波束的业务需求。

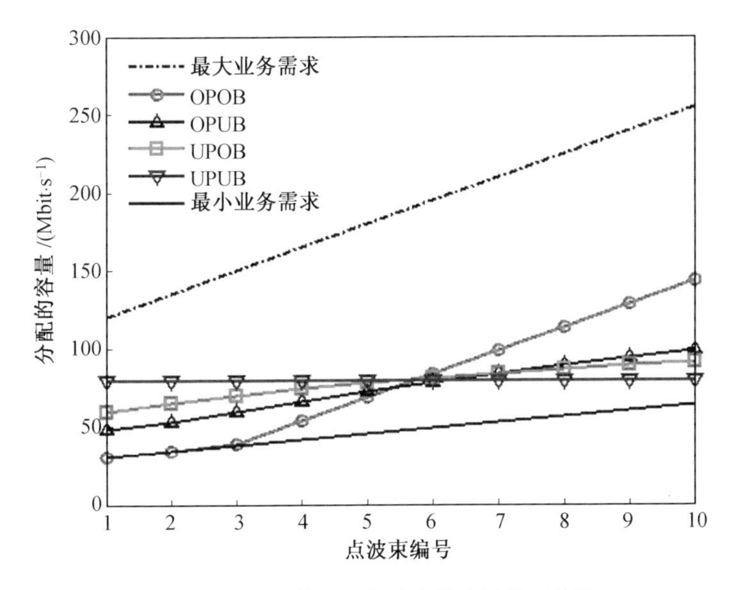

图 5.29 四种算法下点波束的容量分配情况

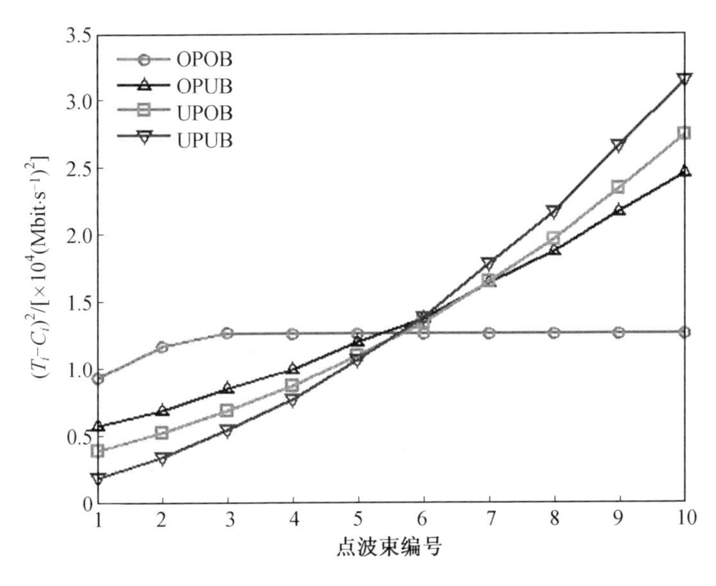

图 5.30 四种算法下各点波束分配的容量与业务需求差值的平方和

表 5.5　四种算法对应的系统总容量与目标函数值

算法	$\sum_{i=1}^{M} C_i/(\text{Mbit}\cdot\text{s}^{-1})$	$\sum_{i=1}^{M}(T_i - C_i)^2/(\times 10^5\ \text{Mbit}\cdot\text{s}^{-2})$
OPOB	774.356 9	1.213 8
OPUB	731.832 8	1.374 9
UPOB	759.040 2	1.356 0
UPUB	774.125 2	1.397 8

为探究波束间干扰对资源分配的影响，四种算法下的系统总容量及波束间干扰功率见表 5.6。对比干扰有无时的系统总容量可以发现，引入波束间干扰这一因素后，每种算法提供的系统总容量都有所降低。

表 5.6　四种算法下的系统总容量及波束间干扰功率

算法	OPOB	OPUB	UPOB	UPUB
忽略干扰时系统总容量/(Mbit · s^{-1})	792.461 2	754.700 5	777.212 5	792.481 3
考虑干扰时系统总容量/(Mbit · s^{-1})	774.356 9	731.832 8	759.040 2	774.125 2
干扰功率/(dBW)	53.022 8	52.283 1	52.927 7	52.927 7

在忽略波束间干扰时，各点波束的信道条件完全一致。UPUB 算法是注水算法的一个特例，当功率在各点波束间平均分配时，能够到达最大的信道容量。UPOB 算法也是在多个点波束中均分功率，但对带宽资源的优化影响了系统总容量的大小。OPOB 算法的容量仅次于 UPUB 算法，接近理论上的最大信道容量。

当引入波束间干扰这一因素后，UPUB 算法的最大容量优势有所减弱，而所提的联合功率带宽优化分配算法却达到了容量最大值。从系统同频干扰的大小来看，OPOB 算法的干扰大小略高于其他三种算法，而以干扰的小幅度增加换来对系统容量的改善是值得的。通过以上分析可知，相比于单一资源分配算法和 UPUB 算法，所提的功率带宽联合优化分配算法能提升资源利用率，最大化系统容量，最小化容量与需求的差距，同时不会引入太大的干扰。

(3)信道条件和时延条件对资源分配的影响。

为探究 OPOB 资源分配算法在信道条件不一致时是否具有灵活性及时延条件对资源分配法影响，做以下合理假设。

当各点波束的信道条件完全相同时，令 10 个点波束的需求步长为 25 Mbit/s，其他仿真参数参考表 5.4。当各点波束的信道条件不相同时，10 个点波束信道系数 $\alpha_i N_0$ 分别是 0.2×10^{-6}、0.25×10^{-6}、0.3×10^{-6}、0.35×10^{-6}、

0.4×10⁻⁶、0.2×10⁻⁶、0.2×10⁻⁶、0.2×10⁻⁶、0.2×10⁻⁶、0.2×10⁻⁶。值越大，代表信道条件越差。各个点波束的业务需求分别是 120 Mbit/s、150 Mbit/s、150 Mbit/s、150 Mbit/s、150 Mbit/s、180 Mbit/s、200 Mbit/s、220 Mbit/s、240 Mbit/s、260 Mbit/s。令信道条件不一致的点波束的业务需求相同，以消除需求对于资源分配的影响，其他仿真条件参考表 5.4。

图 5.31 所示为相同信道条件下 OPOB 和 OPOBND 两种算法分配给各点波束的容量，信道条件相同时 OPOB 和 OPOBND 算法在总量上的对比见表 5.7。由表 5.7 可以看出 OPOB 和 OPOBND 算法在系统总容量、容量与需求总差值及系统总干扰功率三个方面都相差不大。两种算法主要的差异在于各点波束的容量分配不同。由图 5.31 可以看出，OPOBND 算法给业务需求较小的波束 1 和波束 2 分配的容量小于其最小业务需求，对波束 1 没有分配任何资源，而有时延约束的 OPOB 算法，由于在资源分配模型中考虑了时延这一限制条件，至少会保证业务需求较少的区域最低带宽需求(如波束 1 和波束 2)，因此 OPOB 算法具有更好的公平性。

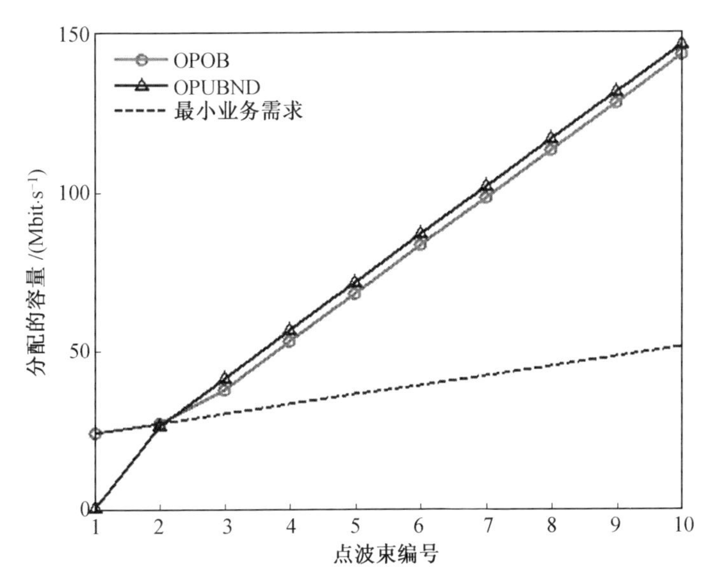

图 5.31　相同信道条件下 OPOB 和 OPOBND 两种算法分配给各点波束的容量

表 5.7　信道条件相同时 OPOB 和 OPOBND 算法在总量上的对比

算法	$\sum_{i=1}^{M} C_i/(\text{Mbit}\cdot\text{s}^{-1})$	$\sum_{i=1}^{M}(T_i-C_i)^2/(\times 10^5\ \text{Mbit}\cdot\text{s}^{-2})$	$I_{\text{total}}/\text{dBW}$
OPOB	774.356 9	1.213 8	53.022 8
OPOBND	776.841 7	1.207 1	52.947 1

图 5.32 所示为不同信道条件下 OPOB 和 OPOBND 两种算法分配给各点波束的容量，信道条件不同时 OPOB 和 OPOBND 算法在总量上的对比见表 5.8。由表 5.8 可以看出，OPOBND 算法在总差值及系统总干扰功率上与 OPOB 算法相差不大，而在系统容量上明显优于 OPOB 算法。这种优势以牺牲波束 4 和波束 5 覆盖区域内用户正常通信为代价。由图 5.32 可以看出，OPOBND 算法对于信道环境的变化较为敏感，随着点波束 2～5 覆盖区域的信道条件逐渐变差，OPOBND 算法会给上述点波束分配越来越少的容量，以至于难以保证某些点波束的最小业务需求，如波束 4 和 5。有时延约束的 OPOB 算法能够灵活应对不同的信道条件，至少会为信道条件较差的点波束分配最小业务需求的容量。因此，相比于 OPOBND 算法，OPOB 算法能根据各个点波束不同的信道条件和业务需求，更加灵活地进行功率带宽资源的分配，具有较好的公平性。

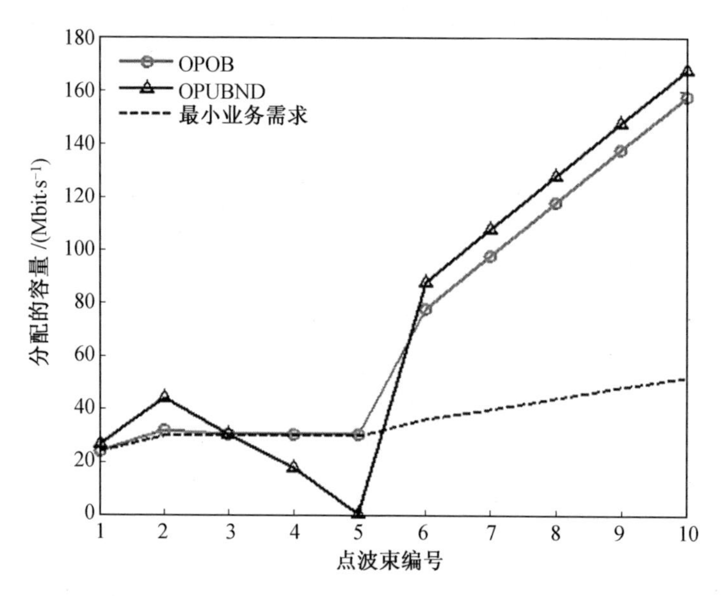

图 5.32　不同信道条件下 OPOB 和 OPOBND 两种算法分配给各点波束的容量

表 5.8　信道条件不同时 OPOB 和 OPOBND 算法在总量上的对比

算法	$\sum_{i=1}^{M} C_i$/(Mbit/s)	$\sum_{i=1}^{M}(T_i - C_i)^2$/($\times 10^5$ Mbit/s^2)	I_{total}/dBW
OPOB	733.332 3	1.189 0	52.769 1
OPOBND	755.651 4	1.171 6	52.614 3

5.6.3 基于混合业务公平性和效用最优化的用户资源分配方案

1. 无线网络业务分类

任何一个无线网络都会存在各种各样的业务类型。随着卫星通信系统的发展及业务需求的增加，卫星通信已经向数据、文本、图像、视频等多媒体业务进行拓展。根据业务对于其 QoS 属性的敏感程度，3GPP 规范将无线网络承载的业务分为以下四种基本类型。

(1)实时会话类业务。

实时会话类业务对于网络的时延要求十分敏感，具有固定的带宽需求。当业务的时延要求得到满足时，其效用保持不变，一旦网络发生堵塞，无法满足其固定的带宽需求，该业务的效用值会迅速减小到 0。

(2)流媒体类业务。

流媒体类业务虽然属于实时性业务的范畴，但是单向传输的特性使得它对时延的要求不及会话类。该业务有一个最低的带宽需求 $B_{\min S}$，当这个最小需求得不到满足时，效用为零。流媒体类业务具有固定的编码率，这也代表最大带宽需求 $B_{\min S}$，当网络分配的带宽大于 $B_{\min S}$ 时，业务效用也不会再增加。

(3)交互类业务。

交互类业务时延取决于人们能容忍的等待时间，一般会短于流媒体类业务，长于实时会话类业务。以数据库检索为例，当用户通过某一数据库进行文献检索时，如果网页很长时间没有响应，用户将会关闭检索页面并不会进行第二次尝试。换句话说，如果提供给该业务用户的带宽小于最小带宽需求 $B_{\min I}$，该业务用户的效用值会立即减小到 0。一般来说，交互式的最低带宽需求 $B_{\min I}$ 远小于流媒体类 $B_{\min S}$。

(4)后台类业务。

后台类业务没有很严格的时延要求，资源和效用的关系遵循边际效用递减规律。

基于上述对四种业务类型特点的分析，将其主要特征和典型代表业务进行概括，四类业务主要特征对比见表 5.9。

表 5.9 四类业务主要特征对比

业务类型	延迟	抖动	丢包	典型业务
实时会话类	高	高	低	网络电话(VoIP)
流媒体类	中	高	低	交互式网络电视(IPTV)
交互类	中	低	高	Web 浏览、数据库检索、远程登录
后台类	低	极低	高	文件传输、E-mail、短信业务

以上四种业务的分类依据是QoS属性的敏感程度。如果按照业务有无最小带宽需求分类,可以分为以下两类。

(1)BE(Best Effort)业务。

BE业务即尽力而为的业务。这类业务没有最小带宽要求,对网络时延不敏感,但是业务突发性较强,对于可靠性不提供保证。因此,可以将后台类和交互类业务归属于BE业务。

(2)QoS保证业务。

QoS保证业务即要求一定服务质量的业务。该业务有最低带宽需求。具体来说,该业务可以分为硬QoS(Hard QoS)和软QoS(Soft QoS)两类。前者包括音频/视频电话、远程医疗和视频会议等会话类业务;后者包括视频点播等流媒体类业务。硬QoS业务对带宽要求严格,软QoS业务则正好相反。

在卫星的每个点波束的覆盖区域中都会随机出现上述两种业务类型。因此,这里将考虑混合业务场景,即在各波束中同时存在用户对BE业务和QoS业务的资源请求。

2. 效用函数及边际效用函数

效用(Utility)这一概念属于经济学的范畴。效用是指消费者通过消费或其他方式让自己的欲望和需求得到满足,是对消费者满意程度的度量。本节所提的效用用于衡量用户对进行的某个业务所分配到的网络资源的满意程度。

为量化BE业务和QoS保证业务的效用,针对语音(VoIP)、视频(IPTV)和数据等业务给出了具体的效用函数表达式[34]。效用函数的形式多种多样,无论选取什么形式,只要能满足业务对于分配带宽的响应特点即可。结合两类业务的特点,这里采用Sigmoid函数来衡量混合业务的效用。

假设r表示分配给用户的资源,r_0表示用户对资源的请求,$U(r)$代表资源r的效用。混合业务的统一效用函数形式为

$$U(r)=\frac{A}{1+B\mathrm{e}^{-C(r-r_0)}}+D \tag{5.75}$$

式中,A、B、C、D都是决定具体业务类型的参数。A决定效用函数$U(r)$的最大值,本节使用归一化效用函数,令$A=1$。参数B和D决定效用函数的取值范围,调节B可以改变$U(0)$的值,调节D可以使函数在y轴上做平移变换,通过调整B和D的取值,不同业务效用值具有可比性,有利于实现混合业务场景的资源分配。参数C决定效用函数曲线的斜率,即$U(r)$的上升速度,可以用于区分硬QoS和软QoS。点$(r_0,U(r_0))$具有特殊意义,是效用函数的拐点,其物理意义是用户最低的资源请求。

对于QoS保证业务的用户,假设最低资源需求为r_0,系统总资源为R,实际分配的资源为r,$r\in[0,R]$。基于上述假设可以得到QoS保证业务效用函数的

特性，有

$$\begin{cases} U(0)\approx 0, U(R)\approx 1 \\ 0<r<r_0: u(r)>0, u'(r)>0 \\ r_0\leqslant r<R: u(r)>0, u'(r)\leqslant 0 \end{cases} \tag{5.76}$$

式中，$u(r)=\mathrm{d}U(r)/\mathrm{d}r$，$u(r)$是边际效用函数；$u'(r)=\mathrm{d}^2U(r)/\mathrm{d}r^2$。通过式(5.76)可知，QoS 保证业务满足边际收益递减规律。对于 BE 业务用户，没有最低资源要求，因此 $r_0=0$。BE 业务效用函数满足

$$\begin{cases} U(0)\approx 0 \\ 0<r<R: u(r)>0, u'(r)<0 \end{cases} \tag{5.77}$$

根据上述两类业务效用函数特性的分析，可以初步确定 B、C、D 参数的取值。为保证当 $r>r_0$ 时，任意 BE 用户的效用函数始终低于任意 QoS 用户，设定 BE 业务的效用函数参数为 $B=1.5$、$D=-0.4$，设定 QoS 效用函数参数为$B=1$、$D=0$。参数 C 的取值由具体的业务决定。基于上述讨论，可以将 QoS 和 BE 业务的效用函数分别表示为

$$U_1(r)=\frac{1}{1+\mathrm{e}^{-C(r-r_0)}} \tag{5.78}$$

$$U_2(r)=\frac{1}{1+1.5\mathrm{e}^{-Cr}}-0.4 \tag{5.79}$$

硬 QoS 业务的效用是式(5.78)的极限形式，即

$$U(r)=\lim_{C\to\infty}\frac{1}{1+\mathrm{e}^{-C(r-r_0)}}=\begin{cases} 0, & r<r_0 \\ 1, & r\geqslant r_0 \end{cases} \tag{5.80}$$

因此，式(5.78)完全可以代表软 QoS 和硬 QoS 两种具体业务的效用函数。

当 QoS 保证业务最低资源需求 $r_0=10$，C 取不同值时，QoS 保证业务和 BE 业务的效用函数及其边际效用函数曲线如图 5.33 所示。由 5.33(a)可以看出，当 $C\geqslant 9$ 时，与阶跃函数曲线几乎一致，可以代表硬 QoS 业务的效用曲线。由图 5.33(b)曲线可以看出，两类业务的边际效用函数都与式(5.76)和式(5.77)的效用函数特性相符合。

3. 混合业务场景资源分配问题数学建模

前面考虑了从卫星到波束的资源分配问题。卫星 NCC 统计各个波束覆盖区域内用户的业务需求，以各点波束整体的业务需求为依据进行资源的分配。对于从波束到用户的资源分配问题，将每个点波束分配到的容量资源作为波束内部用户分配的容量上限，仅考虑用户的业务需求是不够的，不同的业务类型所要求的服务质量不相同，在优先保证 QoS 业务需求的前提下，应使 BE 业务与 QoS 业务之间尽量保持公平，使波束内部用户的总体满意度最大。

考虑前面所描述的混合业务场景，即在一个波束的覆盖区域内同时存在多

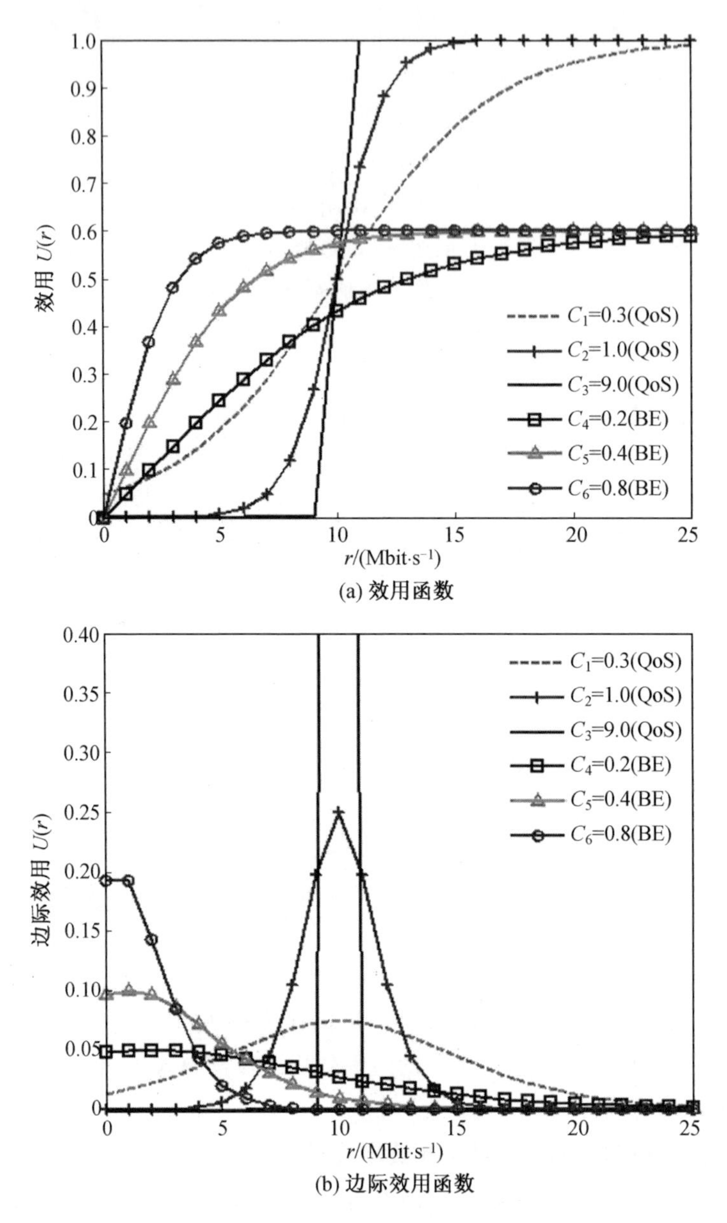

图 5.33　QoS 保证业务和 BE 业务的效用函数及其边际效用函数曲线

个用户对 BE 业务和 QoS 保证业务的资源请求。本节资源分配模型中使用的数学符号及其含义见表 5.10。

表 5.10　资源分配模型中使用的数学符号及其含义

符号	含义
M	QoS 保证业务的类型数量
N	BE 业务的类型数量
r_0	QoS 保证业务的最低带宽需求向量
C_1、C_2	QoS、BE 业务的效用函数参数向量
n_1、n_2	QoS、BE 业务所对应的用户数量向量
r_1、r_2	QoS、BE 业务获得的带宽资源向量
q_1、q_2	QoS、BE 业务的信道条件向量

由于卫星与用户之间的路径损耗和动态变化的干扰环境，用户所处的信道是变化的，因此定义 q_m 表示用户 m 的信道质量，并且满足 $0 \leqslant q_m \leqslant 1$，$q_m$ 取值越大就表示信道条件越好。考虑到信号衰落，用户并不能获得卫星系统分配给它的全部带宽资源。假设卫星分配给用户 m 的容量资源是 r_m，用户 m 的最小业务需求是 r_{m0}，而用户实际所得到的带宽是 $q_m r_m$。因此，U_1 和 U_2 分别可以写成

$$\begin{cases} U_{m1} = \dfrac{1}{1+\mathrm{e}^{-C_{m1}(q_{m1} r_{m1} - r_{m0})}}, & m=1,2,\cdots M \\ U_{m2} = \dfrac{1}{1+1.5\mathrm{e}^{-C_{m2} q_{m2} r_{m2}}} - 0.4, & m=1,2,\cdots,N \end{cases} \tag{5.81}$$

在卫星波束内部资源分配模型中，资源分配的目标是使整个波束覆盖单位内所有用户的效用总和达到最大，因此可以将上述资源分配问题建模为

$$\begin{aligned} \max U &= \sum_{m=1}^{M} n_{m1} U_{m1} + \sum_{m=1}^{N} n_{m2} U_{m2} \\ &= \sum_{m=1}^{M} n_{m1} \left(\frac{1}{1+\mathrm{e}^{-C_{m1}(q_{m1} r_{m1} - r_{m0})}} \right) + \sum_{m=1}^{N} n_{m2} \left(\frac{1}{1+1.5\mathrm{e}^{-C_{m2} q_{m2} r_{m2}}} - 0.4 \right) \\ \text{s.t.} \quad & \sum_{m=1}^{M} r_{m1} + \sum_{m=1}^{N} r_{m2} \leqslant R, \quad 0 \leqslant r_{m1} \leqslant R, m=1,2,\cdots,M; \\ & 0 \leqslant r_{m2} \leqslant R, m=1,2,\cdots,N \end{aligned} \tag{5.82}$$

建立起资源分配优化模型之后，进一步可以得到基于效用最大化的网络资源分配框架，如图 5.34 所示。

用户端产生各种各样的业务请求，效用函数生成模块对业务的类型和特点进行分析，产生效用函数，资源优化模块以系统总效用最大化为目标建立优化模型，资源分配实施模块则根据优化模型求解相应的资源分配方案，将资源分配到

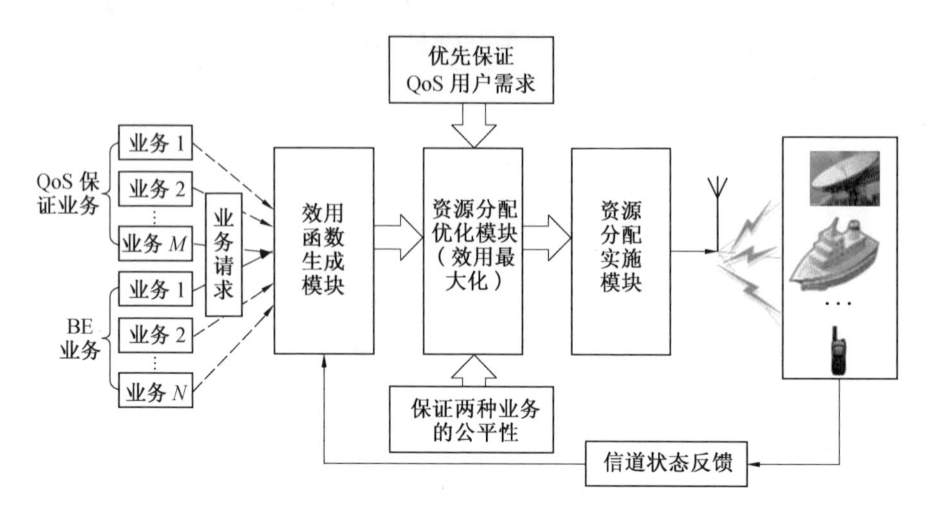

图 5.34　基于效用最大化的网络资源分配框架

相关的用户。本节所提的算法将优先满足 QoS 保证用户的业务请求，并充分考虑两种业务类型的公平性，实现波束内所有用户的效用最大化。

4. 公平性和效用的权衡

通过建立上述数学模型，可以把容量资源分配问题看作最大化系统总效用函数的过程。在网络容量分配中，需要考虑效用和公平折中的问题。因此，本节将网络资源分配中效用最大化的目标和公平性原则进行联合分析。

这里使用 Jain 公平指数来衡量分配的公平性，首先给出 Jain 公平指数(Fairness Index，FI)的定义。对于已知的用户分配速率 $x_s(s=1,2,\cdots,n)$，FI 表示为

$$\mathrm{FI}(x_1,x_2,\cdots,x_n)=\left(\sum_{s=1}^{n}x_s\right)^2\Big/\left(n\sum_{s=1}^{n}x_s^2\right)\tag{5.83}$$

式中，FI 的取值介于[0,1]，值越大代表资源分配越公平。当 $x_1=x_2=\cdots=x_n$ 时，FI=1，即当所有用户分配的资源相等时，资源分配最公平。

结合研究混合场景，简单起见，假设每个业务只有一个用户，在一个波束中同时发起资源请求的有 M 个 QoS 保证业务用户和 M 个 BE 业务用户。在此场景下的资源分配公平指数可以表示为

$$\mathrm{FI}(r_1,r_2)=\frac{\left(\sum_{m=1}^{M}r_{m1}q_{m1}+\sum_{m=1}^{N}r_{m2}q_{m2}\right)^2}{\left\{(M+N)\left[\sum_{m=1}^{M}(r_{m1}q_{m1})^2+\sum_{m=1}^{N}(r_{m2}q_{m2})^2\right]\right\}}\tag{5.84}$$

式中，$r_{m1}q_{m1}$ 和 $r_{m2}q_{m2}$ 可以根据式(5.81)进行推导，得到公平性与效用的关系方程，即

$$\begin{cases} r_{m1}q_{m1}=-\dfrac{1}{C_{m1}}\ln\left(\dfrac{1}{U_{m1}}-1\right)+r_{m0} \\ r_{m2}q_{m2}=-\dfrac{1}{C_{m2}}\ln\left[\dfrac{1-U_{m2}-0.4}{1.5\times(U_{m2}+0.4)}\right] \end{cases} \tag{5.85}$$

为探究公平性和系统总效用的关系，用一个具体的例子进行说明。假设系统中仅有三个 QoS 保证用户，它们的效用函数斜率参数依次设置为 $C_{11}=0.4$、$C_{21}=1.0$、$C_{31}=5.0$。令三个用户效用及最小业务请求相等，即满足 $U_1=U_1=U_3=U$，$r_{10}=r_{20}=r_{30}$。

此时，公平指数与系统总效用的关系曲线如图 5.35 所示。可以看到，当 $U_1=U_1=U_3=0.5$时，达到最大公平性。总效用与公平性并非正相关，因此在实际资源分配中，应充分权衡系统总效用和公平性的关系。

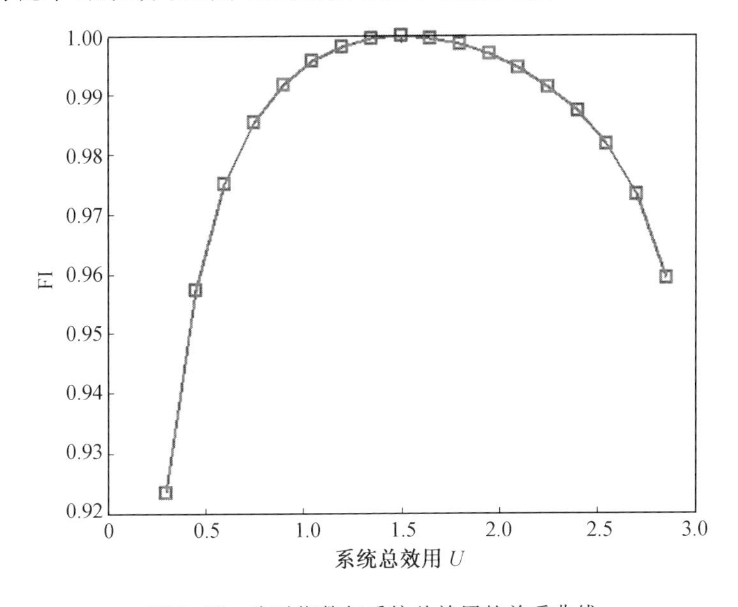

图 5.35　公平指数与系统总效用的关系曲线

5. 资源分配算法描述

基于上述资源分配数学模型可知，目标函数 QoS 在定义域$[0,R]$中并不是凸函数，因此问题不能使用凸优化算法解决。考虑到 QoS 保证业务对时延要求比 BE 业务高，资源分配时应优先保证 QoS 保证业务的需求。由于波束总资源是有限的，在 QoS 业务请求较多时，这种分配方案很容易出现 BE 业务分配到的资源为零的情况，无法保证 QoS 与 BE 业务之间的公平性，因此提出一种基于混合业务公平性和效用最优的资源分配算法，该算法主要由以下三个子算法组成。

(1)初次分配。确定最大能够保证的 QoS 业务种类 $m=\min(\lfloor R/r_0\rfloor,M)$，进行资源的初次分配。对每类业务分配相应的最低业务需求。图 5.33 中展示了三种类型的 QoS 保证业务。当分配的容量资源相同时，参数 C 较大的业务，边际效用也相对较大，能获得更大的效用增益。因此，在波束总资源有限的前提下，应优先满足参数 C 较大的 QoS 保证业务的请求。

(2)二次分配。剩余资源在 m 类 QoS 业务和 n 类 BE 业务间以最大化系统效用为目标进行二次分配。此时，m 类 QoS 业务所分配的容量由两种成分构成，即初次分配的最小容量和第二次分配的容量，而 BE 业务仅通过二次分配获得一定的资源。

(3)为保证两种业务的公平性，逐步减小优先保证的 QoS 业务种类 m，并按(1)和(2)的方式进行初次分配和再分配，直到 m 减小到 0。选取系统总效用最大的分配方案。

具体的资源分配算法描述如下。

(1)输入。M、N、R、r_0、n_1、n_2、q_1、q_2。

(2)初始化。随机产生斜率参数 $C_1=(c_{11},c_{21},\cdots,c_{M1})$，$C_2=(c_{12},c_{22},\cdots,c_{N2})$，令迭代次数指示变量 count=1。

(3)将 C_1 从小到大排序并覆盖原值，估算最大 QoS 保证业务数 $m=\min(M,\lfloor R/r_0\rfloor)$。

(4)如果 $m>0$，则取 C_1 的后 m 个元素$(c_{(M-m+1)1},\cdots,c_{M1})$，并执行步骤(5)，否则转步骤(9)。

(5)执行初次分配，给 m 个 QoS 业务统一分配资源 r_0，其余 QoS 业务置 0，即 $\text{QoS}_{\text{count}}=(\underbrace{0,\cdots,0}_{M-m\text{个}},\underbrace{r_0,\cdots,r_0}_{m\text{个}})$；

(6)计算剩余资源 $R_{\text{rest}}=R-mr_0$，以效用最大化的原则在 $m+N$ 个用户之间进行二次分配。

(7)得到此时的资源分配方案 $\text{QoS}_{\text{count}}=\{r_1,r_2,\cdots,r_M\}$、$\text{BE}_{\text{count}}=\{b_1,b_2,\cdots,b_N\}$ 及系统总效用 U_{count}。

(8)令 $m=m-1$，count=count+1，跳转到步骤(4)；

(9)将 QoS 业务分配的资源全部置 0，即 $\text{QoS}_{\text{count}}=(0,0,\cdots,0)$，剩余资源 $R_{\text{rest}}=R$ 在 N 个用户之间进行分配。

(10)得到此时的资源分配方案 $\text{QoS}_{\text{count}}=\{r_1,r_2,\cdots,r_M\}$、$\text{BE}_{\text{count}}=\{b_1,b_2,\cdots,b_N\}$ 及系统总效用 U_{count}。

(11)输出。返回 U 取得最大值时的位置 count，得到最终的资源分配方案 $\text{QoS}_{\text{count}}=\{r_1,r_2,\cdots,r_M\}$、$\text{BE}_{\text{count}}=\{b_1,b_2,\cdots,b_N\}$ 及系统总效用 U_{count}。

6. 数值仿真与分析

基于上述所提算法的流程图，分信道条件一致和不一致两种情况讨论算法的性能。为说明所提的资源分配算法的优势，对比以下三种算法。

算法一：基于业务公平性和效用最大化的资源分配算法，即所提的资源分配算法。

算法二：优先保证系统所能支持的最大 QoS 用户的最小业务需求，剩余资源以效用最大化为目标在最大 QoS 用户与 BE 用户之间再分配。

算法三：传统的用户资源分配算法。优先保证系统所能支持的最大 QoS 用户的最小业务需求，剩余资源以效用最大化为目标在 BE 用户之间再分配。

为更好地展现仿真结果，做以下合理假设，忽略假设并不会影响所提算法的性能。

假设 1：每种 QoS 业务只考虑一个用户。

假设 2：每种 QoS 业务的最小业务请求一样。

波束内部用户之间资源分配仿真参数及其取值见表 5.11。

表 5.11　波束内部用户之间资源分配仿真参数及其取值

参数名称	参数取值
QoS 保证业务的种类 M	8
BE 业务的种类数量 N	5
QoS 业务的最低带宽需求 r_0	10 Mbit/s
QoS 效用函数斜率参数向量 $\boldsymbol{C}_1$	[0.3,0.5,1.0,2.0,4.0,5.0,8.0,9.0]
BE 效用函数斜率参数向量 $\boldsymbol{C}_2$	[0.2,0.4,0.6,0.8,1.0]
QoS 业务的信道条件 $\boldsymbol{q}_1$	信道条件相同时： [0.9,0.9,0.9,0.9,0.9,0.9,0.9,0.9] 信道条件不同时： [1.0,0.9,0.8,0.7,0.65,0.60,0.55,0.50]
BE 业务的信道条件 $\boldsymbol{q}_2$	[0.9,0.9,0.9,0.9,0.9]

(1)各用户信道条件一样时。

图 5.36、图 5.37、图 5.38 所示分别为算法一、算法二、算法三的资源分配结果图。QoS 保证业务用编号 1～8 表示，效用函数斜率参数 C_1 逐渐增大；BE 业务用编号 9～13 表示，参数 C_2 逐渐增大。点波束的总容量范围均为 20～280 Mbit/s，增加的步长为 20 Mbit/s。

由图 5.36 可以看出，对于 QoS 用户，系统会将资源优先分配给效用函数斜率参数 C 较大的业务；对于 BE 用户，系统则倾向于将更多资源分配给斜率参数 C 较小的业务。两种不同的资源分配倾向所要实现的目标是一致的，即使系统总效用最大化。具体来说，资源初次分配只能为一定数量的 QoS 业务分配最低业务需求的容量，参数 C 较大的业务的效用增益更大。二次分配时，只有对系数较小的 BE 业务用户分配较多的资源，才能保证该用户的效用增益处于一个较高的水平，从而提升整个系统的总效用。

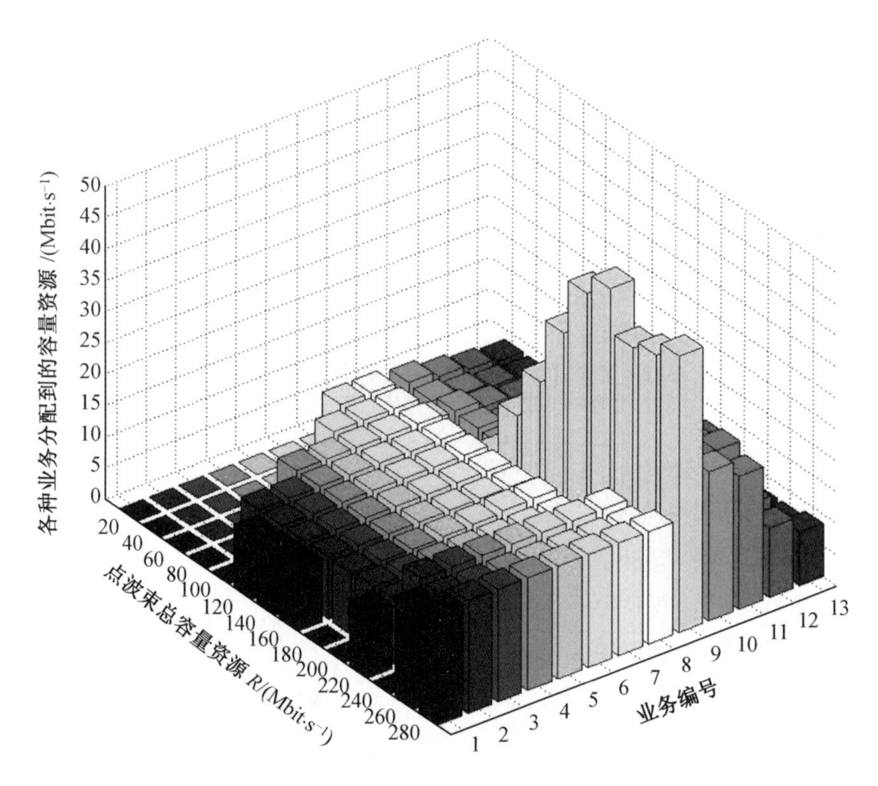

图 5.36　算法一的资源分配结果图

当 BE 业务的效用增益较大时，系统为获得更大的增益，会优先为 BE 业务分配资源。以 $R=240$ Mbit/s 为例，初次分配时，对于八种 QoS 业务而言，都可以保证其最小业务需求。但从实际的资源分配结果图可以看出，系统忽略了业务编号为 1 的 QoS 业务的请求，而把本应分给该 QoS 业务的资源归结为剩余资源，并在所有 BE 用户与八种 QoS 保证业务之间进行资源的再次分配。这不仅兼顾了两种基本业务类型的公平性，而且使系统效用达到最大化。

由图 5.37 可以看出，系统会优先将资源分配给 QoS 业务用户，至少满足其最小业务需求后，才会考虑资源在 BE 业务之间的分配，算法二不允许把部分 QoS 业务的部分资源分配给 BE 业务。

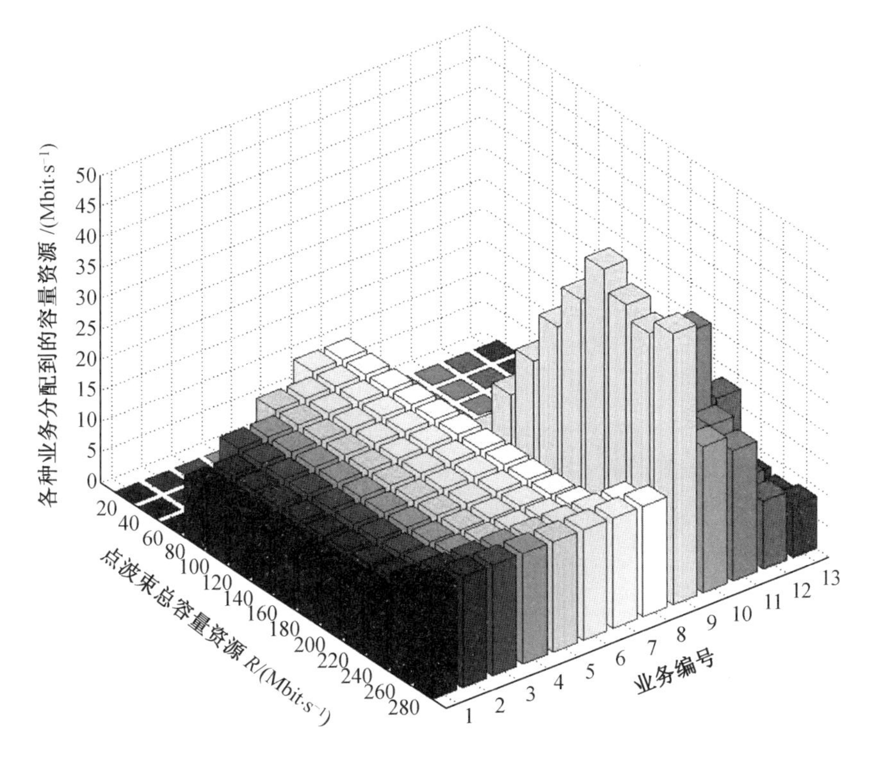

图 5.37 算法二的资源分配结果图

由图 5.38 可以看出,算法三只能保证 QoS 的最低业务需求,剩余的资源全部在 BE 业务之间分配,资源分配有失公平性。

图 5.39 所示为三种算法系统总效用增益对比曲线。对比算法一和算法二,算法一的优势在于充分考虑了两种业务的公平性,并为追求效用最大化,允许把部分 QoS 业务的资源分给 BE 业务。因此,在总资源相同时,算法一获得的效用明显高于算法二。在部分点处两条曲线存在重叠的现象,这是因为相应的总资源取值下,算法二所确定的分配方案恰好是使得效用最大的分配方案。

对比算法一和算法三,算法三仅能保证系统支持的最大数量的 QoS 业务最低需求,剩余资源仅在 BE 业务间再分配。该分配算法不仅忽略了业务间的公平性,还在系统总资源充足的情况下,对系统总效用起到抑制的作用。

对比算法二和算法三,两种算法唯一的区别在于资源再分配在哪些用户中进行。在资源不充足的情况下,算法二 QoS 用户再分配获得的资源很少,可以忽略不计,因此两条曲线基本重合。当波束资源充足后,QoS 用户再分配获得的资源增多,会提升系统总效用,而算法三中仅能保证每种 QoS 业务最低业务需求,这会抑制系统总效用的增长。

图 5.40 所示为三种算法系统公平指数对比曲线,图中对比了不同的系统容

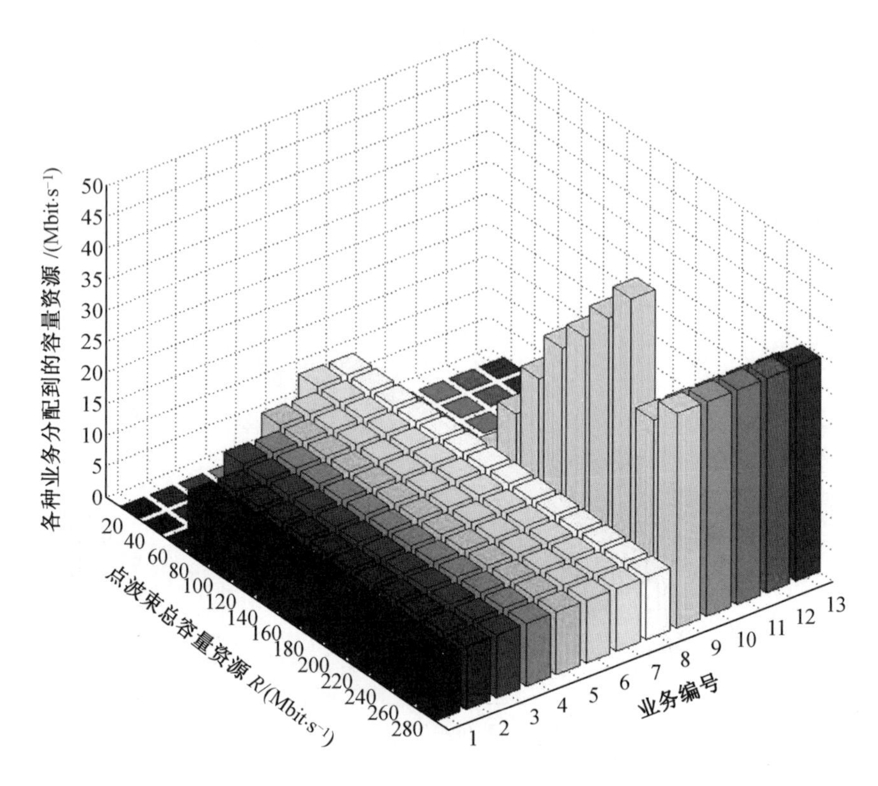

图 5.38　算法三的资源分配结果图

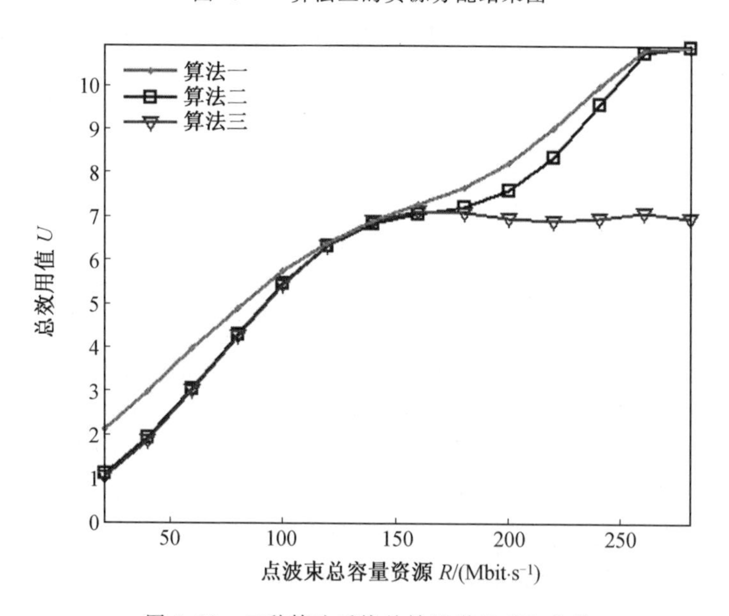

图 5.39　三种算法系统总效用增益对比曲线

量资源下三种算法的系统公平指数。对比算法二和算法三，在 $R \leqslant 140$，即系统总容量资源不太充足时，算法二和算法三都没有考虑资源分配在两个基本业务之间的平衡，所以两种算法的公平性曲线基本重合。当 $140 < R \leqslant 240$ 时，两种算法的公平性不再保持一致，在该范围内算法二的效用呈现快速增长的趋势，以牺牲一定的公平性作为代价，因此此范围下算法三的公平性要优于算法二。当 $R > 240$时，算法二的总效用趋于平稳状态，算法三只能保证 QoS 业务的最低需求，这在一定程度上限制了两种业务的公平性。

对比算法一与其他两种算法，在 $R \leqslant 140$ 时，由于算法一考虑了资源在两种业务间的均衡，允许把 QoS 业务分配的资源，因此其公平性要明显优于后两种算法，但是当 $140 < R \leqslant 240$ 时，系统会牺牲一定的公平性而换来高的效用增益，最后当 $R > 240$ 时，算法一的总效用取值趋于平稳状态，再次体现出其资源分配的公平性。

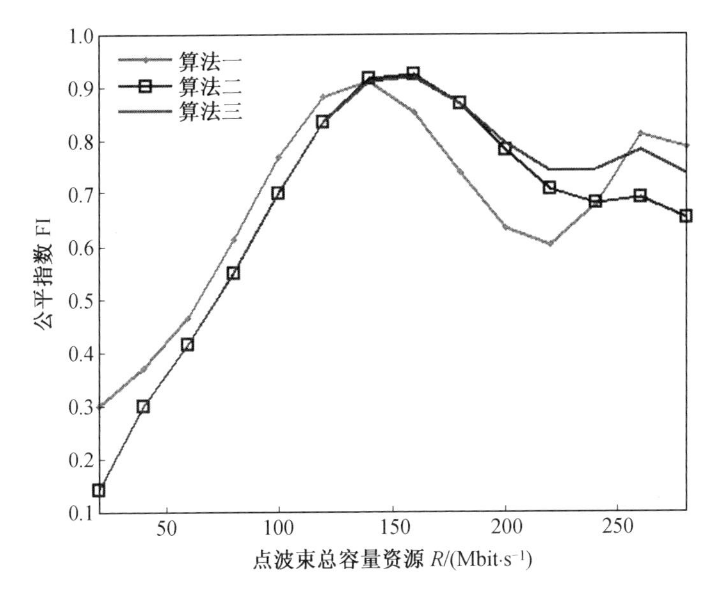

图 5.40　三种算法系统公平指数对比曲线

(2)各用户信道条件不同时。

由(1)中分析可知，资源分配的结果与业务效用函数的斜率参数 C 相关。因此，在探究信道条件对于资源分配的影响时，应避免参数 C 的影响，在仿真中仅考虑一种业务在不同信道条件下的资源分配情况。图 5.41 所示为不同信道条件下 QoS 业务的资源分配情况。由柱状图变化趋势可以看出，对于算法一和算法二，能根据实际信道状态调整对 QoS 业务用户的资源分配，即信道条件好的用户会分配到较多的资源，而信道条件较差的用户则分配较少资源。算法三的资源分配不具有灵活性。因此，所提的算法一能在不同信道条件下实现灵活的资源分配。

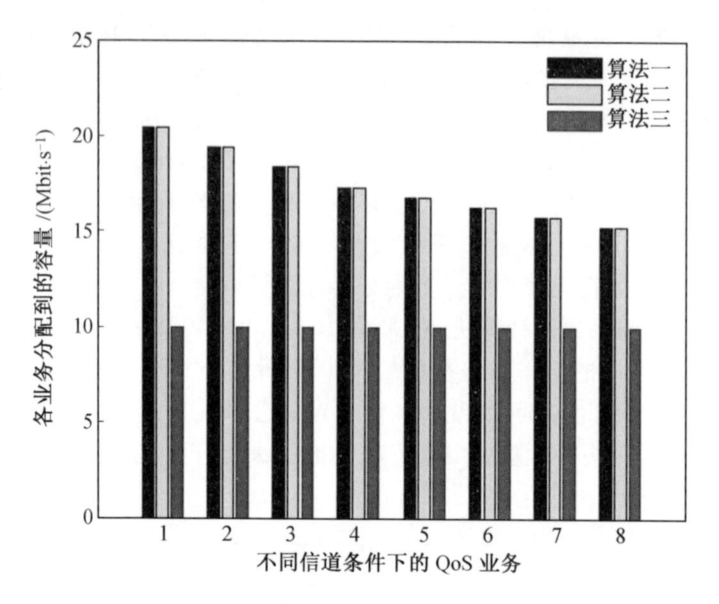

图 5.41　不同信道条件下 QoS 业务的资源分配情况

5.7　本章小结

本章针对大容量和高性能的天地一体化系统,研究合理有效的资源管理方法,从频率管理、功率控制、干扰管理、移动性管理和资源优化等五个方面全面地阐述天地一体物联网的资源管理体系,以实现资源合理利用并提升系统服务质量。

本章参考文献

[1] ZHANG M, ZHANG G, ZHANG S, et al. An optimized resource allocation algorithm in cooperative relay cognitive radio networks[C]. Jachranka: 2017 Signal Processing Symposium (SPSympo), 2017: 1-6.

[2] BHUIYAN N N, RATRI R T, ANJUM I, et al. Traffic-load aware spectrum allocation in cloud assisted cognitive radio networks[C]. Dhaka: 2017 IEEE Region 10 Humanitarian Technology Conference (R10-HTC), 2017: 598-601.

[3] SHARMA S K, LAGUNAS E, MALEKI S, et al. Resource allocation for

cognitive satellite communications in Ka-band (17.7—19.7 GHz)[C]. London: 2015 IEEE International Conference on Communication Workshop (ICCW) 2015: 1646-1651.

[4] LAGUNAS E, MALEKI S, LEI L, et al. Carrier allocation for hybrid satellite-terrestrial backhaul networks[C]. Paris: 2017 IEEE International Conference on Communications Workshops (ICC Workshops) 2017: 718-723.

[5] WANG Y, LU Z. Coordinated resource allocation for satellite-terrestrial coexistence based on radio maps[J]. China Communications, 2018, 15 (3): 149-156.

[6] WANG L, LI F, LIU X, et al. Spectrum optimization for cognitive satellite communications withcournot game model[J]. IEEE Access, 2017, 6: 1624-1634.

[7] SHARMA S K, CHATZINOTAS S, OTTERSTEN B. Satellite cognitive communications: interference modeling and techniques selection[C]. Vigo: 2012 6th Advanced Satellite Multimedia Systems Conference (ASMS) and 12th Signal Processing for Space Communications Workshop (SPSC), 2012: 111-118.

[8] SHARMA S K, CHATZINOTAS S, OTTERSTEN B. Cognitive radio techniques for satellite communication systems[C]. Las Vegas: 2013 IEEE 78th Vehicular Technology Conference (VTC Fall), 2013: 1-5.

[9] GUIDOLIN F, NEKOVEE M, BADIA L, et al. A cooperative scheduling algorithm for the coexistence of fixed satellite services and 5G cellular network [C]. London: 2015 IEEE International Conference on Communications (ICC), 2015: 1322-1327.

[10] VASSAKI S, POULAKIS M I, PANAGOPOULOS A D, et al. Power allocation in cognitive satellite terrestrial networks with QoS constraints [J]. IEEE Communications Letters, 2013, 17(7): 1344-1347.

[11] KANG A, MIN L, JIAN G Y, et al. Outage performance for the cognitive broadband satellite system and terrestrial cellular network in millimeter wave scenario[C]. Paris: 2017 IEEE International Conference on Communications (ICC), 2017: 1-6.

[12] AN K, LIN M, ZHU W P, et al. Outage performance of cognitive hybrid satellite-terrestrial networks with interference constraint [J]. IEEE Transactions on Vehicular Technology, 2015, 65(11): 9397-9404.

[13] SRENG S, ESCRIG B, BOUCHERET M L. Exact outage probability of a hybrid satellite terrestrial cooperative system with best relay selection [C]. Budapest: 2013 IEEE International Conference on Communications (ICC), 2013: 4520-4524.

[14] LAGUNAS E, MALEKI S, LEI L, et al. Carrier allocation for hybrid satellite-terrestrial backhaul networks[C]. Paris: 2017 IEEE International Conference on Communications Workshops (ICC Workshops), 2017: 718-723.

[15] 敬晓晔. 星地频谱共享中基于干扰分析的频谱分配和切换技术研究[D]. 哈尔滨:哈尔滨工业大学,2019.

[16] CHRISTIAN I, MOH S, CHUNG I, et al. Spectrum mobility in cognitive radio networks[J]. IEEE Communications Magazine, 2012, 50 (6): 114-121.

[17] KUMAR K, PRAKASH A, TRIPATHI R. Spectrum handoff in cognitive radio networks: aclassication and comprehensive survey[J]. Journal of networkand computer applications, 2016, 61: 161-188.

[18] OO T Z, HONG C S, LEE S. Alternating renewal framework for estimation in spectrum sensing policy and proactive spectrum handoff[C]. Bangkok: The International Conference on Information Networking 2013 (ICOIN), 2013: 330-335.

[19] HOQUE S, ARIF W, BAISHYA S, et al. Analysis of spectrum handoff under diverse mobile traffic distribution model in cognitive radio[C]. Ranchi: 2014 International Conference on Devices, Circuits and Communications (ICDCCom), 2014: 1-6.

[20] KYRYK M, YANYSHYN V. Proactive spectrum handoff performance evaluation model for cognitive radio[C]. Kharkiv: 2016 Third International Scientific-Practical Conference Problems of Infocommunications Science and Technology (PIC S&T), 2016: 18-20.

[21] LAGUNAS E, SHARMA S K, MALEKI S, et al. Resource allocation for cognitive satellite communications with incumbent terrestrial networks [J]. IEEE Transactions on Cognitive Communications and Networking, 2015, 1(3): 305-317.

[22] Cognitive radio techniques for satellite commu-nications operating in Ka band[S]. ETST, 2016:RT 103263.

[23] LAGUNAS E, SHARMA S K, MALEKI S, et al. Resource allocation for

cognitive satellite uplink and fixed-service terrestrial coexistence in Ka-band[C]. Crown Com: International Conference on Cognitive Radio Oriented Wireless Networks, 2015: 487-498.

[24] ITU－RF 758. System parameters and considerations in the development of criteria for sharing or compatibility between digital fixed wireless systems in the fixed service and systems in other services and other sources of interference[S]. Series of ITU－R Recommendation, Mar,2012.

[25] ECC Report 184. The use of Earth stations on mobile platforms operating with GSO satellite networks in the frequency range 17.3－20.2 GHz and 27.5－30.0 GHz[S]. Copenhagen: Electronic Communication Committee, 2013.

[26] SHARMA S K,MALEKI S, CHATZINOTAS S, et al. Implementation issues of cognitive radio techniques for Ka-band (17.7－19.7 GHz) SatComs[C]. Livorno:IEEE ASMS 2014, 2014: 241-248.

[27] ITU－RS.465－6. Reference radiation pattern for earth stationantennasin the fixed-satellite service for use in coordination and interference assessment in the frequency range from 2 to 31 GHz[S]. ITU－R Recommendations, 2010.

[28] 郑仕链，杨小牛. 认知无线电频谱切换目标信道访问机制[J]. 电子与信息学报，2012，34(9)：2213-2217.

[29] 蔺萍. 星地一体化网络基于资源分配的干扰协调技术研究[D].哈尔滨:哈尔滨工业大学,2017.

[30] 成克伟，王五兔. 星地一体化通信系统 ATN 终端卫星上行同频干扰[J]. 电子设计工程，2016，24(10)：142-143,146.

[31] 冯琦，李广侠，冯少栋，等. 基于星上多波束天线的卫星功率带宽联合优化新算法[J]. 电讯技术，2012(12)：1923-1928.

[32] 贾录良，孟艳，郭道省，等. 多波束卫星通信功率带宽联合优化算法[J]. 信号处理，2014(8)：973-978.

[33] TYCHOGIORGOS G, LEUNG K K. Optimization-based resource allocation in communication networks[J]. Computer Networks. 2014, 66(19): 32-45.

[34] DING G, WU Q, WANG J. Sensingconfidence level-based joint spectrum and power allocation in cognitive radio networks[J]. Wireless Personal Communications. 2013, 72(1): 283-298.

第6章

软件定义的天地一体物联网

6.1 引　　言

本章针对天地一体化网络中传统的网络架构已经无法支撑其灵活、高效的配置网络及信息数据的可靠高速传输，更需要一种有效且灵活的卫星网络架构的问题进行从体系架构到关键技术的相关介绍。

6.2 软件定义网络

近年来，网络功能虚拟化(Network Functions Virtualization，NFV)和软件定义网络(Software-Defined Networking，SDN)等网络技术为解决传统卫星网络问题提供了新的解决思路和方法，已成为国内外学者在未来网络领域的主要研究热点之一。同时，网络软件化可以在公共网络之上创建多个逻辑(虚拟)网络，具有可编程性，每个逻辑(虚拟)网络都是为给定的用例定制的。

自从SDN/NFV的新型网络架构及软化的概念被提出以来，很多国内外学者纷纷投入研究，并取得了具有重要意义的结果。SDN和NFV是一种先进的网络概念，其主要思想是在逻辑层面上将控制下发决策和转发数据的设备底层解耦，将SDN和NFV思想应用于卫星网络，通过分离卫星中的控制平面和转发平面来提高效率。并且SDN网络采用集中控制架构，这样带来的效果是让SDN

控制器可以拥有全局视野，通过收集尽可能多的网络信息，得到更好的策略，进而能够达到根据全局网络状态来控制整个或局部网络的效果，能够感知整个网络的用户需求，按需分配资源。随着时代的迅速发展，当用户需求不断变化时，向此网络提出申请，由于软件定义网络的可编程特性，因此只需要改变原有的网络策略进行必要的软件配置就能满足新需求。NFV 利用 IT 虚拟化技术将许多网络设备类型整合到通用 x86 硬件平台上，部署相关网络服务功能，使得配置服务变得更加容易，只需要操纵虚拟机即可。同时，SDN 网络给网络创新的快速发展带来很多新的发展方向和解决思路。

未来天地一体化网络动态部署、灵活应用的需求使得下一代天地一体化网络不能按照传统地面信息网络方式进行构建。将 SDN/NVF 新型网络架构应用到空间网络虚拟化技术中，能够克服传统网络架构配置网络、灵活性低等问题。将天地一体化网络资源虚拟化，对其进行集中式控制与资源调度，可使天地一体化网络资源实现按需合理分配，提升整个网络工作效率，提高资源利用率。

6.2.1 NFV 简介及在卫星通信中的应用

NFV 的概念是利用 IT 虚拟化技术来虚拟化网络功能，即将其物理设备转变为基于软件的设备虚拟化网络功能，并将它们合并到数据中心的标准设备。

网络功能虚拟化的目的是实现软硬件分离，因此需要实现相关联的接口。网络功能虚拟化后需要进行管理与编排。在一个电信运营商的环境中，网络功能可实现远程配置和管理，需要网络功能有一个接口（通常称为北向接口）提供管理和编排功能。NFV 致力于提供同类的计算基础存储支持和连接机制，将通过公共虚拟化网络接口访问涉及和实现实际网络功能的软件元素。

NFV 在网络社区中的出现有望从根本上将基础设施的性质转变成为统一的软件驱动域，可提供灵活、动态的可重新编程和可重新配置的网络服务，能够满足各种用例及客户的需求[1]。

在卫星网络中，实现全球范围内的高容量连接和无处不在的覆盖，以及满足所需 QoS 和广域广播能力的需求，对于当代通信技术的发展具有至关重要的意义。然而在卫星通信领域中，未实现向 NFV 的范式转变。正在部署创新一代卫星技术，如使用 Ka、Q/V 波段高吞吐量卫星（High Throughput Satellite，HTS）、LEO/MEO（低地球轨道/中地球轨道）星座等，预计将与 NFV 相结合，确保端到端的卫星服务成本效益并促进新的增值服务。

在卫星网络中，网络功能虚拟化适用于 OSI 模型从物理层到应用层之间的所有层的网络功能[2]。

（1）核心卫星网关（Gateway，GTW）功能，如防火墙、性能增强代理（Performance Enhancing Proxies，PEP）、加速、调速、网络地址转换、媒体转码等。

(2)无线电前端功能,如调制和编码,在所谓的“Cloud-RAN”概念中,调制和编码(Modulation and Coding,MODCOD)操作从硬件单元卸载到软件处理器。

(3)卫星有效载荷中的机载功能,如流的交换和流量整形或复制。

(4)作为服务提供的每个客户功能(Virtual Network Function as a Service,VNFaaS),如防火墙、流量检查、入侵监测等。

在这些场景下,意味着NFV可以应用于卫星网关和客户端,而不排除启用NFV的卫星有效载荷的长期视角。NFV的应用领域如图6.1所示。

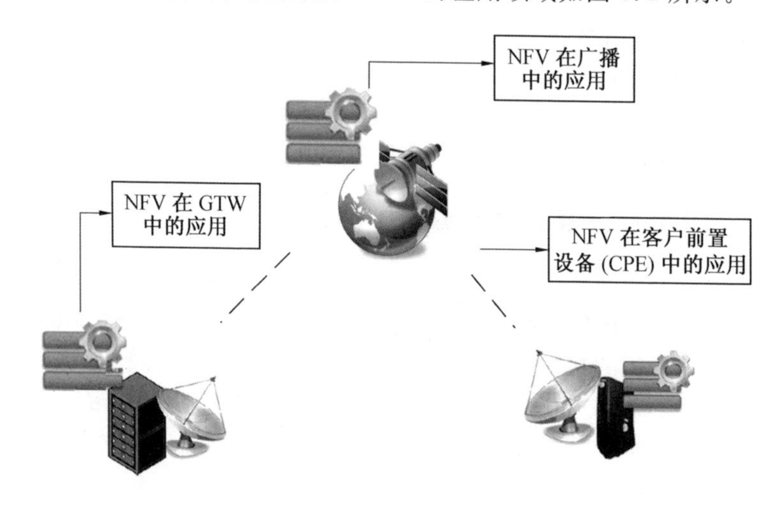

图6.1 NFV的应用领域

6.2.2 SDN网络简介

SDN软件定义网络是近几年由美国斯坦福大学研究的新型网络,可以通过SDN网络来实现网络虚拟化。图6.2所示为传统的SDN三层网络架构简图。此新型网络通过分离网络的角色,在抽象网络功能方面迈出了关键的一步。SDN与传统网络的区别在于转发层和控制器在逻辑上解耦。控制软件程序的转发平面(如交换机和路由器)使用开放接口,如OpenFlow[3]。利用开放接口,网络功能虚拟化得以实现。

从图6.2中可以看出,SDN网络的基本架构主要有三层,分别为应用层、控制层和基础设施层。控制层负责全局的管控,可以获取全局的每一个网络节点和链路的资源等。控制层一端与北向接口相连,通过北向接口获得用户的业务应用和此SDN网络的服务功能,操纵者则可以通过应用层来灵活地配置网络;另一端通过南向接口与基础设施层相连,实现了对移动终端等底层设备的数据

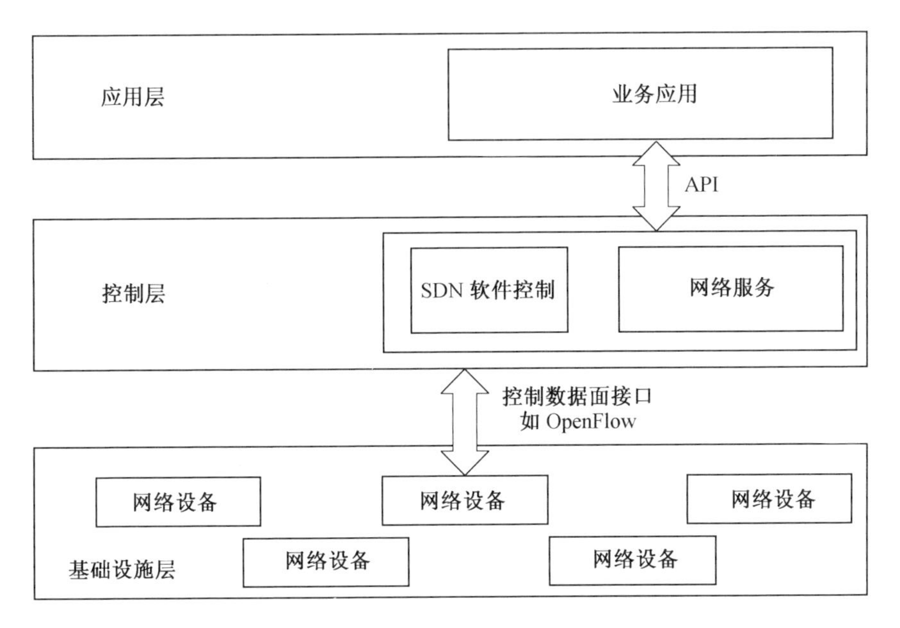

图 6.2　传统的 SDN 三层网络架构简图

转发和资源调度。

6.2.3　OpenFlow 技术研究

OpenFlow 网络体系架构如图 6.3 所示。基于 OpenFlow 技术的网络体系结构主要由 OpenFlow 控制器、OpenFlow 协议及 OpenFlow 交换机组成。SDN 控制平面则主要由 OpenFlow 控制器组成，主要获取全局网络信息，对其进行集中管控[4]。其中，数据转发平面的主要功能是负责数据的转发，此平面由 OpenFlow 交换机组成，如根据交换机中的流表项进行相应的数据操作；OpenFlow 协议则负责 OpenFlow 交换机与 OpenFlow 控制器之间信息的传输。

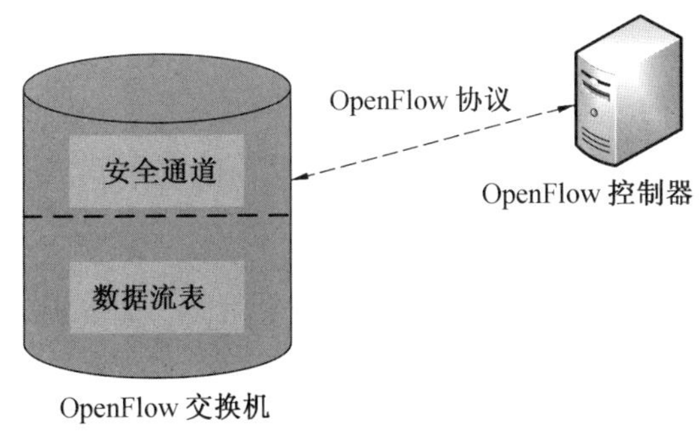

图 6.3　OpenFlow 网络体系架构

(1)OpenFlow 交换机。

OpenFlow 交换机主要进行数据的匹配与转发,此功能主要通过其内部的流表来实现,同时还包括一个组表。其中,流表的内容主要由流表项(Flow Entry)组成。当某个数据传送到 OpenFlow 交换机请求数据转发时,首先会寻找交换机内部与之匹配的流表项。整体匹配过程如图 6.4 所示,当数据到达时,匹配开始,由于交换机中存在多个流表,因此流表会存在一定的优先级关系,数据会从第一个流表开始进行匹配,如流表流程图中的 table0,即优先级高的流表,匹配时则判断是否匹配成功。匹配成功,则更新流表相应信息,执行流表相应操作;匹配不成功,则查询相应的流表项中的 table-miss,进行相应的操作,如果没有找到 table-miss,则此数据将不进行进一步的转发,直接将其废弃。匹配结束后将存在两种情况:第一种是匹配失败,同时没有相应流丢失的流表项,则丢弃报文;第二种是匹配成功,但是此流表项为最后一个流表项,或者流表项的指令中没有进入下一个流表项的指令。

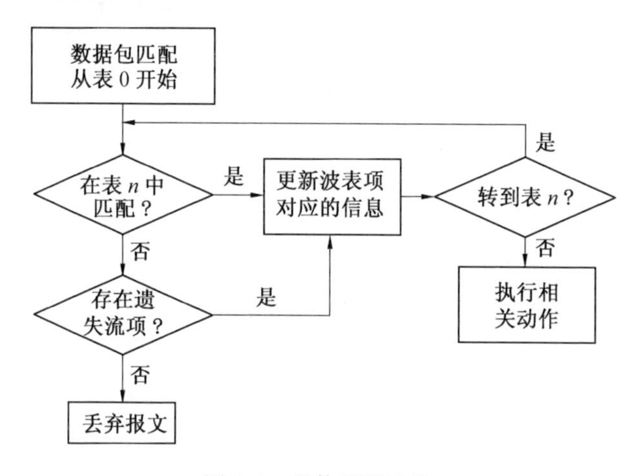

图 6.4 整体匹配过程

(2)OpenFlow 控制器。

控制层的 OpenFlow 控制器负责对网络中的所有底层设备进行集中控制和统一的管理。控制器与交换机相连,交换机是传输数据的主要负责模块。控制器通过相应的协议如 OpenFlow 协议负责相应的流表操作。目前,国内外支持 OpenFlow 协议的多种控制器已经得到开发者的广泛开发,如 NOX、Floodlight、OpenDayLight 等。

(3)OpenFlow 协议。

OpenFlow 协议支持三种消息类型,这三种消息类型也涵盖多种子消息:controller-to-switch 消息、asynchronous(异步)消息及 symmetric(对称)消息。controller-to-switch 消息是一种并不一定要求反馈的消息类型,它是由

OpenFlow 控制器发出给交换机的，此消息的主要功能是主动管理 OpenFlow 交换机，并可以实时获取交换机信息；asynchronous 消息则是交换机发送给控制器的，其主要功能是当数据包到达交换机时，交换机向控制器发送相应信息，向控制器反馈此状态，此消息涵盖 Packet-in 和 Flow-removed 等子消息；symmetric 消息是交换机和控制器共同发送的，其功能是交换机与控制器之间实现实时的数据交互，其中涵盖 Hello、Echo 等子消息[5]。

由上述可知，OpenFlow 控制器与 OpenFlow 交换机之间的信息数据交互通过 OpenFlow 协议。OpenFlow v1.3 目前应用比较广泛，其流表项主要由六部分组成，见表 6.1。

表 6.1　流表项结构

匹配域	优先级	计数器	指令	超时时间	Cookie

①匹配域。将进入交换机的数据包与匹配域进行匹配。

②优先级。多个流表项具有不同的优先级，优先级高的优先匹配。

③计数器。统计计算总共的匹配数目。

④指令。实现匹配后对数据包的相关指定操作。

⑤超时时间。包括 hard time 和 idle time，区别在于当数据包没有匹配时，是第一时间丢弃还是再等待一段时间丢弃。

⑥Cookie。控制器发送的流表项标记。

6.2.4　SDN/NFV 架构在空间网络中的优势

SDN 网络的特点是在逻辑层面将控制层和转发平面层解耦，控制器与交换机不再一一对应，使得控制器可以实时掌握全网视图，能够对所有交换机节点进行统一的监测与管理。结合上述卫星构成的空间网络特点，将 SDN/NFV 网络架构应用在空间网络中具有以下优点。

(1)网络拓扑具有动态变化的特性。相比于地面网络，卫星存在实时的移动性，但是其网络拓扑变化具有一定的周期性，可进行合理的预测，推算出下一时刻的网络拓扑状态。SDN 网络架构中，其控制器可以实时获得所有卫星节点的网络状态，假设将网络中的卫星系统只负责数据的转发，而 SDN 控制器进行统一的路由决策，则可以大大提高路由效率。

(2)空间网络中的带宽和存储资源都非常有限，如三态内容寻址存储器(Ternary Content Addressable Memory，TCAM)空间有限。通过 SDN 的控制器实时获取整个网络的信息及节点状态，可以基于全局信息计算获取最佳路由，避免拥塞及实时查出故障节点，防止通信中断，进而最大化空间网络的资源利用率。

(3)SDN 网络的应用层可以通过相关的接口对控制器进行实时的管控,从而实现对空间网络的灵活管理和合理的资源调度。

6.2.5 基于 SDN/NFV 的空间网络架构

1. 基于 SDN/NFV 的多层卫星星座网络架构

根据以上卫星网络和相关级数介绍,基于 SDN/NFV 的多层卫星星座网络架构如图 6.5 所示,其主要包括地面的网络控制中心、卫星地面站(如网关和骨干网络)、LEO 卫星和 GEO 卫星。在空间网络架构中,卫星按照预定的倾角被配置于轨道上,以实现对包括南北极在内的全球区域的全天候实时覆盖可见性。同时,GEO 与自己连接范围内的 LEO 卫星组成 SDN 网络,并与地面控制中心相连[6],由地面控制中心作为技术支持,对整个空间网络进行实时监测与灵活管控。将控制器放在 GEO 卫星和地面终端,相比于仅有一端的控制平面,可以实现集中式与分布式相结合的空间网络架构,即地面端可控制 GEO 卫星,GEO 卫星再选择局部的 LEO 卫星进行管控。同时,将控制中心安放在地面端,可方便操作人员进行实时操作。

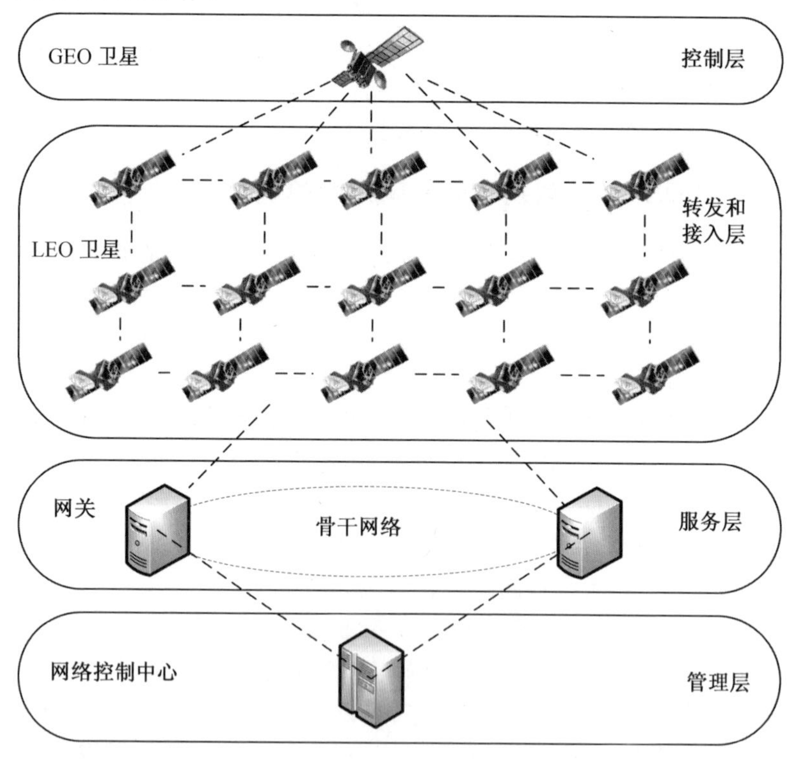

图 6.5 基于 SDN/NFV 的多层卫星星座网络架构

基于 SDN/NFV 的空间网络传输体系架构如图 6.6 所示[7]。该控制器位于 GEO 卫星中，并且这些交换机部署在软件定义卫星网络（Software-defined Satellite Network，SDSN）中的 MEO 和 LEO 卫星上。当数据包到达转发卫星时，卫星在其内部流表中执行查找，如果查找命中除流表未命中外的流条目，则卫星将以常规方式将分组转发到下一颗卫星，否则该包应该属于一个新的流程。在该情况下，转发卫星通过发送封装到达分组的 Packet_In 消息向控制卫星请求指令，控制卫星确定相应的流量规则并将其安装到位于转发卫星中的流表中。随后，流中的所有数据包都会正确转发到目标，而不会请求控制器。图 6.6 中，卫星业务到达 LEO1 卫星并匹配流表中的条目。然后，流量将被转发到沿路径的下一个卫星，流量到达 MEO 卫星，而不匹配本地条目。因此，MEO 卫星向 GEO 卫星中的控制器发送 Packet_In 消息以用于转发规则。在接收到包含来自控制器的指令的 Flow_mod 消息之后，MEO 卫星将流量转发到 LEO2，然后 LEO2 卫星根据匹配的条目将流量转发到下一个节点。

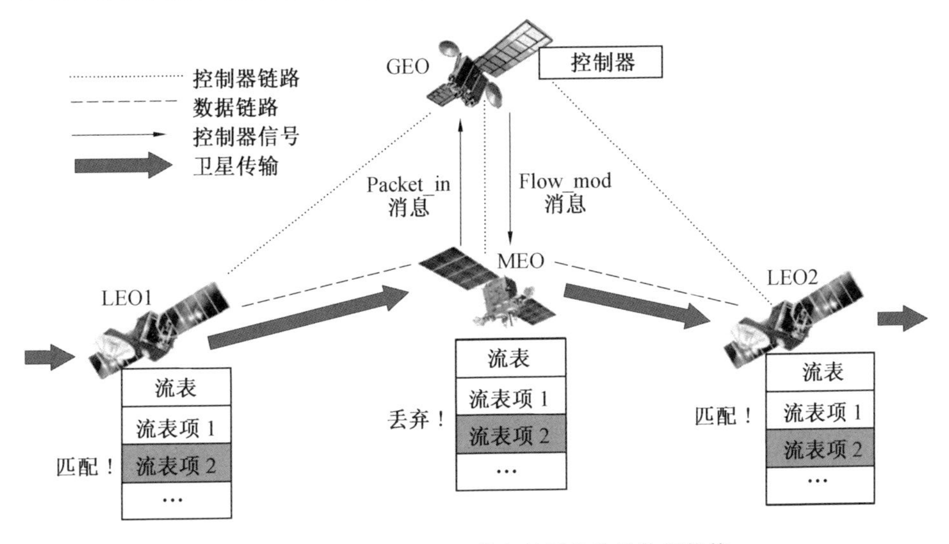

图 6.6　基于 SDN/NFV 的空间网络传输体系架构

2. SDN 控制器部署方案

目前，由于传统的地面网络已经无法解决用户数量激增、用户需求增大等问题，因此空间网络的广泛应用已成为全球的发展趋势。空间网络的最终目标是实现海陆空天地的一体化网络，将地面终端与卫星节点连接起来，提高空间网络的整体性能，为人类提供更好的服务。在基于 SDN/NFV 体系架构的空间网络中，控制器的应用是其核心技术实现的重要手段。因此，控制器的部署是此架构所需考虑的关键问题。这里提出的控制器的位置部署方案使得同步卫星和地面控股中心共同组成 SDN 网络的控制平面[8]。

6.3 软件无线电系统

利用软件无线电系统进行基于稀疏码分多址的 SEFDM 通信系统实现，硬件实现内容基于两个假设：首先假设每个用户的发送信号在接收端等功率加和；其次假设每个用户的信道条件相同。本节基于这两个假设进行软件无线电平台系统的构建。

6.3.1 等效数字上下变频器的设计与实现

SCMA 系统都将其定位为多发单收（Signal-Input Multiple-Output, SIMO）系统，每个发送天线使用不同的资源块发送，在接收方进行单天线接收和还原。需要注意的是，因为资源块为时频资源块，所以在实际的系统中两个发送天线需要工作在不同的中心频率上。但是，目前实际能够使用的通用软件无线电外设（Universal Software Radio Peripheral，USRP）设备仅支持单个中频发送信号，这给系统实现带来了重大挑战，所以使用数字上下变频，通过软件算法等效进行上下变频，通过设计达到不影响解码的等效结果。

数字上变频（Digital Up Converter, DUC）是指在无线信号发射之前，将存在于基带的信号通过数字插值等方法变化到制定的发射频谱，最终由硬件的射频端发射出去的方法。数字上变频的核心是内插器和与其对应的滤波器。图 6.7所示为数字上变频流程图。

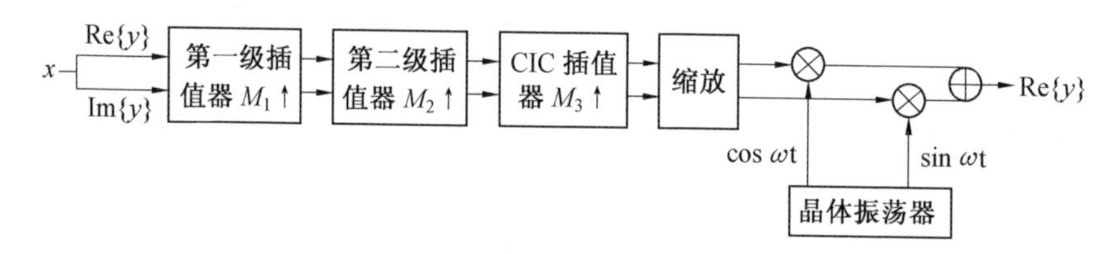

图 6.7 数字上变频流程图

图 6.7 中的数字上变频器分为四个模块。首先输入的信号是一个复数信号，将此信号经过上采样再乘预设的中心频率的值获得，从而完成对信号进行上变频的操作，这部分需要使用积分梳状滤波器（Cascade Integrator Comb, CIC）和有限长单位冲激响应（Finite Impulse Response, FIR）滤波器。

信号首先经过第一级插值器上采样倍数 M_1，再经过第二级上采样倍数 M_2，经过了两级的上采样后，再经过 CIC 的插值进行回调并上采样 M_3 倍，最终经过缩放后乘中频，其中 $\omega=\frac{2\pi}{f_c}$，f_c 即系统所需要的中心频率。需要注意的是，第一、

二级内插器使用了 FIR 内插法，在实际设计中也需要进行 FIR 滤波器的设置。

数字上变频滤波器组的幅频响应图（f_c = 2 MHz）如图 6.8 所示，共有三个滤波器。

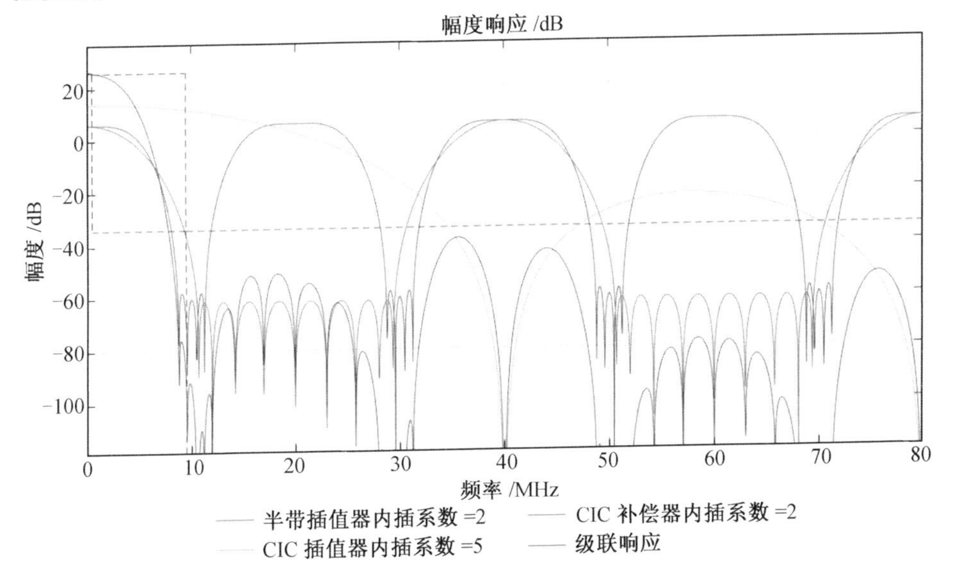

图 6.8 数字上变频滤波器组的幅频响应图（f_c = 2 MHz）（彩图见附录）

数字下变频（Digital Down Converters，DDC）部分是将经过 A/D 转换器采样下来的中频数字信号变为可供解调模块使用的基带信号。DDC 主要由数字控制振荡器、混频器和滤波器等部分组成。在实际设计 DDC 时，首先需要明确 f_{IF}。与 DUC 类似，DDC 中也使用了分级滤波的思想，其中按先后分别使用了 CIC 抽样器、CIC 补偿器和 FIR 抽取滤波器。需要注意的是，在实现过程中，每个 CIC 的倍数不能产生明显的跃升，这会严重影响后级 CIC 的性能。图 6.9 所示为数字下变频流程图。

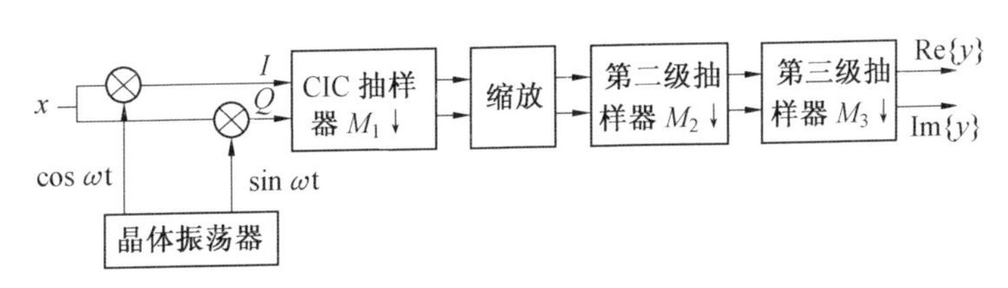

图 6.9 数字下变频流程图

图 6.9 中分为四个滤波器模块。首先使用数字振荡器对信号进行从预设的中频 f_{IF} 到基带信号的搬移，其中 $\omega_{IF} = \frac{2\pi}{f_{IF}}$。然后分为三个阶段分别对信号进行降采样。先经过 CIC 抽样器对信号进行 M_1 倍降采样，再通过 CIC 补偿器进行

M_2 倍降采样，最后送入第三阶段的 FIR 滤波器中进行最后的 M_3 倍降采样，输出信号为复数信号。

数字下变频滤波器组的幅频响应图（$f_{IF}=2$ MHz）如图 6.10 所示，图中对实际信号的数字下变频系统设计的滤波器进行了描述，其幅频响应图能够对滤波器的性能进行刻画。需要注意的是，该滤波器组的总下采样倍数与 DUC 中的总倍数相同。

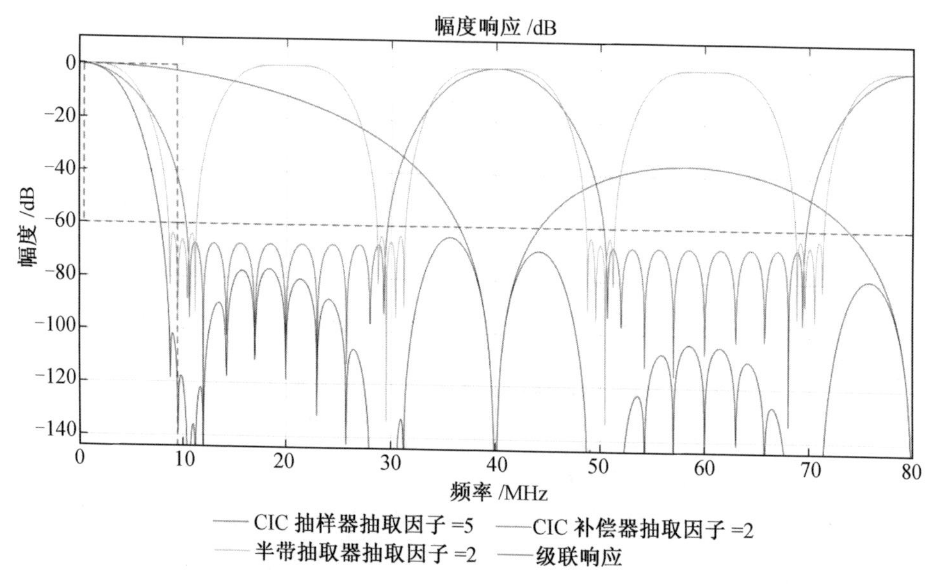

图 6.10　数字下变频滤波器组的幅频响应图（$f_{IF}=2$ MHz）（彩图见附录）

6.3.2　联合正交与非正交的帧结构设计

本系统实现采用的是实际的信道，信道中存在复杂的干扰和影响。具体来说，首先是信道响应 H，该参数会对信号整体产生乘性干扰；其次是加性噪声，噪声的分布也并不是如仿真中的高斯白噪声一样，将变得复杂。另外，还会引起相位偏移、多普勒频移和传输路径中的多径效应，还有可能存在被其他用户占用信道产生干扰的情况。面对复杂的信道环境，需要采用足够的补偿机制，确保传输的稳定。

传统的帧结构设计需要为实际系统的收发服务。具体来说，帧结构的引入在用户进行异步通信时对信号完成包的检测和判决，并且进行载波同步和符号同步，通过训练序列等部分对信号进行时域和频域的偏差估计和补偿[9]，对信号的信噪比进行估计，辅助系统对信号进行自动功率控制和自动频率控制[10]，获取信号发送端的信息、接收信号的符号校验位、纠错码的实际运行方式等不同的功能。

要达成这些功能，离不开对信号正确且可靠的解调。在传统的 OFDM 传输系统的帧结构设计中，采用了短前导与长前导序列相结合的方法进行信号前缀信息的写入，这部分不仅能够完成信号的包检测和判决，而且还能够完成信号的时域和频域偏差估计和补偿。但是传统的频偏和信道估计补偿是因为 OFDM 的符号间串扰并不严重，而目前使用的 SEFDM 下的稀疏码分多址系统却有极大的问题，因为符号间串扰、子载波间串扰增强显著，所以不能够使用这个传输方法，而需要进行新的帧结构设计。本节基于此提出了联合正交与非正交的帧结构设计，该设计能够有效提高系统传输的可靠性，并且同样能够提高频谱效率。

联合正交与非正交的帧结构设计图如图 6.11 所示。帧由四个部分构成，包括短前导码、长前导码、信令载荷和数据载荷。其中，与接收端设计有关的是短前导码和长前导码，分别用于进行时域符号定时误差(Symbol Timing Offset，STO)和载波频率误差(Carrier Frequency Offset，CFO)的消除。短前导码和长前导码均是 OFDM 符号，而信令载荷和数据载荷采用非正交的传输信号方式，这里采用基于稀疏码分多址的 SEFDM 信号传输方式进行信号的调制。

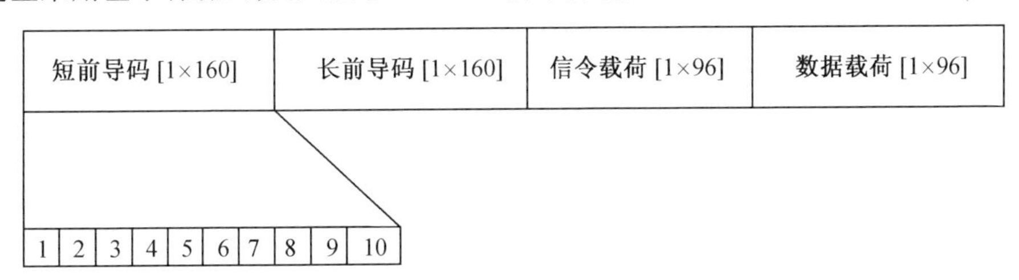

图 6.11 联合正交与非正交的帧结构设计图

短训练序列为 S_k=$\sqrt{13/6}\times[0,0,1+j,0,0,0,-1-j,0]$，该序列有良好的稀疏性，并且通过对该短序列进行 IFFT 变化，复制相同的十个序列进行重复，如此在接收端一侧进行相关性检验即可在短序列中获得很强的互相关性能。长训练序列如 L_k 所示，该 L_k 序列进行 IFFT 后进行了序列重复并增加了循环前缀(Cyclic Prefix，CP)。L_k=[1，1，−1，−1，1，1，−1，1，−1，1，1，1，1，1，1，−1，−1，1，1，−1，1， −1，1，1，1，1，0，1，−1，−1，1，1，−1，1，−1，1，−1，−1，−1，−1，−1，1，1，−1，−1，1，−1，1，−1，1，1，1，1]，该序列中 L_k(6)、L_k(19)、L_k(25)、L_k(31)、L_k(44)的位置分别插入了导频序列，导频序列有利于系统进行信道估计。需要注意的是，该导频序列在数据部分和信令部分也有插入，其在位置上与长序列中导频的插入位置相同。将序列 Pilot=[1，1，0，1，−1]统一规定为导频序列。

信号序列中经过调制之后，由于基于稀疏码分多址的 SEFDM 系统存在很高的峰值平均功率比(Peak to Average Power Ratio，PAPR)，实际传输的系统中不能允许如此高的PAPR，因此需要对实际信号采取两种方式降低PAPR。第一种方式是引入信号的CP，CP示意图如图6.12所示。图中对循环前缀的实现方法进行了说明，具体来说是将SEFDM符号后面的一定位数进行前移，前移位数的选择与预估的信道多径数目和信号的符号速率有关。第二种方式是使用过采样技术。这两种方式能够有效地降低实际传输信号的PAPR。但需要注意的是，在解包时也需要先进行降采样和移除信号的循环前缀，才能够保证信号的正确解调。

图6.12　CP示意图

经过USRP做下变频处理的数字信号，输入到上位机，在上位系统中因为复杂信道的影响，所以需要进行同步和时域、频域上偏移量的估计和补偿，在进行一系列的补偿之后才能以较低的误码率还原发射机发射的信号。

首先检测接收信号的延迟与相关性。将接收的信号进行相关性检验，在前导正交信号设计中采用了重复同一比特信息序列的方法[11]。通过相关性检验结果，可以确定前导正交信号的位置，结合判决门限进行包检测，确认帧的起始位置。

$$C(n)=\sum_{k=0}^{L-1} y(n+k)y(n+k+D)^{*} \tag{6.1}$$

式中，y为接收的时域符号；D为一个周期的比特信息序列；L为自相关系数的长度，这里取$2D$。

$$P(n)=\sum_{k=0}^{L-1} y(n+k)\,y\,(n+k+D)^{*} \tag{6.2}$$

$$M(n)=\frac{|C(n)|^{2}}{(P(n))^{2}} \tag{6.3}$$

利用式(6.3)计算出的$M(n)$为自相关函数序列，设定门限值Threshold，取大于门限值的对应的n值，提取最小的n所对应的y中位置，按发射帧的帧长度进行截取，获得一个接收帧。

进行载波频率偏差粗估计和补偿。由于发射频率与接收频率存在频率的不同，因此存在载波频率偏差。建立接收符号频偏模型，即

$$\begin{aligned} y(n)&=x(n)\mathrm{e}^{\mathrm{j}2\pi f_{\mathrm{TX}} nT_{\mathrm{s}}}\mathrm{e}^{\mathrm{j}2\pi f_{\mathrm{RX}} nT_{\mathrm{s}}} \\ &=x(n)\mathrm{e}^{\mathrm{j}2\pi(f_{\mathrm{TX}}-f_{\mathrm{RX}})nT_{\mathrm{s}}} \end{aligned}$$

$$= x(n)\mathrm{e}^{\mathrm{j}2\pi f_{\Delta} n T_{\mathrm{s}}} \tag{6.4}$$

式中，$y(n)$ 为接收机收到的信号序列；$x(n)$ 为发送的信号短正交前导码序列；f_{TX} 为发射机发射信号时的中心频率；f_{RX} 为接收机接收信号时的中心频率；T_{s} 为码元速率。该模型描述了发射机与接收机中心频率的偏差，导致接收的信号与发射的信号之间存在频率偏差。计算 f_{Δ}，其具体计算方法为

$$\begin{aligned} z &= \sum_{n=0}^{L-1} y(n) y^{*}(n+D) \\ &= \sum_{n=0}^{L-1} x(n)\mathrm{e}^{\mathrm{j}2\pi f_{\Delta} n T_{\mathrm{s}}} \left(x(n+D)\mathrm{e}^{\mathrm{j}2\pi f_{\Delta}(n+D) T_{\mathrm{s}}}\right)^{*} \\ &= \mathrm{e}^{-\mathrm{j}2\pi f_{\Delta} D T_{\mathrm{s}}} \sum_{n=0}^{L-1} |x(n)|^{2} \end{aligned} \tag{6.5}$$

式中，L 和 D 均为单次正交短前导帧序列长度。通过接收信号模型计算出含有信号能量强度的 z 参数，可粗估计 $\hat{f}_{\Delta}$ 的值，具体估算方法为

$$\hat{f}_{\Delta} = \frac{-1}{2\pi D T_{\mathrm{s}}} \angle z \tag{6.6}$$

通过式(6.6)计算完成粗估计和补偿之后，继续对载波频率偏差进行精细估计和补偿。由于发射频率与接收频率存在频率的不同，因此存在载波频率偏差。该阶段使用粗补偿后，恢复的信号进行进一步频偏校准，建立接收符号频偏模型为

$$\begin{aligned} y(n) &= x(n)\mathrm{e}^{\mathrm{j}2\pi f_{\mathrm{TX}} n T_{\mathrm{s}}} \mathrm{e}^{\mathrm{j}2\pi f_{\mathrm{RX}} n T_{\mathrm{s}}} \\ &= x(n)\mathrm{e}^{\mathrm{j}2\pi (f_{\mathrm{TX}} - f_{\mathrm{RX}}) n T_{\mathrm{s}}} \\ &= x(n)\mathrm{e}^{\mathrm{j}2\pi f_{\Delta} n T_{\mathrm{s}}} \end{aligned} \tag{6.7}$$

式中，$y(n)$ 为接收机收到的信号序列；$x(n)$ 为发送的信号长正交前导码序列；f_{TX} 为发射机发射信号时的中心频率；f_{RX} 为接收机接收信号时的中心频率；T_{s} 为码元速率。该模型描述了发射机与接收机中心频率的偏差，导致接收的信号与发射的信号之间存在频率偏差。计算 f_{Δ}，其具体计算方法为

$$\begin{aligned} z &= \sum_{n=0}^{L-1} y(n) y^{*}(n+D) \\ &= \sum_{n=0}^{L-1} x(n)\mathrm{e}^{\mathrm{j}2\pi f_{\Delta} n T_{\mathrm{s}}} \cdot \left(x(n+D)\mathrm{e}^{\mathrm{j}2\pi f_{\Delta}(n+D) T_{\mathrm{s}}}\right)^{*} \\ &= \mathrm{e}^{-\mathrm{j}2\pi f_{\Delta} D T_{\mathrm{s}}} \cdot \sum_{n=0}^{L-1} |x(n)|^{2} \end{aligned} \tag{6.8}$$

式中，L 与 D 均为单次正交长前导帧序列长度。通过接收信号模型计算出含有信号能量强度的 z 参数，继而可估计 $\hat{f}_{\Delta}$ 的值，具体估算方法为

$$\hat{f}_{\Delta} = \frac{-1}{2\pi D T_{\mathrm{s}}} \angle z \tag{6.9}$$

式(6.9)完成了精细的频域补偿,下面将进行信道估计和均衡。信号传输中会有信道衰减和多径效应等影响,本步骤主要进行该部分的估计和均衡。首先进行信道估计。使用 $R(k)=H(k)X(k)+N(k)$ 代表接收端信号,其中 $H(k)$ 表示信道对发射信号的影响,$N(k)$ 表示信道噪声。使用长前导序列帧和进行运算,在接收机中也存储着长前导帧的正交频分复用信号,即已知 $X(k)$ 和 $R(k)$,求解 $\hat{H}(k)$。具体估算方法为

$$\begin{aligned}\hat{H}(k)&=R_L(k)X_L^*(k)\\&=(H(k)X_L(k)+N(k))X_L^*(k)\\&=H(k)\left|X_L(k)\right|^2+N(k)X_L^*(k)\end{aligned}\tag{6.10}$$

对接收信号进行信道均衡,具体的均衡方法为

$$\hat{X}(k)=\frac{Y(k)}{\hat{H}(k)}\tag{6.11}$$

式中,$\hat{X}(k)$ 为信道均衡后的接收信号;$Y(k)$ 为接收信号;$\hat{H}(k)$ 为估计的信道函数。

在进行以上运算后,信令信号和数据信号都得到了定位与补偿恢复,可以送入对应的解调模块,对数据部分和信令部分进行解调,解调器的数学模型参考之前部分中的接收机部分,使用联合解调器对信号进行解调。

6.3.3 USRP 通信平台搭建

1. USRP 通信平台连接

通用 USRP 通过高速链路连接到主机,基于主机的软件用于控制 USRP 硬件和发送/接收数据。一些 USRP 型号还将主机的一般功能与嵌入式处理器集成在一起,使 USRP 设备能够以独立的方式运行。与传统无线电不同,软件定义无线电使用的是以射频前端为主的结构,将模数转换器(Analog-to-Digital Converter,ADC)和数模转换器(Digital-to-Analog Converter,DAC)尽量靠近天线一侧,而数据的处理与系统的控制部分则主要放在后台的中央处理器(Central Processing Unit,CPU)和图形处理器(Graphic Processing Unit,GPU)上。USRP 的发送/接收(TX/RX)端口工作图如图 6.13 所示。

图 6.13 中使用 USRP 作为系统的输入输出实现的硬件接口。USRP 输入端对信号进行接收、采样和下变频,将已接收且完成处理的等效低通信号输入整体系统。随后将已经完成调制的信号按资源分配的要求在指定子信道进行数据的发送。

实际的开发中使用 Matlab 进行开发。Matlab 提供了 Communications Toolbox 这一开发工具箱来对通信系统进行开发,在该工具箱中有对实际系统的设计工具,并且提供了对 C 语言、C++语言等的混合编程支持,能够提高系统的

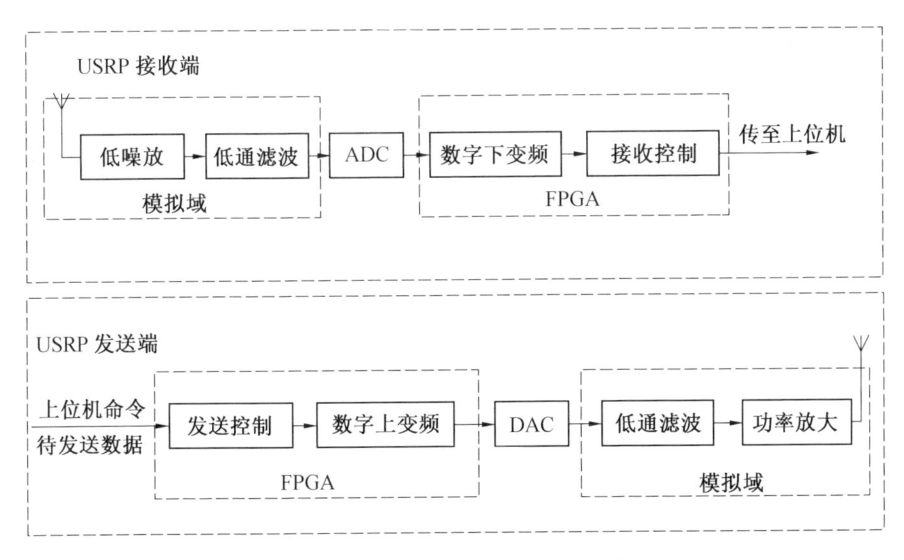

图 6.13　USRP 的 TX/RX 端口工作图

运行速度。该工具箱还提供了丰富的硬件系统支持包，从现场可编程门阵列(Field Programmable Gate Array，FPGA)工具包、数字信号处理(Digital Signal Process，DSP)工具包到 USRP 开发工具包都有联合(National Instruments，NI)半导体制作的兼容包，对硬件有着良好的驱动性能，并且能够方便、快速地进行开发。Matlab 硬件支持包在安装程序中进行安装，安装完成后在 Matlab 的 Common Window 中键入 help sdru，如果安装成功，将呈现出图 6.14 所示的通用软件定义无线电硬件支持包帮助界面。

```
>> help sdru
  Communications System Toolbox Support Package for USRP(R) Radio

  Documentation for USRP(R) Radio

  Functions
    findsdru               - Find USRP(R) radios connected to host computer and report status
    getSDRuDriverVersion   - UHD(R) driver version on the host computer
    probesdru              - Detailed USRP(R) radio information
    sdruexamples           - Open index of USRP(R) Radio examples
    sdruload               - FPGA and firmware image loader for USRP(R) radios
    setsdruip              - Set USRP(R) radio IP address
  System Objects
    comm.SDRuTransmitter   - Send data to the USRP(R) Radio
    comm.SDRuReceiver      - Receive data from the USRP(R) Radio
  Blocks
    sdrulib                - Open the block library for USRP(R) Radio
```

图 6.14　通用软件定义无线电硬件支持包帮助界面

2. System Objects的两个类平台参数设置

接下来对图 6.14 中 System Objects 的两个类做详细介绍。comm. SDRuTransmitter 类参数表见表 6.2，comm. SDRuReceiver 类参数表见表 6.3。

表 6.2 comm. SDRuTransmitter 类参数表

参数名称	参数描述
Platform	USRP 设备的型号
IPAddress	USRP 设备的 IP 地址号，用于 USRP 的设备寻址
SerialNum	无线电硬件的设备序列号，部分设备可用
ChannelMapping	对于多通道的 USRP 设备，选择端口使用的通道标号，根据不同设备进行设置
CenterFrequency	中心频率，单位是 Hz。如果是单输入半输出(Single-Input Single-Output，SISO)系统，就需要设置一个参数；如果是多输入多输出(Multi-Input Multi-Output，MIMO)系统，则需要设置为一个向量，向量中的每个数都对应不同的 USRP 端口
LocalOscillatorOffset	本地振荡器(Local Oscillator，LO)偏移频率
Gain	总增益为 USRP 硬件发射器数据路径，包括模拟和数字元件，指定为以 dB 为标量或行向量。此属性的有效范围取决于 RF 子板的 USR 设备
ClockSource	时钟源设置参数，分为内置时钟源和外置时钟源
InterpolationFactor	插值因子，根据所使用的无线电，指定为 1～512 带有限制的整数
TransportDataType	传输数据类型，分为 16 位和 8 位
EnableBurstMode	启用突发模式的选项，指定为 true 或 false。要生成一组连续的帧而没有超出或欠载无线电，请设置 EnableBurstMode 为 true。启用突发模式可帮助模拟无法实时运行的模型。 启用突发模式时，使用 NumFramesInBurst 属性指定所需的连续数据量。更多信息请参阅检测欠载和过载
NumFramesInBurst	连续突发中的帧数，指定为整数。
MasterClockRate	主时钟频率，指定为以 Hz 为单位的标量。主时钟速率是 A/D和 D/A 时钟速率。此属性的有效值范围取决于连接的无线电平台
PPSSource	PPS 信号源设置参数，分为使用内置和使用外部信号发生器生成的 PPS 信号

表 6.3　comm.SDRuReceiver 类参数表

参数名称	参数描述
Platform	USRP 设备的型号
IPAddress	USRP 设备的 IP 地址号，用于 USRP 的设备寻址
SerialNum	无线电硬件的设备序列号，部分设备可用
ChannelMapping	对于多通道的 USRP 设备，选择端口使用的通道标号，根据不同设备进行设置
CenterFrequency	中心频率，单位是 Hz。如果是 SISO 系统，就需要设置一个参数；如果是 MIMO 系统，则需要设置为一个向量，向量中的每个数都对应不同的 USRP 端口
LocalOscillatorOffset	LO 偏移频率
Gain	总增益为 USRP 硬件发射器数据路径，包括模拟和数字元件，指定为以 dB 为标量或行向量。此属性的有效范围取决于的 RF 子板 USR 设备
ClockSource	时钟源设置参数，分为内置时钟源和外置时钟源
DecimationFactor	抽取因子，根据所使用的无线电，指定为 1～1 024 的整数，并带有限制。当将中频(Intermediate Frequency，IF)信号下变频为复合基带信号时，无线电使用抽取因子
OutputDataType	输出信号的数据类型，指定为与输出信号类型相同，double 或 single
TransportDataType	传输数据类型，分为 16 位和 8 位
SamplesPerFrame	对象生成的输出信号的每帧样本数，指定为正整数标量。该值最佳地利用了底层以太网数据包，其大小为 1 500 个 8 位字节
EnableBurstMode	启用突发模式的选项，指定为 true 或 false。要生成一组连续的帧而没有超出或欠载无线电，请设置 EnableBurstMode 为 true。启用突发模式可帮助模拟无法实时运行的模型
NumFramesInBurst	连续突发中的帧数，指定为整数
MasterClockRate	主时钟频率，指定为以 Hz 为单位的标量。主时钟速率是 A/D和 D/A 时钟速率。此属性的有效值范围取决于连接的无线电平台
PPSSource	每秒脉冲数(Pulse Per Second，PPS)信号源设置参数，分为使用内置和使用外部信号发生器生成的 PPS 信号

(1)comm. SDRuTransmitter。

comm. SDRuTransmitter 的作用是将数据发送到 USRP 数据。SDRuTransmitter 系统对象将数据发送到一个通用软件无线电的硬件设备，允许模拟和开发各种软件定义无线电的应用程序。该类使得有通信 USRP 在同一个以太网子网或一个板 USRP 经由通用串行总线(Universal Serial Bus，USB)连接板。可以写一个 Matlab 应用程序，使用该系统的对象。也可以生成系统目标代码，而无须连接到 USRP 发射机。

此对象接收来自 Matlab 的列矢量或矩阵的输入信号和控制数据发送给一个 USRP，使用通用硬件驱动程序。SDRuTransmitter 系统的目的是发送到一个数据信宿 USRP 板。对此对象的第一次调用可能包含瞬态值，这可能导致包含未定义数据的数据包。

N200、N210、USRP2 和 B200 设备支持使用与发送数据的单信道 comm. SDRuTransmitter 系统对象，该对象接收固定长度的列向量信号。

B210、X300 和 X310 支持两个可用于通过 comm. SDRuTransmitter 系统对象发送数据的通道。可以使用两个通道，也可以只使用一个通道(通道 1 或 2)。comm. SDRuTransmitter 系统对象接收到一个矩阵信号，其中每个列是固定长度的数据的信道。

可以设置 CenterFrequency、LocalOsillatorOffset 和 Gain 每个通道的独立特性，或者可以将相同的设置应用于两个通道。所有其他 System 对象属性值都适用于两个通道。

(2)comm. SDRuReceiver。

comm. SDRuReceiver 的作用是接收来自 USRP 设备的数据。SDRuReceiver 系统对象从通用软件无线电 USRP 中接收数据，允许模拟和开发各种软件定义无线电的应用程序。通过 Matlab 应用程序，借助 System 对象，能够直接生成系统目标代码，而无须连接到 USRP 无线电设备。

该系统对象的设计由接收信号和控制数据的 USRP 使用通用硬件驱动程序完成。SDRuReceiver 系统对象从一个 USRP 板接收数据，并输出一个固定数量的行的一个列向量或矩阵信号。对此对象的第一次调用可能包含瞬态值，这可能导致包含未定义数据的数据包。

该对象也支持不同的输入方式，支持 N200、N210、USRP2 和 B200 无线电设备，也可以使用与接收数据的单通道 comm. SDRuReceiver 系统对象，该对象输出固定长度的列矢量信号。

B210、X300 和 X310 支持两个可用于通过 comm. SDRuReceiver 系统对象接收数据的通道。可以使用两个通道，也可以只使用一个通道(通道 1 或 2)。comm. SDRuReceiver 系统对象输出矩阵信号，其中每个列是固定长度的数据的

信道。

可以设置 CenterFrequency、LocalOscillatorOffset 和 Gain 每个通道的独立特性，或者可以将相同的设置应用于两个通道。所有其他系统对象属性值都适用于两个通道[12]。

SDRuReceiver 系统对象具有一个可选的丢失的样本输出端口。当此端口处于活动状态时，它会输出一个逻辑信号，指示系统对象是否正在实时处理数据。如果系统对象未跟上硬件，则信号指示丢失样本的大致数量。

同时，在 USRP 平台配置的过程中，仍旧需要进行 USRP 板之间的基础频偏校准。在基础的 USRP 平台进行发射接收会存在发射的中心频点与实际接收的频点带有偏差的问题。为解决这个问题，需要先对实际的收发信号进行调整和校准。带来这个问题的原因是母板的有源晶振受到工作温度与 USRP 板上的 PLL 倍频器输出信号区别，需要进行预先的频率纠正进行实际使用测试，并且进行预纠正。USRP 收发频率偏移曲线如图 6.15 所示。

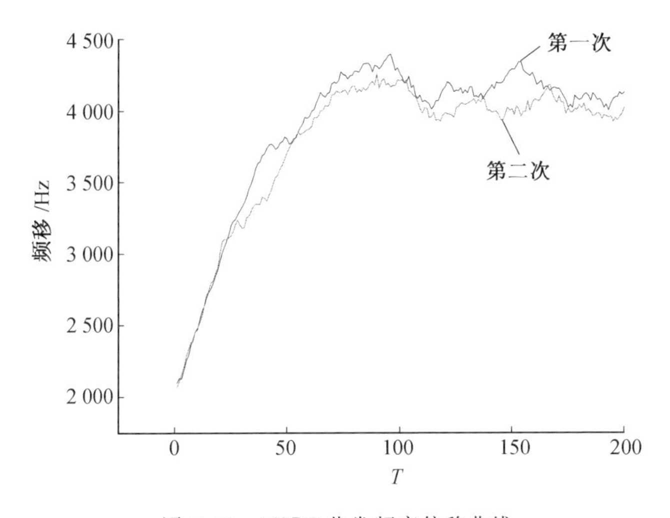

图 6.15　USRP 收发频率偏移曲线

从图 6.15 中可以看出，USRP 确实存在收发频率偏移的情况，而且会随着设备的运行时间改变，这里所涉及的频率偏转设置为纠正在频率波动相对稳定的情况下的偏移频率。测量稳定的频率偏移方法采用了 Matlab 中 Communications Toolbox 的 Simulink 实例模块。USRP 频率偏移测试发送端 Simulink 程序图如图 6.16 所示。

图 6.16 所示为 Simulink 中的模块仿真图，使用 DSP 工具箱中的 sin 函数生成器生成单频率的正弦信号，该正弦信号的频率为 100 Hz，初始相位为 0，采样间隔为 5×10^{-5} s，每次生成的正弦信号长度为 5 000 个符号。将此信号作为发射信号送入 USRP 发射端，配置 USRP 工作中频为 2.43 GHz。图 6.17 所示为

USRP 频率偏移测试接收端 Simulink 程序图。

图 6.16　USRP 频率偏移测试发送端 Simulink 程序图

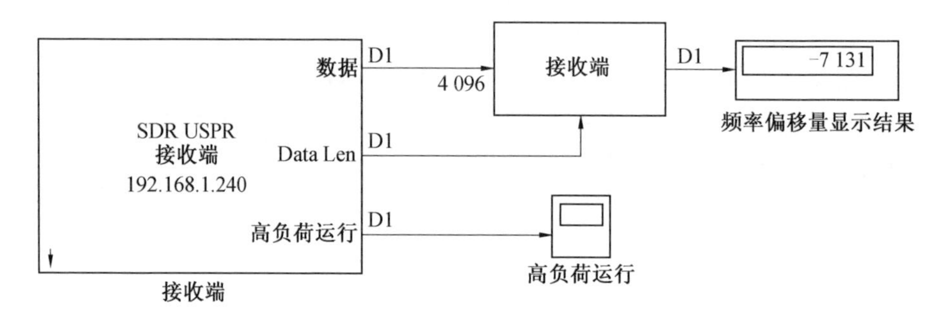

图 6.17　USRP 频率偏移测试接收端 Simulink 程序图

按图 6.17 的程序图配置 USRP 接收机时也将接收中频设置为 2.43 GHz。接收的信号送入接收端模块对其进行频率偏移的估计，将实际接收的频率值与发射的频率值进行比较，得到实际 USRP 的频率偏移量。

图 6.17 得出的频率偏移量结果为 7.131 kHz。需要注意的是，因为该测试结果实际上是不断变化的，所以需要等程序运行一段时间，频偏结果波动小，结果相对收敛时记录。需要指出的是，在实际的 USRP 运行过程中，频偏的大小与温度有着直接的关系，所以需要在开机一段时间后进行测试和调整。

6.4　分析与测试

6.4.1　基于 SDN/NFV 空间网络资源采集及路由研究

本节主要对基于 SDN/NFV 架构下的空间网络资源采集及路由算法进行研究。首先，对空间网络架构及网络资源与虚拟网络映的关系进行研究，完成对相应的节点链路资源进行建模。然后，对软件定义网络和网络功能虚拟化所需的网络环境进行搭建，对所需的软件进行配置。基于此架构对空间网络资源进行

实时监测，将其实时输出在控制器中，实现网络资源采集并存储，可对节点链路的变化进行观测，通过监测的链路带宽使用情况，对网络路由进行合理优化，减少链路拥塞情况的出现，充分合理地利用系统链路带宽。

1.空间网络虚拟化映射关系的研究及仿真搭建

对于空间网络系统，优化卫星星座设计是最核心也是最基础的。相比于地面物联网，卫星物联网分析评估将更加困难、复杂[7]。为解决卫星通信系统面临的多种多样的问题，最基本、最主要的就是应将卫星通信系统可视化，可通过建模仿真对各种卫星通信星座进行分析。

目前，受国内外广泛关注的大规模卫星通信系统有 Iridium Next、OneWeb、StarLink、鸿雁星座、虹云星座等。本节主要对 OneWeb 星座通信系统及 GEO/MEO/LEO 三层架构进行建模仿真，并分析其可行性。

本节设计了 GEO/MEO/LEO 三层架构的卫星星座通信系统，其中有 66 颗 LEO 卫星、10 颗 MEO 卫星和 3 颗 GEO 卫星。设置地面站为北京站。一颗 GEO 卫星与北京站保持连接。每颗 MEO 卫星都与 GEO 卫星及 LEO 卫星相连接。同时，选择第一层轨道的 LEO 卫星与北京站相连，不断地覆盖北京站。对 GEO2 及第一层轨道 LEO 卫星相对于北京站可见性分析，仿真时间为 1 d。GEO2 及第一层 LEO 卫星轨道相对于北京站的可见性分析如图 6.18 所示。从图中可以看出，低轨卫星存在频繁的链路切换问题。因此，天地一体化网络相比于地面网络存在着一些资源及链路频繁切换等问题。

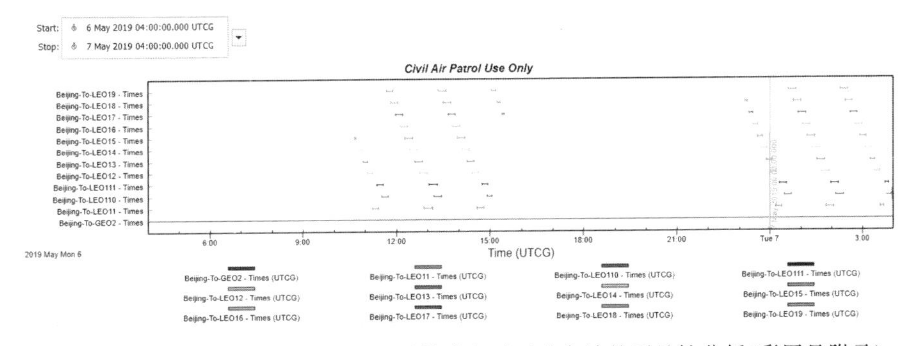

图 6.18 GEO2 及第一层 LEO 卫星轨道相对于北京站的可见性分析(彩图见附录)

为找出链路时延，传感器部署在每个卫星和地面站上，每个传感器都包含发送器和接收器，通过它可获取从一个节点到另一个节点的通信目标。卫星链路传播时延见表 6.4，表中列出了从 STK 中提取的不同连接之间以 s 为单位的模拟通信链路传播时延。

表 6.4 卫星链路传播时延

	GEO 卫星	MEO 卫星	LEO 卫星	北京站
GEO 卫星	—	86 ms	117 ms	—
MEO 卫星	86 ms	66 ms	50 ms	—
LEO 卫星	117 ms	50 ms	—	3 ms
北京站	—	—	3 ms	—

由上述仿真可知，STK 软件实现了卫星星座可视化技术，同时可以提取出更多的链路和节点信息，解决了天基网络分析困难、复杂等问题。同时可以看出，此卫星星座网络架构针对于地面站的覆盖性高达 90%以上，可保障卫星物联网的服务质量。可从 3D 仿真图中对整个空间网络架构进行分析，提取时延、带宽等参数，将其映射到 SDN 的网络架构中。同时，可以不仅局限于三层的星层架构，也可以扩展为更多层空间网络架构。

关于空间网络映射关系，上述空间网络模型中，MEO 卫星和 LEO 卫星在 SDN 网络架构中映射为 Open vSwitch(OVS)交换机，负责数据的转发和地面站的接入，GEO 卫星可嵌入 SDN 控制器，负责全网的监控，并且可以与地面站的控制服务网关相连，为全网进行服务。同时，网络中的链路关系见表 6.4。

2. 虚拟化网络环境搭建及软件配置

本节使用 Linux 系统对虚拟网络进行搭建。对于所需的仿真测试软件，基于 SDN 实现空间网络虚拟化实现的主要软件为 Mininet，对 SDN 新型网络架构进行搭建。控制器选用 Floodlight 开源控制器，还包括一些测试软件，如 Wireshark、Iperf 等[13]。同时，在物理主机中安装多路径传输控制协议(Multipath Transmission Control Protocol，MPTCP)，并对此协议进行配置，其中配置包括 net. mptcp. mptcp_enabled、net. mptcp. mptcp_checksum、net. mptcp. mptcp_path_manage 及子流个数。

STK 搭建空间网络模型，在此虚拟仿真环境中，Floodlight 控制器嵌入到 GEO 卫星或地面终端上，OVS 交换机嵌入到 LEO、MEO 卫星节点上，利用 Mininet 软件对天地一体化网络架构进行虚拟化仿真，将 SDN 集中控制式网络架构与网络功能虚拟化相结合。天地一体化网络虚拟化仿真结果图如图 6.19 所示，网络资源可视化界面如图 6.20 所示。

如上述仿真所示，此技术实现了空间网络虚拟化，完成了天地一体化网络中节点、链路等资源的映射，将空间网络架构与新型的 SDN 网络架构进行映射，同时可以实现对不同的空间网络架构的虚拟化。SDN 与 NFV 相结合可以更好地对天地一体化网络进行虚拟化仿真，了解天地一体化网络架构、流量特征及信息传输等问题。

```
New Prefs = {'ipBase': '10.0.0.0/8', 'sflow': {'sflowPolling': '30', 'sflowSampling':
'400', 'sflowHeader': '128', 'sflowTarget': ''}, 'terminalType': 'xterm', 'startCLI':
'1', 'switchType': 'ovs', 'netflow': {'nflowAddId': '0', 'nflowTarget': '', 'nflowTime
out': '600'}, 'dpctl': '', 'openFlowVersions': {'ovsOf11': '0', 'ovsOf10': '0', 'ovsOf
13': '1', 'ovsOf12': '0'}}
New Prefs = None
Getting Hosts and Switches.
Getting controller selection:remote
Getting controller selection:remote
Getting controller selection:remote
Getting Links.
(19ms delay) (19ms delay) (19ms delay) (19ms delay) (19ms delay) (19ms delay) (19ms de
lay) (19ms delay) (19ms delay) (19ms delay) (19ms delay) (19ms delay) (19ms delay) (19
ms delay) (19ms delay) (19ms delay) (19ms delay) (19ms delay) (19ms delay) (19ms delay
) (19ms delay) (19ms delay) (19ms delay) (19ms delay) (19ms delay) (19ms delay) (19ms
delay) (19ms delay) (19ms delay) (19ms delay) (19ms delay) (19ms delay) (19ms delay) (
19ms delay) (19ms delay) (19ms delay) (19ms delay) (19ms delay) (19ms delay) (19ms del
ay) (19ms delay) (19ms delay) (19ms delay) (19ms delay) (19ms delay) (19ms delay) (19m
s delay) (19ms delay) (19ms delay) (19ms delay) (19ms delay) (19ms delay) (19ms delay)
 (19ms delay) (19ms delay) (19ms delay) (19ms delay) (19ms delay) (19ms delay) (19ms d
elay) (19ms delay) (19ms delay) (19ms delay) (19ms delay) (19ms delay) (19ms delay) (1
9ms delay) (19ms delay) (19ms delay) (19ms delay) (19ms delay) (19ms delay) (19ms dela
y) (19ms delay) (19ms delay) (19ms delay) (19ms delay) (19ms delay) (19ms delay) (19ms
 delay) (19ms delay) (19ms delay) (19ms delay) (19ms delay) (19ms delay) (19ms delay)
```

图 6.19　天地一体化网络虚拟化仿真结果图

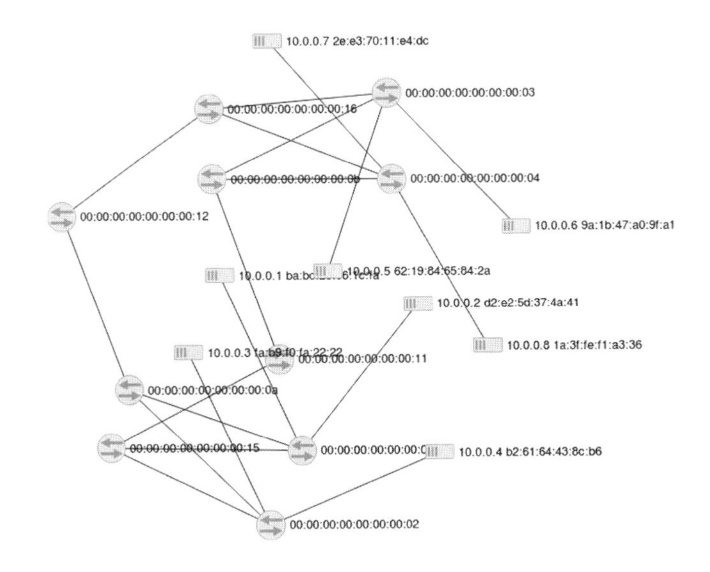

图 6.20　网络资源可视化界面

3. SDN 控制器相关研究

控制器是 SDN 网络的核心，它是移动终端和应用层的桥梁，可以对网络中的设备进行全网监测及集中管控。通过北向接口与应用层相连，负责网络节点及流表的监测和更改，还可以通过南向接口对 OpenFlow 协议和网络拓扑进行管理。SDN 控制器应实现网络虚拟化，具备相应的网络编程能力、网络独立性和安全性。

SDN 的控制器流表建立模式主要包括主动模式和被动模式。在主动模式中，流条目预先安装在流表中，因此当第一个流到达指定交换机之前，此交换机已经实现了相应的流表安装。相反，被动模式是交换机的流表在没有数据包到达时不会被建立。主动模式的优点在于可以忽略流表安装所带来的延迟，并且降低了向控制器发送请求的数量,减少了控制器负载,但是会导致交换机流表溢出[14]。被动模式灵活性高,但是其交换机流的建立需要较长的时间。

随着 SDN 的广泛应用,各种 SDN 的控制器相继成熟。下面对一些 SDN 控制器的主要性能进行简要对比。SDN 控制器主要性能简介见表 6.5。

表 6.5　SDN 控制器主要性能简介

名称	线程	语言	REST API	支持系统	支持协议
POX	多	Python	无	Linux、Mac OS、Windows	OpenFlow
NOX	单	C++	无	Linux	OpenFlow
Beacon	多	Java	有	Linux、Mac OS、Windows	OpenFlow
OpenDayLight	多	Java	有	Linux、Mac OS、Windows	OpenFlow、Netconf、PCEP 等
RYU	多	Python	有	大部分支持 Linux	OpenFlow、Netconf、OF-config 等
Floodlight	多	Java	有	Linux、Mac OS、Windows	OpenFlow

由表 6.5 可知,在 Floodlight 控制器的模块化程度高的同时,其安全性也相对较高,且支持跨平台业务。现有 REST API 文档,虽然 OpenDayLight 控制器性能更加丰富,但是比 Floodlight 学习曲线高,因此选取 Floodlight 作为 SDN 网络控制器。

Floodlight 是作为 SDN 的控制器,可实现 SDN 的多种应用[15]。对用户而言,通过这些应用可以完成对整个 SDN 网络的全局监控,可以获取网络节点信息和拓扑结构,对网络可按需进行相关配置,实现对网络资源的合理管控。Floodlight 控制器中的模块如图 6.21 所示。

4. 基于 SDN/NFV 空间网络资源采集设计与实现

(1)Packet_In 消息的监测、设计与实现。

Packet_In 消息的数量为所有交换机与控制器交互的包数量。Packet_In 报文是 SDN 与业务流相关的主要控制报文,当数据到达 OpenFlow 交换机,却没有找到与数据包相匹配的流表项时,交换机会将数据包形成 Packet_In 报文请求,上传到控制器请求下发流表项。当出现大量的 Packet_In 报文时,可能会引起控制器与交换资源的过分占用,进而引起网络故障。测量方式采取实时的计算 Packet_In 报文数量。

在 Floodlight 控制器中添加新的模块 PacketinHistory,进行 Packet_In 数据包数目的统计,首先通过 IFloodlightModule 和 IOFMessageListener 接口实现核心类 IPktinHistoryService 的消息监听和格式处理。对 Packet_In 消息进行监

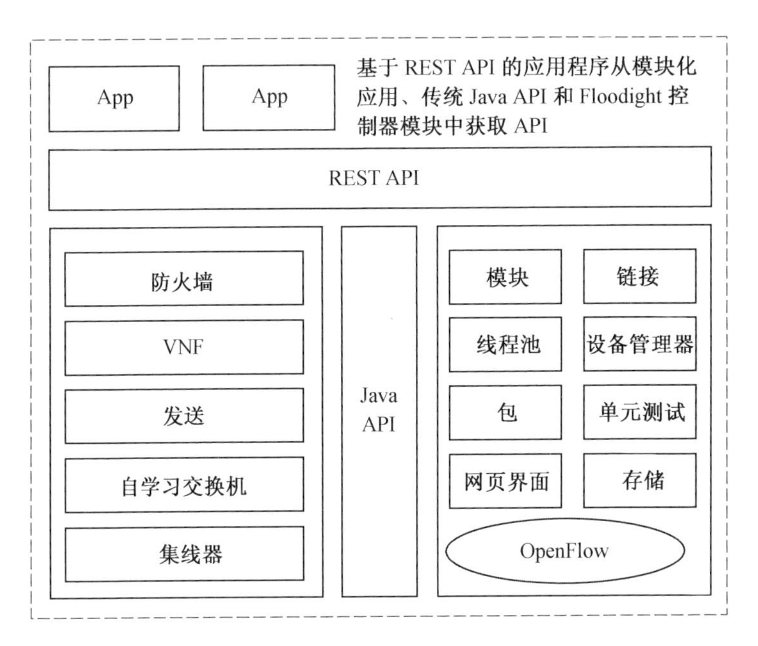

图 6.21　Floodlight 控制器中的模块

听，然后将消息包解析的内容进行解封和传递。PacketinHistory 类主要实现对 Packet_＜list＞格式消息的解析和 Packet_In 报文数量的周期性统计功能。Packet_In 报文输出日志如图 6.22 所示。

```
15:54:18.442 INFO [n.f.s.PktinHistory:nioEventLoopGroup-3-4] 当前网络中Packet_In数据包的数量为:28284
15:54:18.443 INFO [n.f.s.PktinHistory:nioEventLoopGroup-3-15] 当前网络中Packet_In数据包的数量为:28285
15:54:18.443 INFO [n.f.s.PktinHistory:nioEventLoopGroup-3-11] 当前网络中Packet_In数据包的数量为:28286
15:54:18.444 INFO [n.f.s.PktinHistory:nioEventLoopGroup-3-16] 当前网络中Packet_In数据包的数量为:28287
15:54:18.444 INFO [n.f.s.PktinHistory:nioEventLoopGroup-3-6] 当前网络中Packet_In数据包的数量为:28288
15:54:18.444 INFO [n.f.s.PktinHistory:nioEventLoopGroup-3-7] 当前网络中Packet_In数据包的数量为:28289
15:54:18.444 INFO [n.f.s.PktinHistory:nioEventLoopGroup-3-14] 当前网络中Packet_In数据包的数量为:28290
15:54:18.445 INFO [n.f.s.PktinHistory:nioEventLoopGroup-3-8] 当前网络中Packet_In数据包的数量为:28291
15:54:18.445 INFO [n.f.s.PktinHistory:nioEventLoopGroup-3-10] 当前网络中Packet_In数据包的数量为:28292
15:54:18.445 INFO [n.f.s.PktinHistory:nioEventLoopGroup-3-5] 当前网络中Packet_In数据包的数量为:28293
15:54:18.445 INFO [n.f.s.PktinHistory:nioEventLoopGroup-3-2] 当前网络中Packet_In数据包的数量为:28294
15:54:18.445 INFO [n.f.s.PktinHistory:nioEventLoopGroup-3-9] 当前网络中Packet_In数据包的数量为:28295
15:54:18.445 INFO [n.f.s.PktinHistory:nioEventLoopGroup-3-13] 当前网络中Packet_In数据包的数量为:28296
15:54:18.445 INFO [n.f.s.PktinHistory:nioEventLoopGroup-3-3] 当前网络中Packet_In数据包的数量为:28297
15:54:18.446 INFO [n.f.s.PktinHistory:nioEventLoopGroup-3-12] 当前网络中Packet_In数据包的数量为:28298
15:54:18.510 INFO [n.f.s.PktinHistory:nioEventLoopGroup-3-5] 当前网络中Packet_In数据包的数量为:28299
```

图 6.22　Packet_In 报文输出日志

可根据 Packet_In 数据包的接收速率判断控制器的负载情况，如果某一时间段 Packet_In 数据包接收数目激增，则可判断网络出现了故障问题。

(2)链路带宽使用情况设计与实现。

这里所要监测的链路包括网络中交换机与交换机之间的链路,以及指定交换机入端口与出端口所形成的内部链路。Floodlight 控制器对网络的带宽测量包括两种:被动测量和主动测量。

被动测量主要通过向交换机发送 Port_Stats_Request 报文来实现端口信息请求获取,交换机向控制器回复 Port_Stats_Reply 报文,其中封装了端口信息。Port_Stats_Request 消息字段信息如下,可根据端口信息进行进一步的带宽计算:

```
Struct ofp_port_stats{
uint16_t   port_no;          /*端口号*/
uint8_t   pad[6];            /*对齐到6个字节数*/
uint64_t   rx_packets;       /*接收的报文个数*/
uint64_t   tx_packets;       /*发送的报文个数*/
uint64_t   rx_bytes;         /*接收的字节数*/
uint64_t   tx_bytes;         /*发送的字节数*/
uint64_t   rx_dropped;       /*端口接收通道丢弃的报文个数*/
uint64_t   tx_dropped;       /*端口发送通道丢弃的报文个数*/
uint64_t   rx_errors;        /*接收的错误字节数*/
uint64_t   tx_errors;        /*发送的错误字节数*/
uint64_t   rx_frame_err;     /*帧校验错误数*/
uint64_t   rx_over_err;      /*端口接收通道超限的报文数*/
uint64_t   rx_crc_err;       /*CRC 错误数*/
uint64_t   collisions;       /*冲突数*/
uint64_t   rx_over_err;      /*端口接收通道超限的报文数*/
uint32_t   duration_sec;     /*持续时间*/
uint32_t   duration_nsec;    /*持续时间*/
```

针对内部的链路带宽采用被动测量方式进行监测与采集。SDN 网络中一条链路由源交换机、源端口、目的交换机和目的端口四个参数决定,另一条链路则可以表示为(Switch1,Port1)→(Switch1,Port2)。带宽的测量利用回复报文中的 rxBytes 和 txBytes 信息进行监测。设(Switch1,Port1)在 t_1 时刻和 t_2 时刻的端口统计信息 txBytes 分别为 b_1 和 b_2,则(Switch1,Port1)端口在 $|t_2-t_1|$ 时间段发送流量为

$$B_t=(b_2-b_1)/(t_2-t_1) \tag{6.12}$$

交换机 1 和端口 2 在此时间段的接收字节数 rxBytes 分别为 b_3 和 b_4,(Switch1,Port2)端口在 $|t_2-t_1|$ 时间段发送流量为

$$B_r=(b_4-b_3)/(t_2-t_1) \tag{6.13}$$

则链路(Switch1,Port1)→(Switch1,Port2)方向的流量为

$$B=\min\{B_r,B_t\} \tag{6.14}$$

在 Floodlight 控制器中添加新的模块用来测量网络资源状态,添加新的类 BandMeter 用来测量网络带及其使用情况。首先由链路带宽采集模块通过控制器向交换机不断地发送请求报文来请求统计端口信息,成功后交换机将反馈发送回复消息报文,通过相关的解析获取所需的端口信息。

添加新的类 NetworkMeter 用来对 Bandmeter 类收集到的信息进行解析处理,在 NetworkMeterStore 类中对信息进行相应计算和存储。通过监听 Packet_In 消息,并构造 Flow_Stats_Request 对象下发给各个交换机,进一步通过解析 Flow_Stats_Reply 消息,并对其进行相关处理,可获得指定交换机端口带宽,同时创建线程,每隔 2 s 进行一次测量,在测量方法中添加存储类,用于存储历史链路的信息。指定交换机内部链路带宽输出日志如图 6.23 所示。

```
指定交换机为: 00:00:00:00:00:00:00:02 源端口为: 1 目的端口为: 2 链路带宽为: 3.9336548
指定交换机为: 00:00:00:00:00:00:00:02 源端口为: 1 目的端口为: 2 链路带宽为: 3.9336548
指定交换机为: 00:00:00:00:00:00:00:02 源端口为: 1 目的端口为: 2 链路带宽为: 3.9336548
指定交换机为: 00:00:00:00:00:00:00:02 源端口为: 1 目的端口为: 2 链路带宽为: 3.9336548
指定交换机为: 00:00:00:00:00:00:00:02 源端口为: 1 目的端口为: 2 链路带宽为: 3.9221191
指定交换机为: 00:00:00:00:00:00:00:02 源端口为: 1 目的端口为: 2 链路带宽为: 3.9221191
指定交换机为: 00:00:00:00:00:00:00:02 源端口为: 1 目的端口为: 2 链路带宽为: 3.9221191
指定交换机为: 00:00:00:00:00:00:00:02 源端口为: 1 目的端口为: 2 链路带宽为: 3.9221191
指定交换机为: 00:00:00:00:00:00:00:02 源端口为: 1 目的端口为: 2 链路带宽为: 3.9336548
指定交换机为: 00:00:00:00:00:00:00:02 源端口为: 1 目的端口为: 2 链路带宽为: 3.9336548
指定交换机为: 00:00:00:00:00:00:00:02 源端口为: 1 目的端口为: 2 链路带宽为: 3.9221191
指定交换机为: 00:00:00:00:00:00:00:02 源端口为: 1 目的端口为: 2 链路带宽为: 3.9221191
指定交换机为: 00:00:00:00:00:00:00:02 源端口为: 1 目的端口为: 2 链路带宽为: 3.9336548
指定交换机为: 00:00:00:00:00:00:00:02 源端口为: 1 目的端口为: 2 链路带宽为: 3.9336548
```

图 6.23　指定交换机内部链路带宽输出日志

对于两个交换机之间的链路,采用主动测量方法,利用 Floodlight 中的 StatisticsCollector 类对网络信息进行收集统计。带宽信息采集程序流程图如图 6.24 所示。

创建 MonitorBandMeter 类实现对链路带宽的采集与存储。其流表项以 Map 的形式进行储存,并包含一个 StatisticsCollector 中已用带宽信息采集的引用,通过此模块采集到的初始信息数据在 MonitorBandMeter 中进行进一步转化。同时,添加了 IMonitorinService 接口顶一个用来获取各种参数。交换机之间链路带宽输出日志如图 6.25 所示。

(3)网络时延采集模块设计与实现。

添加新的类 DelayMeter 用来测量网络的时延。信息采集模块通过计算交换机之间不断地发送链路层协议来实现对各个链路时延的采集。对网络的时延测量包括两部分:一是对整个网络的传输时延进行实时检测与存储;二是对控制

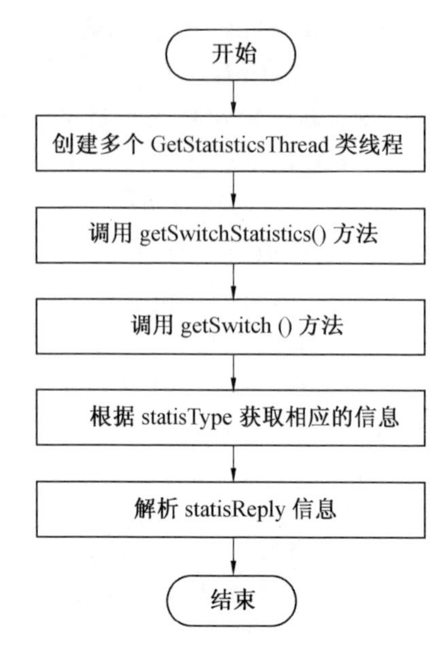

图 6.24　带宽信息采集程序流程图

```
链路--> 源交换机00:00:00:00:00:00:00:12 源端口1 目的交换机00:00:00:00:00:00:00:15 目的端口2 链路带宽为: 349119
链路--> 源交换机00:00:00:00:00:00:00:12 源端口3 目的交换机00:00:00:00:00:00:00:11 目的端口4 链路带宽为: 349119
链路--> 源交换机00:00:00:00:00:00:00:12 源端口2 目的交换机00:00:00:00:00:00:00:09 目的端口1 链路带宽为: 349119
链路--> 源交换机00:00:00:00:00:00:00:10 源端口2 目的交换机00:00:00:00:00:00:00:13 目的端口1 链路带宽为: 349119
链路--> 源交换机00:00:00:00:00:00:00:10 源端口3 目的交换机00:00:00:00:00:00:00:11 目的端口3 链路带宽为: 349119
链路--> 源交换机00:00:00:00:00:00:00:10 源端口1 目的交换机00:00:00:00:00:00:00:07 目的端口2 链路带宽为: 349119
链路--> 源交换机00:00:00:00:00:00:00:08 源端口2 目的交换机00:00:00:00:00:00:00:11 目的端口1 链路带宽为: 349119
链路--> 源交换机00:00:00:00:00:00:00:08 源端口4 目的交换机00:00:00:00:00:00:00:09 目的端口3 链路带宽为: 349119
链路--> 源交换机00:00:00:00:00:00:00:08 源端口3 目的交换机00:00:00:00:00:00:00:07 目的端口3 链路带宽为: 349119
链路--> 源交换机00:00:00:00:00:00:00:08 源端口1 目的交换机00:00:00:00:00:00:00:05 目的端口3 链路带宽为: 349119
链路--> 源交换机00:00:00:00:00:00:00:03 源端口3 目的交换机00:00:00:00:00:00:00:02 目的端口4 链路带宽为: 349119
链路--> 源交换机00:00:00:00:00:00:00:03 源端口2 目的交换机00:00:00:00:00:00:00:06 目的端口2 链路带宽为: 349119
链路--> 源交换机00:00:00:00:00:00:00:11 源端口4 目的交换机00:00:00:00:00:00:00:12 目的端口3 链路带宽为: 349119
链路--> 源交换机00:00:00:00:00:00:00:14 源端口1 目的交换机00:00:00:00:00:00:00:13 目的端口2 链路带宽为: 303815
链路--> 源交换机00:00:00:00:00:00:00:14 源端口2 目的交换机00:00:00:00:00:00:00:15 目的端口1 链路带宽为: 303815
链路--> 源交换机00:00:00:00:00:00:00:14 源端口3 目的交换机00:00:00:00:00:00:00:11 目的端口2 链路带宽为: 303815
链路--> 源交换机00:00:00:00:00:00:00:15 源端口2 目的交换机00:00:00:00:00:00:00:12 目的端口1 链路带宽为: 303815
链路--> 源交换机00:00:00:00:00:00:00:15 源端口1 目的交换机00:00:00:00:00:00:00:14 目的端口2 链路带宽为: 303815
链路--> 源交换机00:00:00:00:00:00:00:13 源端口1 目的交换机00:00:00:00:00:00:00:10 目的端口2 链路带宽为: 303815
```

图 6.25　交换机之间链路带宽输出日志

器到交换机的网络实验进行实时检测与存储。

时延的测量通过得到的链路信息发送 Packet_Out 消息，同时对 Packet_In 消息进行处理，创建数据包，此数据包的地址为当前网络没有占用的地址，数据包携带时间戳，通过此数据包来计算出链路的时延。链路时延测量流程图如图 6.26 所示。

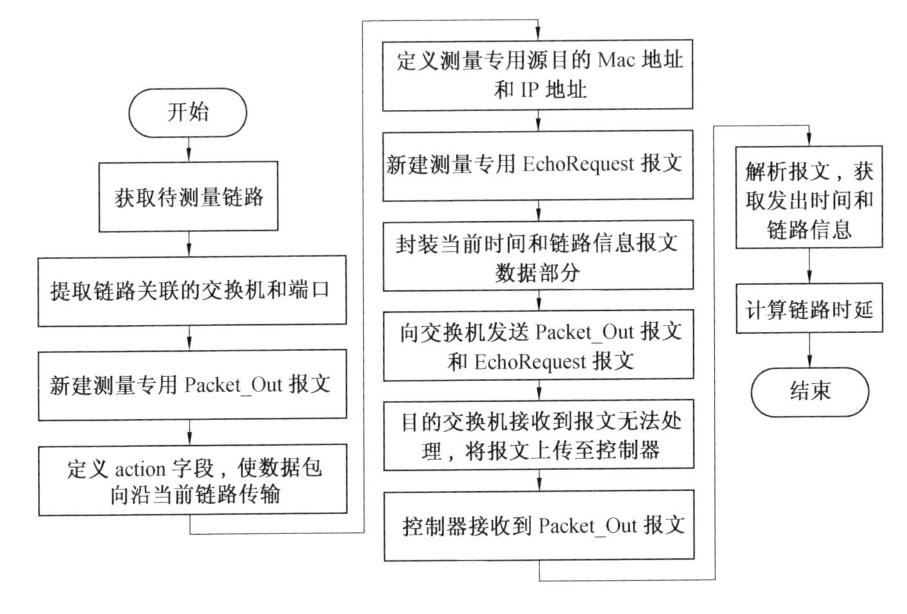

图 6.26　链路时延测量流程图

此时，链路时延测量模块采集的时延可通过控制器实现可视化，链路时延输出日志如图 6.27 所示。

```
链路--> 源交换机00:00:00:00:00:00:00:05 源端口2 目的交换机00:00:00:00:00:00:00:06 目的端口3 链路时延: 0
链路--> 源交换机00:00:00:00:00:00:00:06 源端口2 目的交换机00:00:00:00:00:00:00:03 目的端口2 链路时延: 0
链路--> 源交换机00:00:00:00:00:00:00:13 源端口1 目的交换机00:00:00:00:00:00:00:10 目的端口2 链路时延: 0
链路--> 源交换机00:00:00:00:00:00:00:10 源端口2 目的交换机00:00:00:00:00:00:00:13 目的端口1 链路时延: 0
链路--> 源交换机00:00:00:00:00:00:00:12 源端口2 目的交换机00:00:00:00:00:00:00:09 目的端口1 链路时延: 0
链路--> 源交换机00:00:00:00:00:00:00:13 源端口2 目的交换机00:00:00:00:00:00:00:14 目的端口1 链路时延: 0
链路--> 源交换机00:00:00:00:00:00:00:10 源端口3 目的交换机00:00:00:00:00:00:00:11 目的端口3 链路时延: 0
链路--> 源交换机00:00:00:00:00:00:00:11 源端口4 目的交换机00:00:00:00:00:00:00:12 目的端口3 链路时延: 2
链路--> 源交换机00:00:00:00:00:00:00:08 源端口4 目的交换机00:00:00:00:00:00:00:09 目的端口3 链路时延: 0
链路--> 源交换机00:00:00:00:00:00:00:09 源端口2 目的交换机00:00:00:00:00:00:00:06 目的端口1 链路时延: 0
链路--> 源交换机00:00:00:00:00:00:00:09 源端口3 目的交换机00:00:00:00:00:00:00:08 目的端口4 链路时延: 0
链路--> 源交换机00:00:00:00:00:00:00:04 源端口2 目的交换机00:00:00:00:00:00:00:07 目的端口1 链路时延: 3
链路--> 源交换机00:00:00:00:00:00:00:08 源端口1 目的交换机00:00:00:00:00:00:00:05 目的端口3 链路时延: 0
链路--> 源交换机00:00:00:00:00:00:00:06 源端口1 目的交换机00:00:00:00:00:00:00:09 目的端口2 链路时延: 0
链路--> 源交换机00:00:00:00:00:00:00:07 源端口3 目的交换机00:00:00:00:00:00:00:08 目的端口3 链路时延: 1
```

图 6.27　链路时延输出日志

(4)网络丢包率测量模块设计与实现。

添加新的类 PacketLoss 用来测量网络的丢包率。同样，通过发送端口统计信息获取交换机的接收数据包，与传输数据包进行比较，获得整个网络的丢包率。同时，要调整 SDN 网络默认的 Packet_In 消息处理顺序，将添加的测量模块作为第一个接收 Packet_In 消息的模块。实验中采集的网络丢包数量日志信息如图 6.28 所示。

```
丢包率:0,交换机id:00:00:00:00:00:00:00:01
丢包率:0,交换机id:00:00:00:00:00:00:00:01
丢包率:0,交换机id:00:00:00:00:00:00:00:01
丢包率:0,交换机id:00:00:00:00:00:00:00:01
丢包率:0,交换机id:00:00:00:00:00:00:00:02
丢包率:0,交换机id:00:00:00:00:00:00:00:02
丢包率:0,交换机id:00:00:00:00:00:00:00:02
丢包率:0,交换机id:00:00:00:00:00:00:00:02
丢包率:0,交换机id:00:00:00:00:00:00:00:01
丢包率:0,交换机id:00:00:00:00:00:00:00:01
丢包率:0,交换机id:00:00:00:00:00:00:00:01
丢包率:0,交换机id:00:00:00:00:00:00:00:01
丢包率:0,交换机id:00:00:00:00:00:00:00:02
丢包率:0,交换机id:00:00:00:00:00:00:00:02
丢包率:0,交换机id:00:00:00:00:00:00:00:02
丢包率:0,交换机id:00:00:00:00:00:00:00:02
```

图 6.28　实验中采集的网络丢包数量日志信息

信息采集模块将这些信息存储到控制器的数据库中，并进行周期性的更新。这些信息为路径计算及转发模块服务，同时可以进一步存储到其他数据库中，用于流量的预测，更好地提升网络传输性能。

(5)信息监测与采集功能测试。

①对上述控制器开发模块相应功能的准确性进行测试。链路测量实验拓扑如图 6.29 所示。该拓扑由两台交换机 s1、s2，四台主机 h1～h4 和一个 Floodlight 控制器 f1 组成。其中，h1、h2 连接在交换机 s1 上，h3、h4 连接在交换机 s2 上。

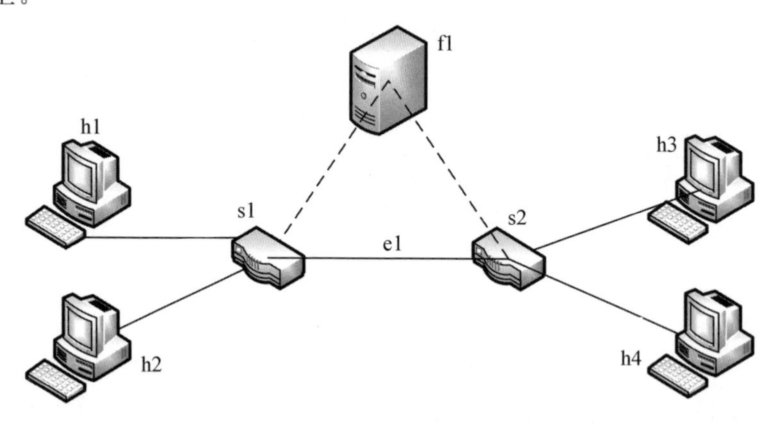

图 6.29　链路测量实验拓扑

对相应模块的测量使用 UDP 数据包，在主机之间持续注入数据流。首先，在 E1 链路上，测试其单向的数据流检测的准确性。设置链路性能测量模块的测

量周期为 2 s。通过控制器下发流表项，交换机 1 和交换机 3 的流量沿着路径 h1—s1—s1—s2—h3 转发。h4—h2 的流量沿着 h4—s2—s1—h2 的路径转发。使得交换机 1 和交换机 3 作为服务器，在交换机 2 和交换机 4 上开启 iperf 的客户端，在 hl 上产生 4 Mbit/s 的流量，在 h4 上产生 6 Mbit/s 的流量。链路 s1—s2 传输字节数仿真图如图 6.30 所示，链路 s1—s2 带宽测量仿真如图 6.31 所示，链路 s2—s1 传输字节数仿真如图 6.32 所示，链路 s2—s1 带宽测量仿真如图6.33 所示。

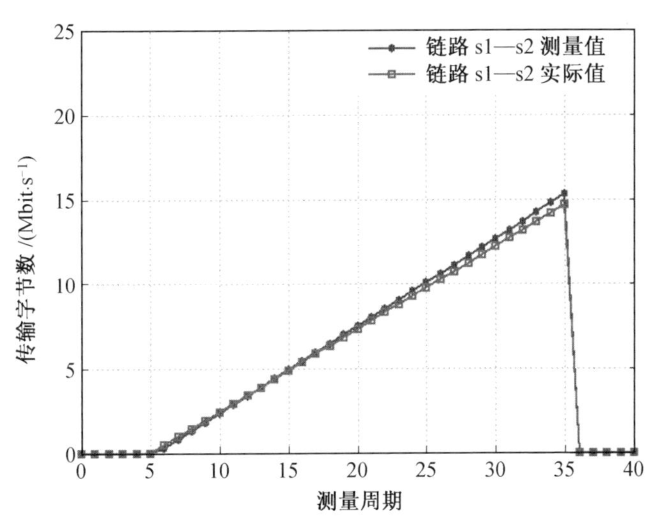

图 6.30　链路 s1—s2 传输字节数仿真图

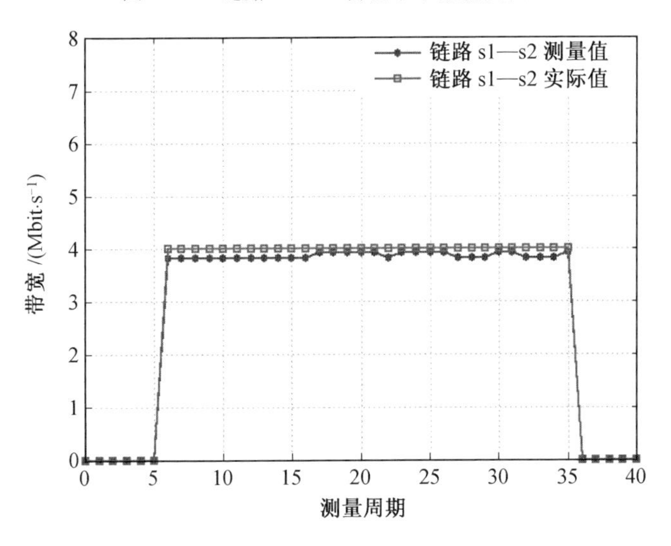

图 6.31　链路 s1—s2 带宽测量仿真图

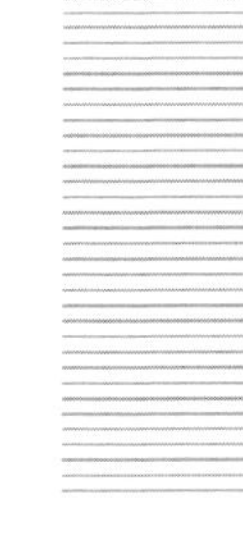

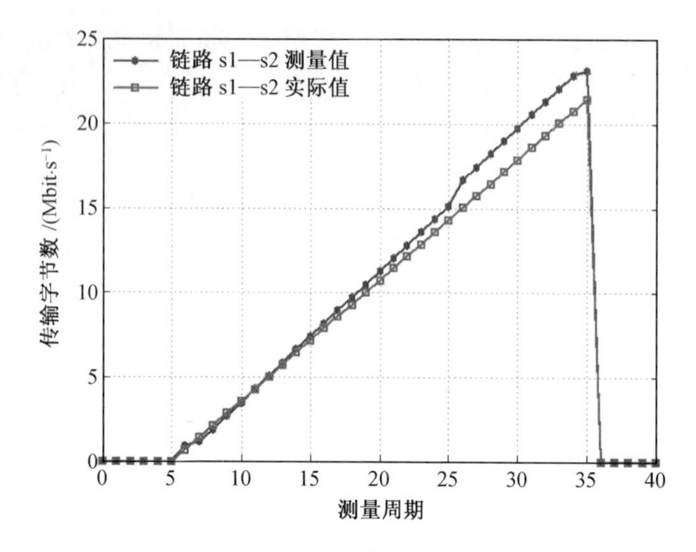

图 6.32　链路 s2—s1 传输字节数仿真图

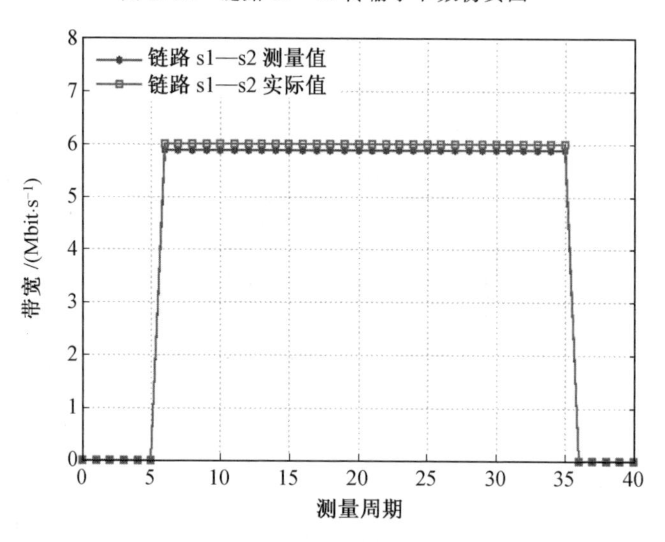

图 6.33　链路 s2—s1 带宽测量仿真图

②对测量模块进行动态测试，即在不同的时间段内加入不同传输速率的双向数据流。设置监测模块的测量周期为 1 s，使得数据流传输的路径为 h1—h3 的流量沿着 h1—s1—s2—h3 转发。设置交换机 3 为服务器，交换机 1 为客户端。控制器下发流表，使得 h2—h4 沿着 h2—s1—s2—h4 转发。设置交换机 4 为服务器，交换机 2 为客户端。交换机 1 使用 Iperf 工具向交换机 2 发送 3 Mbit/s 带宽，持续 30 s。在交换机 1 向交换机 3 发送数据包期间，同时使用交换机 2 向交换机 4 发送 2 Mbit/s 带宽，持续 20 s。动态多流链路带宽测量仿真图如图 6.34 所示。

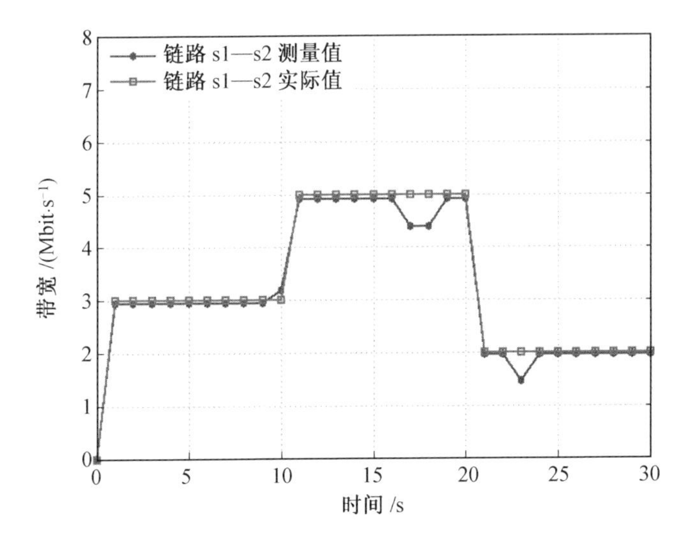

图 6.34　动态多流链路带宽测量仿真图

针对链路时延测量功能的有效性的验证实验，使用图 6.29 所示的网络拓扑，在链路中增加 50 ms 的时延，在交换机 1 上开启 Iperf 客户端，在交换机 3 上开启 Iperf 服务器，在 h1 与 h3 之间进行打流测试，其中链路 s1—s3 时延测量仿真图如图 6.35 所示。

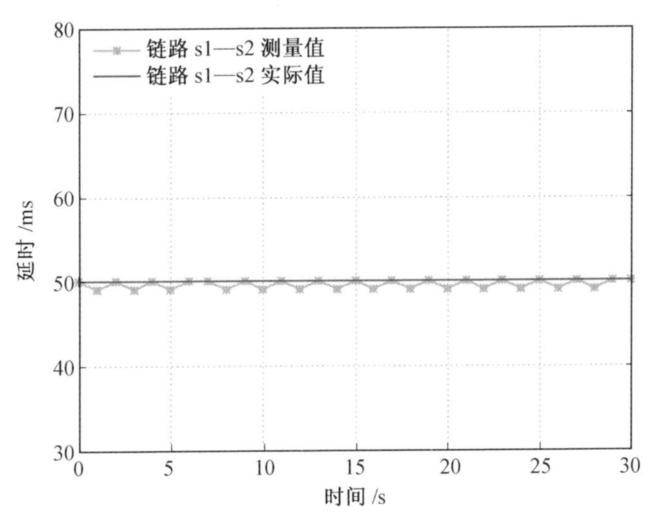

图 6.35　链路 s1—s3 时延测量仿真图

从仿真图中可以看出，SDN 网络可通过控制器对链路的时延进行相对准确的测量，其中存在微小的波动。

5. 基于链路带宽拥塞程度的路由算法设计与实现

(1)算法设计。

在 SDN 网络中，所采用的相关路由算法通过最短路径优先协议来进行数据的传输，即 OSPF(Open Shortest Path First)协议。OSPF 协议的核心算法为 Dijkstra 算法，这里所选用的控制器 Floodlight 采用 Dijkstra 算法算出最优路径，此算法可以在众多路径中找出一条最短路径。其优点是简单且迅速，但是缺点是仅考虑路径的长度，没有考虑所选路径的负载情况，对于流量激增同时链路资源有限的网络来说，此算法会导致网络中某些路径负载升高，使得网络中的部分链路产生拥塞，进而使系统性能下降。同时，此算法没有考虑到网络中存在的大量冗余链路，会造成单点故障等问题[16]。因此，所设计并实现的链路信息监测与采集模块被进一步应用在转发模块中，优化控制器中的路由算法，实现基于链路带宽拥塞程度的路由算法。

此算法主要包括三个模块，即路径计算决策模块、多路径路由模块和转发模块。基于链路带宽拥塞程度的路由优化系统如图 6.36 所示。

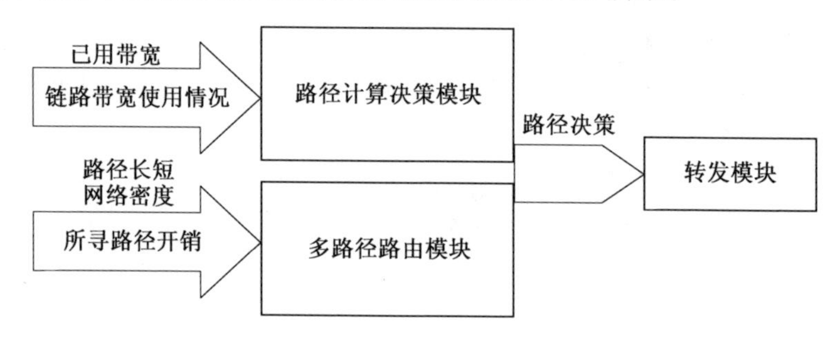

图 6.36　基于链路带宽拥塞程度的路由优化系统

路径计算决策模块主要过程为判断路径是否拥塞，即链路已用带宽是否大于 80 MHz，其实现为调用链路带宽测量模块，如果出现拥塞，则删除此路径，重新路由，最后返回链路不产生拥塞的不相交路径。多路径路由模块则根据损耗获取最佳路径，此损耗为所选路径的长度，同时计算网络密度，最后获得开销最小的不相交路径返回给转发模块。转发模块将根据以上两个模块来选择最优路径进行转发数据。

图 6.37 所示为转发模块工作流程图，可知 PacketIn 首先主要通过 receive 方法中的 processPacketInMessage 方法进行处理，获取其路由决策。如果决策为空，则判断其二层地址。如果是多播或广播类型，则调用 doFlood 方法完成对数据的泛洪；如果不是，则用 doForwardFlow 方法完成数据转发。此方法调用路径计算模块和多路径路由模块相应的接口实现数据的流表下发。

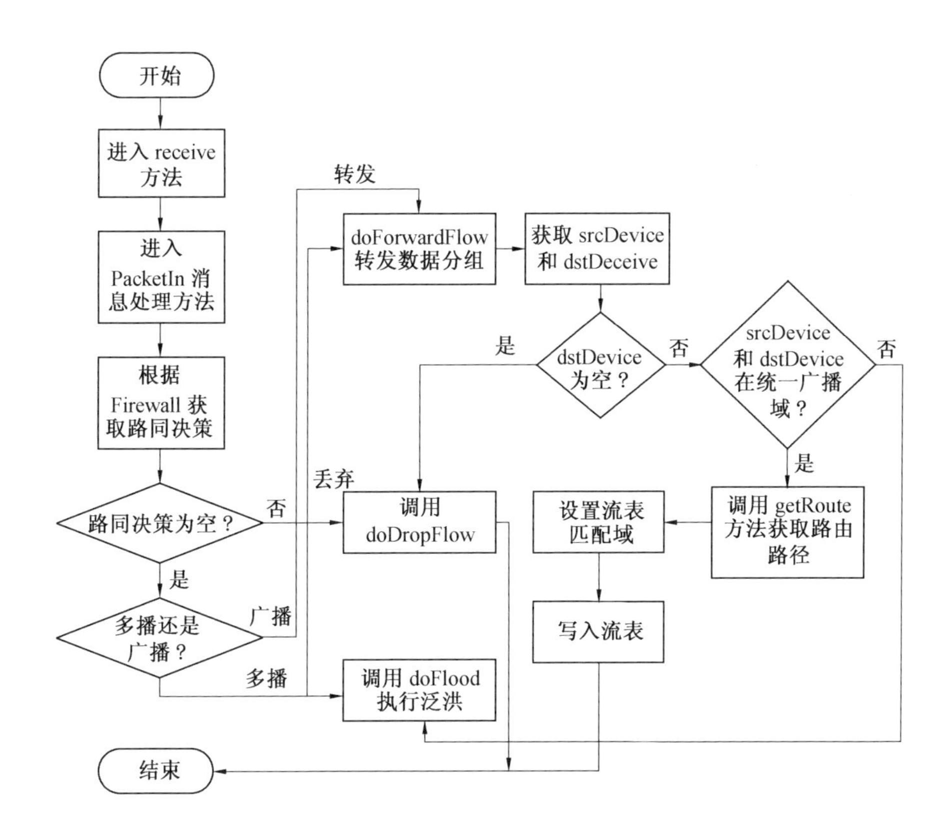

图 6.37　转发模块工作流程图

(2)仿真实验与结果分析。

路由优化模块仿真实验在 Mininet 仿真平台实现，设计网络拓扑为 4×5 网络拓扑(图 6.38)。Mininet 可以通过 Python 语言自定义所需要的拓扑，并设定服务器与客户端。

其中，网络中所有链路带宽均为 100 MHz，创建 50 个子流，仿真拥塞程度较大的网络无拥塞情况下每个子流大概占用 2 MHz 的链路带宽。在此仿真条件下，传统的 Dijkstra 算法传输速率仿真图如图 6.39 所示，所设计的基于链路带宽拥塞程度的路由算法传输速率仿真图如图 6.40 所示。

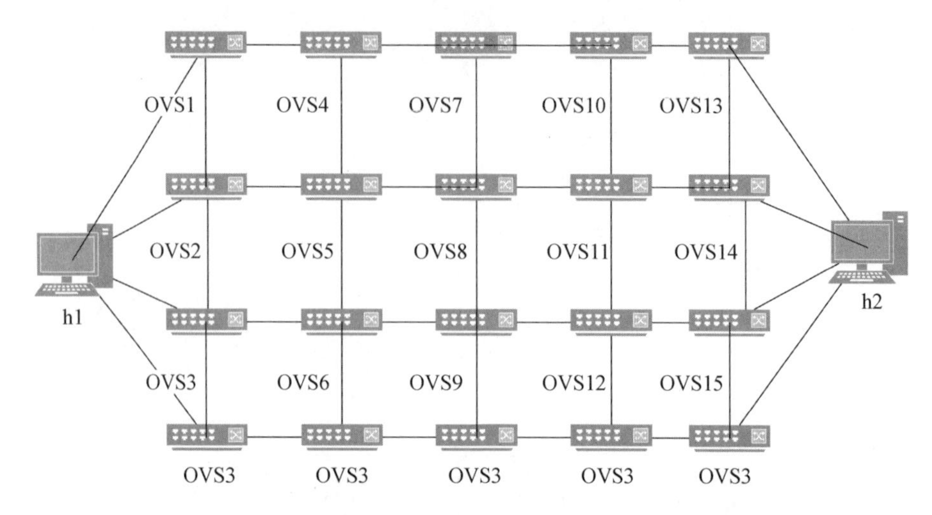

图 6.38　4×5 网络拓扑

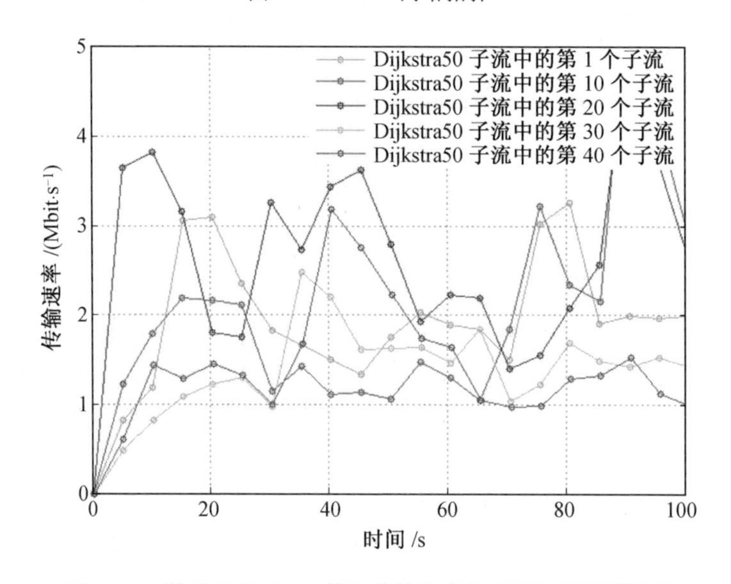

图 6.39　传统的 Dijkstra 算法传输速率仿真图(彩图见附录)

如仿真图所示,由于仿真 50 个子流,造成网络链路严重拥塞,基于 Dijkstra 算法仅考虑了最短路径,并没有考虑所选路径的拥塞情况,因此造成数据传输过程中传输速率波动很大,很多子流产生极低传输速率,容易造成网络性能急剧下降,严重则可造成网络传输数据的中断。然而,所设计的基于链路带宽拥塞程度的路由算法则选择链路带宽占用较小的多条不相交链路,使得网络中的冗余链路得到应用,同时考虑到带宽使用情况,选择占用带宽较小的链路进行数据的传输。可以看出,此算法可以使得各个子流传输速率较为平衡,解决子流传输间的

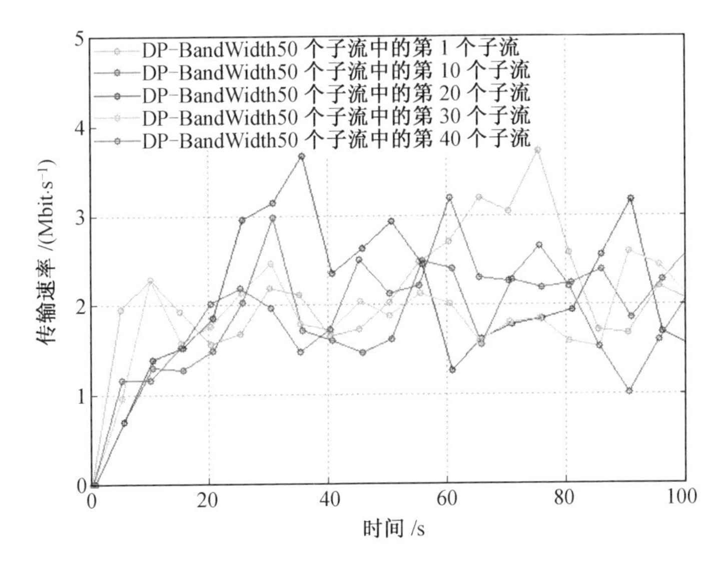

图 6.40　基于链路带宽拥塞程度的路由算法传输速率仿真图(彩图见附录)

不公平问题,并减少极低传输速率的出现。

6.4.2　基于 SDN/NFV 空间网络资源调度研究

空间网络在下一代 6G 网络中起着至关重要的作用。为促进卫星和地面网络的集成,采用了 NFV 与 SDN 的网络架构,这给天地一体化网络带来了灵活性,用户可以按需定制服务并降低网络配置成本。由于 LEO 卫星网络通信比地面网络的数据传输延迟大,同时存在频繁的卫星地面切换,会大大降低 TCP 连接的性能,因此提升系统的性能、防止数据传输中断也是未来网络的趋势。MPTCP 的出现给这些挑战提出了新的解决方案。本节将介绍基于 SDN 的 LEO 卫星网络上 MPTCP 的性能。MPTCP 在空间中同时维护多个子流,以提高吞吐量。在切换时,MPTCP 会创建通过备份模式运行的子流,可以平稳地转移流量。为支持 MPTCP,设计了一个 SDN 控制器,该控制器可识别附加到同一 MPTCP 会话的 MPTCP 子流,并将其拆分为不相交的路径进行传输。SDN 体系结构中,路由逻辑在控制器上集中实现,减少了交换层面的负担和数据传输过程,增加了系统的可扩展性。

1. MPTCP 相关技术分析

(1)MPTCP 协议。

在传统的网络架构中,使用传统的协议时,数据的传输路径只有一条,当这条路径发生拥塞或者故障时,会直接降低数据传输的质量,严重的则会终止传输。为提高整个网络的通信带宽及链路利用率,互联网工程任务组(The

Internet Engineering Task Force，IETF）工作组研发了 MPTCP，其目的是允许TCP 连接使用多个路径来最大化信道资源使用。MPTCP 是多连接的 TCP 连接[17]，随着 IPv6 的到来，主机存在多个地址接口的技术将会被广泛应用。在传统的 TCP 协议系统中并不能很好地利用此资源，而 MPTCP 协议则可以很好地利用此多路径资源，即利用多条冗余链路进行一个数据包的传输，将整个数据传输速率提高到所有可用信道的总和。与此同时，MPTCP 还与传统 TCP 协议向后兼容。

MPTCP 与传统的 TCP 不同。MPTCP 传输模型如图 6.41 所示，当数据包到达 MPTCP 主机 A 中时，首先被拆分为多个子流，即多个数据包，然后在选择的多条路径中集中实现数据的传输。

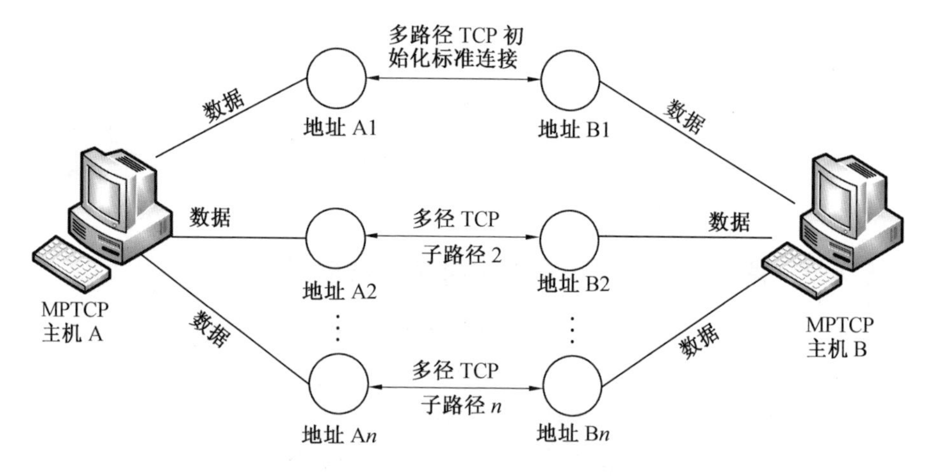

图 6.41　MPTCP 传输模型

对于存在多条冗余链路的网络来说，将数据流拆分为多个子流通过多条路径传输可以最大化地利用网络中的冗余链路，将不再仅使用一条链路进行传输，进而提高了链路的利用率，实现吞吐量的增加。与 TCP 类似，MPTCP 通信协议也是通过三次握手连接及四次挥手断开连接。同时，对于通信双方，若想使用 MPTCP 协议进行传输，必须要主机 AB 都支持 MPTCP。进行 MPTCP 协议传输时，可以根据用户需求选择不同的子路径进行传输，实现合理的资源调度。

对于整个网络结构，与传统 TCP 网络不同，在应用层和网络层增加了 MPTCP 层，实现支持多路径传输数据，在子流的传输过程中仍然使用原始的 TCP。MPTCP 网络结构图如图 6.42 所示。

在双方主机之间，传输层仍然是单路经传输，MPTCP 协议的主要作用是将需要传输的数据先进行拆分，然后进行选路，使其在不同的路径上进行传输，实时监测通信两端可用路径，传输层的 MPTCP 协议收到应用层发来的数据需要对其进行处理，再发送给各个子路径进行传输，数据在子路径上添加序列号和确

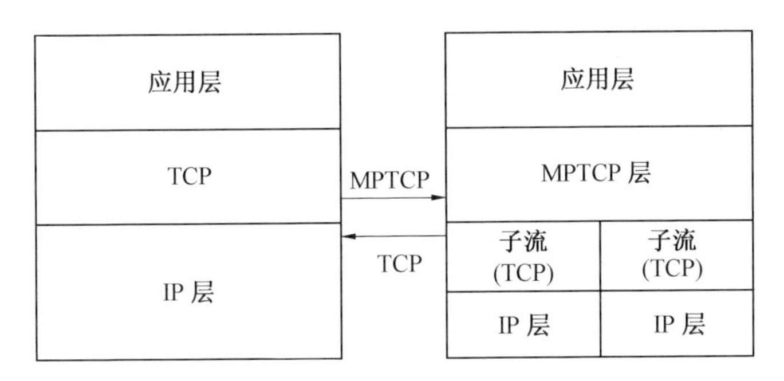

图6.42　MPTCP网络结构图

认号发到网络层上，当所有被拆分开的子流到达目的主机后，MPTCP协议则根据子流数据上的标识重组为一个数据包，发送给应用层。

(2)MPTCP通信机制。

①MPTCP连接的初始化。由于MPTCP是多链接的TCP，因此MPTCP连接的建立类似于TCP的建立，每个子流都是通过三次握手的方式进行建立。MPTCP与传统的TCP建立连接过程的区别在于，首先要确认两端主机是否可选用MPTCP协议，则需要在信息中增加MP_CAPABLE选项。建立MPTCP连接图如图6.43所示。

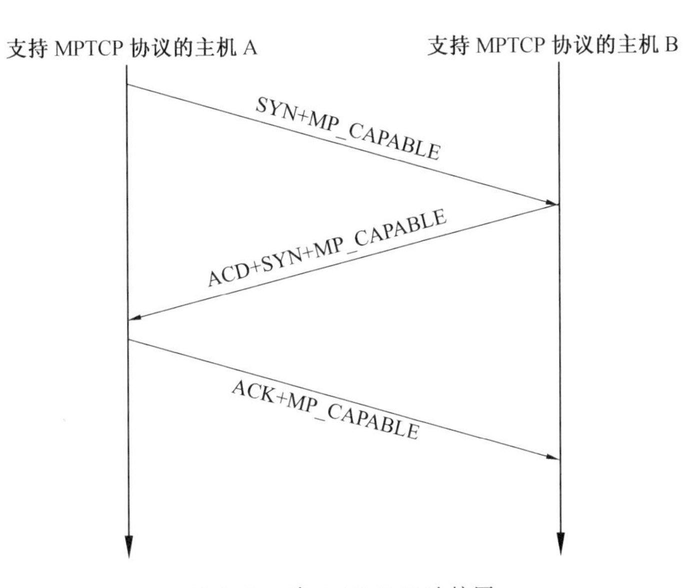

图6.43　建立MPTCP连接图

在初始化建立MPTCP连接时，首先确认双方都支持MPTCP协议，所以在SYN和SYN/ACP都有MP_CAPABLE字段。MPTCP连接初始化时字段格式如图6.44所示。

在控制报文中，会有发送和接收端的键值用于检测数据包的来源，经过检测后，则会继续处理后续的包，否则直接丢弃该数据包。同时，在添加子路径时，该键值还用于检验是否属于 MPTCP 连接，因此通信双方会产生一个哈希值，此时有新子流加入后，此子流会包括一个 32 位的令牌，通过此令牌来进行后续的操作。

②子路径的建立。当完成步骤①后，通信双方已完成了通信链路的建立，但是此时仍然类似于 TCP，是单路径的。因此，需要进一步建立多个子路径来实现 MPTCP。子路径的建立也是类似于 TCP 的，通过三次握手来完成。但是不同的是，需要将 MP_JOIN 字段添加到 SYN、ACK、SYN/ACK 控制消息报文中。MPTCP 子路径建立流程图如图 6.45 所示。

0 1 2 3 4 5 6 7 8 9 0 1 2 3 4 5 6 7 8 9 0 1 2 3 4 5 6 7 8 9 0 1

Kind=MP_CAPABLE	Length	Subtype	Version	(reserved)
Sender Key(64 bits)				
Receiver Key(64 bits)				

图 6.44　MPTCP 连接初始化时字段格式

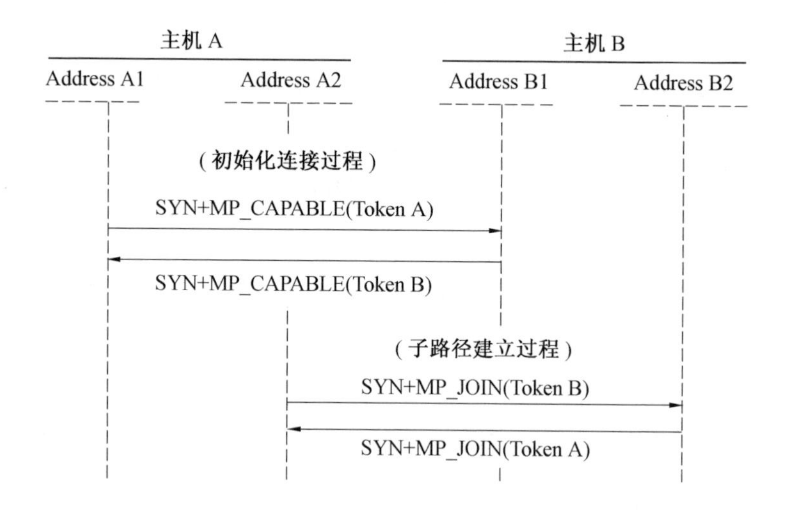

图 6.45　MPTCP 子路径建立流程图

此流程图在建立过程中需要加入特殊的控制报文，子路径建立时字段格式如图 6.46 所示，它是在确认后的进一步信息。

0 1 2 3 4 5 6 7 8 9 0 1 2 3 4 5 6 7 8 9 0 1 2 3 4 5 6 7 8 9 0 1

Kind=MP_JOIN	Length	Subtype	B	Address ID
Receiver's Token(32 bits)				
Sender Random Number(32 bits)				

图 6.46　子路径建立时字段格式

通信双方在步骤①中获取了双方的 IP 地址，区分不同子流的依据是通信双方获取的 IP 地址所组成的二元组。图 6.46 中，Receiver's Token 是接收端和发送端的双方的标识，是 MPTCP 特殊的标识符，用来证实新加入的子路径的合法性，其中令牌 Token 是通过哈希变换后得到的。Address ID 是用来在建立连接时识别数据包的源地址。Sender Random Number 是一组伪随机码，防止在认证过程中受到攻击。

③数据的传输。与 TCP 数据的传输不同，MPTCP 数据的传输需要把数据拆分为多个子流，在建立的多个子路径中进行传输，同时需要对子流进行排序，然后由 MPTCP 层传到应用层。在数据传输时要用到 Subflow Sequence Mapping 字段和 Data Sequence Mapping 字段。Subflow Sequence Mapping 字段用于对子流序列计数。数据序列空间的获得是通过 Data Sequence Mapping 字段将子路径序列映射得来的。数据序列空间中包括所有发送的数据。数据传输示意图如图 6.47 所示。

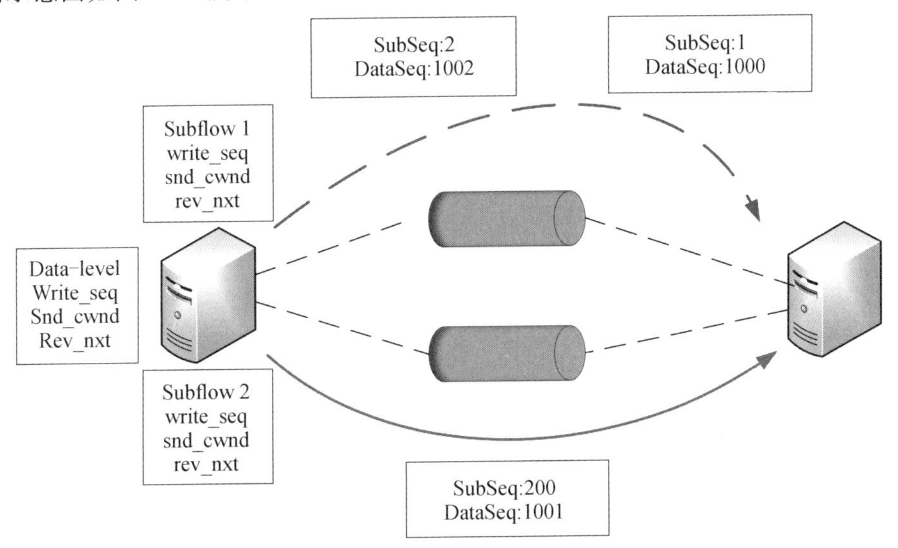

图 6.47　数据传输示意图

图 6.47 中实线和虚线代表着 MPTCP 协议中数据传输的两个子路径，虚线的子路径上序列号 1 和 2 分别对应着两个不同的数据号，另一条实线的子路径

上序列号为 200 的对应数据号为 1001，因此可以得出从实线上路径完成 199 个数据报文的传输，虚线的子路径为新建立的子路径，刚开始发送第一个和第二个数据报文。数据传输的 MPTCP 协议格式如图 6.48 所示。

0 1 2 3 4 5 6 7 8 9 0 1 2 3 4 5 6 7 8 9 0 1 2 3 4 5 6 7 8 9 0 1

Data Sequence Mapping(8 octets)	
Subflow Sequence Mapping(4 octets)	
Data－Level Length(2 octets)	Zeros(2 octets)

图 6.48　数据传输的 MPTCP 协议格式

④连接的关闭。子路径的连接关闭与 TCP 的连接关闭类似，区别在于 MPTCP 并不立即关闭整个连接，为保证各个子路径之间的独立性，子路径的 DATA_FIN 只影响到自己的路径。当应用层中的数据完成传输后，调用 close 函数，MPTCP 会通过带有 MP_DFIN 字段的控制报文发送给各个子流来进行信息确认，进一步接收端接收到控制报文后，会向发送端进行确认，此时发送带有 DATA_FIN 和 DATA_ACK 字段的控制报文，连接关闭时字段格式如图 6.49 所示。发送端接收并匹配完成时，则完成了 MPTCP 连接的关闭。

0 1 2 3 4 5 6 7 8 9 0 1 2 3 4 5 6 7 8 9 0 1 2 3 4 5 6 7 8 9 0 1

Kind＝MP_DFIN	Length	Data sequence Number(8B)
Data sequence Number(contd.)		
Data sequence Number(contd.)		

图 6.49　连接关闭时字段

(3)MPTCP 在空间网络中拥塞控制中应用。

部署在 500～1 000 km 高度的卫星系统称为 LEO 卫星系统。此卫星星座通信系统与其他卫星网络相比，由于相对较短的延迟和较低的发射功率要求，因此应首选 LEO 系统。但是，缺点是 LEO 卫星在天空中移动很快，每颗 LEO 卫星平均接触时间为 10 min。因此，大多数语音和视频应用程序会频繁切换，从而导致连接中断和性能下降。另外，LEO 系统中的传播延迟可能高达 100 ms，并使得 TCP 吞吐量大幅度降低。现有的传输层的解决方案包括高带宽延迟乘积(Bandwidth Delay Product，BDP)TCP 变体，但是它们都不能很好地处理切换问题。相关文献提出了一种多路径 TCP(MPTCP)和多路径路由联合策略来应对这些挑战。尽管 MPTCP 维护地面终端之间的并行和传输层的连接(子流)，但按需多路径源路由(On-Demand Multipath Source Routing，OMSR)协议可同时工作以提供必要的链路分离路径。与以前的解决方案相比，该框架通过使用多个物理接口来很好地处理切换，并显著提高了吞吐量。但是仍存在一些路由规划和相关负载等问题。将多路径 TCP 与 SDN 结合将更好地实现智能路由。将

SDN应用在空间网络中的体系架构图如图6.5所示。

其中,GEO卫星层可作为网络中的控制层,对全网进行监控;大规模的LEO卫星作为网络中的转发和接入层,对流量数据进行转发并与地面终端相连接;地面终端作为服务层,可构建网络控制中心,进一步对整个空间网络的流量信息进行合理的监控及调度。

影响MPTCP性能的关键方面是子流的路由机制。当前,数据中心最杰出且部署最广泛的路由机制是等价多路径路由(Equal-Cost Multipath Routing, ECMP)基于流的变体。基于流的ECMP使用随机哈希将子流均匀地划分为不同的最短路径。但是,随机散列效果欠佳,因为子流可能最终使用相同的路径,而可用路径仍未使用。例如,对于两个子流和两个可用路径,将两个子流分配给同一路径的可能性为50%。另一个限制是,由于仅考虑了最短路径,因此可能无法充分利用可用路径分集。

相比于ECMP算法来说,MPTCP扩展了多条路径来进行数据传输,主要设计目标是提高吞吐量,并且保持对的公平性。因此,网络的吞吐量受到传输到网络中数据的增加的影响。使用多条路径传输数据相比于单条路径来说将会产生路径拥塞的情况,严重时会导致传输中高端。将收发双方的连接分成多条路径上的多个子流,每个子流都具有相同的性质。尽管互相通信的端点之间存在流量控制,但也只能对发送方和接收方的数据通信数据进行协调。若通信使用的路径中存在能够被其他用户共享的路径,则当多个用户同某条路径时,长时间将会造成拥塞链路,导致网络数据传输发生中断。其次,由于数据拆分位多个子流进行传输,因此如果子流使用相同的拥塞控制,同样会带来很多问题,那么若其中的子流同时使用了网络中的某一条路径,则在该路径上就占用了N倍的带宽资源。

每个MPTCP连接具有更多子流以更好地利用路径多样性。但是,大量子流的创建和维护会给最终主机带来额外的开销,这需要更大的缓冲区来应对重排序。并且,由于MPTCP调度程序的使用量增加,因此CPU利用率也更高。然而更重要的是,在SDN环境中,由于在交换机上安装大量规则并增加SDN控制器的负载,给网络带来了额外的开销。因此,期望在不牺牲性能的情况下具有尽可能少的子流。给定一组路径,建议的SDN控制器可以通过确定性地为其分配MPTCP子流而更好地利用这些路径。这可以导致最佳性能,而无须像基于随机方法那样需要那么多子流。

MPTCP是一种新的传输层协议,它允许在一对主机之间利用多个互联网路径,同时向上层提供单个TCP连接。因此,上层应用程序仅需要处理单个逻辑"主"TCP连接,而下面运行多个子流,每个子流都是常规的TCP连接。在应用程序与TCP子流之间是MPTCP层,该层负责处理不同子流上的乱序数据包,并在其中进行耦合的拥塞控制。

2. 基于 MPTCP－SDN 架构的空间网络

针对空间网络中卫星网络的相关特性提出了基于 MPTCP－SDN 网络框架。这里考虑一个独立的 LEO 卫星系统，在这个 LEO 卫星网络中，包括一个地面控制中心(Ground Control Center,GCC)，它主要负责监视整个卫星网络拓扑，还包括几个地面网关(Ground Gateway,GG)。GCC 通过这几个 GG 向卫星发送控制命令。由于 GCC 可以访问监控完整的卫星网络拓扑，并且可以启动一些应用程序，如路由计算、资源利用和移动性管理等，因此它可以作为网络运营和控制中心(Network Operation and Control Center, NOCC)。在此模型中，假设 SDN 控制器集成在 NOCC 中，控制平面建立在 GG 建立的信道上，将 NOCC 与 LEO 卫星进行桥连接，控制消息通过建立的连接进行发送，如拓扑更新和流管理。最后，整个 LEO 卫星网络作为数据平面，在该平面上负责转发来自用户的数据消息。由于 LEO 星座是一个网格状网络，因此当卫星节点众多时，任何一对卫星之间都会存在多个不相交路径，这为通信主机之间实现 MPTCP 提供了基础。

双方主机之间的通信模式：地面终端拥有两个访问其注册 LEO 卫星系统的访问接口，并在传输层上运行 MPTCP。考虑用户 A 与用户 B 之间的通信，假设用户 A 具有两个不同的 IP 地址 A1 和 A2，而用户 B 同样具有两个不同的 IP 地址 B1 和 B2，每个 IP 地址都与不同的接口进行关联。在稳定的状态下，地面用户与唯一的接入卫星相连。用户 A 和 B 创建两个 MPTCP 子流(A1,B1)和(A2,B2)，它们与相同的接入卫星 S1 和 S2 相连，但是经过 S1 与 S2 之间的不相交路径。从最新版本的 MPTCP 开始，可以在同一对 IP 地址之间创建任意数量的子流，而不是只能创建一个。

3. MPTCP 协同 SDN 系统的设计与实现

(1)MPTCP 协同 SDN 系统的设计。

MPTCP 中子流的建立过程如图 6.50 所示。对于初始子流，主机使用包含随机生成密钥的 MP_CAPABLE 选项执行握手，这些键用于令牌的计算(密钥的加密哈希)。为建立其他子流，主机使用 MP_JOIN 选项执行握手，如图 6.50 所示。发送方发送带有令牌和随机数 SYN 的数据包，当数据包到达接收方时，接收器作为反馈，发送 SYN＋ACK 数据包作为响应，该数据包包括自己携带的随机数和经过计算后的发送方随机数的 HMAC 代码。最后，发送方发送一个 ACK 数据包，其中包含计算后的接收方随机数 HMAC，HMAC 的计算是使用在 MP_CAPABLE 握手过程中交换的密钥和 MP_JOIN 握手过程中交换的随机数。

接下来考虑如何在 Floodlight 控制器中实现 MPTCP 协同 SDN 算法。图 6.51所示为 MPTCP 协同 SDN 系统概述。其中，系统的传输协议为 MPTCP

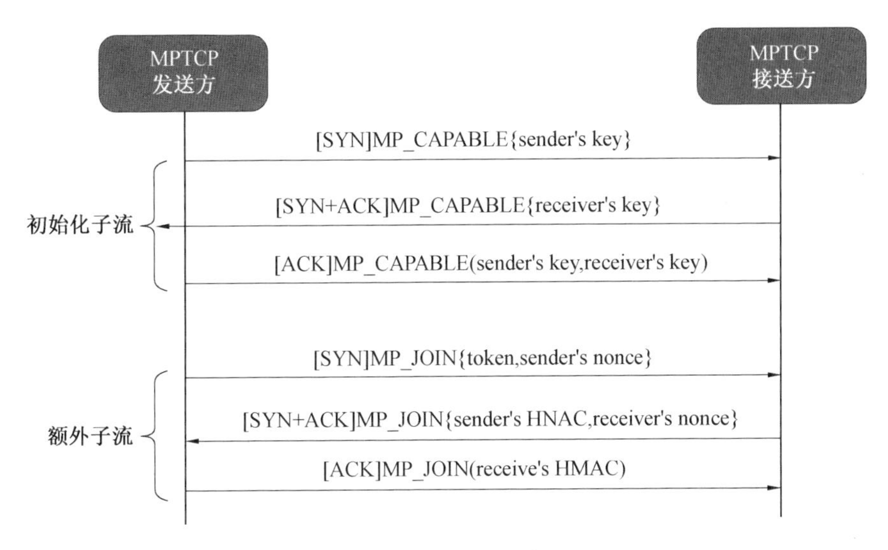

图 6.50　MPTCP 中子流的建立过程

协议。系统将底层数据中心拓扑作为输入，每个交换机都通过控制平面链接连接到 SDN 控制器。控制器负责路径的计算，并为交换机安装适当的 OpenFlow 规则。当数据包到达交换机时，安装的流规则会对数据包进行相应的处理。当子流的数据包到达交换机，交换机中不存在相应的流规则时，该数据包将被重新定向到控制器，控制器计算子流的路径，并将规则安装到计算出的路径中的所有交换机。相同子流的后续数据包将通过相同的路径，避免再次被定向到控制器中，减少控制器负载。

基于 Floodlight 控制器实现了此系统。其主要由两个组件组成：拓扑管理器（Topology Manager）和转发模块（Forwarding Moudle）。拓扑管理器主要负责计算主机接口之间的路径集；转发模块主要负责根据拓扑管理模块提供的路径集选择路径，并为交换机安装适当的 OpenFlow 规则。这些规则由匹配数据包的标头值和应用于匹配数据包的关联操作组成。

①拓扑管理器。拓扑管理器可以获取最新的信息，具有最新的全局视图，这是通过 SDN 控制器与交换机之间交换的消息获得的。当转发模块接收到消息，需要一组源目的 IP 地址之间的路径时，就会通过拓扑管理模块查询获得。拓扑管理模块首先使用深度优先搜索（Depth First Search，DFS）图遍历算法，查找长度不超过特定跃点计数阈值的所有可选择路径，然后路径管理器过滤路径集，以选取以下路径子集之一返回给转发模块：

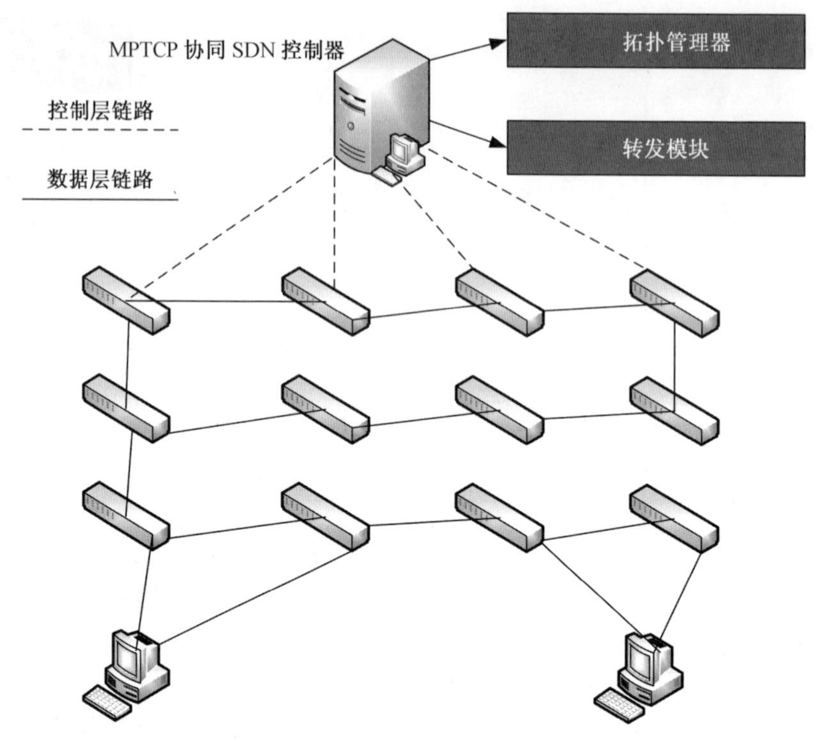

图 6.51　MPTCP 协同 SDN 系统概述

a. 最短路径，其中包括与最短路径相同长度的所有路径；

b. k 条最短路径，其中包括递增跳数顺序前的 k 条路径；

c. k 条边缘不相交最短路径，其中包括前 k 条路径，这些路径不共享任何边。

对于 MPTCP 传输协议来说，最重要的是路径集的选择。由于是多路径传输，因此在网络中应多利用冗余链路，提升链路利用率。在选定好路径集之后，进一步将路径分配给确定的子流。为以最少的子流来最大化 MPTCP 性能，除减少终端主机的开销外，还需最小化子流数量。

②转发模块。转发模块负责将路径分配给确定性或随机性子流。对随机性子流来说，转发模块所获取的路径集为子流的源目的 IP 地址随机选择的一条路径，并将此路径分配给该子流。当路径集为最短路径时，此方法等效于基于随机流的 ECMP 算法。在确定性方法中，每个子流都会分配给不同的路径，此时方法为 MPTCP 协同 SDN 算法。此方法要求转发模块从子流设置数据包中提取 MPTCP 选项，使子流与现有的 MPTCP 连接匹配。此方法可以有效地避免 ECMP 存在的问题，将同一连接的多个子流分配给同一个类路径。如果子流的数量大于可用路径的数量，则以统一的方式确定性地将子流分配给路径。

(2)MPTCP 协同 SDN 系统的实现。

转发模块维护两个哈希表:pathCache 和 flows。pathCache 哈希表用于缓存源目的 IP 地址之间的所有路径集,此路径集通过拓扑管理模块获得。此过程为当新的子流分组建立好后,转发模块首先查询 pathCache 哈希表是否存在与子流的源目的 IP 地址相对应的一组路径,如果存在,则转发模块将这组路径加载到 flows 哈希表中,并将其映射到请求 MPTCP 的连接,否则转发模块查询路径管理模块并将已获取的路径集存储到 pathCache 哈希表和 flows 哈希表。pathCache 哈希表中的流条目设置过期时间为 60 min,以便通过查询拓扑管理模块来刷新路径。在该时间间隔内,数据中心拓扑可以认为是静态的。数据中心交换机之间的平均故障时间约为几小时,在 60 min 内发生故障的情况下,将不会使用此故障路径。

flows 哈希表中包括每个 MPTCP 连接的条目,每个此类的条目都包含该连接的子流所使用的每对源目的 IP 地址对的子条目,此子条目称为 IPentry,每个子条目都会缓存源目的 IP 地址对所获取的路径集,并为该组路径中的子流进行分配。此条目的作用是转发模块可以实时跟踪,为新的子流选择可用路径。MPTCP 连接的条目过期时间为 5 s,可以有效地节省存储空间。

算法 6.1 描述了 MPTCP 协同 SDN 算法在转发模块中的详细过程。

算法 6.1:MPTCP 协同 SDN 算法

输入:p 是控制器接收到的子流设置包

1:IPs←从 p 中提取的源目的 IP 地址

2:ports←从 p 中提取的原目的端口号

3:type←从 p 中提取的 MPTCP 连接选项

4:if　type == MP_CAPABLE　then

5:　　将 IP 存储在 primaryIPs 中

6:　查询 pathCache 或拓扑管理模块以获得 IP 地址对之间的最短路径

7:　如果从拓扑管理模块获得,则更新 pathCache

8:　path←最短路径

9:if　type == MP_JOIN　then

10:　　token←从 p 中提取的 MPTCP 令牌

11:　　if　token does not exist in flows　then

12:　　　　使用此 token 在 flows 中创建一个新的条目

13:　　　　查询 pathCache 或拓扑管理模块以获得 IP 地址对之间的路径集

14:　　　　如果从拓扑管理模块获得,则更新 pathCache

```
15:          使用 IPs 在条目中创建一个新的 IPentry
16:          path←从 IPenitry 中获取下一条路径
17:          更新 IPentry
18:     else
19:          entry←flows[token]
20:          if   IPs exist in entry then
21:               IPentry←entry[IPs]
22:               path←从 IPentry 中获取下一条路径
23:               更新 IPentry
24:          else
25:               查询 pathCache 或拓扑管理模块以获得 IP 地址对之间的路径集
26:               如果从拓扑管理模块获得,则更新 pathCache
27:               使用 IPs 在条目中创建一个新的 IPentry
28:               path←从 IPenitry 中获取下一条路径
29:               更新 IPentry
30:使用 IP 对和端口号为交换机的路径安装规则
```

当新的子流的数据包到达网络第一台交换机时,此数据包首次到达交换机,交换机未安装相应的规则,交换机将数据包转发给转发模块,转发模块提取源目的 IP 地址和端口号,同时提取 MPTCP 选项,进一步细化为 MP_CAPABLE 和 MP_JOIN。如果此选项为 MP_CAPABLE,则此流为初始化子流,将此 IP 存储在 primaryIPs 中,然后通过查询 pathCache 或路径管理模块找到这组 IP 之间的一条或多条最短路径,并将这些路径分配给子流。如果选项为 MP_JOIN,则为附加子流,转发模块从该数据包中提取令牌,该 token 标识现有的 MPTCP 连接,当其子流是第一个附加子流时,令牌在流中不存在,转发模块则使用此令牌在流中创建新条目,同样查询以获得 IP 的一组路径,并创建新的 IPentry 用来存储获得的路径集。如果流中存在此令牌,则检索相应的条目,转发模块检查 IP 是否存在条目中。如果存在条目,则检索相应的 IPentry,从此 IPentry 将下一个可用路径分配给子流,转发模块按上述更新 IPentry,重复上述操作。可以得出两个哈希表的使用可以大大减少控制器上子流设置数据包的处理时间。

4. MPTCP 协同 SDN 算法性能分析

本节实现了 MPTCP 内核的安装及编译，并移植到 Mininet 建立的网络拓扑中，可使用 MPTCP 协议进行数据的传输。实验在 Ubuntu16.04 系统上运行，依据铱星系统的参数进行仿真，编写 py 脚本，实现所需网络拓扑搭建，同时创建 50 个子流实现网络的拥塞，验证全局感知多路径 TCP 算法的增益。拥塞控制使用链路增加算法，路径管理模块为全网格。

通过 Mininet 建立网络拓扑如图 6.52 所示。其拓扑形状为网格状，类似于 LEO 卫星通信系统。同时，其链路参数采用铱星系统链路参数进行仿真，卫星与地面终端带宽为 2 Mbit/s，星间链路带宽为 9 Mbit/s，链路时延为 14 ms。

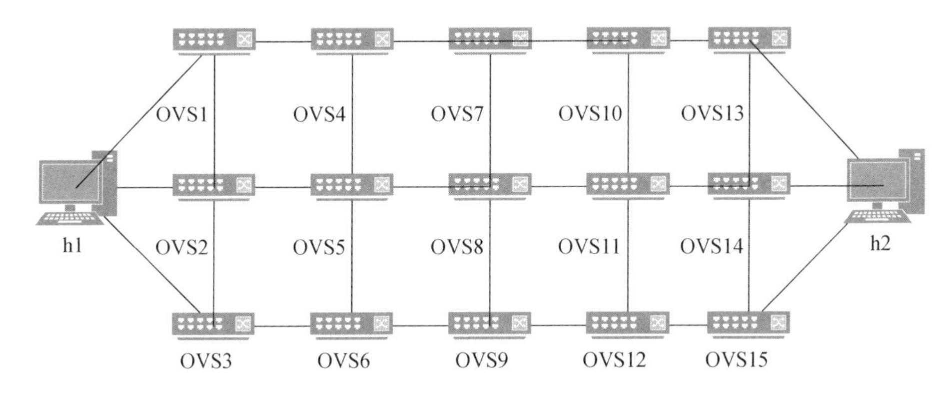

图 6.52　通过 Mininet 建立网络拓扑

根据以上参数及建立的拓扑，首先对 TCP 协议进行仿真，采用 reno 拥塞控制算法对 50 个流其中一个流进行吞吐量分析。可以看出，当数据流较多时，网络出现拥塞，数据传输的速率波动很大，并且没有很好地分配带宽资源。采用 ECMP 基于流的多路径传输策略来实现网络的负载均衡，通过寻找最短路径，将流分散到不同的最短路径上进行转发。与上述仿真参数设定相同，算法仿真对比图如图 6.53 所示。

同时，对 TCP 及 MPTCP 协同 SDN 算法的全局序列号进度进行性能仿真，TCP 时序图如图 6.54 所示，MPTCP 协同 SDN 时序图如 6.55 所示。

可以看出，数据在传输时，其最低值有所改善，但是波动仍然很大，因为 ECMP 在传输数据时仅考虑了最短路径，并没有拥塞感知机制。对所提出的算法进行仿真，对 Floodlight 控制器的拓扑管理模块进行编程，拓展其所选路径集种类，对于网络拥塞有明显的改善，同时可以看出 MPTCP 协同 SDN 的确认数据包速率是传统 TCP 的确认数据包近 2 倍，TCP 的序列号在停下来几秒后才开

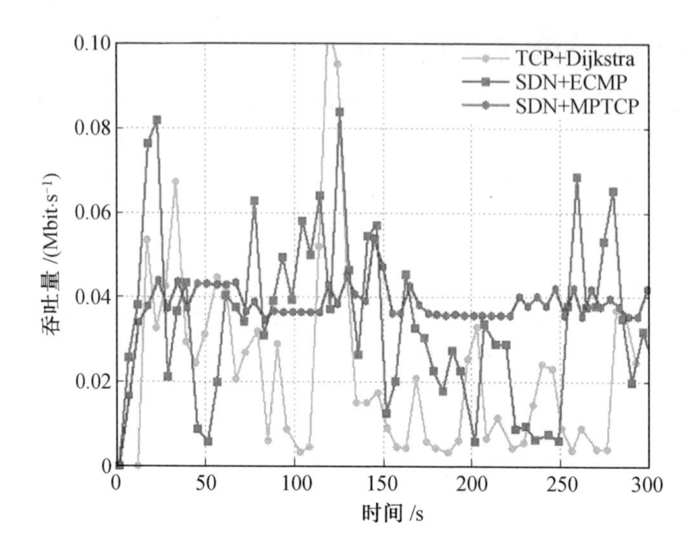

图 6.53　算法仿真对比图

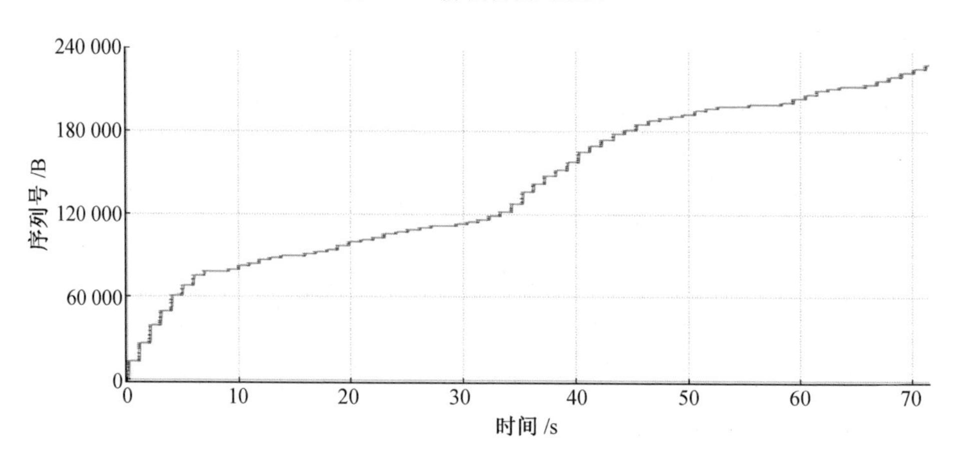

图 6.54　TCP 时序图

始增加。将 MPTCP 与 SDN 结合，动态地感知整个网络拓扑，可以很好地获取整个网络的路径，选择最优路径进行数据传输，减小网络中的负载，更加充分地利用链路带宽资源，提高系统的吞吐量。

针对 4×4 网格状卫星网络拓扑，通过 Mininet 建立了网络拓扑，主机 h1 和 h2 通过此卫星网络拓扑进行通信。其中，所有链路带宽均为 1 Mbit/s，地面终端到卫星的链路时延为 5 ms，卫星间链路为 20 ms。通过构建不同的流的数量来验证针对不同拥塞程度提出算法的有效性。

首先对 ECMP 算法进行仿真。ECMP 选择最短路径进行数据传输，同时使用随机散列。使用拥塞控制算法，选择所有最短路径对数据进行传输。分别对

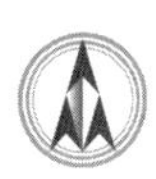

数据流为 5、10、15、30、40 和 50 进行系统吞吐量性能仿真分析。随机选取四个数据流进行分析，仿真时间为 200 s。ECMP 算法数据流分别为 5、10、15、30、40、50 仿真图分别如图 6.56、图 6.57、图 6.58、图 6.59、图 6.60、图 6.61 所示。

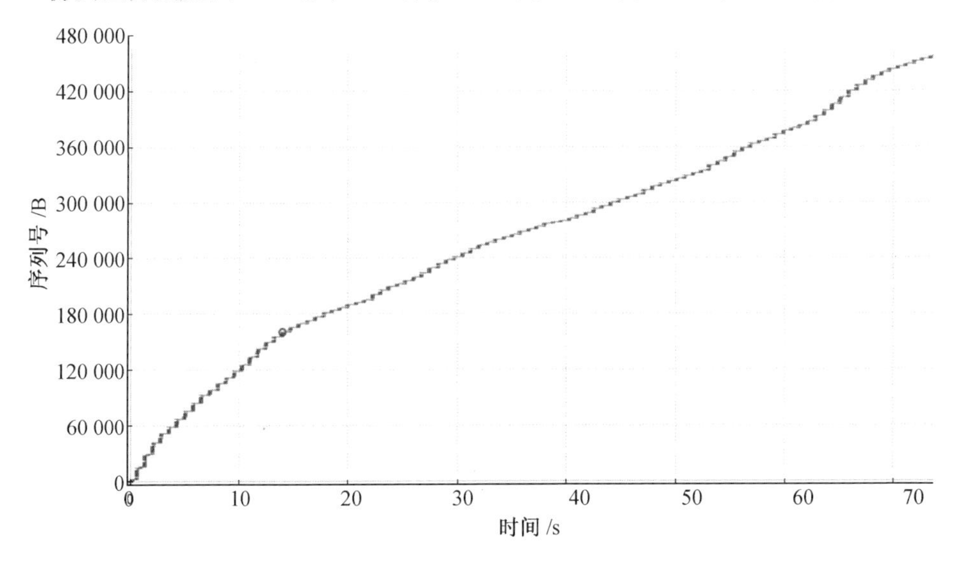

图 6.55　MPTCP 协同 SDN 时序图

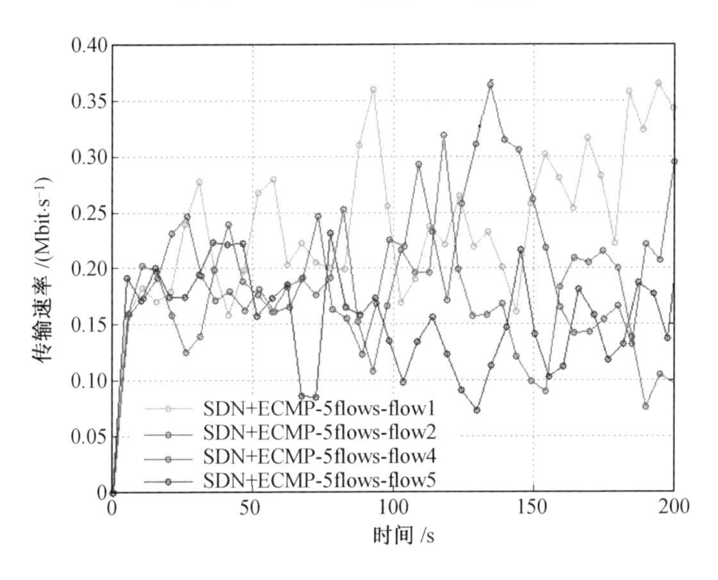

图 6.56　ECMP 算法数据流为 5 仿真图(彩图见附录)

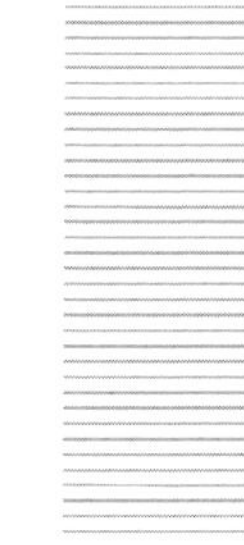

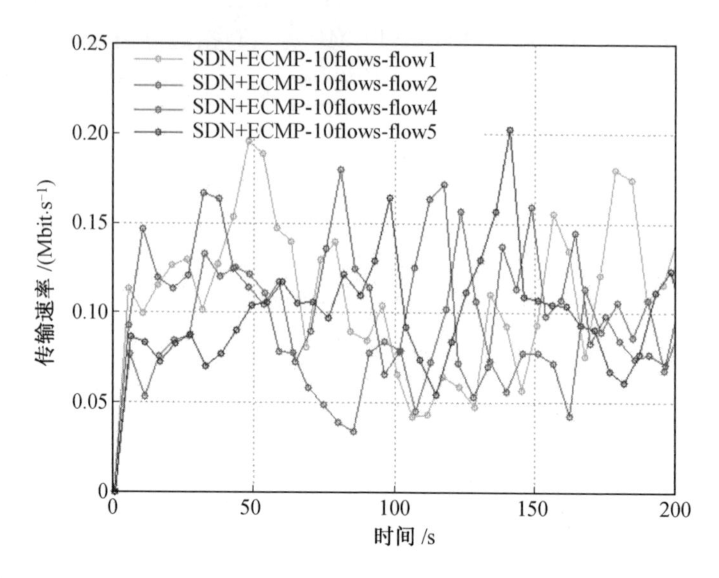

图 6.57　ECMP 算法数据流为 10 仿真图(彩图见附录)

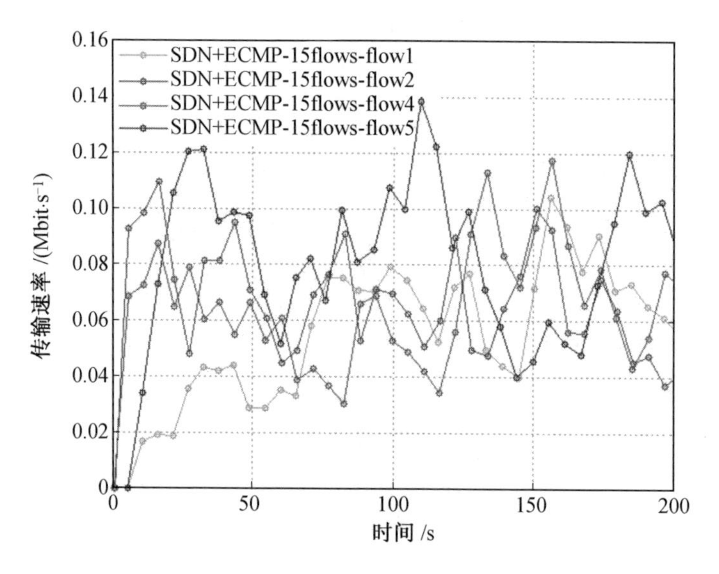

图 6.58　ECMP 算法数据流为 15 仿真图(彩图见附录)

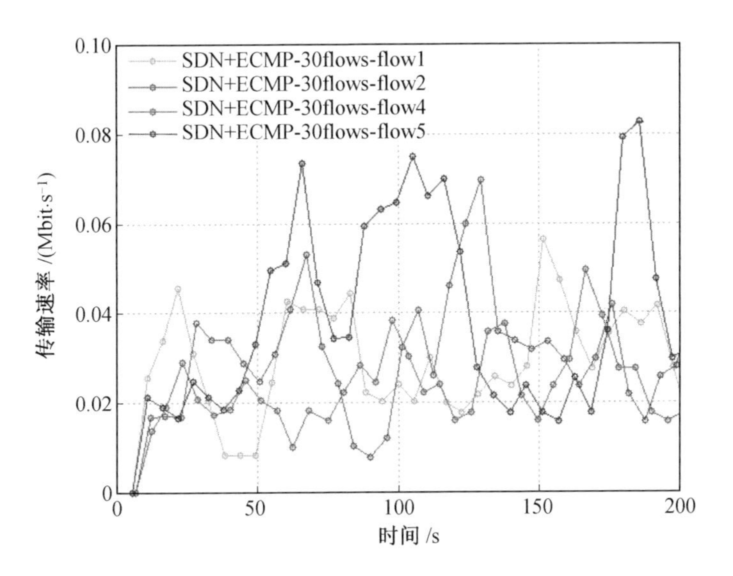

图 6.59　ECMP 算法数据流为 30 仿真图(彩图见附录)

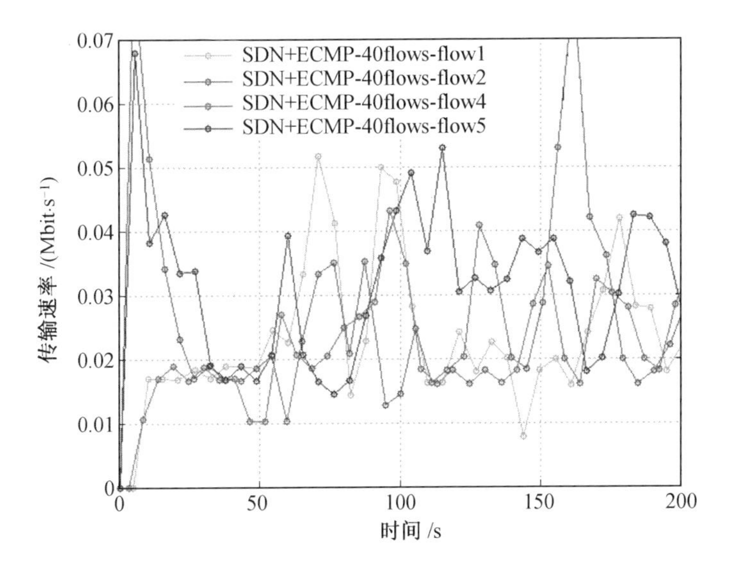

图 6.60　ECMP 算法数据流为 40 仿真图(彩图见附录)

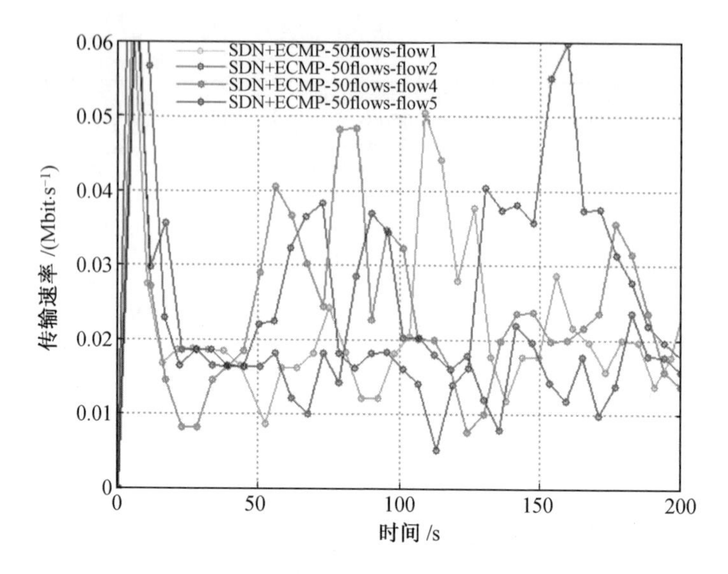

图 6.61 ECMP 算法数据流为 50 仿真图(彩图见附录)

进一步对 MPTCP 协同 SDN 算法进行仿真。此算法选择四条不相交路径进行数据传输。使用拥塞控制算法,仿真条件相同。同样对与上述相同的流数进行吞吐量性能测试。MPTCP 协同 SDN 算法数据流分别为 5、10、15、30、40、50 仿真图分别如图 6.62、图 6.63、图 6.64、图 6.65、图 6.66、图 6.67 所示。

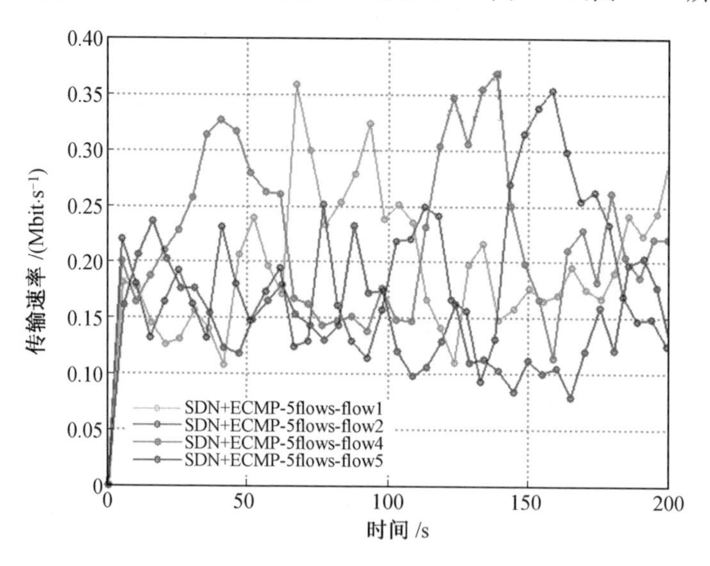

图 6.62 MPTCP 协同 SDN 算法数据流为 5 仿真图(彩图见附录)

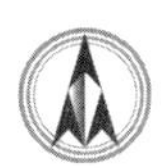

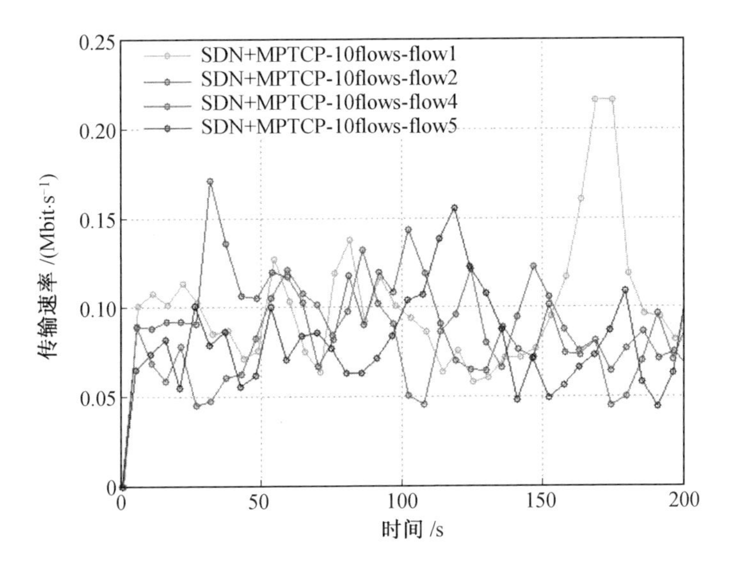

图 6.63　MPTCP 协同 SDN 算法数据流为 10 仿真图(彩图见附录)

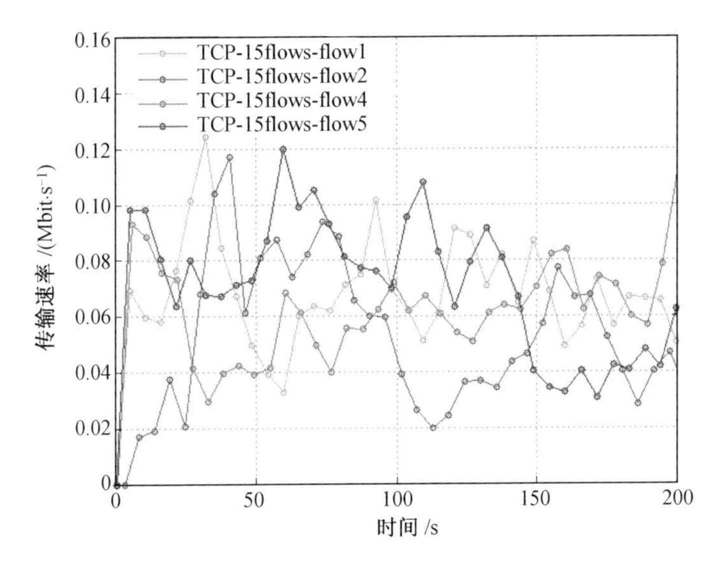

图 6.64　MPTCP 协同 SDN 算法数据流为 15 仿真图(彩图见附录)

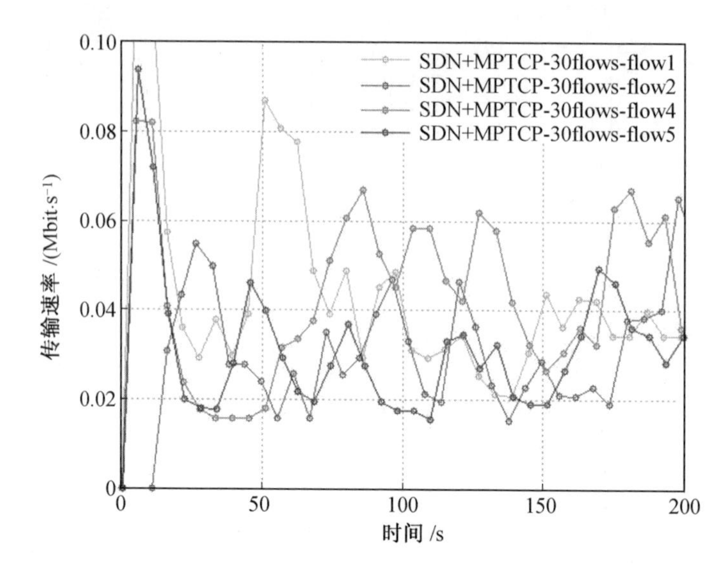

图 6.65　MPTCP 协同 SDN 算法数据流为 30 仿真图(彩图见附录)

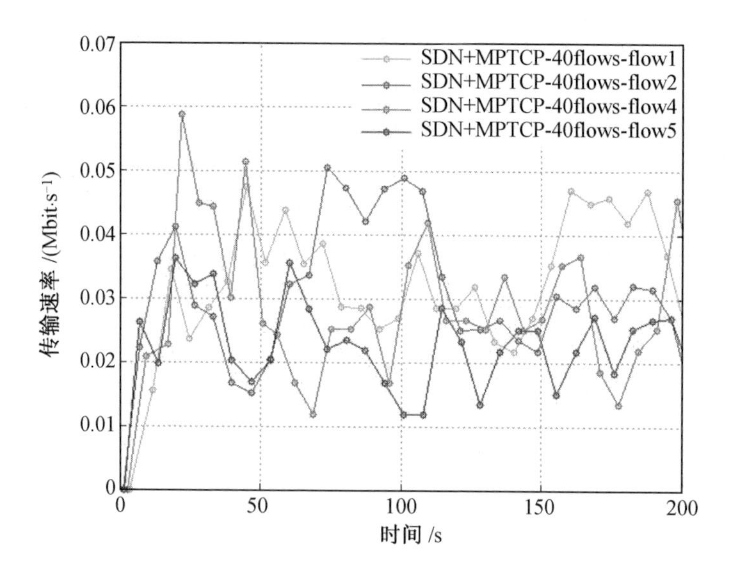

图 6.66　MPTCP 协同 SDN 算法数据流为 40 仿真图(彩图见附录)

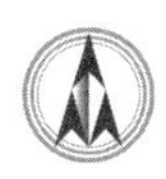

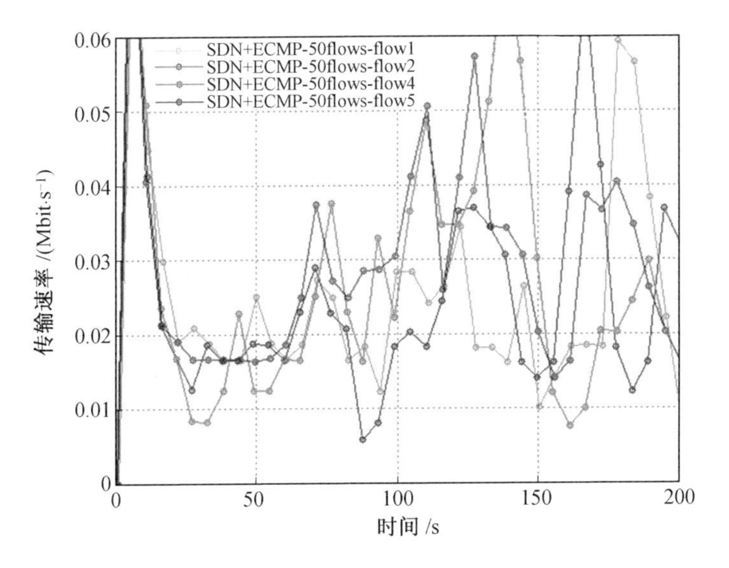

图 6.67　MPTCP 协同 SDN 算法数据流为 50 仿真图(彩图见附录)

最后对原始的 TCP 协议与 Dijkstra 算法进行仿真分析。与上述仿真条件相同,同样对相同的流数进行仿真,使用 reno 拥塞控制算法。同时,选择所有最短路径进行数据传输。TCP 协议数据流分别为 5、10、15、30、40、50 仿真图分别如图 6.68、图 6.69、图 6.70、图 6.71、图 6.72、图 6.73 所示。

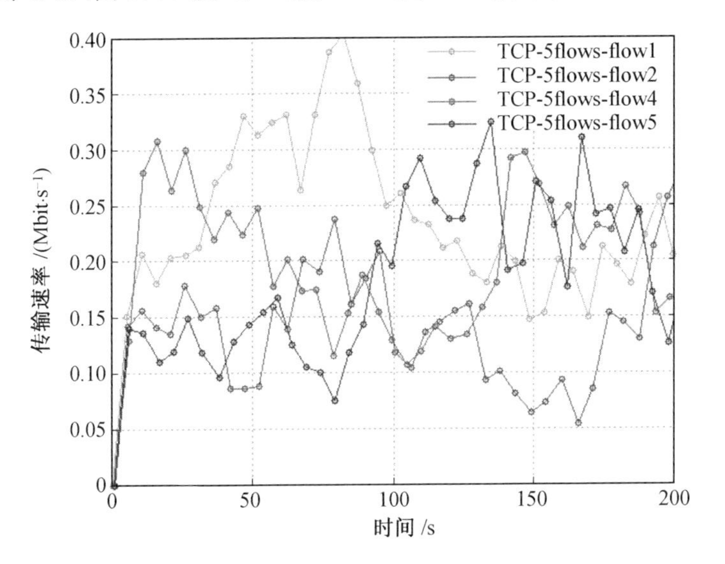

图 6.68　TCP 协议数据流为 5 仿真图(彩图见附录)

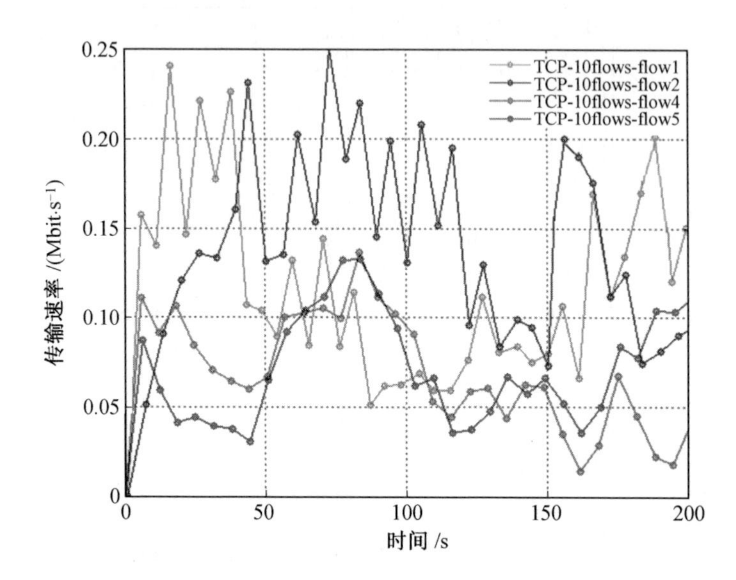

图 6.69　TCP 协议数据流为 10 仿真图(彩图见附录)

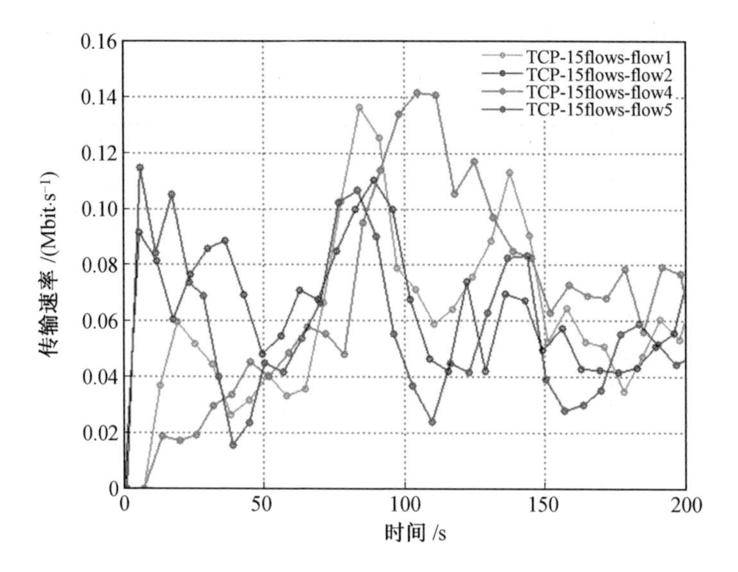

图 6.70　TCP 协议数据流为 15 仿真图(彩图见附录)

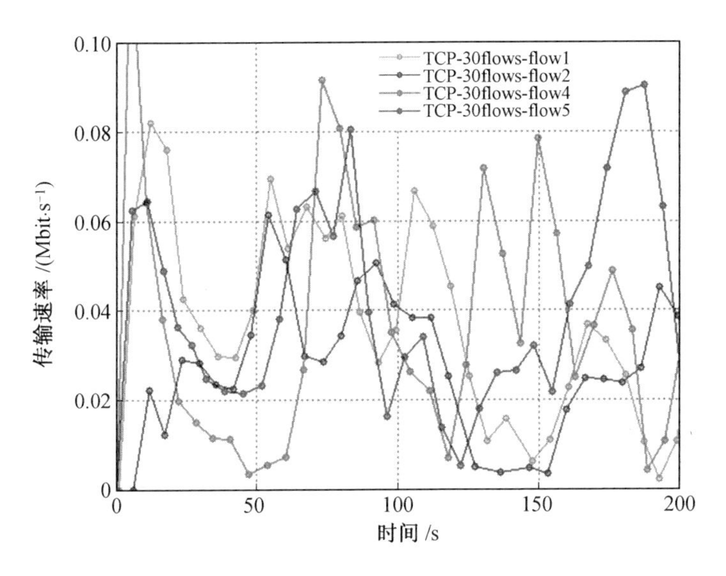

图 6.71　TCP 协议数据流为 30 仿真图(彩图见附录)

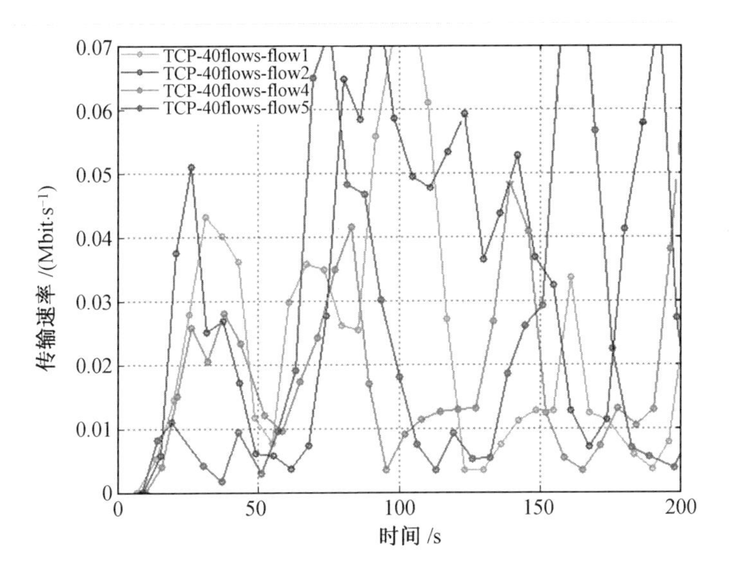

图 6.72　TCP 协议数据流为 40 仿真图(彩图见附录)

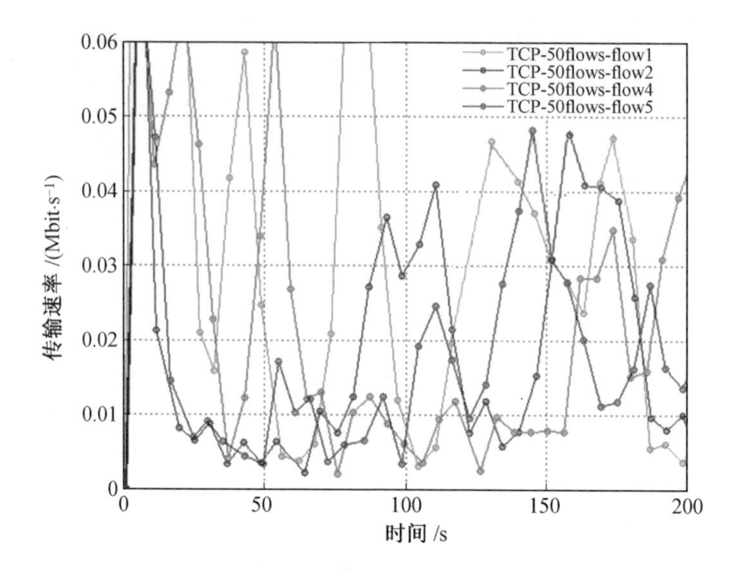

图 6.73　TCP 协议数据流为 50 仿真图(彩图见附录)

根据以上对三种算法仿真性能测试,分析不同数据流即不同拥塞程度情况下,不同算法吞吐量占优比仿真图,如图 6.74 所示。其中,5 个数据流分析其吞吐量不低于 0.1 Mbit/s,10 个数据流分析其吞吐量不低于 0.05 Mbit/s,15 个数据流分析其吞吐量不低于 0.04 Mbit/s,30 个数据流分析其吞吐量不低于 0.02 Mbit/s,40 个数据流分析其吞吐量不低于 0.018 Mbit/s,50 个数据流分析其吞吐量不低于0.018 Mbit/s。

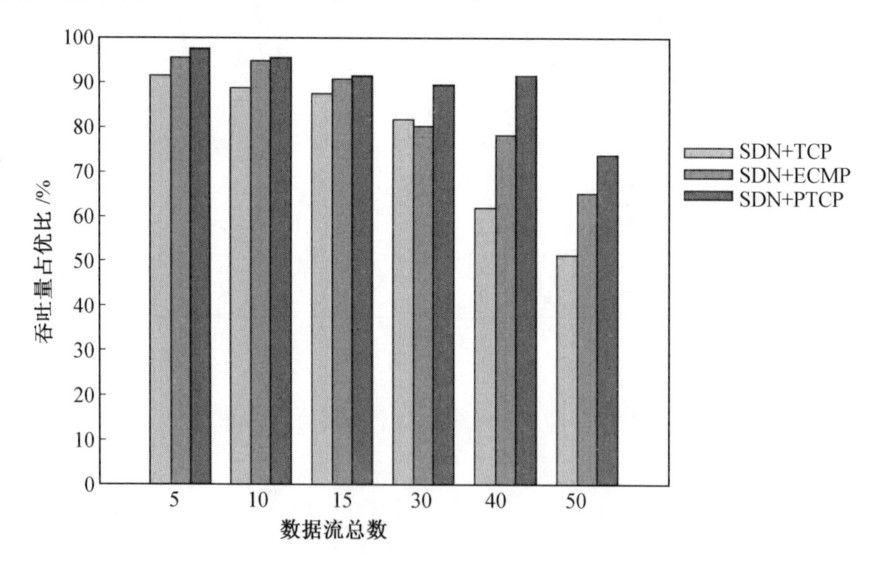

图 6.74　不同算法吞吐量占优比仿真图

由以上仿真图可以看出，当传输数据量增加，网络出现拥塞时，传统的 TCP 协议使得很多数据流传输速率很差，无法满足系统性能要求。针对 ECMP 算法，其选择所有最短路径进行传输，使用随机散列矩阵，导致部分链路出现拥塞。而 MPTCP 协作 SDN 算法选用不相交路径进行数据传输，使用多个子流，数据流数量较小时增益不明显。当数据流增加时，可以看出 MPTCP 协作 SDN 算法相比于 ECMP 算法数据流传输速率占优比明显增加。因此，MPTCP 协作 SDN 算法应用在大规模 LEO 卫星组成的网络拓扑中，当数据量激增时，针对系统的吞吐量有明显的增益，保证大部分数据流得到较好的传输。

6.4.3　基于 SDN 及流量的链路分离路由算法

采用基于全局拓扑 SDN 的双层卫星网络可以更好地进行集中控制，实现全局拓扑优化和更为灵活高效的网络管理。本节设计了基于 SDN 的双层卫星网络实现通信的过程，并利用 Ubuntu 系统下的 Mininet 软件实现了网络拓扑的搭建。针对线头阻塞(Head-of-Line Blocking，HOL)问题[19]和基于流量的链路分离问题，提出一种 k 条最大最小链路分离路由算法，并与最短路径优先算法(Shortest Path First，SPF)和 First-k-max 带宽链路分离算法进行比较分析，在最小、平均瓶颈带宽的情况下，吞吐量有着明显的优势。

1. 基于全局拓扑 SDN 的双层卫星网络实现通信流程

基于全局拓扑 SDN 的双层卫星网络有如下优势。

(1)网络配置更加快速方便。

由于卫星网络配置相比于地面网络配置来说更为复杂且难以更改，因此 SDN 技术的加入能将卫星节点的功能加以简化，SDN 技术能够将所有较为复杂的网络拓扑的计算及网络集中控制都通过地面的集中控制节点来完成。卫星接收到地面控制节点发给它的配置信息后可以自动更新，无须其他人工操作。

(2)路由策略更加灵活与可控。

在传统的路由算法中，大部分算法是基于虚拟拓扑的静态路由算法，如铱星系统。其虽然可以保证整个网络的可靠性，但是节点或链路会出现问题，还会出现业务负载不均衡等情况。一些基于虚拟节点的分布式的动态路由算法可以满足以上要求中的一部分，但是却不能实现控制中心对整个卫星网络的全局可控性。每个卫星节点很难得到整个网络的全局拓扑信息，导致只能实现局部路由的优化。而 SDN 采取的中心集中控制结构可以获取全局拓扑，并可以计算整个网络的路由策略与配置，同时根据用户性能更好地提高算法的可控性。

(3)兼容性更强。

SDN 有统一的标准和编程接口，如北向接口、南向接口、OpenFlow 协议等。

而且 SDN 中的流表对二层的转发表、三层的路由表都进行了抽象处理，整合集中了网络各层的配置信息，能同时处理各种并存的协议，从而能够更好地解决网络协议不兼容的问题。

(4)造价成本更低廉。

传统卫星网络中的卫星节点要求有很多星上处理功能，因此成本高昂、设计复杂。但采用了基于 SDN 的架构之后，数据转发层的卫星节点只是用来进行简单的网络转发，在简化了卫星功能的同时也减少了卫星的设计和制造成本。与此同时，若采用天地双骨干的控制层结构，也会使需要的地面站数量减少，地面基础设施投资也会相应降低。

基于 SDN 全局拓扑思想的双层卫星网络实现通信的流程图如图 6.75 所示。

第 1 步：信源 A 作为源节点发包，接入到 LEO 卫星层。

第 2 步：根据路由表和目的节点判断 LEO 卫星是否需要直接进行转发。若是目的节点，那么 B 接收目的信号，算法结束；反之，则接着进行第 3 步。

第 3 步：将数据包转给管辖该 LEO 的低层 SDN 控制器(D—Controller)。

第 4 步：D—Controller 根据掌握的网络拓扑信息，根据路由表判断能否转发到管辖域内的其他 LEO 卫星。若可以，则低层 SDN 控制器将包转发给目的节点接收，算法结束；反之，则进行第 5 步。

第 5 步：将数据包通过 D—Controller 发给顶层 SDN 超级控制器。

第 6 步：顶层 SDN 超级控制器根据全局网络拓扑信息判断是否可以通过转发到其他低层 SDN 控制器管辖的 LEO 卫星。若可以，则发给其他 D—Controller，然后进行第 7 步；反之，就将数据包进行丢弃或重发。

第 7 步：发给低层 SDN 控制器后发给目的节点，算法结束。

2. 基于 Mininet 的网络搭建及仿真

欲实现这种基于 SDN 的全局网络拓扑，需要在 Ubuntu 系统下的 Mininet 上实现。Mininet 有一个可视化工具，称为 miniedit。miniedit 在/home/mininet/examples(放置 mininet 的目录下对应的路径)目录下提供 miniedit.py 脚本，执行脚本(./mininet.py)后将显示 Mininet 的可视化界面，在界面上可进行自定义拓扑和自定义设置[20]。Mininet 包括主机 host、交换机 switch 和控制器 controller，也可以安装不同类型的控制器，如 ryu 控制器、POX 控制器、NOX 控制器、Floodlight 控制器。

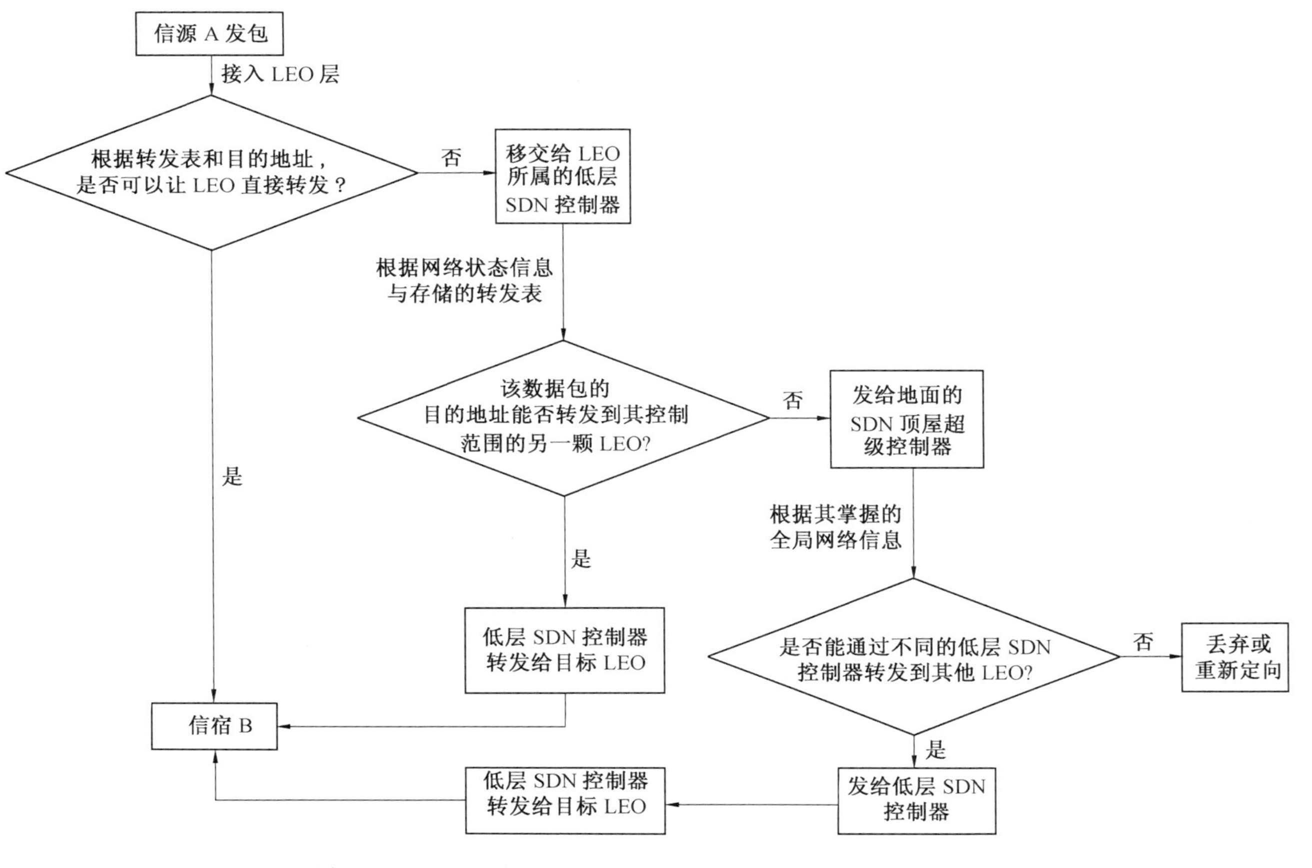

图 6.75　基于 SDN 全局拓扑思想的双层卫星网络实现通信的流程图

选择 Mininet 软件完成该部分的仿真是因为它是利用内核 OVS 模块来进行网络虚拟化的，能够将同一个网络分离成为不同的虚拟网络。对于 OpenFlow 1.3协议来说，OVS 有非常良好的支持。Mininet 还有很多优良特性，如它可以根据用户的需求自定义网络拓扑，缩短程序测试的时间；可以将真实的程序运行出来，如 Linux 中的抓包工具 Wireshark，也可以协调完成；用比较简单的命令语句即可在一台计算上实现多个真实的虚拟网络的构建；提供编程，可以通过 Ubuntu 下的 Python 语言实现各种网络拓扑。

miniedit 下的网络拓扑如图 6.76 所示。在该网络拓扑中，地面用户用主机 h1、h2 表示，每颗 LEO 卫星节点用 switch 交换机表示，共 32 个 switch，就像星间链路一样。大部分 switch 与它上下左右的四个 switch 相连，部分 switch（如 1～8、27～32 等）有两个或三个 switch 相连。每颗 GEO 代表一个控制器，与其控制的 8 个 switch 相连接。

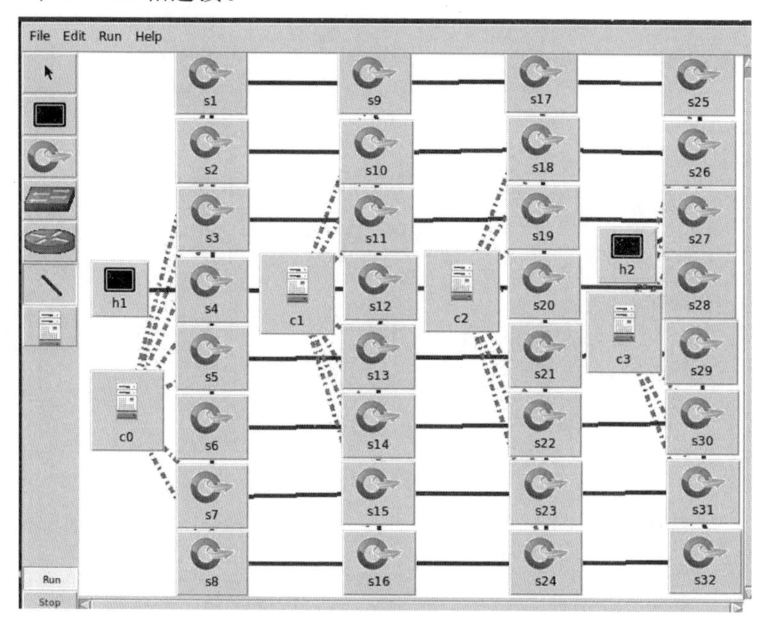

图 6.76 miniedit 下的网络拓扑

3. 基于流量的 k 条最大最小链路分离路由算法

本节与前面的路由算法不同，不再考虑作为路由开销的路径长度和路径延时，而是针对流量均衡，采取链路带宽作为主要数据，最终实现 k 条最大最小链路分离路由算法。算法核心思想主要有两个部分：第一部分采用改进 Dijkstra 算法找寻一组从源节点到目的节点的路径；第二部分从这组路径中利用贪心算法求出 k 条最大最小链路分离路径。

(1)网络模型。

由于 SDN 可以支持 SDN 控制器、有 OpenFlow 功能的交换机及多个主机，因此将基于 SDN 的网络模型简化为加权图 $G=(V,E,B)$。其中，V 表示网络中所有节点的集合，每一个节点都代表一个 SDN 交换机，且其中一个为源节点 s，一个为目的节点 t；$E=\{(v_i,v_j)\mid v_i,v_j\in V\}$，代表了节点之间的链路，也就是 SDN 交换机链路，并且每个链路都是可以双向传输；B 代表链路剩余可用带宽的集合，对于每条(v_i,v_j)链路来说，存在 $b_{i,j}\in B$ 与之相对应，对于所有的 $v_i\in V$，有 $b_{i,i}=\infty$。

首先引入一个瓶颈带宽(Bottleneck Bandwidth, BB)的概念，它是指一条路径上全部链路剩余带宽的最小值，即

$$\mathrm{BB(Path)}=\min(b_{s,1},b_{1,2},\cdots,b_{i,t}) \tag{6.15}$$

最大瓶颈带宽(Maximum Bottleneck Bandwidth, MBB)表示从源节点 s 到任意节点 v 的所有路径瓶颈带宽的最大值。定义从 s 到 v 的最小跳数(Minimum Hop Count, MHC)为最短路径的跳数。

(2)算法实现步骤。

欲实现本部分提出的 k 条最大最小链路分离路由算法，需要进行以下操作。

①松弛操作。在多种不同的单源最短路算法(如 Dijkstra 算法、Bellman-Ford 算法)中，本质上都是在做边松弛操作。其中，松弛操作可分为单向和双向。

a. 单向松弛。对于链路(i,j)，若 $\mathrm{MBB}(j)<\min\{\mathrm{MBB}(i),b_{i,j}\}$，那么 $\mathrm{MBB}(j)$变为 $\min\{\mathrm{MBB}(i),b_{i,j}\}$；若最小跳数 $\mathrm{MHC}(j)>1+\mathrm{MHC}(i)$，那么 $\mathrm{MHC}(j)$变为 $1+\mathrm{MHC}(i)$。

b. 双向松弛。对链路 $\mathrm{MHC}(j)$进行了单向松弛后，同时对链路(j,i)进行单向松弛操作。若 $\mathrm{MHC}(i)>\mathrm{MHC}(j)$，则采用双向松弛操作；若 $\mathrm{MHC}(i)\leqslant\mathrm{MHC}(j)$，则采用单向松弛操作。采用双向松弛操作的目的是找到更多的路径。

②路径找寻。进行松弛操作之后，需要知道从源节点 s 到节点 i 的路径瓶颈带宽及节点 i 的下一跳节点 j，如果有多条路径，则需要全部保存。其次，假如节点的上一条边被不同节点进行松弛操作，那么该节点有多个父节点。为使算法寻路时间缩短，约束条件为节点与节点之间路径数量不得超过 m，它表示了 SDN 控制器的属性。m 越大，表示 SDN 控制器的计算能力越强，可以保存的路径数量越多，也越容易找到需要的 k 条最大最小链路分离路径。

假设从源节点 s 到节点 i 有 x 条($x\leqslant m$)路径，并且对链路(i,j)做松弛操作，它们的瓶颈带宽从大到小依次为 $b_1^i,b_2^i,\cdots,b_x^i$。令 $q=\min(x,m)$，$j(i:j_1,j_2,\cdots,j_q)$表示从源节点 s 到节点 i 的 q 条路径的瓶颈带宽，则当 $1\leqslant a\leqslant q$ 时，$b_a^j=\min(b_a^i,bi,j)$。

③寻路步骤。

第 1 步：初始化各个节点的参数。对于源节点 s 来说，$\mathrm{MBB}(s)=\infty$，$\mathrm{MHC}(s)=0$，除此之外的节点 i，令 $\mathrm{MBB}(i)=0$，$\mathrm{MHC}(i)=\infty$，所有节点都为“未访问”的状态。

第 2 步：从所有“未访问”的节点中选择一个节点进行访问。比较节点的 MBB 值，选择较大的进行访问。如果存在相同的 MBB 值，那么选择 MHC 值较小的节点进行访问。如果 MBB 值和 MHC 值都相同的节点不止一个，那么随机选择一个节点即可。

第 3 步：访问节点 j 时，对所有“未访问”的相邻节点进行“松弛操作”，同时节点 j 更新为“已访问”。如果存在多个“未访问”的相邻节点，则首先进行“松弛操作”的是 MHC 值最小的。如果多个“未访问”的相邻节点有相同的 MHC 值，那么随机选择节点进行。

第 4 步：如果存在“未访问”的节点，则转到第 2 步；否则，转到第 5 步。

第 5 步：利用 DFS 回到目的节点 t 的上一个节点，存储从源节点到目的节点的每条路径及瓶颈带宽。

④前 k 条路径的选择。经过上述操作之后，可以得到一系列的路径。需要利用贪婪算法从这组路径中选择前 k 条链路分离路径，并将这 k 条链路分离路径的最小瓶颈带宽最大化。若从源节点 s 到目的节点 t 有 x 条路径，则根据路径的瓶颈带宽对路径进行排序标号，如 $\mathrm{path}_1,\mathrm{path}_2,\cdots,\mathrm{path}_x$，路径 path_x 的瓶颈带宽为 $b(\mathrm{path}_x)$。设矩阵 $\boldsymbol{T}$ 表示两个路径之间的链路分离与否。例如，若 $\mathrm{path}_i\cap\mathrm{path}_j=\varnothing$，那么 path_i 与 path_j 链路分离，所以 $T[i][j]=T[j][i]=\mathrm{True}$；反之，$T[i][j]=T[j][i]=\mathrm{False}$。

然后采取 x 次迭代，每次迭代都要寻出 k 条从源节点 s 到目的节点 t 的链路分离路径，表示为 $p_1,p_2,\cdots,p_k$。在第 q 次迭代中，$p_1=\mathrm{path}_q$，根据 $T[q][1]$ 到 $T[q][x]$ 搜寻矩阵 $\boldsymbol{T}$ 的第 q 列来找寻 True。若找到的列数为 j，那么 $p_2=\mathrm{path}_j$。若找到了 y 条链路分离路径 $p_1,p_2,\cdots,p_j$，那么通过矩阵 $\boldsymbol{T}$ 这 y 列来找寻下一个第 $y+1$ 条链路分离路径是否存在一行所有的 y 列对应的元素都为 True。如果满足，则 $p_{y+1}=\mathrm{path}_j$；否则，就进行新一轮的迭代。在查找链路分离路径时，从最大瓶颈带宽遍历到最小瓶颈带宽，最终找到前 k 条链路分离路径。因此，在 x 次迭代后会有 x 个有 k 条链路分离路径的集合，最后一步即选择最小瓶颈带宽最大的集合为需要的结果。前 k 条最大化最小瓶颈带宽链路分离路由算法的基本流程图如图 6.77 所示。

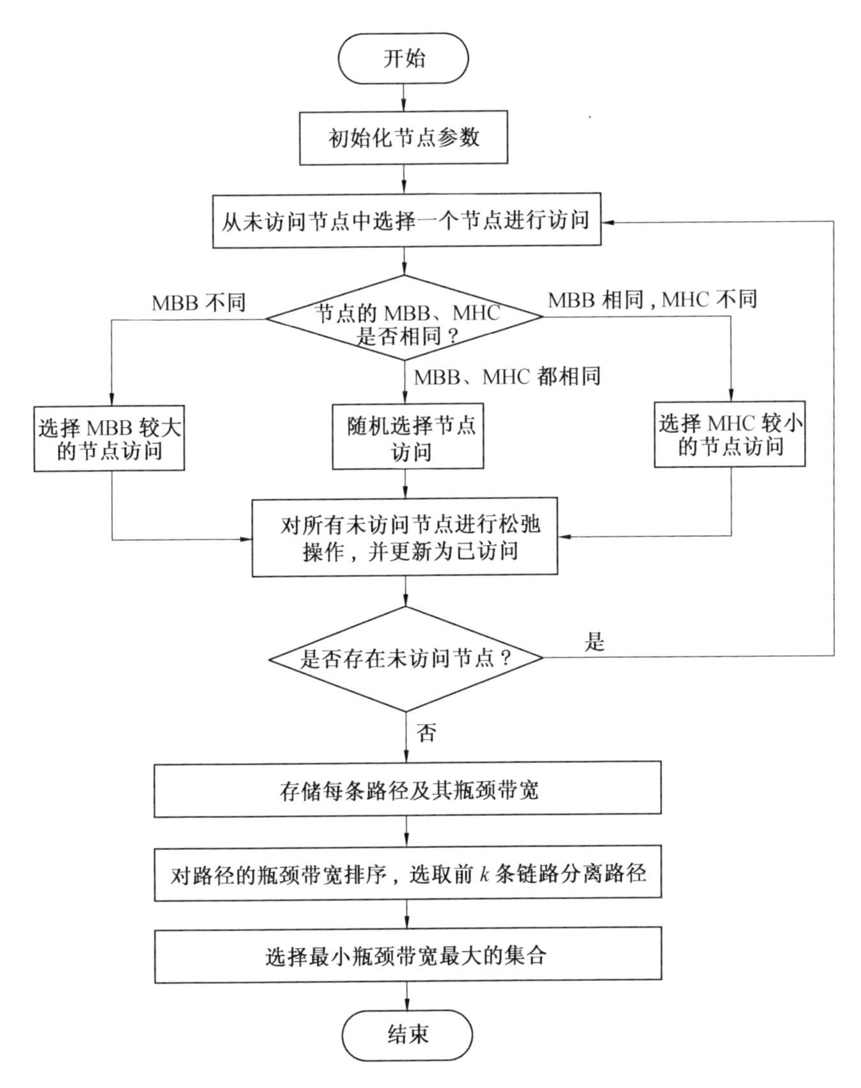

图 6.77　前 k 条最大化最小瓶颈带宽链路分离路由算法的基本流程图

⑤网络拓扑举例。

为更好地理解该算法流程，通过一个网络拓扑的例子来加以阐述。图 6.78 所示为网络拓扑举例，每个圆圈代表一个 SDN 交换机，每条边上的数字代表该链路的剩余带宽，圆圈中的数字分别代表了最小瓶颈带宽 MBB 的值和最小跳数 MHC 的值。

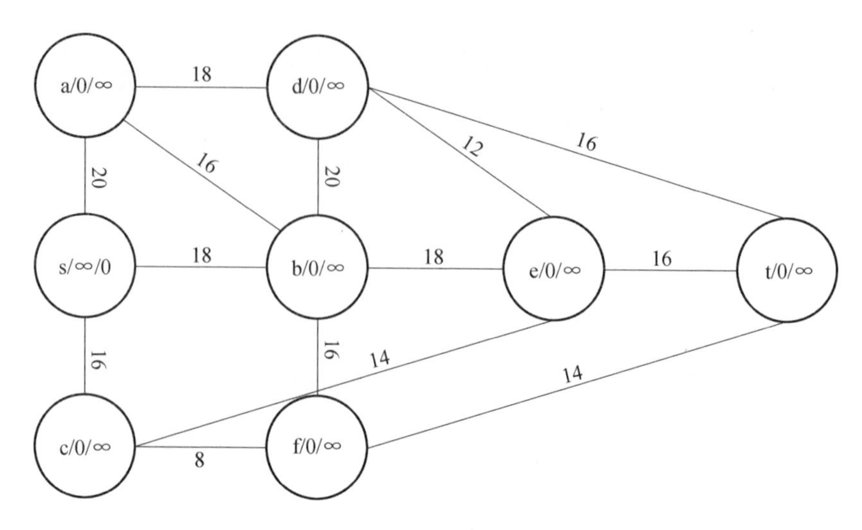

图 6.78　网络拓扑举例

经过该算法的第一部分，找寻从源节点 s 到目的节点 t 的一组路径，并记录路径的瓶颈带宽。路径及瓶颈带宽见表 6.6，从表 6.6 中得知共有 17 条从源节点 s 到目的节点 t 的路径，表中列出了每条路径的瓶颈带宽。经过第二部分贪心算法找到了 k 条链路分离路径。假设 $k=3$，经过 17 轮迭代后，一共求出 10 组 3 条链路分离的路径的可行解，$k=3$ 时链路分离路径及最小瓶颈带宽见表 6.7。需要从中选择最小瓶颈带宽最大的解，即最小瓶颈带宽为 14 的两组解：$p_1=s-c-e-t$，$b(p_1)=14$，$p_2=s-b-d-t$，$b(p_2)=16$，$p_3=s-a-b-f-t$，$b(p_3)=14$；$p_1'=s-b-f-t$，$b(p_1')=14$，$p_2'=s-a-d-t$，$b(p_2')=16$，$p_3'=s-c-e-t$，$b(p_3')=14$。图 6.79 所示为第一组前 k 条最大最小链路分离算法的最优解，图 6.80 所示为第二组前 k 条最大最小链路分离算法的最优解[21]。

表 6.6　路径及瓶颈带宽

路径	瓶颈带宽
$s-b-e-t$、$s-b-d-t$、$s-a-d-t$、$s-a-b-e-t$、$s-a-b-d-t$	16
$s-c-e-t$、$s-b-f-t$、$s-a-b-f-t$	14
$s-b-d-e-t$、$s-a-d-e-t$、$s-a-b-d-e-t$	12
$s-c-f-t$、$s-b-e-c-f-t$、$s-b-d-e-c-f-t$、$s-a-d-e-c-f-t$、$s-a-b-e-c-f-t$、$s-a-b-d-e-c-f-t$	8

表 6.7　$k=3$ 时链路分离路径及最小瓶颈带宽

链路分离路径	最小瓶颈带宽
14:$s-b-f-t$ 16：$s-a-d-t$ 14：$s-c-e-t$	14
14:$s-c-e-t$ 16：$s-b-d-t$ 14：$s-a-b-f-t$	14
8：$s-b-d-e-c-f-t$ 16：$s-a-d-t$ 14：$s-c-e-t$	8
8：$s-a-b-e-c-f-t$ 16：$s-b-d-t$ 14：$s-c-e-t$	8
8：$s-b-e-c-f-t$ 16：$s-a-d-t$ 14：$s-c-e-t$	8
12：$s-a-d-e-t$ 16：$s-b-d-t$ 8：$s-c-f-t$	8
12：$s-b-d-e-t$ 16：$s-a-d-t$ 8：$s-c-f-t$	8
16：$s-a-b-d-t$ 16：$s-b-e-t$ 8：$s-c-f-t$	8
16：$s-b-e-t$ 16：$s-a-d-t$ 8：$s-c-f-t$	8
16：$s-b-d-t$ 16：$s-a-b-e-t$ 8：$s-c-f-t$	8

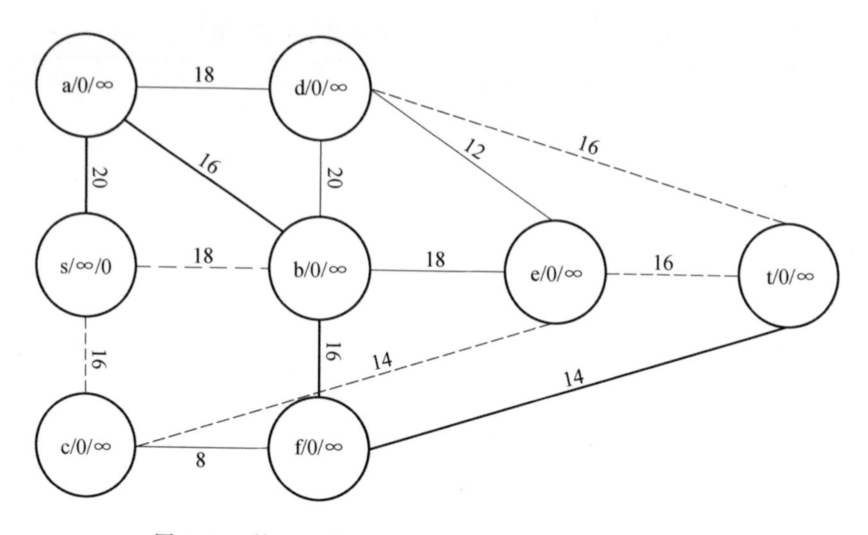

图 6.79　第一组前 k 条最大最小链路分离算法的最优解

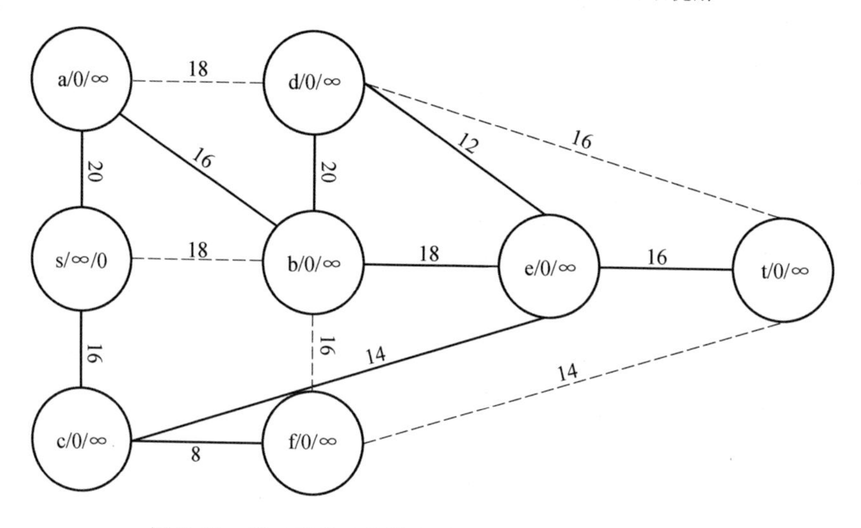

图 6.80　第二组前 k 条最大最小链路分离算法的最优解

(3)仿真结果及分析。

①仿真。为验证本节提出的 k 条最大最小链路分离路径算法的性能优劣，将其与其他两种算法(First-k-max 带宽链路分离算法和 SPF 算法)进行比较分析。

在 Ubuntu16.04 系统下的 Clion 软件中进行仿真，定义 $k=3$，网络拓扑节点个数分别取 10、20、30、40、50，每个点的连接度不超过 5。图 6.81 所示为三种算法在不同节点数量下的最小瓶颈带宽，图 6.82 所示为三种算法在不同节点数量下的平均瓶颈带宽，图 6.83 所示为三种算法在不同节点数量下的最大瓶颈带

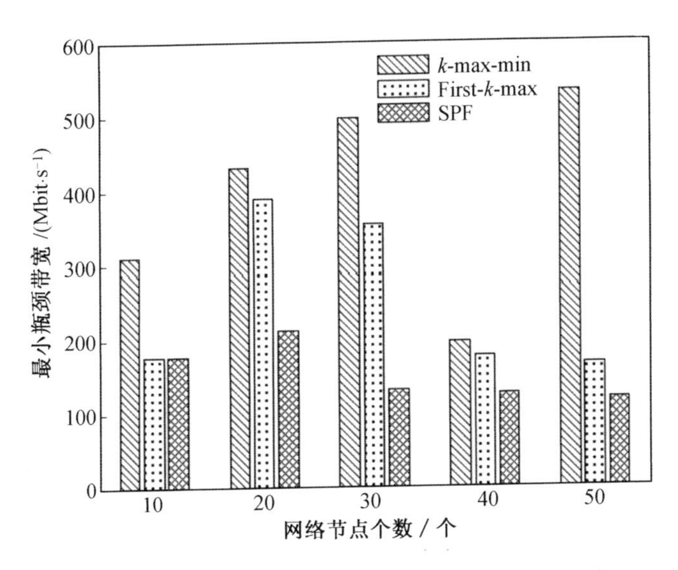

图 6.81　三种算法在不同节点数量下的最小瓶颈带宽

宽。可以看到，本节提出的算法在最小瓶颈带宽上的吞吐量更大，其原因是用最大瓶颈带宽的吞吐量来填补最小瓶颈带宽上的吞吐量，该算法在平均瓶颈带宽上的吞吐量也有着一定的优势，而且最大与最小瓶颈带宽相差也较小。综上，基于流量的 k 条最大最小链路分离路由算法主要解决了 HOL 问题，增加了网络的平均吞吐量。

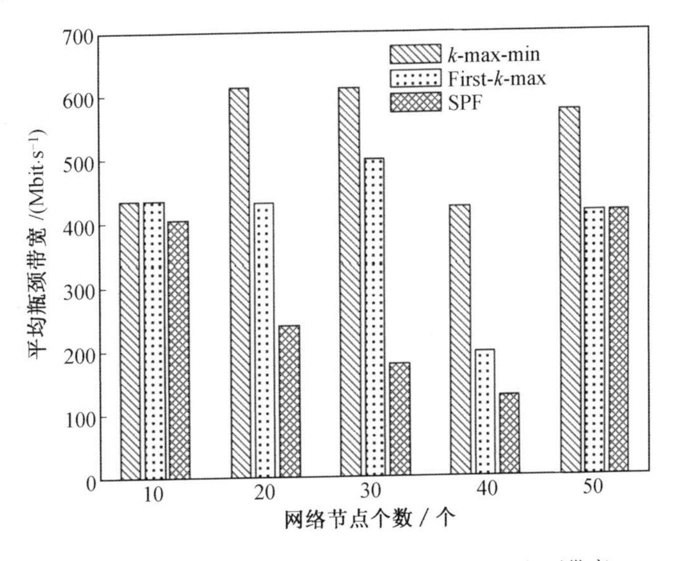

图 6.82　三种算法在不同节点数量下的平均瓶颈带宽

当 k 取 2 时，依然选取上面节点个数为 10、20、30、40、50 的网络进行仿真，外

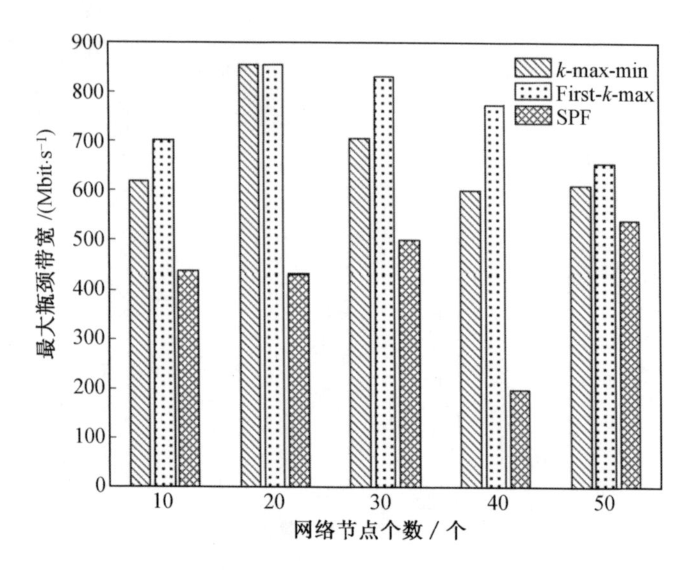

图 6.83　三种算法在不同节点数量下的最大瓶颈带宽

加设计的 32 颗 LEO 低轨卫星网络。

图 6.84 所示为 $k=2$ 时各个节点数量下网络的最小瓶颈带宽，图 6.85 所示为 $k=2$ 时各个节点数量下网络的最大瓶颈带宽。可以看到，本节提出的算法在最小瓶颈带宽上的吞吐量要比其他两种算法（First-k-max 算法和 SPF 算法），牺牲了最大瓶颈带宽，因此最大瓶颈带宽上的吞吐量要低于 First-k-max 算法，但要高于 SPF 算法。

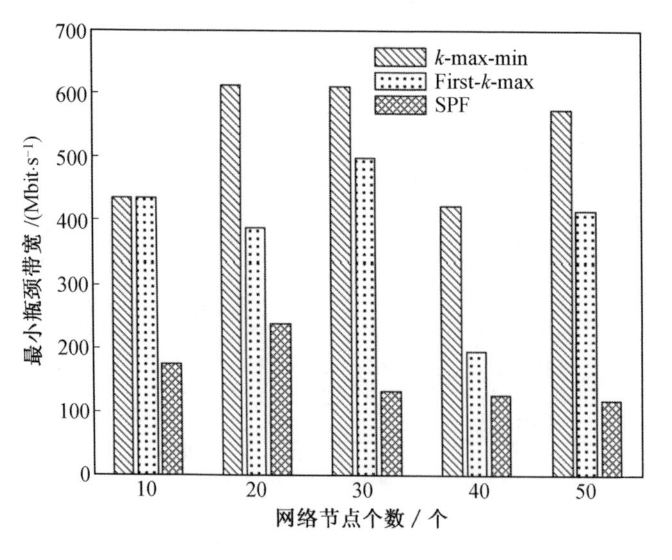

图 6.84　$k=2$ 时各个节点数量下网络的最小瓶颈带宽

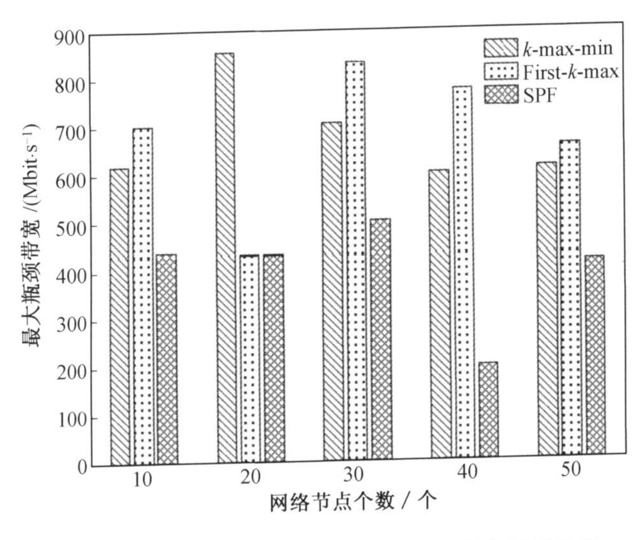

图 6.85　$k=2$ 时各个节点数量下网络的最大瓶颈带宽

②k 的变化情况对网络仿真结果的影响。仿真网络为节点数量为 50 的拓扑，分别取 k 为 2、3、4 进行仿真，得到图 6.86 所示 k 取不同值时对最小瓶颈带宽的影响，图 6.87 所示 k 取不同值时对平均瓶颈带宽的影响，图 6.88 所示 k 取不同值时对最大瓶颈带宽的影响。由图可知，k 值对 First-k-max 算法和 SPF 算法的平均瓶颈带宽的差别影响不大，而且随着 k 的逐渐增大，三种算法之间的最大、最小、平均瓶颈带宽的差别也逐渐缩小，且无论 k 取何值，本节提出的算法 k 条最大最小链路分离路由算法的最小、平均瓶颈带宽都要远好于 First-k-max 算法和 SPF 算法。

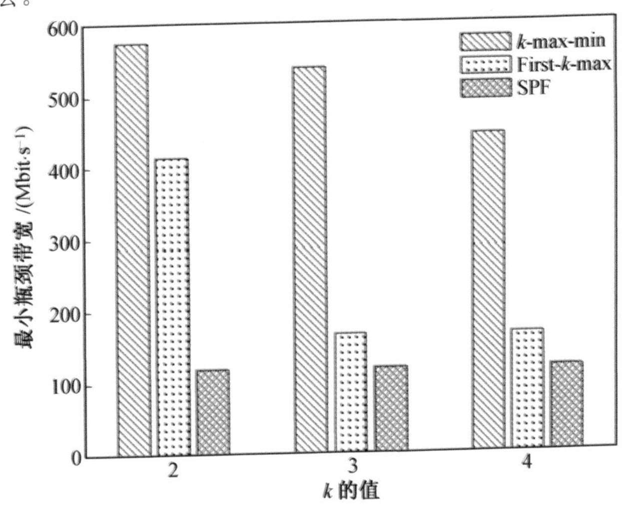

图 6.86　k 取不同值时对最小瓶颈带宽的影响

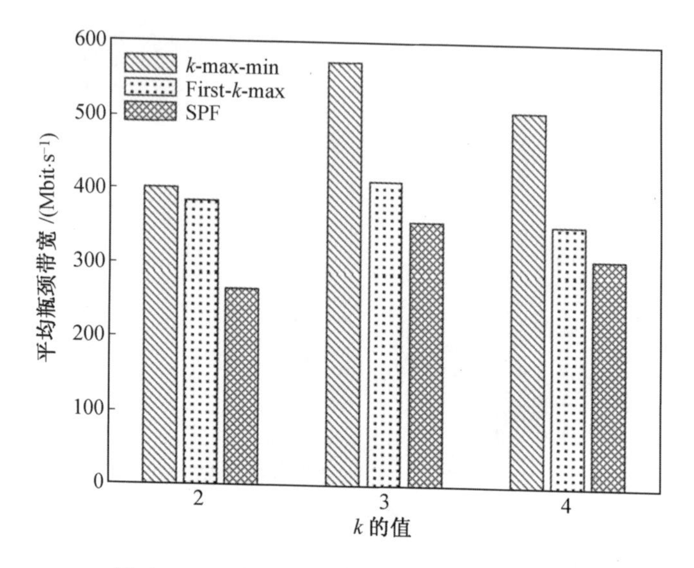

图 6.87　k 取不同值时对平均瓶颈带宽的影响

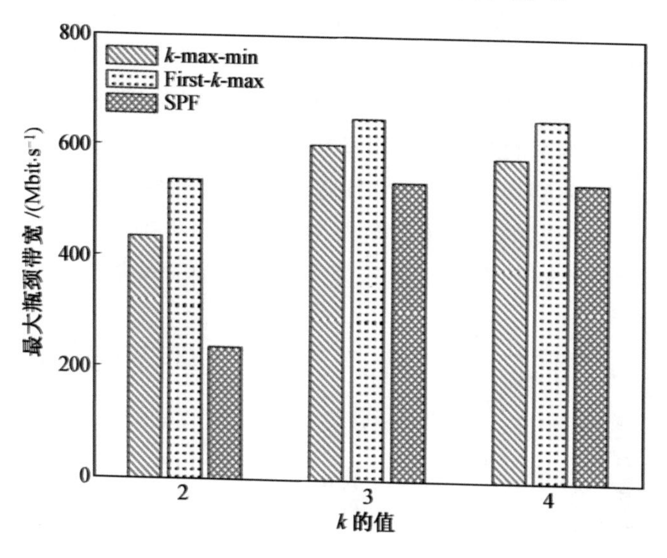

图 6.88　k 取不同值时对最大瓶颈带宽的影响

该算法首先找寻一组从源节点到目的节点的路径，此过程网络拓扑的所有节点都会被访问到。因此，实现存储每个节点的方式为大顶堆，用来快速寻找到最大瓶颈带宽。虽然堆顶元素删除需要时间为常数，但是调整堆的时间为指数。因此，若访问了 V 个节点，则时间复杂度为 $O(|V|\log|V|)$。存储每条路径的瓶颈带宽需要用“最大堆”。当进行边松弛操作时，得到最大瓶颈带宽，所需要的时间复杂度为 $O(\log|V|)$，E 条边的松弛操作就为 $|E|O(\log|V|)$。综上，算法的

第一部分的时间复杂度为

$$|V|O(\log|V|)+|E|O(\log|V|)=O(|V|\log|V|+|E|\log|V|)$$

算法的第二部分选择前 k 条链路分离路径中，从目的节点 t 返回到上一节点，时间复杂度为 $O(|V|)$。如果目的节点 t 的上一节点有 p 个，那么有 $x=p\times m$ 个路径，则得到路径的时间复杂度为 $O(x|V|)$。每条路径的链路数最大为 V，判断两条链路是否链路分离需要的时间复杂度为 $O(|V|^2)$，所以需要复杂度为 $O(x^2|V|^2)$，找到 k 条路径需要复杂度为 $O(k\cdot x)$，有 x 次迭代，所以这些迭代需要的总时间复杂度为 $O(k\cdot x^2)$。综上，算法第二部分的时间复杂度为 $O(x^2|V|^2+kx^2)$。由于迭代次数 x 为常数，因此最终第二部分的时间复杂度为 $O(|V|^2)$。

最后，将两部分相加得到总的算法时间复杂度为

$$O(|V|\log|V|+|E|\log|V|+|V|^2)$$

6.5　本章小结

本章面向未来天地一体化网络，将 SDN/NVF 新型网络架构应用到空间网络虚拟化技术中。首先，梳理了软件定义网络的概念；其次，介绍了软件无线电系统的硬件实现方法；最后，针对搭建的基于 SDN 空间网络案例进行了分析和测试。

本章参考文献

[1] CHEN M, ZHANG S, DENG H, et al. Automatic deployment and control of network services in NFV environments[J]. Journal of Network and Computer Applications, 2020, 164(11):102677.

[2] BARRITT B J, EDDY W. SDN enhancements for LEO satellite networks [C]. Cleveland City: AIAA International Communications Satellite Systems Conference, 2016.

[3] 张朝昆，崔勇，唐翯祎，等. 软件定义网络(SDN)研究进展[J]. 软件学报，2015，26(1)：62-81.

[4] LI W, MENG W, KWOK L F. A survey on OpenFlow-based software defined networks: security challenges and countermeasures[J]. Journal of Network & Computer Applications, 2016, 68: 126-139.

[5] 孙浩，章韵，倪晓军. 基于 OpenFlow 的网络虚拟化技术[J]. 计算机应用，2016，36(Z2)：1-5，10.

[6] 张九龙，鄷广增. 我国移动卫星星座设计、覆盖分析及动态仿真[J]. 南京邮电大学学报(自然科学版)，2002，22(2)：11-15.

[7] LI T，ZHOU H，LUO H，et al. Using SDN and NFV to implement satellite communication networks[C]. Hakodate City：International Conference on Networking and Network Applications (NaNA)，2016：131-134.

[8] 徐媚琳. SDN/NFV 架构下的空间网络资源调度技术研究[D]. 哈尔滨：哈尔滨工业大学，2020.

[9] COLAVOLPE G，GERMI G. On the application of factor graphs and the sum-product algorithm to ISI channels[J]. IEEE Transactions on Communications，2005，53(5)：818-825.

[10] LI C F，CHENG J H. A two-stage digital AGC scheme with diversity selection for frame-based OFDM systems[C]. Island of Kos：IEEE International Symposium on Circuits & Systems. IEEE，2006.

[11] AMMARI M L，FORTIER P，HUYNH T H . Performance of subcarrier synchronized OFDM[C]. Tokyo：IEEE Vehicular Technology Conference. IEEE，2000.

[12] 李俊龙. 基于稀疏码分多址的 SEFDM 通信系统设计与实现[D]. 哈尔滨：哈尔滨工业大学，2019.

[13] 周荣富. 基于 Mininet 的 SDN 网络拓扑带宽性能分析[J]. 信息通信，2019，193(1)：203-205.

[14] BHOLEBAWA I Z，DALAL U D. Performance analysis of SDN/OpenFlow controllers：POX versus floodlight[J]. Wireless Personal Communications，2018，98(2)：1679-1699.

[15] VEDHAPRIYAVADHANA R，RANI E F I，THEEPA M. Simulation and performance analysis of security issue using floodlight controller in software defined network[C]. Ernakulam City：International Conference on Emerging Trends & Innovations in Engineering & Technological Research (ICETIETR)，2018：1-6.

[16] ZHANG L J，HE X H. Route search base on pgRouting[J]. Advances in Intelligent and Soft Computing，2012，115：1003-1007.

[17] FORD A，SCHARF M. Multipath TCP (MPTCP) application interface considerations[J]. Heise Zeitschriften Verlag，2013，3：1-30.

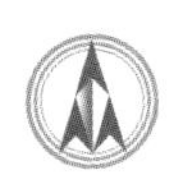

[18] POL R, BOELE S, DIJKSTRA F, et al. Multipathing with MPTCP and OpenFlow [C] Salt Lake City: SC Companion: High Performance Computing, Networking Storage and Analysis, 2013:1617-1624.
[19] KIM Y, AN N, LIM H. Construction of SDN - based C - RAN simulation environment using Mininet - WiFi [C]. Symposium of the Korean Institute of Communications and Information Sciences, 2018.
[20] 高天娇. 基于全局拓扑的双层卫星网络路由算法研究[D]. 哈尔滨:哈尔滨工业大学,2018.

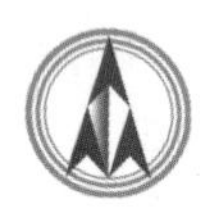

名词索引

E

F

G

H

I

J

K

S

T

U

V

W

X

附录　部分彩图

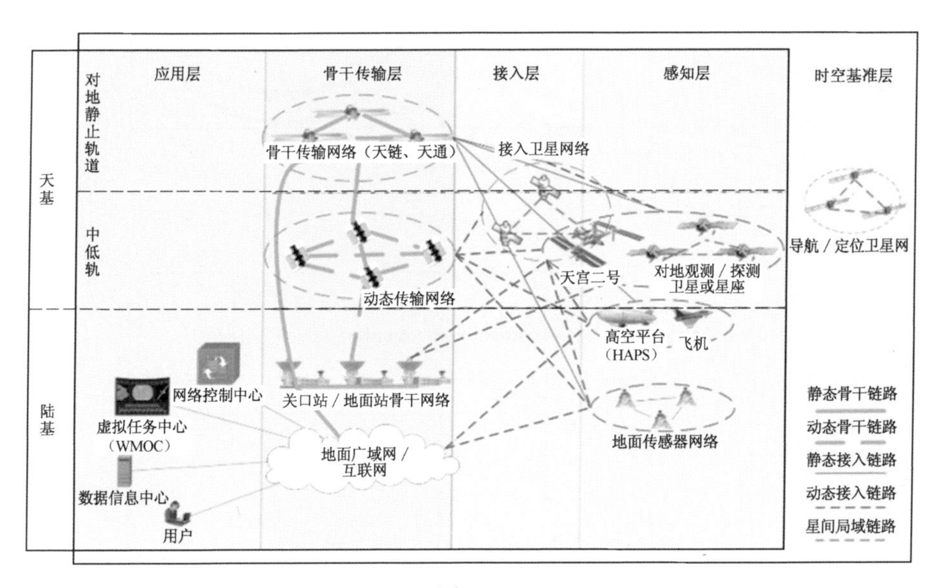
应用层
骨干传输层
接入层
感知层
时空基准层
对地静止轨道
天基
中低轨
陆基
骨干传输网络（天链、天通）
接入卫星网络
动态传输网络
天宫二号
对地观测/探测卫星或星座
导航/定位卫星网
高空平台（HAPS）
飞机
网络控制中心
虚拟任务中心（WMOC）
关口站/地面站骨干网络
地面广域网/互联网
数据信息中心
用户
地面传感器网络
静态骨干链路
动态骨干链路
静态接入链路
动态接入链路
星间局域链路

图 2.1

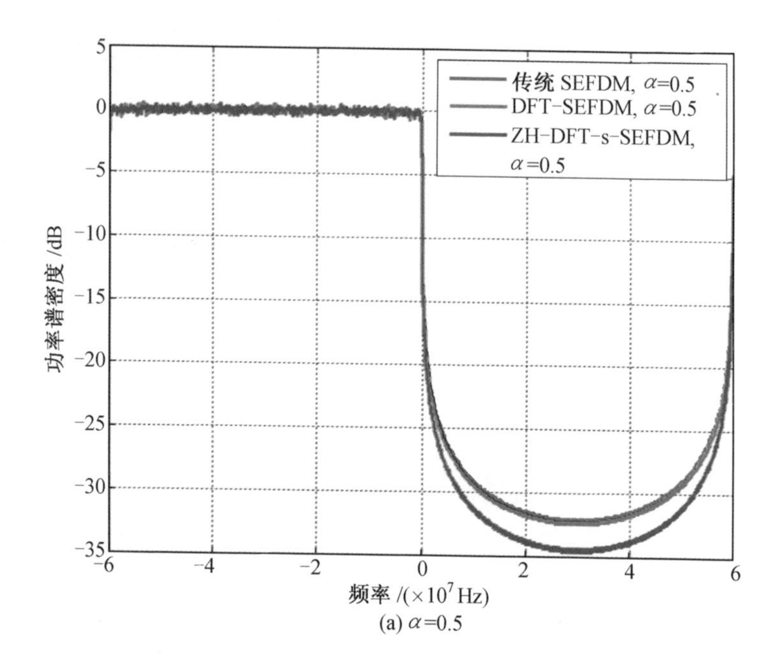

(a) α=0.5

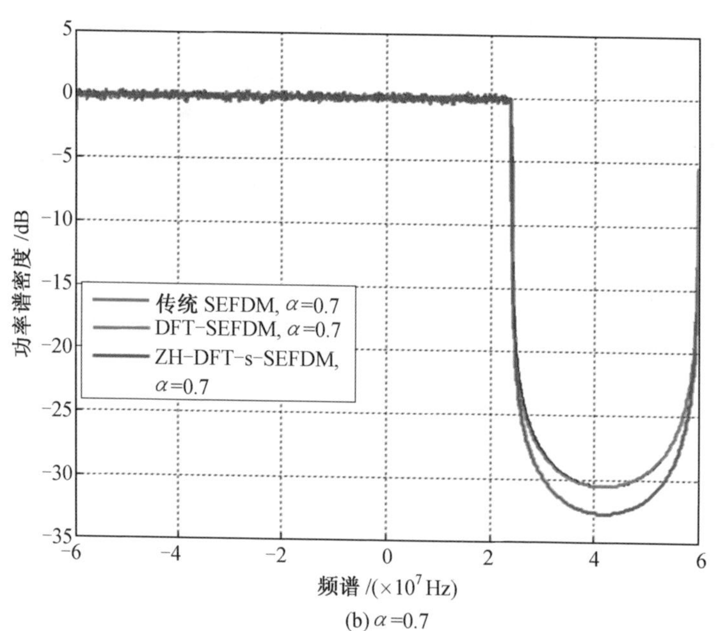

(b) α=0.7

图 4.15

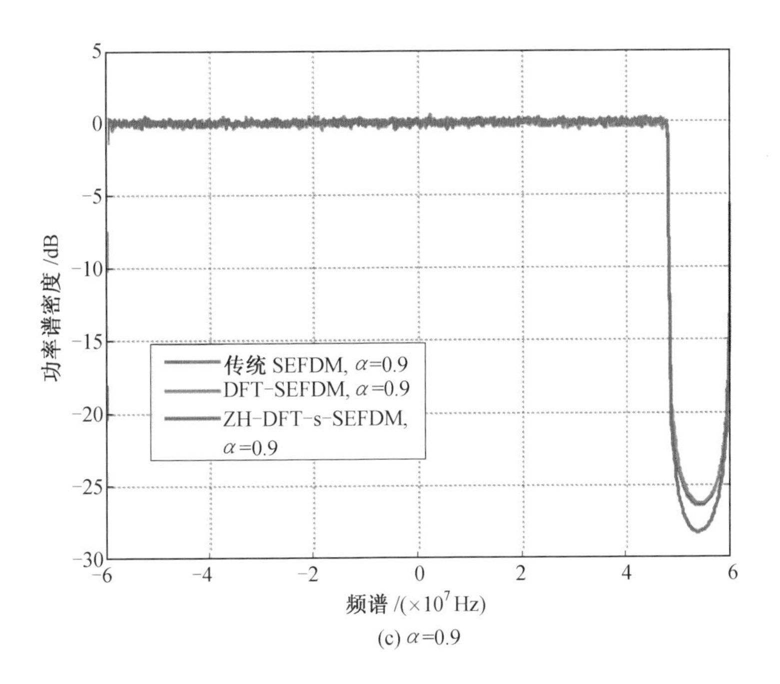

(c) α=0.9

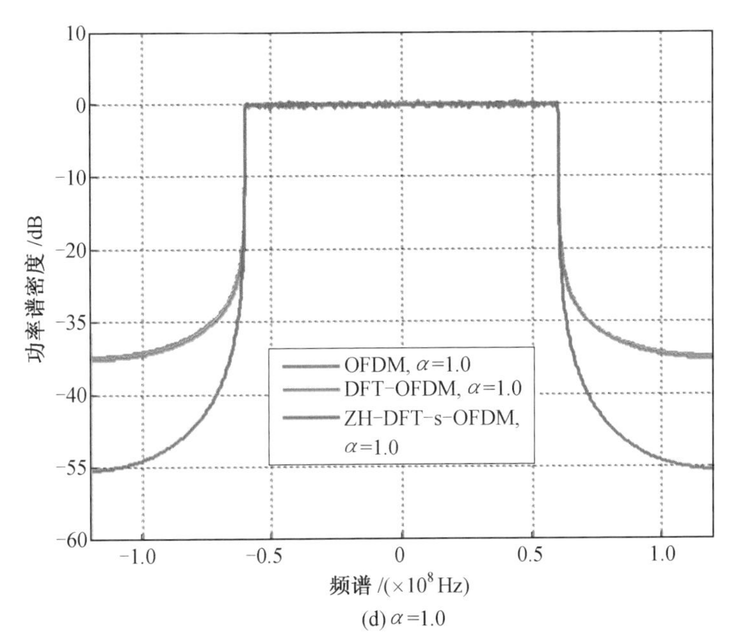

(d) α=1.0

续图 4.15

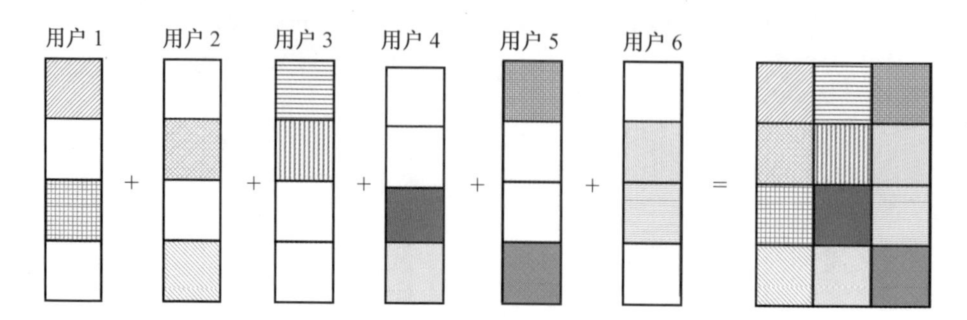

图 4.26

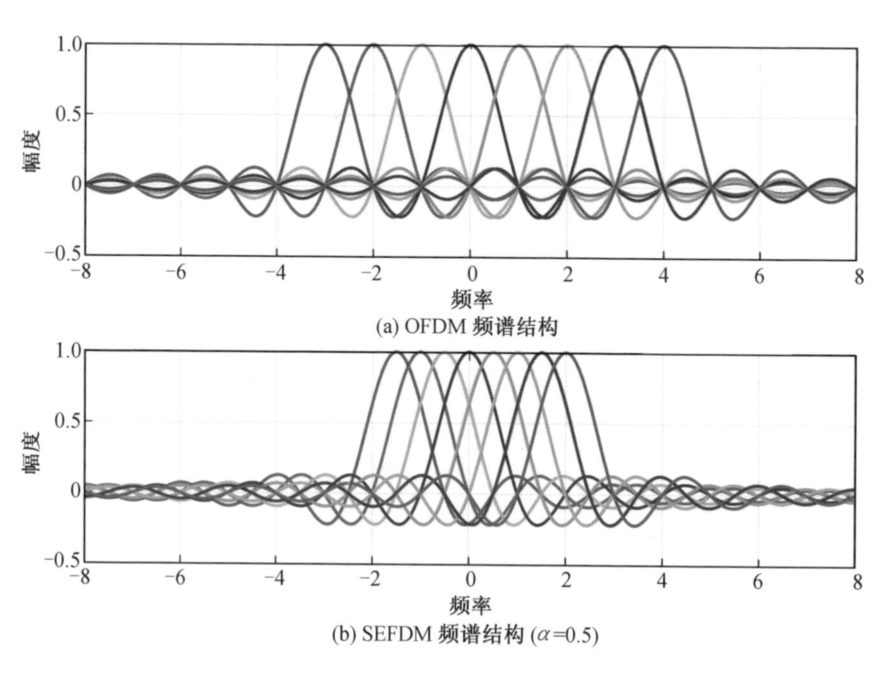

图 4.27

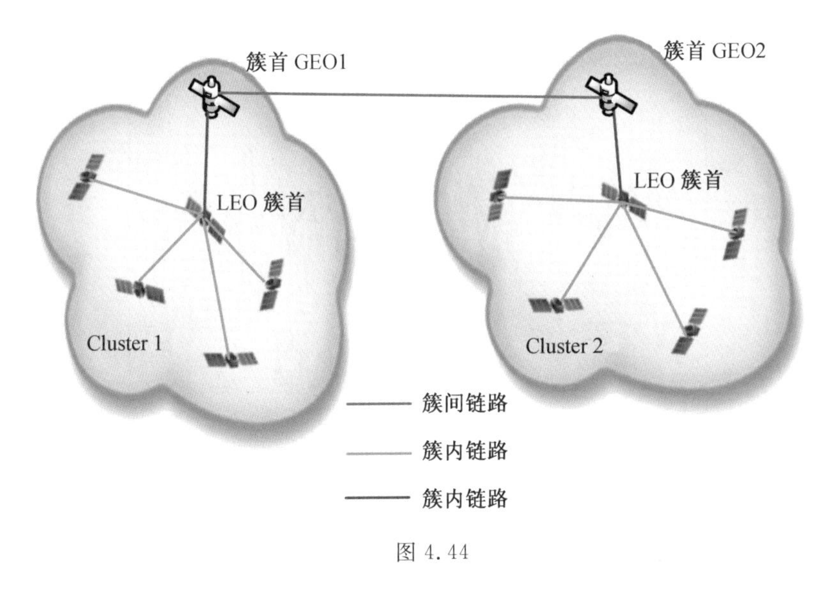
簇首 GEO1
簇首 GEO2
LEO 簇首
LEO 簇首
Cluster 1
Cluster 2
簇间链路
簇内链路
簇内链路

图 4.44

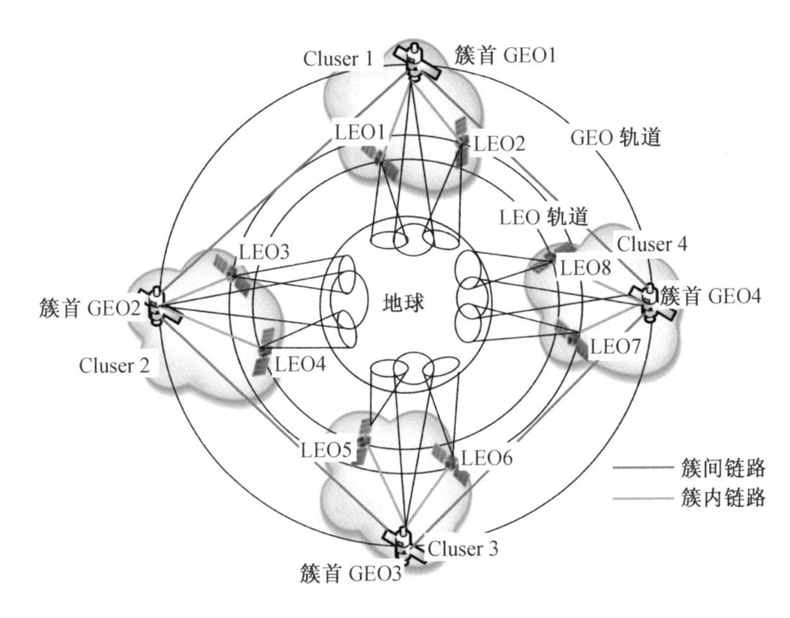
Cluser 1
簇首 GEO1
LEO1
LEO2
GEO 轨道
LEO 轨道
Cluser 4
LEO3
LEO8
簇首 GEO2
地球
簇首 GEO4
LEO7
Cluser 2
LEO4
LEO5
LEO6
簇间链路
簇内链路
Cluser 3
簇首 GEO3

图 4.50

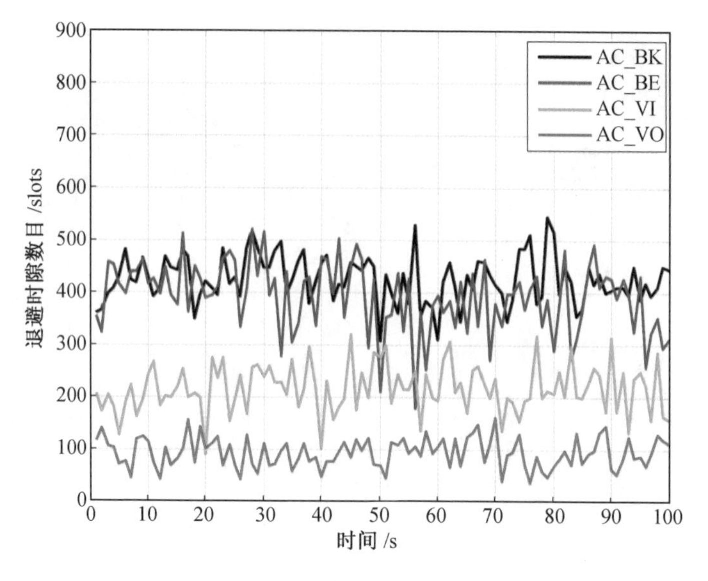

图 4.74

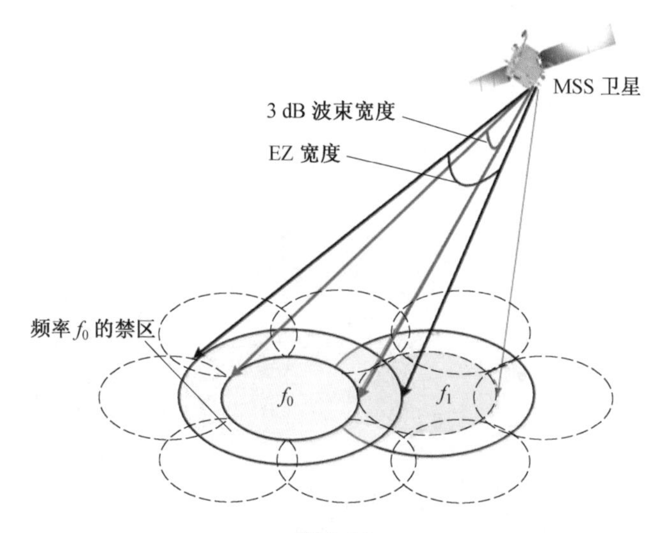

图 5.19

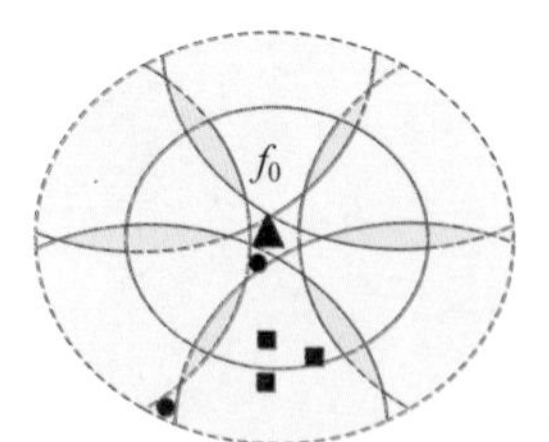

图 5.24

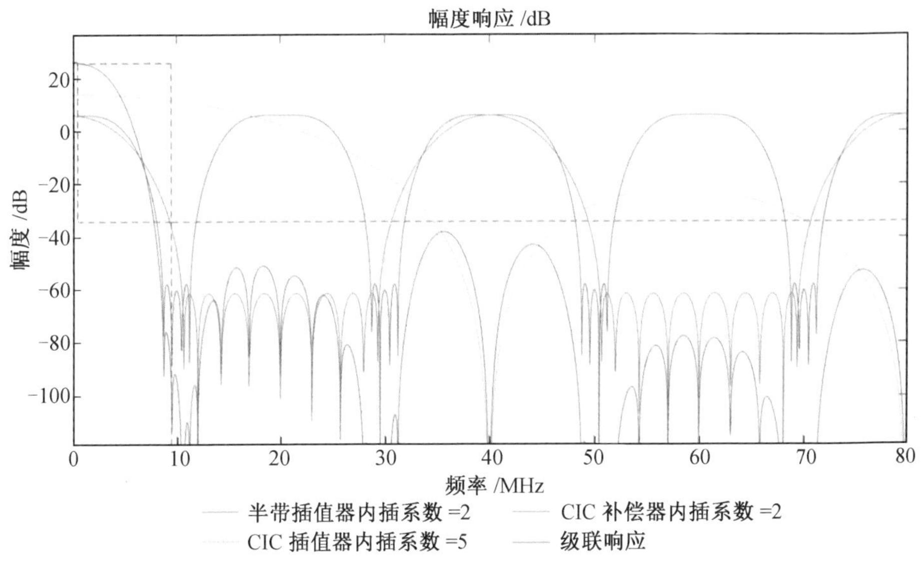
幅度响应 /dB
幅度 /dB
20
0
-20
-40
-60
-80
-100
0
10
20
30
40
50
60
70
80
频率 /MHz
半带插值器内插系数 =2
CIC 补偿器内插系数 =2
CIC 插值器内插系数 =5
级联响应

图 6.8

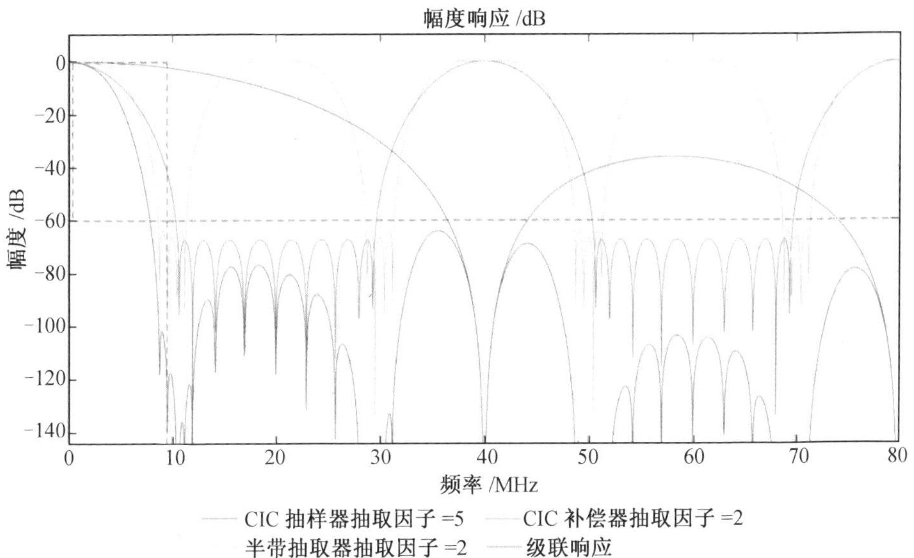
幅度响应 /dB
幅度 /dB
0
-20
-40
-60
-80
-100
-120
-140
0
10
20
30
40
50
60
70
80
频率 /MHz
CIC 抽样器抽取因子 =5
CIC 补偿器抽取因子 =2
半带抽取器抽取因子 =2
级联响应

图 6.10

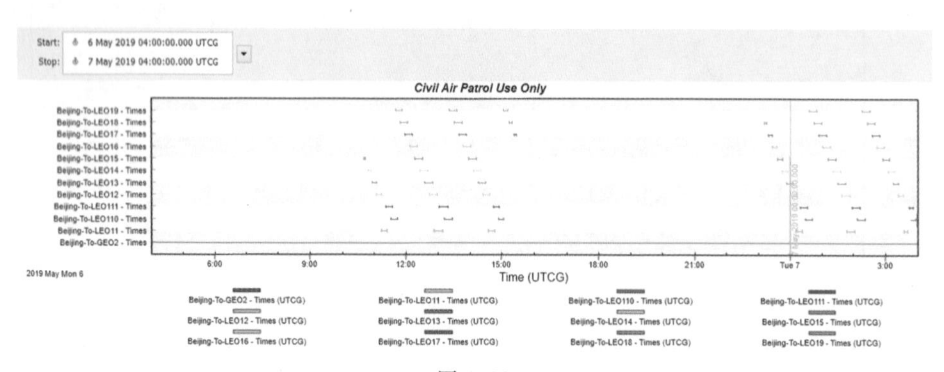
Start: 6 May 2019 04:00:00.000 UTCG
Stop: 7 May 2019 04:00:00.000 UTCG
Civil Air Patrol Use Only
Beijing-To-LEO19 - Times
Beijing-To-LEO18 - Times
Beijing-To-LEO17 - Times
Beijing-To-LEO16 - Times
Beijing-To-LEO15 - Times
Beijing-To-LEO14 - Times
Beijing-To-LEO13 - Times
Beijing-To-LEO12 - Times
Beijing-To-LEO111 - Times
Beijing-To-LEO110 - Times
Beijing-To-LEO11 - Times
Beijing-To-GEO2 - Times
6:00
9:00
12:00
15:00
18:00
21:00
Tue 7
3:00
2019 May Mon 6
Time (UTCG)
Beijing-To-GEO2 - Times (UTCG)
Beijing-To-LEO11 - Times (UTCG)
Beijing-To-LEO110 - Times (UTCG)
Beijing-To-LEO111 - Times (UTCG)
Beijing-To-LEO12 - Times (UTCG)
Beijing-To-LEO13 - Times (UTCG)
Beijing-To-LEO14 - Times (UTCG)
Beijing-To-LEO15 - Times (UTCG)
Beijing-To-LEO16 - Times (UTCG)
Beijing-To-LEO17 - Times (UTCG)
Beijing-To-LEO18 - Times (UTCG)
Beijing-To-LEO19 - Times (UTCG)

图 6.18

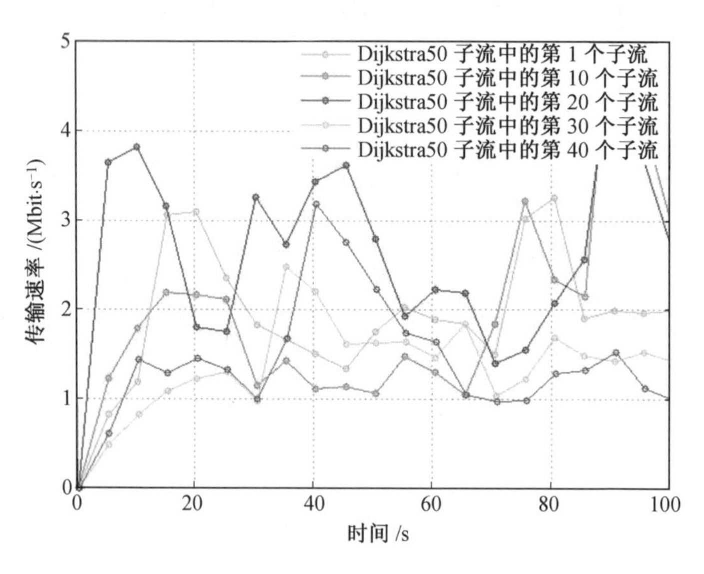
Dijkstra50 子流中的第 1 个子流
Dijkstra50 子流中的第 10 个子流
Dijkstra50 子流中的第 20 个子流
Dijkstra50 子流中的第 30 个子流
Dijkstra50 子流中的第 40 个子流
传输速率 /(Mbit·s-1)
0
1
2
3
4
5
0
20
40
60
80
100
时间 /s

图 6.39

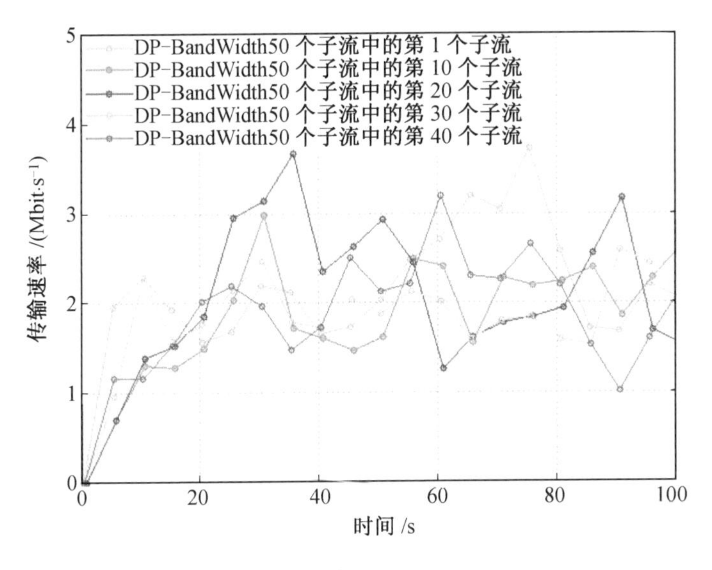
DP-BandWidth50 个子流中的第 1 个子流
DP-BandWidth50 个子流中的第 10 个子流
DP-BandWidth50 个子流中的第 20 个子流
DP-BandWidth50 个子流中的第 30 个子流
DP-BandWidth50 个子流中的第 40 个子流
传输速率 /(Mbit·s⁻¹)
时间 /s
0
1
2
3
4
5
20
40
60
80
100

图 6.40

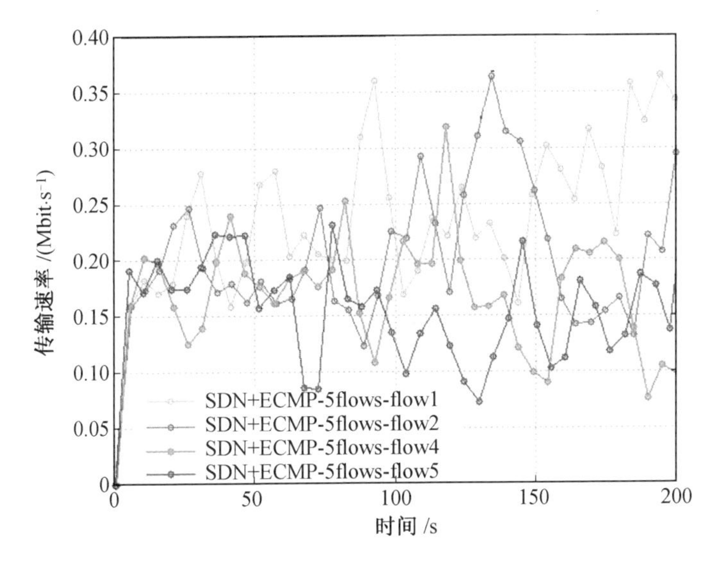
SDN+ECMP-5flows-flow1
SDN+ECMP-5flows-flow2
SDN+ECMP-5flows-flow4
SDN+ECMP-5flows-flow5
传输速率 /(Mbit·s⁻¹)
时间 /s
0
0.05
0.10
0.15
0.20
0.25
0.30
0.35
0.40
50
100
150
200

图 6.56

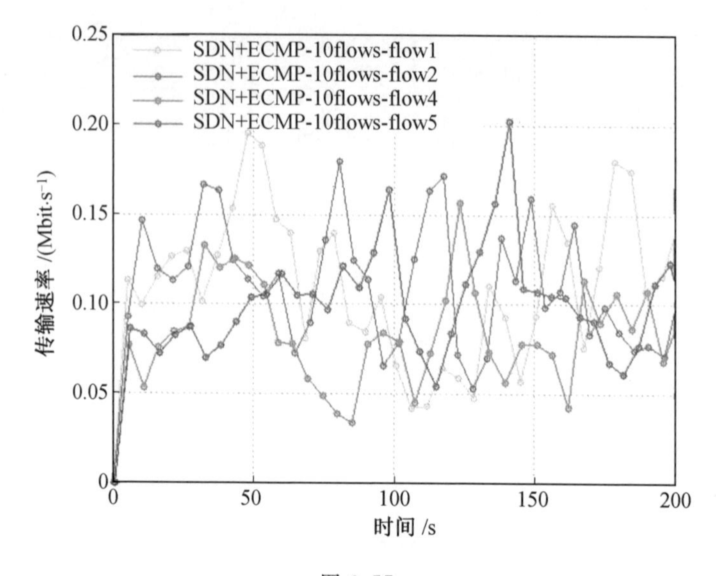
SDN+ECMP-10flows-flow1
SDN+ECMP-10flows-flow2
SDN+ECMP-10flows-flow4
SDN+ECMP-10flows-flow5
传输速率 /(Mbit·s-1)
时间 /s
0.25
0.20
0.15
0.10
0.05
0
0
50
100
150
200

图 6.57

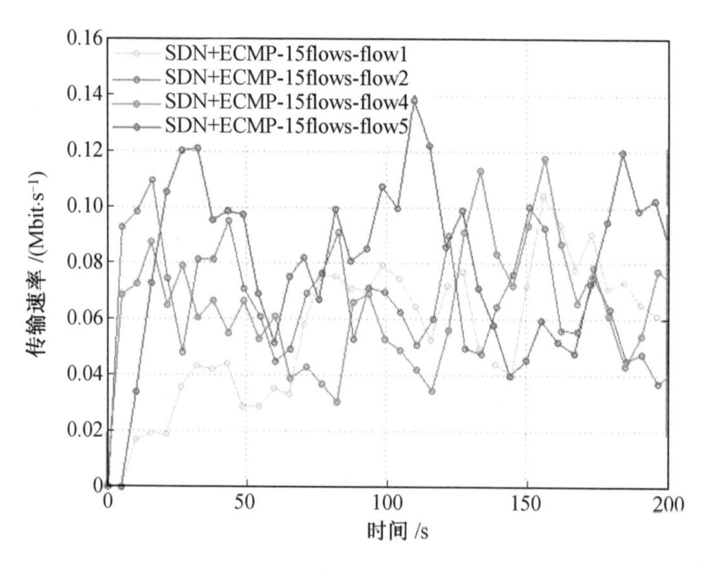
SDN+ECMP-15flows-flow1
SDN+ECMP-15flows-flow2
SDN+ECMP-15flows-flow4
SDN+ECMP-15flows-flow5
传输速率 /(Mbit·s-1)
时间 /s
0.16
0.14
0.12
0.10
0.08
0.06
0.04
0.02
0
0
50
100
150
200

图 6.58

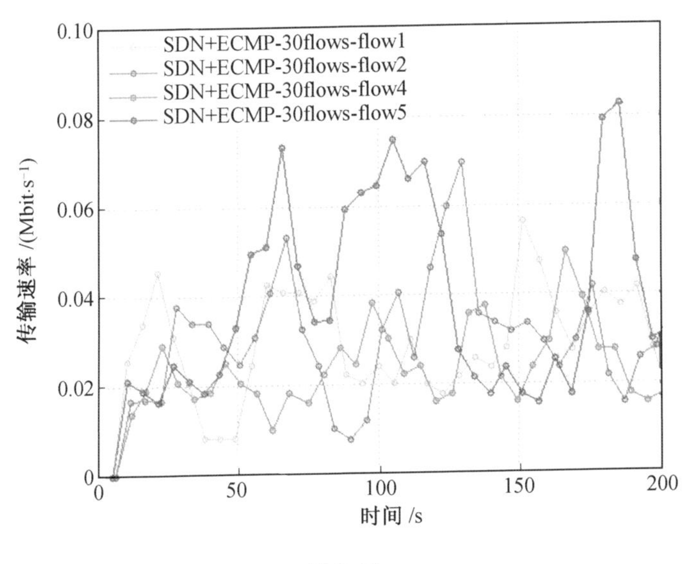
SDN+ECMP-30flows-flow1
SDN+ECMP-30flows-flow2
SDN+ECMP-30flows-flow4
SDN+ECMP-30flows-flow5
0.10
0.08
0.06
0.04
0.02
0
0
50
100
150
200
传输速率 /(Mbit·s⁻¹)
时间 /s

图 6.59

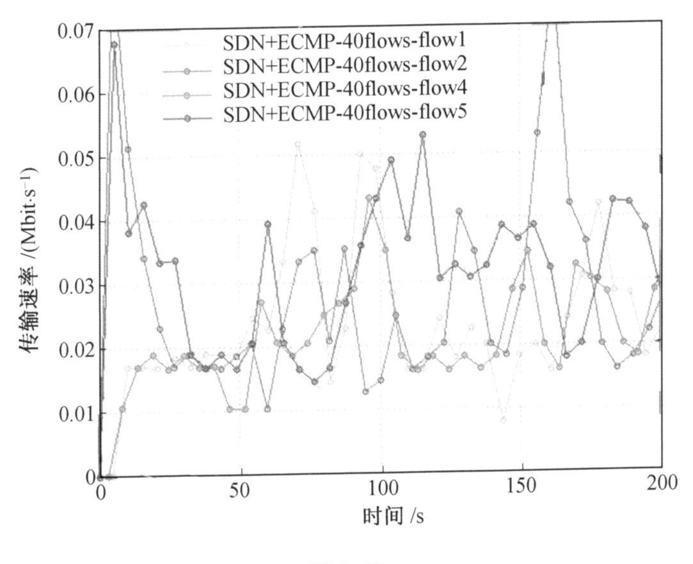
SDN+ECMP-40flows-flow1
SDN+ECMP-40flows-flow2
SDN+ECMP-40flows-flow4
SDN+ECMP-40flows-flow5
0.07
0.06
0.05
0.04
0.03
0.02
0.01
0
0
50
100
150
200
传输速率 /(Mbit·s⁻¹)
时间 /s

图 6.60

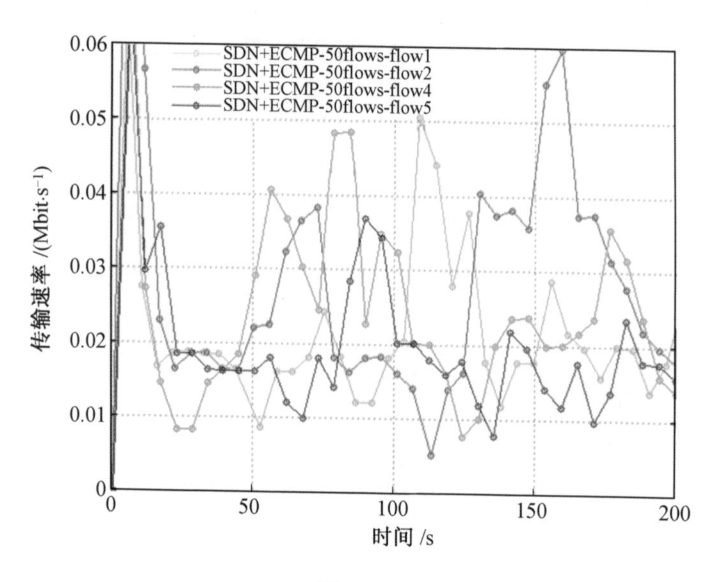
SDN+ECMP-50flows-flow1
SDN+ECMP-50flows-flow2
SDN+ECMP-50flows-flow4
SDN+ECMP-50flows-flow5
传输速率 /(Mbit·s⁻¹)
时间 /s
0
0.01
0.02
0.03
0.04
0.05
0.06
50
100
150
200

图 6.61

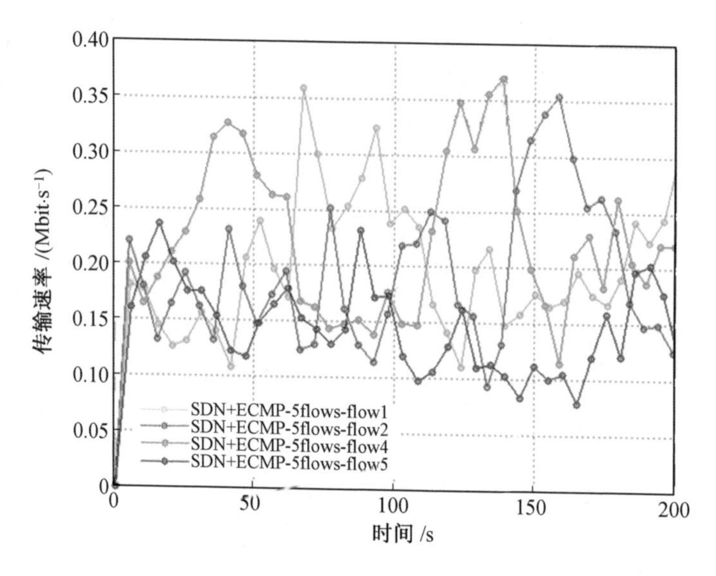
SDN+ECMP-5flows-flow1
SDN+ECMP-5flows-flow2
SDN+ECMP-5flows-flow4
SDN+ECMP-5flows-flow5
传输速率 /(Mbit·s⁻¹)
时间 /s
0
0.05
0.10
0.15
0.20
0.25
0.30
0.35
0.40
50
100
150
200

图 6.62

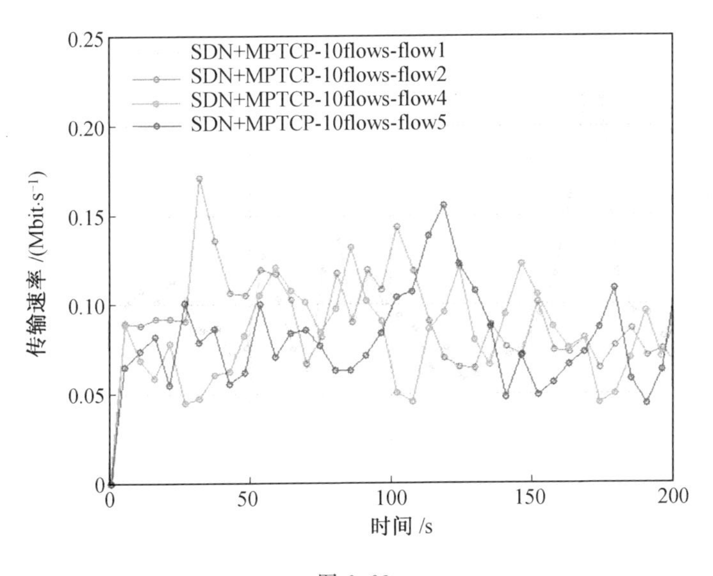
SDN+MPTCP-10flows-flow1
SDN+MPTCP-10flows-flow2
SDN+MPTCP-10flows-flow4
SDN+MPTCP-10flows-flow5
传输速率 /(Mbit·s⁻¹)
0.25
0.20
0.15
0.10
0.05
0
50
100
150
200
时间 /s

图 6.63

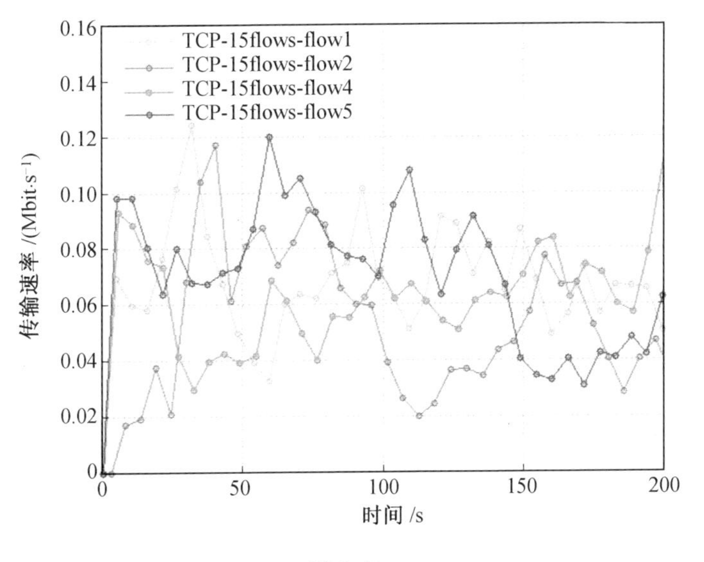
TCP-15flows-flow1
TCP-15flows-flow2
TCP-15flows-flow4
TCP-15flows-flow5
传输速率 /(Mbit·s⁻¹)
0.16
0.14
0.12
0.10
0.08
0.06
0.04
0.02
0
50
100
150
200
时间 /s

图 6.64

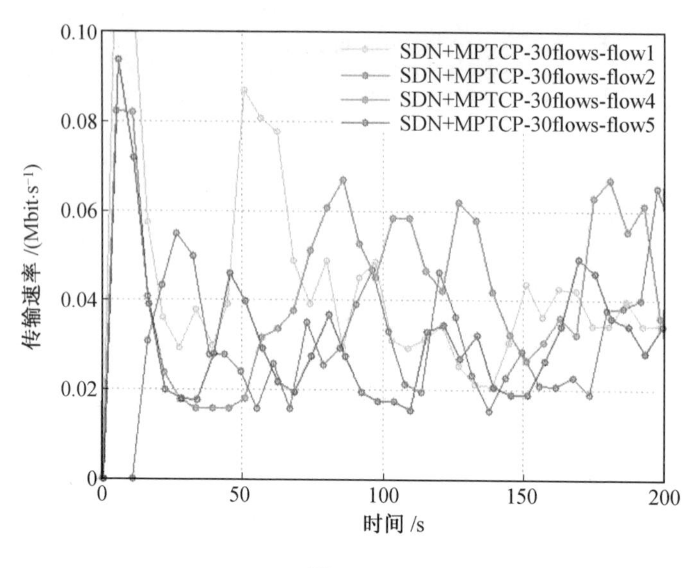
0.10
0.08
0.06
0.04
0.02
0
传输速率 /(Mbit·s⁻¹)
0
50
100
150
200
时间 /s
SDN+MPTCP-30flows-flow1
SDN+MPTCP-30flows-flow2
SDN+MPTCP-30flows-flow4
SDN+MPTCP-30flows-flow5

图 6.65

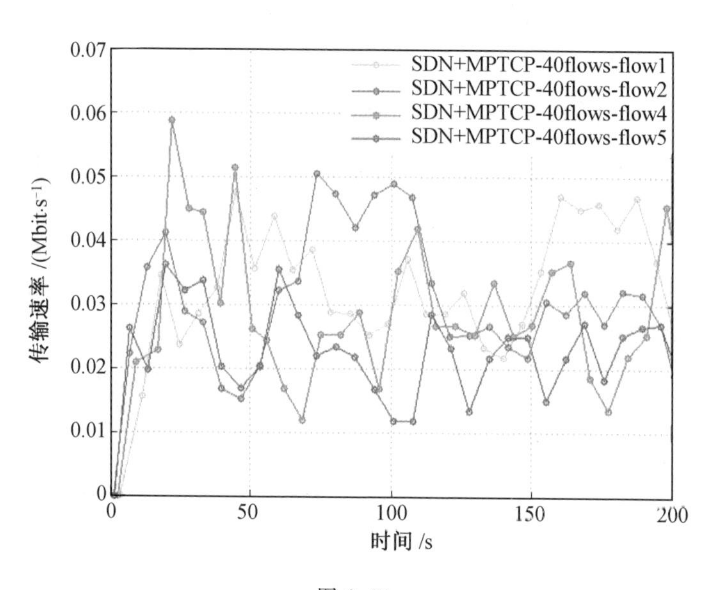
0.07
0.06
0.05
0.04
0.03
0.02
0.01
0
传输速率 /(Mbit·s⁻¹)
0
50
100
150
200
时间 /s
SDN+MPTCP-40flows-flow1
SDN+MPTCP-40flows-flow2
SDN+MPTCP-40flows-flow4
SDN+MPTCP-40flows-flow5

图 6.66

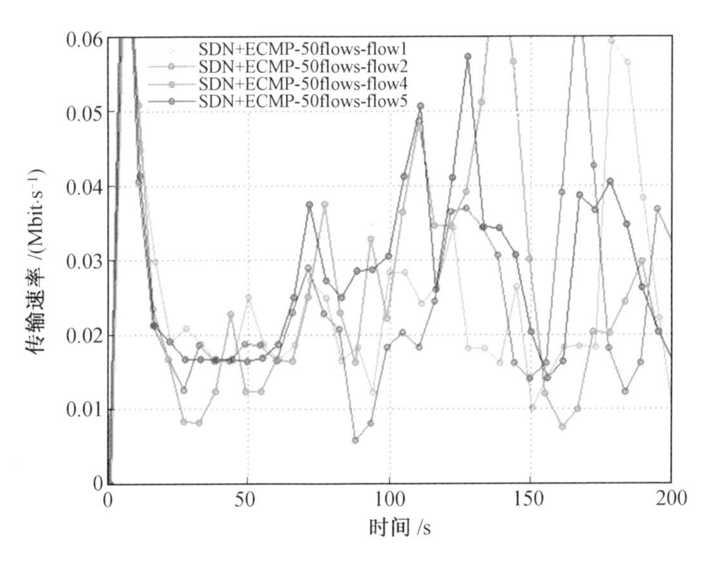

SDN+ECMP-50flows-flow1
SDN+ECMP-50flows-flow2
SDN+ECMP-50flows-flow4
SDN+ECMP-50flows-flow5
0.06
0.05
0.04
0.03
0.02
0.01
0
传输速率 /(Mbit·s⁻¹)
0
50
100
150
200
时间 /s

图 6.67

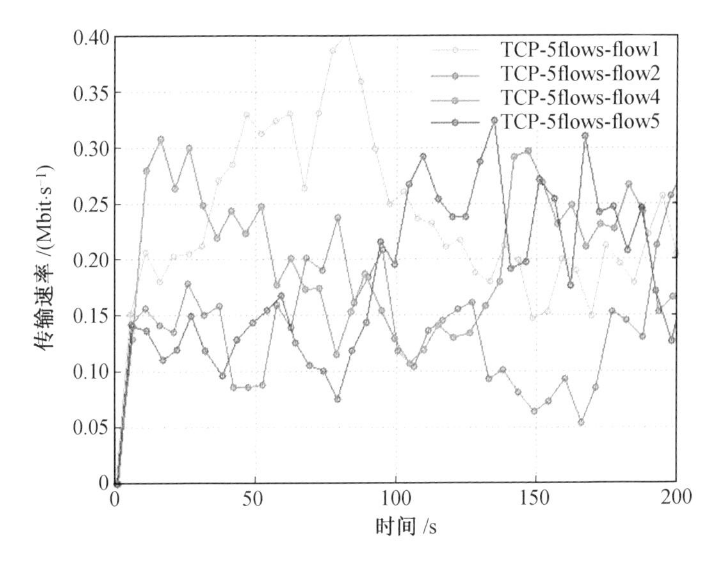

TCP-5flows-flow1
TCP-5flows-flow2
TCP-5flows-flow4
TCP-5flows-flow5
0.40
0.35
0.30
0.25
0.20
0.15
0.10
0.05
0
传输速率 /(Mbit·s⁻¹)
0
50
100
150
200
时间 /s

图 6.68

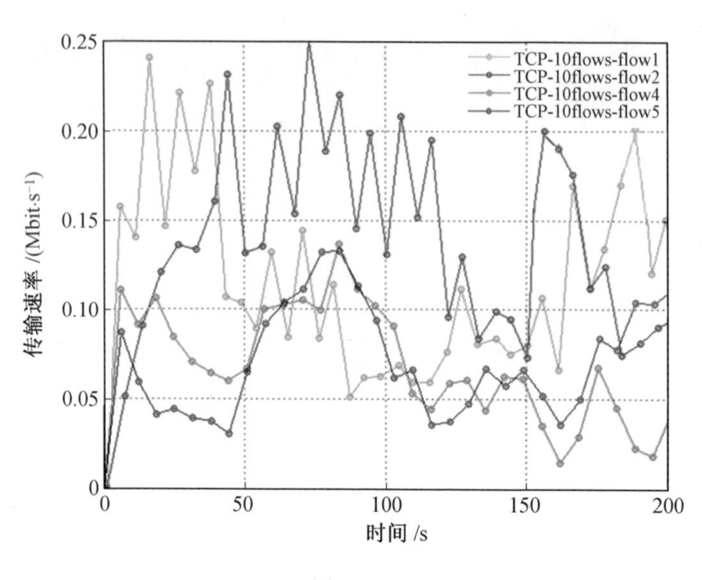
TCP-10flows-flow1
TCP-10flows-flow2
TCP-10flows-flow4
TCP-10flows-flow5
传输速率 /(Mbit·s⁻¹)
时间 /s
0.25
0.20
0.15
0.10
0.05
0
0
50
100
150
200

图 6.69

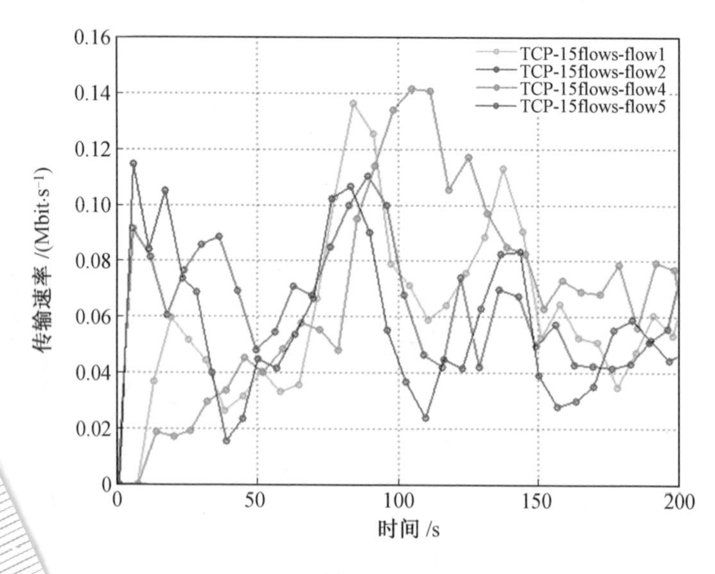
TCP-15flows-flow1
TCP-15flows-flow2
TCP-15flows-flow4
TCP-15flows-flow5
传输速率 /(Mbit·s⁻¹)
时间 /s
0.16
0.14
0.12
0.10
0.08
0.06
0.04
0.02
0
0
50
100
150
200

图 6.70

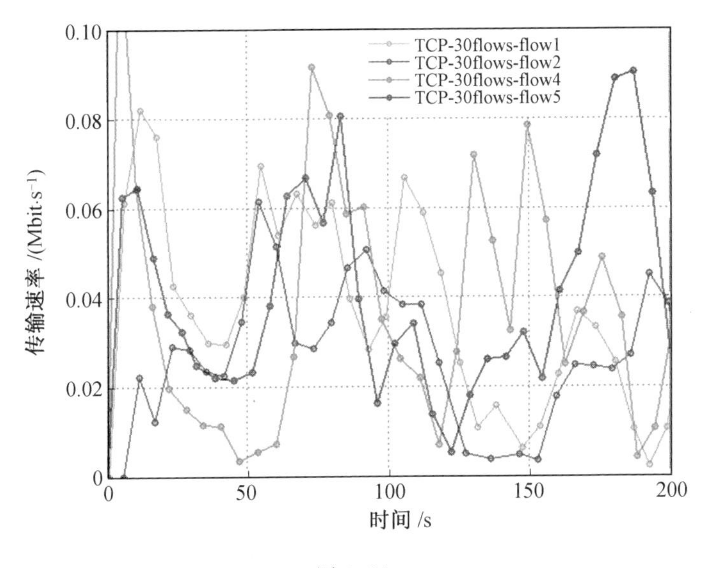
TCP-30flows-flow1
TCP-30flows-flow2
TCP-30flows-flow4
TCP-30flows-flow5
传输速率 /(Mbit·s⁻¹)
时间 /s
0.10
0.08
0.06
0.04
0.02
0
0
50
100
150
200

图 6.71

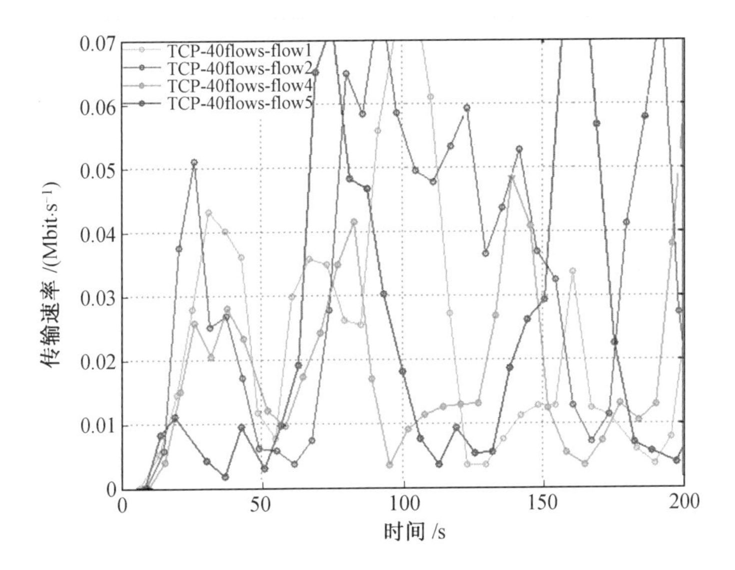
TCP-40flows-flow1
TCP-40flows-flow2
TCP-40flows-flow4
TCP-40flows-flow5
传输速率 /(Mbit·s⁻¹)
时间 /s
0.07
0.06
0.05
0.04
0.03
0.02
0.01
0
0
50
100
150
200

图 6.72

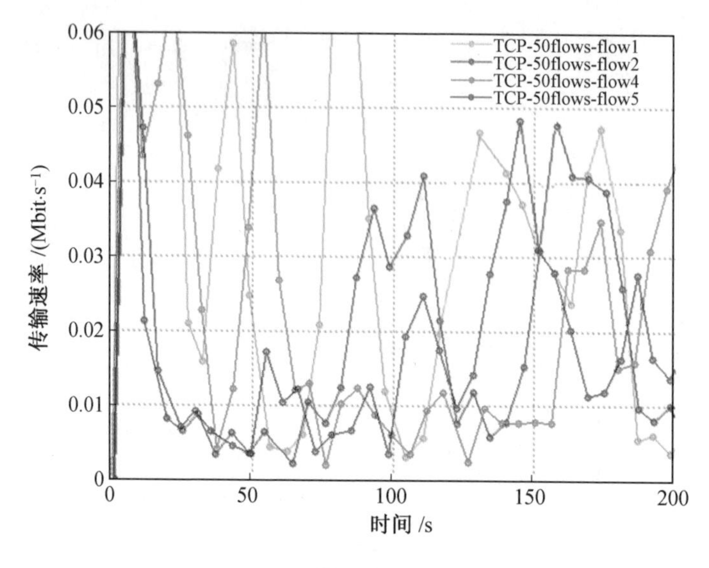
0.06
0.05
0.04
0.03
0.02
0.01
0
传输速率 /(Mbit·s⁻¹)
0
50
100
150
200
时间 /s
TCP-50flows-flow1
TCP-50flows-flow2
TCP-50flows-flow4
TCP-50flows-flow5

图 6.73